概率论与数理统计
（第2版）

张　艳　程士珍　主编

清华大学出版社
北京

内 容 简 介

本书针对高校应用型人才培养的要求,紧密结合工科各类专业问题背景编写.内容包括:随机事件的概率、一维及多维随机变量及其分布、数字特征、极限定理、样本及抽样分布、参数估计与假设检验等.本书在力求体系严密性的基础上,简化有关定理的证明,对于难度较大的证明予以省略,将数学理论与 Matlab 软件中的概率统计功能相结合,以提高概率统计知识的应用性.

本书适合作为普通高校非数学专业的教材,也可供成人本科教育、高等职业教育选用.

图书在版编目(CIP)数据

概率论与数理统计/张艳,程士珍主编. —2 版. —北京:清华大学出版社,2017(2023.8重印)
ISBN 978-7-302-46744-1

Ⅰ.①概… Ⅱ.①张… ②程… Ⅲ.①概率论—高等学校—教材 ②数理统计—高等学校—教材
Ⅳ.①O21

中国版本图书馆 CIP 数据核字(2017)第 048622 号

责任编辑:佟丽霞
封面设计:常雪影
责任校对:刘玉霞
责任印制:宋 林

出版发行:清华大学出版社
      网　　　址:http://www.tup.com.cn,http://www.wqbook.com
      地　　　址:北京清华大学学研大厦 A 座　　　　　邮　　编:100084
      社 总 机:010-83470000　　　　　　　　　　　邮　　购:010-62786544
      投稿与读者服务:010-62776969,c-service@tup.tsinghua.edu.cn
      质量反馈:010-62772015,zhiliang@tup.tsinghua.edu.cn
印 装 者:三河市铭诚印务有限公司
经　　销:全国新华书店
开　　本:185mm×260mm　　　印　　张:18　　　　字　　数:437 千字
版　　次:2010 年 8 月第 1 版　2017 年 8 月第 2 版　　印　　次:2023 年 8 月第 9 次印刷
定　　价:51.00 元

产品编号:068585-02

前 言

FOREWORD

本书是为定位于培养应用型人才的工科院校而编写的教材.

概率论与数理统计是研究随机现象统计规律性的数学学科,是一门重要的、基础的数学理论课程.在本书编写过程中,我们参照高等工科院校的《概率论与数理统计教学基本要求》,考虑到教材的系统性,共分 9 章进行编写.第 1 章至第 5 章为概率论的基本内容,第 6 章至第 8 章为数理统计的基本内容,第 9 章是概率统计实验部分.通过本课程的学习,可使读者掌握概率论与数理统计的基本理论和方法,培养读者运用概率统计方法分析及解决实际问题的能力.

本书编写中力求深入浅出,突出重点,对基本概念、重要公式和定理注意其实际意义的解释和说明,力求在循序渐进的过程中,使读者逐步掌握概率论与数理统计的基本方法.根据工科院校后继课程的要求,本书删掉了有关随机过程的内容,以便更紧密地结合各类专业问题,使读者学习基础课有的放矢,明确基础课对后续专业课的意义.对于本书中一些重要的基本概述,给出了英文对照,便于读者查阅相关文献.本书在每一小节后相应配上了一定数量的习题,便于读者有针对性地巩固复习;在每一章结尾处,除总习题外还配有相应的自测题,自测题型多样,覆盖面广;并在全书最后给出详细解答,便于读者检查自己对本章内容的掌握情况.本书内容涉及的著名概率统计学家、有趣的数学典故和容易混淆的问题以补充阅读材料的形式给出,在学习知识的同时培养读者的数学素养,增强读者对本课程的兴趣.由于计算机应用日益普及,第 9 章——概率统计实验——介绍了 MATLAB 在概率统计中的应用,在辅助理解教学内容的同时,增强了读者的计算机应用能力,为读者解决实际问题奠定了良好的基础.

本书第 1 章由张丽萍编写,第 2 章由张艳编写,第 3 章和第 5 章由张蒙编写,第 4 章由刘志强编写,第 6 章由徐志洁编写,第 7 章由王晓静编写,第 8 章由卢崇煜编写,第 9 章由白羽编写.全书内容结构由张艳、程士珍主持设计制定,并负责统稿和定稿.

由于编者水平有限,书中可能还存在疏漏和不当之处,敬请读者和同行批评指正.

编 者

2017 年 3 月

目 录

CONTENTS

第1章

随机事件的概率

概率论与数理统计是研究和揭示随机现象统计规律的一门数学学科. 它已经广泛地应用于其他学科及社会生活的各个领域. 本章将重点介绍两个基础概念：随机事件和随机事件的概率；而后讨论简单直观的概率模型：等可能概型或古典概型；最后深入探讨条件概率和独立性.

1.1 随机事件

一、随机现象

在自然界和人类社会中存在各种各样的现象,这些现象总的说来可以分成两类. 第一类现象是在一定条件下一定发生,称这类现象为**确定现象**(definite phenomena). 例如：

(1) 同性电荷必然相互排斥,异性电荷必然相互吸引.

(2) 水在标准大气压下于 100℃沸腾.

第二类现象是在一定条件下,出现的可能结果不止一个,事先无法确切知道哪一个结果一定会出现,但大量重复试验中其结果又具有统计规律性的现象,称这一类现象为**随机现象**(random phenomenon). 例如,在相同条件下抛同一枚硬币,其结果可能是正面朝上,也可能是反面朝上,并且抛出之前无法肯定结果是什么,但是多次重复抛一枚硬币出现正面朝上和反面朝上的结果大致各有一半.

二、随机试验

为了研究随机现象的统计规律性,需要对随机现象进行重复观察或试验,下面列举一些试验的例子,我们观察这些例子的共同点.

E_1：抛一枚硬币,观察正反面出现的情况；

E_2：将一枚硬币连续抛两次,观察正反面出现的情况；

E_3：将一枚硬币连续抛两次,观察反面出现的次数；

E_4：抛一枚骰子,观察出现的点数；

E_5：观察某书城一天内售出的图书册数；

E_6:在一批灯泡中任意抽取一只,测试它的使用寿命.

以上的六个试验具有以下三个共同的特点:

(1) 可重复性:试验在相同条件下可以重复进行;

(2) 可知性:每次试验的可能结果不止一个,并且事先能明确试验所有可能的结果;

(3) 不确定性:进行一次试验之前不能确定哪一个结果会出现,但必然出现结果中的一个.

具有以上三个特点的试验称为**随机试验**(random experiment),一般用 E 来表示.本书中以后提到的试验都是指随机试验.

三、样本空间

对于随机试验,尽管在每次试验前不能预知将要出现的试验结果,但是试验的所有可能出现的结果是明确的.随机试验 E 的每一个可能出现的结果称为一个**样本点**(sample point),随机试验 E 的所有可能出现的结果组成的集合称为**样本空间**(sample space),记为 S.

下面给出上文提到的试验 $E_k(k=1,2,\cdots,6)$ 的样本空间 $S_k(k=1,2,\cdots,6)$.其中,对于抛硬币试验,我们经常用 H、T 分别表示正面朝上和反面朝上.

$S_1=\{H,T\}$;

$S_2=\{HH,HT,TH,TT\}$;

$S_3=\{0,1,2\}$;

$S_4=\{1,2,3,4,5,6\}$;

$S_5=\{0,1,2,3,\cdots\}$;

$S_6=\{t\,|\,t\geqslant0,t\in\mathbb{R}\}$.

试验 E_1,E_2,E_3,E_4 的样本空间包含有限个样本点;E_5 的样本空间含有无穷多个样本点,而且这些样本点依照某种次序可以一个一个地数出来,称它的样本点为**无限可列个**;E_6 的样本空间也包含有无穷多个样本点,它充满区间 $[0,+\infty)$,没有办法一个一个数出来,称它的样本点为**无限不可列个**.

值得注意的是:样本空间的元素是由试验的目的所决定的.例如,在 E_2 和 E_3 中同是将一枚硬币抛两次,由于试验的目的不同它们的样本空间也不同.

四、随机事件

在进行随机试验时,我们一般只关心满足某些条件的那些样本点所组成的集合.例如,在 E_4(掷一枚骰子)这个试验中,我们关心是否掷出偶数点.满足这个条件的样本点组成样本空间 S_4 的一个子集:$A=\{2,4,6\}$,称 A 为试验 E_4 的一个随机事件.显然,当且仅当子集 A 中的一个样本点出现时,我们说掷出了偶数点.下面给出随机事件的确切定义.

一般地,称试验 E 的样本空间 S 的子集为这个试验的**随机事件**(random event),简称**事件**,通常用大写字母 A,B,C 来表示.在每次试验中,当且仅当事件中的某一样本点出现时,称这一**事件发生**.比如当掷出 2 点时,我们说事件 A 发生.

由于随机事件是样本点的集合,由一个样本点构成的单点集,称为**基本事件**.样本空间

S 包含所有的样本点,它是 S 自身的子集,在每次试验中它总是发生的,称为**必然事件**,记为 S. 空集中不包含任何样本点,它也是样本空间的子集,它在每次试验中都不发生,称为**不可能事件**,记为 $\varnothing$. 虽然必然事件和不可能事件已经不再具有随机性,但为了方便,仍然把它们视为特殊的随机事件.

下面举几个事件的例子.

例 1　在 E_2 中事件 A_1:"第一次出现正面",即 $A_1=\{HH,HT\}$,事件 A_2:"两次出现同一面",即 $A_2=\{HH,TT\}$.

例 2　在事件 E_4 中,事件 A_3:"出现的点数不超过 4",即 $A_3=\{1,2,3,4\}$.

五、事件的关系与运算

事件是一个集合,因而事件间的关系与运算自然按照集合之间的关系和运算来处理.下面给出这些关系与运算在概率论中的概念及含义.

设试验 E 的样本空间为 S,设 $A,B,A_k(k=1,2,\cdots)$ 是 S 的子集.

(1) 包含关系　如果事件 A 发生必然导致事件 B 发生,则称事件 B 包含事件 A,记为 $A\subset B$. 如果 $A\subset B$ 且 $B\subset A$,即 $A=B$,称事件 A 与事件 B 相等.

例如,在试验 E_4 中,记 A:"掷出的点数为 4",B:"掷出的点数为偶数",若事件 A 发生,显然事件 B 一定发生.所以事件 B 包含事件 A,即 $A\subset B$.

(2) 事件的和　事件 $A\cup B=\{x|x\in A$ 或 $x\in B\}$ 称为事件 A 与事件 B 的和事件,当且仅当 A,B 至少有一个发生时,事件 $A\cup B$ 发生,记作 $A\cup B$.

一般地,事件的和可以推广到多个事件的情形,所以称 $\bigcup_{k=1}^{n} A_k$ 为 n 个事件 $A_1,A_2,\cdots,A_n$ 的和事件.

(3) 事件的积　事件 $A\cap B=\{x|x\in A$ 且 $x\in B\}$ 称为事件 A 与事件 B 的积事件,当且仅当 A,B 同时发生时,事件 $A\cap B$ 发生,记作 $A\cap B$ 或 AB.

一般地,事件的积可以推广到多个事件的情形,称 $\bigcap_{k=1}^{n} A_k$ 为 n 个事件 $A_1,A_2,\cdots,A_n$ 的积事件.

(4) 事件的差　事件 $A-B=\{x|x\in A$ 且 $x\notin B\}$ 称为事件 A 与事件 B 的差事件,当且仅当 A 发生、且 B 不发生时,事件 $A-B$ 发生.

(5) 互不相容事件　事件 A 与事件 B 不能同时发生,即 $AB=\varnothing$,则称事件 A 与事件 B 为互不相容事件. 互不相容事件又称为互斥事件.

(6) 逆事件　若 $A\cup B=S$ 且 $AB=\varnothing$,则称事件 A 与事件 B 互为逆事件.又称事件 A 与事件 B 互为对立事件.即在每一次试验中,事件 A 与事件 B 中必有一个发生,且仅有一个发生. A 的对立事件记为 $\overline{A}$.

以下 6 个韦恩图(图 1-1~图 1-6)直观表示以上事件之间的关系,图中的矩形代表样本空间 S,圆 A 与圆 B 分别代表事件 A 与事件 B.

由于事件的关系与运算和集合的关系与运算完全相同,现在将集合论中的有关结论与事件关系和运算的对应情况列于表 1-1 中.

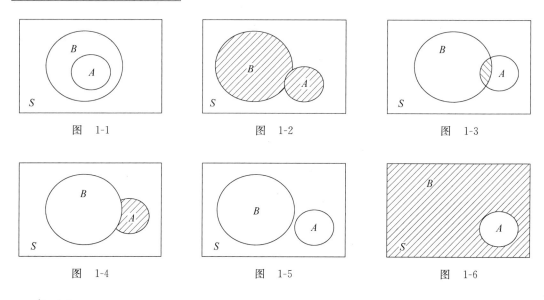

图 1-1　　　　　　　　　图 1-2　　　　　　　　　图 1-3

图 1-4　　　　　　　　　图 1-5　　　　　　　　　图 1-6

表　1-1

记　　号	概　率　论	集　合　论
S	样本空间,必然事件	全集
$\varnothing$	不可能事件	空集
e	样本点	元素
A	随机事件	子集
$\bar{A}$	A 的对立事件	A 的补集
$A \subset B$	事件 A 发生导致 B 发生	A 是 B 的子集
$A = B$	事件 A 与事件 B 相等	A 与 B 相等
$A \bigcup B$	事件 A 与事件 B 至少有一个发生	A 与 B 的并集
AB	事件 A 与事件 B 同时发生	A 与 B 的交集
$A - B$	事件 A 发生而事件 B 不发生	A 与 B 的差集
$AB = \varnothing$	事件 A 和事件 B 互不相容	A 与 B 的交集为空

六、事件的运算规律

设 A,B,C 为同一随机试验 E 中的事件,由集合的运算规律易知事件的运算规律.

（1）交换律　$A \bigcup B = B \bigcup A$；$A \bigcap B = B \bigcap A$；

（2）结合律　$A \bigcup (B \bigcup C) = (A \bigcup B) \bigcup C$；$A \bigcap (B \bigcap C) = (A \bigcap B) \bigcap C$；

（3）分配律　$A \bigcup (B \bigcap C) = (A \bigcup B) \bigcap (A \bigcup C)$；

　　　　　　　$A \bigcap (B \bigcup C) = (A \bigcap B) \bigcup (A \bigcap C)$；

（4）德·摩根律　$\overline{A \bigcup B} = \bar{A} \bigcap \bar{B}$；$\overline{A \bigcap B} = \bar{A} \bigcup \bar{B}$.

解释德·摩根律的第一个等式. $A \bigcup B$ 表示事件 A 与事件 B 至少有一个发生,它的对立事件 $\overline{A \bigcup B}$ 则表示事件 A 与事件 B 都不发生,即 $\bar{A} \bigcap \bar{B}$. 因此有 $\overline{A \bigcup B} = \bar{A} \bigcap \bar{B}$.

例 3　随机试验 E_2：将一枚硬币抛两次,观察正反面出现的情况. 事件 A_1："第一次出现正面",即 $A_1 = \{HH, HT\}$,事件 A_2："两次出现同一面",即 $A_2 = \{HH, TT\}$,求 $A_1 \bigcup$

$A_2,A_1\bigcap A_2,A_1-A_2,\overline{A}_1.$

解 $A_1\bigcup A_2=\{HH,HT,TT\}$，$A_1\bigcap A_2=\{HH\}$，$A_1-A_2=\{HT\}$，$\overline{A}_1=\{TH,TT\}$．

例4 设 A,B,C 为同一随机试验 E 中的事件，试利用它们表示以下事件：

(1) A 发生而 B,C 都不发生；

(2) 三个事件都不发生；

(3) 三个事件至少一个发生；

(4) 三个事件至多两个发生；

(5) 三个事件恰有一个发生．

解 (1) $A\overline{B}\overline{C}$ 或 $A-B-C$；(2) $\overline{A}\overline{B}\overline{C}$ 或 $\overline{A\bigcup B\bigcup C}$；(3) $A\bigcup B\bigcup C$；(4) $\overline{A\bigcap B\bigcap C}$；
(5) $(A\overline{B}\overline{C})\bigcup(\overline{A}B\overline{C})\bigcup(\overline{A}\overline{B}C)$．

例5 设 $A=$"甲产品畅销，乙产品滞销"，求 A 的对立事件．

解 设 B_1,B_2 分别为甲、乙两产品畅销，则
$A=B_1\overline{B}_2$，根据德·摩根律

$$\overline{A}=\overline{B_1\overline{B}_2}=\overline{B}_1\bigcup\overline{\overline{B}}_2=\overline{B}_1\bigcup B_2$$

因此 A 的对立事件是"甲产品滞销或乙产品畅销"．

例6 从某大学学生中任选一名学生，$A=\{$所选者会英语$\}$，$B=\{$所选者会日语$\}$，$C=\{$所选者是男生$\}$．试描述事件 AC 和 $A=B$．

解 AC 表示所选者是会英语的男生；$A=B$ 则表示会英语则必会日语，会日语则必会英语．

例7 向预定目标连射三枪，观察射中目标的情况．用 A_1、A_2、A_3 分别表示事件"第一枪击中目标""第二枪击中目标""第三枪击中目标"，试用 A_1,A_2,A_3 表示以下各事件：

(1) 只击中第一枪；

(2) 只击中一枪；

(3) 三枪都没击中；

(4) 至少击中一枪．

解 (1) 事件"只击中第一枪"，说明第二枪不中，第三枪也不中．所以可以表示成 $A_1\overline{A}_2\overline{A}_3$．

(2) 事件"只击中一枪"，并没有指定哪一枪击中．三个事件"只击中第一枪""只击中第二枪""只击中第三枪"中，任意一个发生表示事件"只击中一枪"发生．所以可以表示成 $(A_1\overline{A}_2\overline{A}_3)\bigcup(\overline{A}_1A_2\overline{A}_3)\bigcup(\overline{A}_1\overline{A}_2A_3)$．

(3) 事件"三枪都没击中"，即事件"第一枪、第二枪、第三枪都未击中目标"，所以，可以表示成 $\overline{A}_1\overline{A}_2\overline{A}_3$．

(4) 事件"至少击中一枪"，即事件"第一枪、第二枪、第三枪至少有一次击中"，所以，可以表示成 $A_1\bigcup A_2\bigcup A_3$ 或 $(A_1\overline{A}_2\overline{A}_3)\bigcup(\overline{A}_1A_2\overline{A}_3)\bigcup(\overline{A}_1\overline{A}_2A_3)\bigcup(A_1A_2\overline{A}_3)\bigcup(A_1\overline{A}_2A_3)\bigcup(\overline{A}_1A_2A_3)\bigcup(A_1A_2A_3)$．

例8 刘、李、张三人各射一次靶，记 A 表示"刘击中靶"，B 表示"李击中靶"，C 表示"张击中靶"．则可用上述三个事件的运算来分别表示下列各事件：

(1)"刘未击中靶"；(2)"刘击中靶而李未击中靶"；(3)"三人中只有张未击中靶"；

(4)"三人中恰好有一人击中靶"；(5)"三人中至少有一人击中靶"；

(6)"三人中至少有一人未击中靶";(7)"三人中恰有两人击中靶";

(8)"三人中至少两人击中靶";(9)"三人均未击中靶";

(10)"三人中至多一人击中靶";(11)"三人中至多两人击中靶".

解 (1) $\bar{A}$；(2) $A\bar{B}$；(3) $AB\bar{C}$；(4) $A\bar{B}\bar{C}\cup\bar{A}B\bar{C}\cup\bar{A}\bar{B}C$；(5) $A\cup B\cup C$；

(6) $\bar{A}\cup\bar{B}\cup\bar{C}$ 或 $\overline{ABC}$；(7) $AB\bar{C}\cup A\bar{B}C\cup\bar{A}BC$；(8) $AB\cup AC\cup BC$；(9) $\overline{ABC}$；

(10) $AB\bar{C}\cup A\bar{B}C\cup\bar{A}BC\cup\bar{A}\bar{B}\bar{C}$；(11) $\overline{ABC}$ 或 $\bar{A}\cup\bar{B}\cup\bar{C}$.

概率论的诞生

1654 年,梅雷提出一个问题:"两个赌徒约定赌若干局,且谁先赢 c 局便算赢家,若在一赌徒胜 a 局($a<c$),另一赌徒胜 b 局($b<c$)时便终止赌博,问应如何分赌本". 著名数学家帕斯卡与费马通信讨论了这一问题,并且于 1654 年共同建立了概率论的第一个基本概念:**数学期望**.这一概念的出现标志着概率论这一学科的诞生.

德·摩根简介

德·摩根(1806.6.27—1871.3.18),英国著名的数学家和逻辑学家. 在逻辑研究方面,他的主要贡献在于制定德·摩根定律以及推动关系论的发展,并且为现代符号逻辑和数理逻辑的诞生奠定了基础. 他在著作《算术原理》(*Elements of Arithmetic*,1830)中把数和量的概念从哲学上加以简单而透彻的阐述. 1838 年他定义并引进数学归纳法——过去在数学证明上一直使用的但不甚明朗的方法.他作为认同代数具有纯符号性质的剑桥数学家中的一员,提出有不同于普通代数的代数结构的可能性.在其著作《三角学与双重代数》(*Trigonometry and Double Algebra*,1849)中,给复数以几何的解释,从而提出了四元数的概念.

习题 1-1

1. 多项选择题

(1) 以下命题正确的是( ).

    A. $(AB)\cup(A\bar{B})=A$ B. 若 $A\subset B$,则 $AB=A$

    C. 若 $A\subset B$,则 $\bar{B}\subset\bar{A}$ D. 若 $A\subset B$,则 $A\cup B=B$

(2) 某大学的学生做了三道概率题,以 A_i 表示"第 i 题做对了"($i=1,2,3$),则该生至少做对了两道题的事件可表示为( ).

    A. $\bar{A}_1A_2A_3\cup A_1\bar{A}_2A_3\cup A_1A_2\bar{A}_3$

    B. $A_1A_2\cup A_2A_3\cup A_3A_1$

    C. $\overline{A_1A_2\cup A_2A_3\cup A_3A_1}$

    D. $A_1A_2\bar{A}_3\cup A_1\bar{A}_2A_3\cup\bar{A}_1A_2A_3\cup A_1A_2A_3$

2. A,B,C 为三个事件,说明下述运算关系的含义:

(1) A；(2) $\bar{B}\,\bar{C}$；(3) $AB\,\bar{C}$；(4) $\bar{A}\,\bar{B}\,\bar{C}$；(5) $A\cup B\cup C$；(6) $\overline{ABC}$.

3．某机械厂生产的三个零件，以 A_i 与 $\overline{A}_i(i=1,2,3)$ 分别表示它生产的第 i 个零件为正品、次品．试用 A_i 与 $\overline{A}_i(i=1,2,3)$ 表示以下事件：(1)全是正品；(2)至少有一个零件是次品；(3)恰有一个零件是次品；(4)至少有两个零件是次品．

4．从 4 个白球、6 个黄球、3 个黑球中任取 2 白、2 黄、1 黑 5 个球，有几种取法？

5．将 3 个小球任意放入 5 个口袋中，不同的放法共有多少种？

6．20 件产品中有 12 件产品是次品，从中任取 8 件，取出的 8 件产品中，次品可能有几件？

7．6 件产品中有 3 件次品，每次从中任取 1 件，直到取到次品为止，可能需要取几件产品？

1.2　随机事件的概率

研究随机现象时，不仅需要知道试验可能出现的各种结果，而且还要进一步分析出现某个结果的可能性有多大．我们希望找到一个合适的数来表征事件在一次试验中发生的可能性大小．如果在给定的条件下重复试验就会发现，可以根据某一事件在重复试验中出现的次数来度量这一事件在一次试验中出现的可能性．为此首先引入频率的概念．

一、频率及其性质

定义 1　设 E 为任一随机试验，A 为其中任一事件，在相同条件下，把 E 独立地重复做 n 次，n_A 表示事件 A 在这 n 次试验中出现的次数(称为**频数**)．比值 $f_n(A)=n_A/n$ 称为事件 A 在这 n 次试验中出现的**频率**(frequency)．

频率的性质：

(1) $0 \leqslant f_n(A) \leqslant 1$；

(2) $f_n(S)=1$；

(3) 设 $A_1,A_2,\cdots,A_n$ 是两两互不相容事件，则

$$f_n(A_1 \bigcup A_2 \bigcup \cdots \bigcup A_n) = f_n(A_1) + f_n(A_2) + \cdots + f_n(A_n).$$

人们在实践中发现：在相同条件下重复进行同一试验，当试验次数 n 很大时，事件 A 发生的频率具有一定的"稳定性"，即其频率值在某确定的数值上下浮动．一般来说，试验次数 n 越大，事件 A 发生的频率就越接近那个确定的数值．因此事件 A 发生的可能性的大小就可以用这个数量指标来客观描述．下面给出概率的公理化定义．

二、概率定义

定义 2　设 E 为随机试验，S 是它的样本空间，对于 E 的每一个事件 A 赋予一个实数，记为 $P(A)$，称为事件 A 的**概率**(probability)，如果集合函数 $P(\cdot)$ 满足下列条件：

(1) 非负性：对于每一个事件 A，有 $P(A) \geqslant 0$；

(2) 规范性：对于必然事件 S，有 $P(S)=1$；

(3) 可列可加性：设 $A_1,A_2,\cdots$，是两两互不相容事件，则

$$P(A_1 \bigcup A_2 \bigcup \cdots) = P(A_1) + P(A_2) + \cdots$$

由概率的公理化定义，可以推出概率的一些重要性质．

三、概率的性质

(1) $P(\varnothing) = 0$；

(2) 有限可加性：设 $A_1, A_2, \cdots, A_n$ 是两两互不相容事件，则
$$P(A_1 \bigcup A_2 \bigcup \cdots \bigcup A_n) = P(A_1) + P(A_2) + \cdots + P(A_n).$$

(3) 对于任意两个事件 A, B，有 $P(B-A) = P(B\overline{A}) = P(B) - P(AB)$. 特别地，若 $A \subset B, P(B-A) = P(B) - P(A), P(B) \geqslant P(A)$.

(4) 对于任意一事件 A，有 $0 \leqslant P(A) \leqslant 1$.

(5) 逆事件的概率：对于任意一事件 A，有 $P(\overline{A}) = 1 - P(A)$.

(6) 加法公式：对于任意两个事件 A, B，有 $P(A \bigcup B) = P(A) + P(B) - P(AB)$.

这条性质可以推广到多个事件. 设 $A_1, A_2, \cdots, A_n$ 是任意 n 个事件，则有
$$P(A_1 \bigcup A_2 \bigcup \cdots \bigcup A_n) = \sum_{i=1}^{n} P(A_i) - \sum_{1 \leqslant i < j \leqslant n} P(A_i A_j) + \sum_{1 \leqslant i < j < k \leqslant n} P(A_i A_j A_k) + \cdots$$
$$+ (-1)^{n+1} P(A_1 A_2 \cdots A_n).$$

证明 性质(3)因为 $B = (B-A) \bigcup AB$，且 $(B-A) \bigcap AB = \varnothing$，由性质(2)得 $P(B) = P[(B-A) \bigcup AB] = P(B-A) + P(AB)$，即 $P(B-A) = P(B) - P(AB)$.

性质(5)因为 $A \bigcup \overline{A} = S, A\overline{A} = \varnothing$，由性质(3)得
$$1 = P(S) = P(A \bigcup \overline{A}) = P(A) + P(\overline{A}).$$

性质(6)因为 $A \bigcup B = A \bigcup (B-AB)$，且 $A \bigcap (B-AB) = \varnothing, AB \subset B$，由性质(2)、性质(3)得 $P(A \bigcup B) = P(A) + P(B-AB) = P(A) + P(B) - P(AB)$.

例1 设事件 A, B 的概率分别为 $\frac{1}{3}, \frac{1}{2}$. 在下列三种情况下分别求 $P(B\overline{A})$ 的值：

(1) A 与 B 互斥；

(2) $A \subset B$；

(3) $P(AB) = \frac{1}{8}$.

解 由性质(3)，$P(B\overline{A}) = P(B) - P(AB)$.

(1) 因为 A 与 B 互斥，所以 $AB = \varnothing, P(B\overline{A}) = P(B) - P(AB) = P(B) = \frac{1}{2}$；

(2) 因为 $A \subset B$ 所以 $P(B\overline{A}) = P(B) - P(AB) = P(B) - P(A) = \frac{1}{2} - \frac{1}{3} = \frac{1}{6}$；

(3) $P(B\overline{A}) = P(B) - P(AB) = \frac{1}{2} - \frac{1}{8} = \frac{3}{8}$.

例2 已知 $P(\overline{A}) = 0.5, P(\overline{A}B) = 0.2, P(B) = 0.4$，求：

(1) $P(AB)$；(2) $P(A-B)$；(3) $P(A \bigcup B)$；(4) $P(\overline{A}\overline{B})$.

解 (1) 因为 $AB \bigcup A\overline{B} = A$，且 $AB \bigcap A\overline{B} = \varnothing$，故有
$$P(AB) + P(A\overline{B}) = P(B),$$
$$P(AB) = P(B) - P(\overline{A}B) = 0.4 - 0.2 = 0.2.$$

(2) $P(A) = 1 - P(\overline{A}) = 1 - 0.5 = 0.5$，故有
$$P(A-B) = P(A) - P(AB) = 0.5 - 0.2 = 0.3.$$

(3) $P(A \cup B) = P(A) + P(B) - P(AB) = 0.5 + 0.4 - 0.2 = 0.7$.

(4) $P(\overline{A} \overline{B}) = P(\overline{A \cup B}) = 1 - P(A \cup B) = 1 - 0.7 = 0.3$.

例 3　设 A, B 为两事件，且 $P(A) = p, P(AB) = P(\overline{A}\overline{B})$，求 $P(B)$.

解　由于

$$P(\overline{A}\overline{B}) = P(\overline{A \cup B}) = 1 - P(A \cup B)$$
$$= 1 - [P(A) + P(B) - P(AB)],$$

又由于 $P(AB) = P(\overline{A}\overline{B})$ 且 $P(A) = p$，故

$$P(B) = 1 - P(A) = 1 - p.$$

习题 1-2

1. 多项选择题

(1) 下列命题中，正确的是(　　).

　　A. $A \cup B = A\overline{B} \cup B$　　　　　　　B. $\overline{AB} = A \cup B$

　　C. $\overline{A \cup BC} = \overline{A}\ \overline{B}\ \overline{C}$　　　　　　　D. $(AB)(A\overline{B}) = \varnothing$

(2) 对于事件 A 与 B，正确的是(　　).

　　A. $P(A \cup B) = P(A) + P(B)$　　　　　B. $P(A \cup B) = P(A) + P(B) - P(AB)$

　　C. $P(A \cup B) = 1 - P(\overline{A}) - P(\overline{B})$　　　D. $P(A \cup B) = 1 - P(\overline{A})P(\overline{B})$

(3) 事件 A 与事件 B 互相对立的充要条件是(　　).

　　A. $P(AB) = P(A)P(B)$　　　　　　　B. $P(AB) = 0$ 且 $P(A \cup B) = 1$

　　C. $AB = \varnothing$ 且 $A \cup B = S$　　　　　D. $AB = \varnothing$

2. 设 $P(A) = 0.1, P(A \cup B) = 0.3, A \cap B = \varnothing$，求 $P(B)$.

3. 设 $P(A) = \dfrac{1}{3}, P(B) = \dfrac{1}{4}, P(A \cup B) = \dfrac{1}{2}$，求 $P(\overline{A} \cup \overline{B})$.

4. 设 $P(A) = 0.5, P(B) = 0.4, P(A - B) = 0.3$，求 $P(A \cup B)$ 和 $P(\overline{A} \cup \overline{B})$.

1.3　古典概型

一、古典概型（等可能概型）

古典概型是一种最简单、最直观的概率模型. 正是因为其简单直观被称为古典概型. 古典概型的特点是：样本空间中每个样本点发生的可能性都相同，因此古典概型又被称为等可能概型. 下面给出古典概型的定义.

定义　设 E 为随机试验，S 为 E 的样本空间，如果试验 E 满足下面两个条件：

(1) S 中存在有限个样本点；

(2) S 中的每个样本点是等可能的发生；

则称 E 为**古典概型**（classical probability）或**等可能概型**.

下面来讨论等可能概型中事件概率的计算公式.

设古典概型 E 的样本空间 S 中有 n 个样本点，即 $S = \{e_1, e_2, \cdots, e_n\}$，由于每个样本点是等可能的发生，故有

$$P(\{e_1\}) = P(\{e_2\}) = \cdots = P(\{e_n\}).$$

又由于基本事件是两两互不相容的,于是

$$1 = P(S) = P(\{e_1\} \bigcup \{e_2\} \bigcup \cdots \bigcup \{e_n\})$$
$$= P(\{e_1\}) + P(\{e_2\}) + \cdots + P(\{e_n\}),$$

$$P(\{e_i\}) = \frac{1}{n}, \quad i = 1, 2, \cdots, n.$$

若事件 A 包含了 k 个基本事件,即 $A = \{e_{i_1}, e_{i_2}, \cdots, e_{i_k}\}(1 \leqslant i_1 < i_2 < \cdots < i_k \leqslant n)$,则事件 A 的概率为

$$P(A) = \frac{k}{n} = \frac{A \text{ 包含的样本点数}}{S \text{ 包含的样本点总数}}.$$

例 1　一盒子中有 10 个大小形状相同的球,其中 6 个黑色球,4 个白色球.现从盒子中随机地取出两个球,求取出的两球都是黑色球的概率.

解　设 A 表示事件:"取出的两球是黑球",从而

$$P(A) = \frac{C_6^2}{C_{10}^2} = \frac{1}{3}.$$

例 2　在 1~9 的整数中可重复地随机取 6 个数组成一个 6 位数,求下列事件的概率:

(1) 6 个数完全不同;

(2) 6 个数不含奇数;

(3) 6 个数中 5 恰好出现 4 次.

解　从 9 个数中允许重复地取 6 个数进行排列,共有 9^6 种排列方法.

(1) 设 A 表示事件:"6 个数完全不同",故

$$P(A) = \frac{A_9^6}{9^6} = \frac{9 \times 8 \times 7 \times 6 \times 5 \times 4}{9^6} = 0.11.$$

(2) 设 B 表示事件:"6 个数不含奇数".因为 6 个数只能在 2,4,6,8 四个数中选,每次有 4 种取法,所以有 4^6 取法.故

$$P(B) = \frac{4^6}{9^6}.$$

(3) 设 C 表示事件:"6 个数中 5 恰好出现 4 次".因为 6 个数中 5 恰好出现 4 次可以是 6 次中的任意 4 次,出现的方式有 C_6^4 种,剩下的两种只能在 1,2,3,4,6,7,8,9 中任取,共有 8^2 种取法.故

$$P(C) = \frac{C_6^4 8^2}{9^6}.$$

例 3　将 N 个球随机地放入 n 个袋子中 $(n > N)$,求:

(1) 每个袋子最多有一个球的概率;

(2) 某指定的袋子中恰有 $m(m < N)$ 个球的概率.

分析:先求 N 球随机地放入 n 个袋子不同放法的总数.因为每个球都可以落入 n 个袋子中的任何一个,有 n 种不同的放法,所以 N 个球放入 n 个袋子共有 $\underbrace{n \times n \times \cdots \times n}_{N} = n^N$ 种不同的放法.

解　(1) 设事件 A:"每个袋子最多有一个球".第一个球可以放进 n 个袋子中任何一个,有 n 种放法;第二个球只能放进余下的 $n-1$ 个袋子之一,有 $n-1$ 种放法;……第 N 个球只能放进余下的 $n-N+1$ 个袋子之一,有 $n-N+1$ 种放法;所以共有 $n(n-1)\cdots(n-$

$N+1$)种不同的放法. 故

$$P(A) = \frac{A_n^N}{n^N} = \frac{n(n-1)\cdots(n-N+1)}{n^N}.$$

(2) 设事件 B：“某指定的袋子中恰有 m 个球”. 先从 N 个球中任选 m 个分配到指定的某个袋子中，共有 C_N^m 种选法；再将剩下的 $N-m$ 个球任意分配到剩下的 $n-1$ 个袋子中，共有$(n-1)^{N-m}$ 种放法. 所以

$$P(B) = \frac{C_N^m (n-1)^{N-m}}{n^N}.$$

有许多现实问题和我们上面例题具有相同的数学模型. 例如，假设每个人的生日在一年 365 天中的任一天是等可能的，即都是 $\frac{1}{365}$，现随机选取 $n(\leqslant 365)$ 个人，则他们生日各不相同的概率为

$$p = \frac{365 \times 364 \times \cdots \times (365-n+1)}{365^n}.$$

所以，n 个人中至少有两个人生日相同的概率为

$$p = 1 - \frac{365 \times 364 \times \cdots \times (365-n+1)}{365^n}.$$

例 4 一个工厂生产的 100 个产品中有 4 个次品，为检查这个工厂的产品质量，从这 100 个产品中任意抽 7 个，求抽得的 7 个产品中恰有一个次品的概率.

解 从 100 个产品中任意抽取 7 个产品，共有 C_{100}^7 种抽取方法，事件 $A=\{$有 1 个次品，6 个正品$\}$ 的取法共有 $C_4^1 C_{96}^6$ 种，故

$$P(A) = \frac{C_4^1 C_{96}^6}{C_{100}^7}.$$

例 5 从 $0,1,2,\cdots,9$ 这 10 个数字中，任意选出 3 个不同的数字，试求下列事件的概率：

(1) A_1：“3 个数字中不含 0 和 5”；(2) A_2：“3 个数字中不含 0 或 5”.

解 (1) 试验是从 10 个数字中任取 3 个数字，故样本空间 S 的样本点总数为 C_{10}^3. 如果取得的 3 个数字不含 0 和 5，则这 3 个数字必须在其余的 8 个数字中取得，故事件 A_1 所含的样本点的个数为 C_8^3，从而

$$P(A_1) = \frac{C_8^3}{C_{10}^3} = \frac{7}{15}.$$

(2) 方法 1：对事件 A_2，我们引入下列事件.

B_1：“3 个数字中含 0，不含 5”；B_2：“3 个数字中含 5，不含 0”；B_3：“3 个数字中既不含 0，又不含 5”. 则 $A_2 = B_1 \bigcup B_2 \bigcup B_3$，且 B_1, B_2, B_3 两两互不相容，于是有

$$P(A_2) = P(B_1) + P(B_2) + P(B_3) = \frac{C_8^2}{C_{10}^3} + \frac{C_8^2}{C_{10}^3} + \frac{C_8^2}{C_{10}^3} = \frac{14}{15}.$$

注：对事件 A_2 的概率求法，还有另外两种方法.

方法 2：利用对立事件进行计算.

由于 $\overline{A_2}$：“3 个数字中既含有 0 又含 5”，则有

$$P(A_2) = 1 - P(\overline{A_2}) = 1 - \frac{C_8^1}{C_{10}^3} = 1 - \frac{1}{15} = \frac{14}{15}.$$

方法 3：利用加法公式进行计算.

若引入事件 C_1："3 个数字中不含 0"；C_2："3 个数字中不含 5". 则 $A_2 = C_1 \bigcup C_2$，从而有

$$P(A_2) = P(C_1) + P(C_2) - P(C_1 C_2) = \frac{C_9^3}{C_{10}^3} + \frac{C_9^3}{C_{10}^3} - \frac{C_8^3}{C_{10}^3}$$

$$= \frac{7}{10} + \frac{7}{10} - \frac{7}{15} = \frac{14}{15}.$$

从这个例子可以知道：如果能利用事件间的运算关系，把一个较为复杂的事件分解成若干个比较简单的事件的和、差和积等，再利用相应的概率公式，就能简化地计算较复杂事件的概率.

例 6　某接待站在某一周曾接待 12 次来访，已知所有这 12 次接待都是在周一和周三进行的，问是否可以推断接待时间是有规定的？

解　假设接待站的接待时间没有规定，各来访者在一周的任一天中去接待站是等可能的，那么，12 次接待来访者都在周一、周三的概率为 $\frac{2^{12}}{7^{12}} = 0.0000003$.

人们在长期的实践中总结得到"**概率很小的事件在一次实验中实际上几乎是不可能发生的**"（称为**实际推断原理**）。现在概率很小的事件在一次实验中竟然发生了，因此有理由怀疑假设的正确性，从而推断接待站不是每天都接待来访者，即认为接待时间是有规定的.

二、几何概型

上述古典概型只考虑了有限等可能结果的随机试验，为了克服这种局限性，将古典概型推广到研究样本空间为一线段，平面区域或空间立体等的等可能随机试验的概率模型：**几何概型**(geometric probability).

如果一个试验具有以下两个特点：

(1) 样本空间 S 是一个大小可以度量的几何区域（如线段、平面、立体）；

(2) 向区域内任意投一点，落在区域内任意点处都是"等可能的".

那么，事件 A 的概率由下式计算：

$$P(A) = \frac{A \text{ 的度量}}{S \text{ 的度量}}.$$

例 7　在一个均匀陀螺的圆周上均匀地刻上 $[0,8)$ 上的所有实数，旋转陀螺，求陀螺停下来后，圆周与桌面的接触点位于 $[1,4]$ 上的概率.

解　由于陀螺及刻度的均匀性，它停下来时其圆周上的各点与桌面接触的可能性相等，且接触点可能有无穷多个，故

$$P(A) = \frac{\text{区间}[1,4] \text{ 的长度}}{\text{区间}[0,8) \text{ 的长度}} = \frac{3}{8}.$$

例 8　A,B 两人相约 8:00—12:00 点在预定地点会面. 先到的人等候另一人 30min 后离去，求 A,B 两人能会面的概率.

解　以 X,Y 分别表示 A,B 二人到达的时刻，则 $8 \leqslant X \leqslant 12, 8 \leqslant Y \leqslant 12$；若以 (X,Y) 表示平面上的点的坐标，则所有基本事件可以用这平面上的边长为 4 的一个正方形：$8 \leqslant X \leqslant 12, 8 \leqslant Y \leqslant 12$ 内所有点表示出来. 二人能会面的充要条件是 $|X-Y| \leqslant 1/2$；故所求的概率为

$$P = \frac{16 - 2\left[\frac{1}{2}\left(4 - \frac{1}{2}\right)^2\right]}{16} = \frac{15}{64}.$$

例 9 在区间 $(0,1)$ 中,随机地取出两个数,求两数之和小于 1.2 的概率.

解 设 x,y 为区间 $(0,1)$ 中随机地取出的两个数,则试验的样本空间

$$S = \{(x,y) \mid 0 < x < 1, 0 < y < 1\}.$$

而所求的事件 $A = \{(x,y) \mid (x,y) \in S, x+y < 1.2\}$,从而,由几何概率的计算公式及图 1-7 知

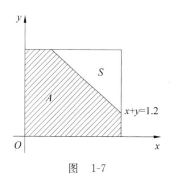

图　1-7

$$P(A) = \frac{A \text{ 的面积}}{S \text{ 的面积}} = \frac{1 - \frac{1}{2} \times 0.8^2}{1^2} = 0.68.$$

习题 1-3

1. 将两封信随机地投入四个邮筒,求前两个邮筒内没有信的概率及第一个邮筒只有一封信的概率.

2. 盒子中有 12 只球,其中红球 5 只,白球 4 只,黑球 3 只. 从中任取 9 只,求其中恰好有 4 只红球,3 只白球,2 只黑球的概率.

3. 有 20 名运动员,分成人数相等的两组进行比赛,已知 20 名运动员中有 2 名种子选手,求这 2 名种子选手被分到不同组的概率.

4. 设 10 把钥匙中有 3 把能将门打开,今任取两把,求能将门打开的概率.

5. 将三封信随机地放入标号为 1、2、3、4 的四个空邮筒中,求以下概率:

(1) 第二个邮筒恰有两封信;

(2) 恰好有一个邮筒有三封信.

6. 从 5 双不同的鞋子中任取 4 只,问这 4 只鞋子中至少有两只配成一双的概率是多少?

7. 30 名学生中有 3 名运动员,将这 30 名学生平均分成 3 组,求:

(1) 每组有一名运动员的概率;

(2) 3 名运动员集中在一个组的概率.

8. 在 1～2000 的整数中随机地取一个数,问取到的整数既不能被 6 整除,又不能被 8 整除的概率是多少?

9. 从 0～9 这 10 个数码中任意取出 4 个排成一串数码,求:

(1) 所取 4 个数码排成四位偶数的概率;

(2) 所取 4 个数码排成四位奇数的概率;

(3) 没有排成四位数的概率。

1.4　条件概率

一、条件概率

在实际问题中,常常会遇到这样的问题:已知事件 A 发生的条件下,求事件 B 发生的概率,称其为在事件 A 发生的条件下事件 B 发生的条件概率,记为 $P(B|A)$. 下面先看一个例子.

例 1　一个家庭中有两个小孩,已知其中一个是女孩,问另一个也是女孩的概率是多少(假定一个小孩是男是女的可能性是相等的)?

解　设 $A=\{$至少有一个是女孩$\}$,$B=\{$两个都是女孩$\}$,由题意可知,样本空间 $S=\{($男,男$),($男,女$),($女,男$),($女,女$)\}$. 则

$$A = \{(男,女),(女,男),(女,女)\}, \quad B = \{(女,女)\}.$$

从而 $P(B|A)=\dfrac{1}{3}$ 显然 $P(B|A)\neq P(B)$. 而又知

$$P(AB) = \frac{1}{4}, \quad P(A) = \frac{3}{4},$$

恰有

$$P(B \mid A) = \frac{1}{3} = \frac{\dfrac{1}{4}}{\dfrac{3}{4}} = \frac{P(AB)}{P(A)}.$$

这个例子表明了 $P(B|A),P(A),P(AB)$ 的关系,这一结果不是偶然的,可以证明在任意背景下的条件概率都满足以上等式. 事实上,设试验的样本空间包含的样本点总数为 n,A 所包含的样本点数为 $m(m>0)$,AB 所包含的样本点数为 k,则有

$$P(B \mid A) = \frac{k}{m} = \frac{\dfrac{k}{n}}{\dfrac{m}{n}} = \frac{P(AB)}{P(A)}.$$

由此引入条件概率的一般定义.

定义 1　设 A,B 是两个事件,且 $P(A)>0$,称 $P(B|A)=\dfrac{P(AB)}{P(A)}$ 为在事件 A 发生的条件下事件 B 发生的**条件概率**(conditional probability).

条件概率也是概率,因此条件概率也有下列性质:

设 A 是一个事件,且 $P(A)>0$,则

(1) 对于任意事件 B,$0\leqslant P(B|A)\leqslant 1$;

(2) $P(S|A)=1$;

(3) 设 $A_1,A_2,\cdots,A_n$ 是两两互不相容事件,则

$$P(A_1 \bigcup A_2 \bigcup \cdots \bigcup A_n \mid A) = P(A_1 \mid A) + P(A_2 \mid A) + \cdots + P(A_n \mid A).$$

计算条件概率两种常见的思路:

(1) 在缩小后的样本空间 S_A 中直接计算 B 发生的概率 $P(B|A)$;

(2) 利用公式 $P(B|A)=\dfrac{P(AB)}{P(A)}$ 计算.

例 2 设某种动物从出生起活 20 岁以上的概率为 80%,活 25 岁以上的概率为 40%.如果现在有一个 20 岁的这种动物,问它能活 25 岁以上的概率?

解 设 A:"能活 20 岁以上";B:"能活 25 岁以上".按题意,$P(A)=0.8$,由于 $B \subset A$,因此 $P(AB)=P(B)=0.4$.由条件概率定义得

$$P(B \mid A) = \frac{P(AB)}{P(A)} = \frac{0.4}{0.8} = 0.5.$$

例 3 一袋中装有 10 个球,其中 3 个黑球,7 个白球,先后两次从袋中各取一球(不放回).已知第一次取出的是黑球,求第二次取出的仍是黑球的概率.

解 设 A_i 表示:"第 i 次取到黑球"$(i=1,2)$.

方法 1:在缩小后的样本空间 S_A 中直接计算.

已知 A_1 发生,即第一次取到的是黑球的条件下,第二次就在剩下的 2 个黑球,7 个白球共 9 个球中任意取一个,根据古典概型计算,取到黑球的概率为 $\frac{2}{9}$,即有

$$P(A_2 \mid A_1) = \frac{2}{9}.$$

方法 2:利用公式 $P(B \mid A) = \frac{P(AB)}{P(A)}$ 计算.

由 $P(A_1 A_2) = \frac{C_3^2}{C_{10}^2} = \frac{1}{15}$,$P(A_1) = \frac{3}{10}$,可得

$$P(A_2 \mid A_1) = \frac{P(A_1 A_2)}{P(A_1)} = \frac{2}{9}.$$

例 4 从 $1 \sim 100$ 整数中,任取一个数,已知取出的数不超过 50,求它是 2 或 3 的倍数的概率.

解 设 A:"取出的数不超过 50",B:"取出的数是 2 的倍数",C:"取出的数是 3 的倍数".则所求概率为 $P(B \cup C \mid A)$.

由条件概率的性质可得

$$P(B \cup C \mid A) = P(B \mid A) + P(C \mid A) - P(BC \mid A)$$
$$= \frac{P(BA)}{P(A)} + \frac{P(CA)}{P(A)} - \frac{P(BCA)}{P(A)}.$$

由于

$$P(A) = \frac{1}{2}, \quad P(BA) = \frac{25}{100}, \quad P(CA) = \frac{16}{100}, \quad P(BCA) = \frac{8}{100},$$

故

$$P(B \cup C \mid A) = 2\left(\frac{25}{100} + \frac{16}{100} - \frac{8}{100}\right) = \frac{33}{50}.$$

二、乘法定理

由条件概率的定义容易推得概率的乘法定理.

定理 1 设 $P(A) > 0$,则有

$$P(AB) = P(A)P(B \mid A).$$

或 $P(B) > 0$,则有

$$P(AB) = P(B)P(A \mid B).$$

利用这个公式可以计算积事件的概率. 乘法公式可以推广到 n 个事件的情形: 若 $P(A_1, A_2, \cdots, A_n) > 0$, 则

$$P(A_1 A_2 \cdots A_n) = P(A_1)P(A_2 \mid A_1)\cdots P(A_{n-1} \mid A_1 A_2 \cdots A_{n-2})P(A_n \mid A_1 \cdots A_{n-1}).$$

例 5 在一批由 90 件正品, 3 件次品组成的产品中, 不放回接连抽取两件产品, 问第一件取正品, 第二件取次品的概率.

解 设 A: "第一件取正品"; B: "第二件取次品". 按题意, $P(A) = \dfrac{90}{93}$, $P(B \mid A) = \dfrac{3}{92}$. 由乘法公式

$$P(AB) = P(A)P(B \mid A) = \frac{90}{93} \times \frac{3}{92} = 0.0315.$$

例 6 袋中有一只白球与一只黑球, 现每次从中取出一只球, 若取出白球, 则除把白球放回外再加进一只白球, 直到取到黑球为止. 求取了 n 次都没有取出黑球的概率.

解 设 B: "取了 n 次都没有取出黑球", A_i: "第 i 次取出白球"($i = 1, 2, \cdots, n$)。则

$$B = A_1 A_2 \cdots A_n.$$

于是有

$$P(B) = P(A_1 A_2 \cdots A_n) = P(A_1)P(A_2 \mid A_1)\cdots P(A_n \mid A_1 A_2 \cdots A_{n-1})$$

$$= \frac{1}{2} \times \frac{2}{3} \times \cdots \times \frac{n}{n+1} = \frac{1}{n+1}.$$

三、全概率公式

为了计算复杂事件的概率, 经常把一个复杂事件分解为若干个互不相容的简单事件的和, 通过分别计算简单事件的概率, 来求得复杂事件的概率. 为此首先引入划分的概念.

定义 2 设 S 为随机试验 E 的样本空间, $A_1, A_2, \cdots, A_n$ 为 E 的一组事件, 若满足:

(1) $A_1, A_2, \cdots, A_n$ 两两互不相容, 且 $P(A_i) > 0$($i = 1, 2, \cdots, n$);

(2) $A_1 \bigcup A_2 \bigcup \cdots \bigcup A_n = S$.

则称 $A_1, A_2, \cdots, A_n$ 为样本空间 S 的一个**划分**.

若 $A_1, A_2, \cdots, A_n$ 为样本空间 S 的一个划分, 那么, 对于每次试验来说, 事件 $A_1, A_2, \cdots, A_n$ 中必有一个且仅有一个发生.

对于一个试验, 其结果的发生可能有多种原因, 每一个原因对此结果的发生都会有一定的影响, 该结果发生的可能性的大小与每个原因的影响程度有关. 对于这类问题, 用全概率公式来表达.

定理 2 设 S 为随机试验 E 的样本空间, $A_1, A_2, \cdots, A_n$ 为样本空间 S 的一个划分, 则对任意一个事件 B, 都有

$$P(B) = P(A_1)P(B \mid A_1) + P(A_2)P(B \mid A_2) + \cdots + P(A_n)P(B \mid A_n),$$

称为全概率公式.

证明 因为

$$B = BS = B(A_1 \bigcup A_2 \bigcup \cdots \bigcup A_n) = BA_1 \bigcup BA_2 \bigcup \cdots \bigcup BA_n,$$

由假设可知 $(BA_i)(BA_j) = \varnothing$, $i \neq j$, 可得

$$P(B) = P(BA_1) + P(BA_2) + \cdots + P(BA_n),$$

又由乘法原理 $P(BA_i)=P(A_i)P(B|A_i), i=1,2,\cdots,n$，则

$$P(B)=\sum_{i=1}^{n}P(A_i)P(B|A_i).$$

例 7　7人轮流抓阄，抓一张奥运会门票，求第二人抓到的概率.

解　设 A_i 表示："第 i 人抓到参观票"$(i=1,2)$，于是

$$P(A_1)=\frac{1}{7}, P(\overline{A_1})=\frac{6}{7}, P(A_2|A_1)=0, P(A_2|\overline{A_1})=\frac{1}{6},$$

由全概率公式 $P(A_2)=P(A_1)P(A_2|A_1)+P(\overline{A_1})P(A_2|\overline{A_1})=0+\frac{6}{7}\times\frac{1}{6}=\frac{1}{7}$.

从这个例子我们可以得到：第一个人和第二个人抓到参观票的概率一样，这是巧合吗？显然不是，事实上，这7个人每个人抓到的概率都一样.

例 8　设某公司库存的一批产品，已知其中50%、30%、20%依次是甲、乙、丙厂生产的，且甲、乙、丙厂生产的次品率分别为 $\frac{1}{10},\frac{1}{15},\frac{1}{20}$，现从这批产品中任取一件，求取到正品的概率.

解　设 A_1、A_2、A_3 分别表示取到的这箱产品是甲、乙、丙厂生产；B："取得的产品为正品"，于是

$$P(A_1)=\frac{5}{10},\quad P(A_2)=\frac{3}{10},\quad P(A_3)=\frac{2}{10},\quad P(B|A_1)=\frac{9}{10},$$

$$P(B|A_2)=\frac{14}{15},\quad P(B|A_3)=\frac{19}{20},$$

由全概率公式，有

$$P(B)=P(A_1)P(B|A_1)+P(A_2)P(B|A_2)+P(A_3)P(B|A_3)$$
$$=\frac{5}{10}\times\frac{9}{10}+\frac{3}{10}\times\frac{14}{15}+\frac{2}{10}\times\frac{19}{20}=0.92.$$

例 9　播种用的小麦种子中混合有2%的二等种子，1.5%的三等种子，1%的四等种子，其余为一等种子。用一等、二等、三等、四等种子长出的穗含50颗以上麦粒的概率分别为0.5,0.15,0.1,0.05，现从这批种子中任取一颗，求这颗种子所结的穗含有50颗以上麦粒的概率。

解　设从这批种子中任取一颗是一等、二等、三等、四等种子的事件分别是 A_1,A_2,A_3,A_4，则它们构成样本空间的一个划分。用 B 表示从这批种子中任取一颗，且这颗种子所结的穗含有50颗以上麦粒这一事件，则由全概率公式得

$$P(B)=\sum_{i=1}^{4}P(A_i)P(B|A_i)$$
$$=95.5\%\times0.5+2\%\times0.15+1.5\%\times0.1+1\%\times0.05=0.4825.$$

另一个重要公式是贝叶斯公式.

四、贝叶斯公式

对于一个试验，其结果的发生可能有多种原因，每一个原因对此结果的发生都会有一定的影响，现在的问题是：已知某一个结果出现了，来寻求各个原因所起的作用. 对于这样的问题，用贝叶斯公式来解决.

设 S 为随机试验 E 的样本空间,$A_1,A_2,\cdots,A_n$ 为样本空间 S 的一个划分,B 为任意一个事件,且 $P(A_k)>0(k=1,2,\cdots,n)$,$P(B)>0$,则

$$P(A_k \mid B)=\frac{P(A_kB)}{P(B)}$$

$$=\frac{P(A_k)P(B\mid A_k)}{P(A_1)P(B\mid A_1)+P(A_2)P(B\mid A_2)+\cdots+P(A_n)P(B\mid A_n)},$$

称为**贝叶斯公式**(Bayesian formula),也称为**后验公式**.

例 10 发报台分别以概率 0.6 和 0.4 发出信号"."和"—",由于通信系统受到干扰,当发出信号"."时,收报台未必收到信号".",而是分别以 0.8 和 0.2 的概率收到"."和"—";同样,发出"—"时,分别以 0.9 和 0.1 的概率收到"—"和".". 如果收报台收到".",求它没收错的概率.

解 设 A:"发报台发出信号.",则 $\overline{A}$:"发报台发出信号—",B:"收报台收到.",则 $\overline{B}$:"收报台收到—".

由题意可知,$P(A)=0.6$,$P(\overline{A})=0.4$,$P(B\mid A)=0.8$,$P(\overline{B}\mid A)=0.2$,$P(\overline{B}\mid \overline{A})=0.9$,$P(B\mid \overline{A})=0.1$.

根据贝叶斯公式,可以得到:

$$P(A \mid B)=\frac{P(AB)}{P(B)}=\frac{P(A)P(B\mid A)}{P(A)P(B\mid A)+P(\overline{A})P(B\mid \overline{A})}$$

$$=\frac{0.6\times0.8}{0.6\times0.8+0.4\times0.1}=0.923.$$

例 11 设某批产品中,甲、乙、丙三厂的产品分别占 45%、35%、20%,各厂的产品次品率分别为 4%、2%、5%,现从中任取一件:

(1) 求取到的是次品的概率;

(2) 经检验发现取到的产品是次品,求该产品是甲厂生产的概率.

解 设 A_1:"该产品是甲厂生产的";A_2:"该产品是乙厂生产的";A_3:"该产品是丙厂生产的";B:"该产品是次品".

由题意知:$P(A_1)=45\%$,$P(A_2)=35\%$,$P(A_3)=20\%$,$P(B\mid A_1)=4\%$,$P(B\mid A_2)=2\%$,$P(B\mid A_3)=5\%$.

(1) 由全概率公式得

$$P(B)=P(A_1)P(B\mid A_1)+P(A_2)P(B\mid A_2)+P(A_3)P(B\mid A_3)$$

$$=45\%\times4\%+35\%\times2\%+20\%\times5\%=3.5\%.$$

(2) 由贝叶斯公式得

$$P(A_1 \mid B)=\frac{P(A_1)P(B\mid A_1)}{P(B)}=\frac{45\%\times4\%}{3.5\%}=51.4\%.$$

例 12 根据以往的记录,某种诊断肝炎的试验有如下效果:对肝炎病人的试验呈阳性的概率为 0.95;对非肝炎病人的试验呈阴性的概率为 0.95. 对自然人群进行普查的结果为:有 5‰ 的人患有肝炎. 现有某人做此试验结果为阳性,问此人确有肝炎的概率为多少?

解 设 A:"某人做此试验结果为阳性";B:"某人确有肝炎",则

$$P(A \mid B)=0.95,\quad P(\overline{A} \mid B)=0.95,\quad P(B)=0.005.$$

从而 $P(\overline{B})=1-P(B)=0.995$,$P(A\mid \overline{B})=1-P(\overline{A}\mid \overline{B})=0.05$.

根据贝叶斯公式,可以得到

$$P(B \mid A) = \frac{P(BA)}{P(A)} = \frac{P(B)P(A \mid B)}{P(B)P(A \mid B) + P(\bar{B})P(A \mid \bar{B})} = 0.087.$$

习题 1-4

1. 多项选择题

(1) 已知 $P(B) > 0$,且 $A_1 A_2 = \varnothing$,则( )成立.

    A. $P(A_1 \mid B) \geqslant 0$

    B. $P((A_1 \bigcup A_2) \mid B) = P(A_1 \mid B) + P(A_2 \mid B)$

    C. $P(A_1 A_2 \mid B) = 0$

    D. $P(\overline{A_1} \bigcap \overline{A_2} \mid B) = 1$

(2) 若 $P(A) > 0$,$P(B) > 0$,且 $P(A \mid B) = P(A)$,则( )成立.

    A. $P(B \mid A) = P(B)$ B. $P(\bar{A} \mid B) = P(\bar{A})$

    C. A, B 相容   D. A, B 互不相容

2. 已知 $P(A) = \dfrac{1}{3}$,$P(B \mid A) = \dfrac{1}{4}$,$P(A \mid B) = \dfrac{1}{6}$,求 $P(A \bigcup B)$.

3. 某种灯泡能用到 3000h 以上的概率为 0.8,能用到 3500h 以上的概率为 0.7. 求一只已用到了 3000h 仍未损坏的此种灯泡,还可以再用 500h 以上的概率.

4. 设甲袋子中装有 n 只白球,m 只红球;乙袋子中装有 N 只白球,M 只红球. 今从甲袋子中任取一只球放入乙袋子中,再从乙袋子中任取一只球. 问取到白球的概率是多少?

5. 设某光学仪器厂制造的透镜,第一次落下时打破的概率为 1/2,若第一次落下未打破第二次落下打破的概率为 7/10,若前两次落下未打破,第三次落下打破的概率为 9/10. 试求透镜落下三次而未打破的概率.

6. 盒中有 3 个红球,2 个白球,每次从盒中任取一只,观察其颜色后放回,并再放入一只与所取之球颜色相同的球,若从盒中连续取球 4 次,试求第 1 次、第 2 次取得白球、第 3 次、第 4 次取得红球的概率.

7. 甲、乙两台机器制造大量的同一类型零件,根据长期资料的总结,甲机器制造出的零件次品率为 1%,乙机器制造出的零件次品率为 2%. 现有一批它们共同生产的此类零件,已知乙机器制造的零件数量比甲机器大一倍,今从该批零件中任意取一件,经检查恰好是次品,试计算这个零件为甲机器制造的概率.

8. 两个袋子中装有同类型的零件,第一个袋子中装有 60 只,其中 15 只一等品;第二个袋子中装有 40 只,其中 15 只一等品. 在以下两种取法下,求恰好取到一只一等品的概率:(1)将两个袋子都打开,取出所有的零件混放在一堆,从中任取一只零件;(2)先从两个袋子中任意挑出一个袋子,然后再从该袋子中随机地取出一只零件.

9. 北京市 2008 年调查显示:男性色盲的发病率为 7%,女性色盲的发病率为 0.5%. 今有一人到医院求治色盲,求此人为女性的概率(男:女=0.502:0.498).

1.5 事件的独立性

设 A, B 是两个事件,一般而言 $P(A) \neq P(A \mid B)$,这表示事件 B 的发生对事件 A 的发生有影响,只有当 $P(A) = P(A \mid B)$ 时,才可以认为 B 的发生对 A 的发生毫无影响,这时就

称两事件是独立的. 由乘法公式可知

$$P(AB) = P(B)P(A \mid B) = P(B)P(A) = P(A)P(B).$$

由此, 我们引出下面的定义.

定义 1　若两事件 A, B 满足 $P(AB) = P(A)P(B)$, 则称 A, B **相互独立**.

定理 1　设 A, B 是两个事件, 且 $P(A) > 0$, 若 A, B 相互独立, 则 $P(A|B) = P(A)$.

定理 2　若 $P(A) > 0$, $P(B) > 0$, 则 A, B 相互独立与互不相容不能同时成立.

定理 3　若四对事件 $\{A, B\}, \{\overline{A}, B\}, \{A, \overline{B}\}, \{\overline{A}, \overline{B}\}$ 中有一对是相互独立的, 则另外三对也是相互独立的.

在实际问题中, 一般不用定义来判断两事件 A, B 是否相互独立, 而是从试验的具体背景分析它们有无关联, 是否独立. 如果独立, 则可以用定义中的公式来计算积事件的概率.

下面将独立性的概念推广到三个事件的情况.

定义 2　设 A, B, C 是三个事件, 如果满足等式:

$$P(AB) = P(A)P(B),$$
$$P(BC) = P(B)P(C),$$
$$P(AC) = P(A)P(C),$$
$$P(ABC) = P(A)P(B)P(C),$$

则称 A, B, C 相互独立.

例 1　两导弹彼此独立地射击一架敌机, 设甲导弹击中敌机的概率为 0.9, 乙导弹击中敌机的概率为 0.8, 求敌机被击中的概率.

解　设 A:"甲导弹击中敌机", B:"乙导弹击中敌机", 则 $A \bigcup B = \{敌机被击中\}$, 因为 A 与 B 相互独立, 故

$$P(A \bigcup B) = P(A) + P(B) - P(AB) = P(A) + P(B) - P(A)P(B)$$
$$= 0.9 + 0.8 - 0.9 \times 0.8 = 0.98.$$

注：事件的独立性与互斥是两回事, 互斥表示两个事件不能同时发生, 而独立性表示它们彼此不影响.

例 2　某产品的生产分 4 道工序完成, 第一、二、三、四道工序生产的次品率分别为 $2\%, 3\%, 5\%, 3\%$, 各道工序独立完成, 求该产品的次品率.

解　设 A:"该产品是次品", A_i:"第 i 道工序生产出次品", $i = 1, 2, 3, 4$, 则
$$P(A) = 1 - P(\overline{A}) = 1 - P(\overline{A_1} \overline{A_2} \overline{A_3} \overline{A_4}) = 1 - P(\overline{A_1})P(\overline{A_2})P(\overline{A_3})P(\overline{A_4})$$
$$= 1 - (1 - 0.02)(1 - 0.03)(1 - 0.05)(1 - 0.03) = 0.124.$$

事件的相互独立性概念可推广到多个事件的情形.

定义 3　设 $A_1, A_2, \cdots, A_n$ 是 n 个事件, 若对任意整数 $k(1 < k \leqslant n), 1 \leqslant i_1 < i_2 < \cdots < i_k \leqslant n$, 有

$$P(A_{i_1} A_{i_2} \cdots A_{i_k}) = P(A_{i_1})P(A_{i_2})\cdots P(A_{i_k})$$

成立, 则称事件 $A_1, A_2, \cdots, A_n$ 相互独立.

例 3　对某一目标依次进行了三次独立地射击, 设第一、二、三次射击的命中率分别为 0.4, 0.5 和 0.7, 试求:

(1) 三次射击中恰好有一次命中的概率.

（2）三次射击中至少有一次命中的概率.

解 令 A_i："第 i 次射击命中目标"，$i=1,2,3$；B："三次中恰好有一次命中"；C："三次中至少有一次命中". 则

$$B = A_1\overline{A_2}\,\overline{A_3} \bigcup \overline{A_1}A_2\overline{A_3} \bigcup \overline{A_1}\,\overline{A_2}A_3,$$
$$C = A_1 \bigcup A_2 \bigcup A_3.$$

由 A_1,A_2,A_3 的独立性知

（1）$P(B) = P(A_1\overline{A_2}\,\overline{A_3}) + P(\overline{A_1}A_2\,\overline{A_3}) + P(\overline{A_1}\,\overline{A_2}A_3)$
$\qquad\quad = P(A_1)P(\overline{A_2})P(\overline{A_3}) + P(\overline{A_1})P(A_2)P(\overline{A_3}) + P(\overline{A_1})P(\overline{A_2})P(A_3)$
$\qquad\quad = 0.4\times0.5\times0.3 + 0.6\times0.5\times0.3 + 0.6\times0.5\times0.7 = 0.36.$

（2）$P(C) = P(A_1 \bigcup A_2 \bigcup A_3) = P(\overline{A_1 \bigcup A_2 \bigcup A_3}) = 1 - P(\overline{A_1}\overline{A_2}\overline{A_3})$
$\qquad\quad = 1 - 0.6\times0.5\times0.3 = 0.91.$

习题 1-5

1. 多项选择题

（1）对于事件 A 与 B，以下命题正确的是（ ）.

  A. 若 A,B 互不相容，则 $\overline{A},\overline{B}$ 也互不相容

  B. 若 A,B 相容，则 $\overline{A},\overline{B}$ 也相容

  C. 若 A,B 独立，则 $\overline{A},\overline{B}$ 也独立

  D. 若 A,B 对立，则 $\overline{A},\overline{B}$ 也对立

（2）若事件 A 与 B 独立，且 $P(A)>0$，$P(B)>0$，则（ ）成立.

  A. $P(B|A) = P(B)$ B. $P(\overline{A}|B) = P(\overline{A})$

  C. A,B 相容   D. A,B 不相容

2. 一射击选手在 2008 年北京奥运会上对同一目标进行四次独立地射击，若至少射中一次的概率为 80/81，求此射手每次射击的命中率.

3. 甲、乙、丙三人各自独立地向同一目标射击一次，已知甲、乙、丙击中目标的概率分别是 $0.7,0.5,0.6$，求：

（1）只有甲击中目标的概率；

（2）至少有一人击中目标的概率.

4. 已知 $P(A)=p,P(B)=q,P(A\bigcup\overline{B})=1-q+pq$，证明 $A,\overline{B}$ 相互独立.

5. 证明：事件 A 与事件 B 相互独立的充要条件是 $P(A|B)=P(A|\overline{B})$.

6. 甲、乙、丙三人同时各用一发子弹对目标进行射击，三人各自击中目标的概率分别是 $0.4,0.5,0.7$. 目标被击中一发而冒烟的概率为 0.2，被击中两发而冒烟的概率为 0.6，被击中三发则必定冒烟，求目标冒烟的概率.

7. 某人向同一目标独立重复射击，每次射击命中目标的概率为 $p(0<p<1)$，则此人第 4 次射击恰好第 2 次命中目标的概率是多少？

小结

1. 本章介绍了随机事件与样本空间的概念，事件的关系与运算；给出了概率的公理化定义，概率加法公式，条件概率与乘法定理，并介绍了全概率公式与贝叶斯概率公式，讨论了

事件的独立性问题.

2. 事件的关系与运算和集合论的有关知识相一致. 如事件的包含关系可以表示为集合的包含关系;事件的和、积相当于集合的并、交,事件的对立相当于集合的互补.

3. 古典概型是一种直观的概率模型,它的样本空间是有限的,且各样本点的发生是等可能的. 计算古典概率必须要知道样本空间所包含的样本点总数和事件 A 所包含的样本点数.

4. 为了研究相互关联事件的概率,必须了解概率的加法公式、条件概率与概率乘法公式. 在应用加法公式时首先要搞清楚所涉及的事件是否互斥. 使用概率的乘法公式时,首先要搞清楚所涉及的事件是否相互独立,了解事件的独立性以及事件的互不相容性对于计算一些事件的概率可起到简化作用.

5. 全概率公式 $P(B) = \sum_{i=1}^{n} P(A_i)P(B \mid A_i)$ 中要求 $A_i(i=1,2,\cdots,n)$ 是样本空间的一个划分. 贝叶斯公式 $P(A_j \mid B) = \dfrac{P(A_j)P(B \mid A_j)}{\sum_{i=1}^{n} P(A_i)P(B \mid A_i)}$ 是求后验概率而得到的. 它与全概率公式中求先验概率问题恰是对立的.

知识结构脉络图

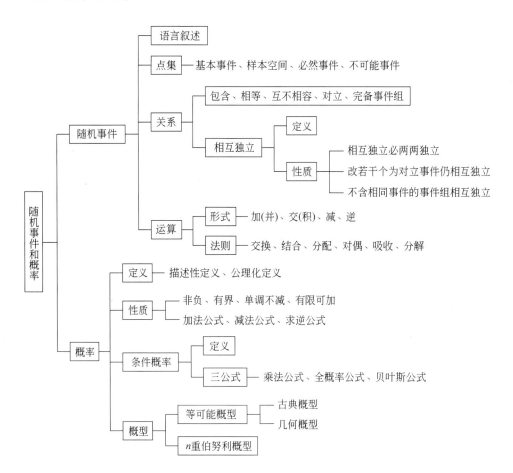

总习题 1

1. 房间里有 12 个人,分别佩戴从 1 号到 12 号的纪念章,任选 3 人记录其纪念章号码.
(1) 求最小号码是 4 的概率;
(2) 求最大号码是 4 的概率.

2. 从 4 双不同鞋子中任取 3 只,问这 3 只鞋子中有两只配成一双的概率.

3. 根据国家统计资料,三口之家患有 AIDS 病有如下规律:$P\{孩子得病\}=0.6$,$P\{母亲得病|孩子得病\}=0.5$,$P\{父亲得病|母亲及孩子得病\}=0.4$,求母亲及孩子得病且父亲未得病的概率.

4. 用 3 个机床加工同一种零件,3 个机床加工的零件分别占总产品的 50%,30%,20%,各机床加工的零件中合格品的概率分别为 0.94,0.9,0.95,求从总产品中任意取一件产品为合格品的概率.

5. 甲、乙、丙 3 部机床独立地工作,由 1 个人照管,某段时间,它们不需要照管的概率分别是 0.9,0.8,0.85,求在这段时间内,机床因无人照管而停工的概率.

自测题 1

一、填空题(每小题 4 分,共 20 分)

1. A,B 是两个随机事件,$P(A)=0.7$,$P(A-B)=0.3$,则 $P(AB)=$_____.

2. 三个人独立地破译密码,他们能译出的概率分别为 $\frac{1}{5}$、$\frac{1}{4}$、$\frac{1}{3}$,此密码能被译出的概率为_____.

3. A,B 是两个随机事件,且相互独立,已知 $P(A)=0.7$,$P(B)=0.6$,则 $P(AB)=$_____.

4. A,B 是两个随机事件,且相互独立,已知 $P(A)=0.2$,$P(B)=0.5$,则 $P(A\cup B)=$_____.

二、选择题(每小题 4 分,共 20 分)

1. 下列事件与事件 $A-B$ 不等价的是( ).
   A. $A-AB$
   B. $(A\cup B)-B$
   C. $\overline{A}B$
   D. $A\overline{B}$

2. A,B 为两事件,若 $P(A\cup B)=0.8$,$P(A)=0.2$,$P(\overline{B})=0.4$,则( ).
   A. $P(\overline{AB})=0.32$
   B. $P(\overline{A}B)=0.2$
   C. $P(B-A)=0.4$
   D. $P(\overline{B}A)=0.48$

3. 设 A,B 为任意两事件,且 $A\subset B$,$P(B)>0$,则下列选项必然成立的是( ).
   A. $P(A)<P(A|B)$
   B. $P(A)\leqslant P(A|B)$
   C. $P(A)>P(A|B)$
   D. $P(A)\geqslant P(A|B)$

4. 设 A,B 为两个独立事件,$P(A)>0$,$P(B)>0$,则一定有 $P(A\cup B)=$( ).
   A. $P(A)+P(B)$
   B. $1-P(\overline{A})P(\overline{B})$

C. $1+P(\overline{A})P(\overline{B})$ 　　　　　　　　D. $1-P(\overline{AB})$

5. 设 A,B 为随机事件,且 $P(B)>0,P(A|B)=1$,则必有(　　).

　　A. $P(A\cup B)>P(A)$ 　　　　　　B. $P(A\cup B)>P(B)$

　　C. $P(A\cup B)=P(A)$ 　　　　　　D. $P(A\cup B)=P(B)$

三、解答题(每题 10 分共 60 分)

1. 某教研室共有 10 名教师,其中 7 名男教师,现该教研室要任选 3 名优秀教师,问 3 名教师中至少有 1 名女教师的概率是多少?

2. 对以往数据分析结果表明,当机器调整的良好时,产品合格率为 98%,而当机器发生故障时,其合格率为 55%.每天早上机器开动时,机器调整良好的概率为 95%.试求已知某日早上第一件产品是合格品时,机器调整良好的概率是多少?

3. 当 $P(B|A)<P(B)$ 时称 A 不利于 B,当 $P(A|B)<P(A)$ 时称 B 不利于 A,试证明:若 A 不利于 B,则 B 也不利于 A.

4. 一道考题同时列出四个答案,要求学生把其中的一个正确答案选择出来.假设他知道正确答案的概率为 0.5,而乱猜的概率也是 0.5,如果他乱猜猜对的概率为 0.25,并且已知他答对了,试求他确实知道正确答案的概率.

5. 甲、乙两人向同一目标独立地各射击一次,命中率分别为 $\dfrac{1}{3}$,$\dfrac{1}{2}$,(1)试计算目标被命中的概率;(2)如果已知目标被击中,计算它被甲命中的概率.

6. 设同一年级有两个班:一班 50 名学生,其中 10 名女生;二班 30 名学生,其中 18 名女生.在两班中任选一个班,然后从中先后挑出两名学生,试求:

(1) 先选出的是女生的概率;

(2) 在已知先选出的是女生的条件下,后选出的学生也是女生的概率.

第2章

随机变量及其分布

随机变量是人们运用数学分析方法解决概率问题的切入点,它在两个数学分支之间搭起了一座桥梁,随机变量的引入是概率论发展史上的重大事件.本章将介绍常见的两类随机变量——离散型随机变量和连续型随机变量,并且给出研究其分布的三种工具,最后介绍随机变量函数的分布.

2.1 随机变量

在实际问题中,随机试验的结果可以用数来表示,样本空间本身就是一个数集.

例1 掷一颗骰子,观察面上出现的点数,样本空间 $S_1 = \{1,2,3,4,5,6\}$. 如果我们用一个变量 X 表示掷出的点数,则 $\{X=3\}$ 表示随机事件 $\{$掷出 3 点$\}$;$\{X=i\}$ 表示随机事件 $\{$掷出 i 点$\}$,而且 $P\{X=i\} = \dfrac{1}{6}, i=1,2,3,4,5,6$. 由此可见,变量 X 可以用来描述随机试验的结果,而且 X 的取值由随机试验结果而定.

例2 记录某城市 120 急救电话台一昼夜接到的呼救次数. 样本空间 $S_2 = \{0,1,2,\cdots\}$. 如果用一个变量 X 表示接到的呼救次数,则 $\{$至少接到 3 次呼救$\}$ 这一随机事件可以表示为 $\{X \geqslant 3\}$,而 $\{X \leqslant 3\}$ 表示随机事件 $\{$接到的呼救次数不超过 3 次$\}$. 由此可见,变量 X 不但可以用来描述随机试验的结果,而且还可以用它的关系式表示随机事件.

在有些随机试验中,试验结果看起来与数值无关,那么能否类似引入一个变量 X 来描述随机试验的结果,如何引入呢?

例3 抛硬币试验.试验只有两个可能出现的结果,正面朝上或反面朝上,可令

$$X = \begin{cases} 1, & \text{正面朝上,} \\ 0, & \text{反面朝上,} \end{cases}$$

则

$$P\{X=1\} = \frac{1}{2}, \quad P\{X=0\} = \frac{1}{2}.$$

也可令

$$X = \begin{cases} 1, & \text{正面朝上,} \\ 2, & \text{反面朝上,} \end{cases}$$

则

$$P\{X=1\}=\frac{1}{2},\quad P\{X=2\}=\frac{1}{2}.$$

因此,无论什么样的随机试验,都可以通过一个变量的不同取值来描述它的全部可能试验结果.具体分以下两种情况:

(1) 有些试验结果本身与数值有关(本身就是一个数).直接引入变量 X 描述试验结果.

(2) 有些试验结果原本与数值无关,也可以定义一个变量来描述它的各种结果.也就是说,把试验结果数值化.正如裁判员在运动场上不叫运动员的名字而叫号码一样,二者建立了一种对应关系.

这种对应关系在数学上理解为定义了一种实值函数.

定义 设随机试验 E 的样本空间为 $S=\{e\}$,若对任意的 $e\in S$,有唯一的实数 $X(e)$ 与之对应,则称 $X(e)$ 为**随机变量**(random variable).

图 2-1 画出了样本点与实数的对应关系图.

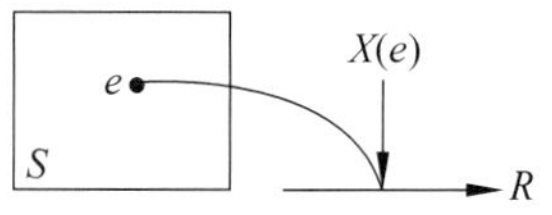

随机变量通常用大写字母 X,Y,Z 等表示,而表示随机变量所取的值时,一般采用小写字母 x,y,z 等.

图 2-1

引入随机变量有什么意义呢? 有了随机变量,随机试验中的各种事件就可以通过随机变量的关系式表达出来.这可以使我们把对随机事件的研究转化为对随机变量在某一范围内取值的研究,从而可以利用高等数学作为工具去研究随机试验的整体概率规律.

例如,从某一学校随机选一学生,测量他的身高,令 X 表示他的身高,则 X 是一个随机变量,可以把相关事件的概率用随机变量 X 来表示. 如 $P\{X\geqslant1.7\}=?$ $P\{X\leqslant1.5\}=?$ $P\{1.5<X<1.7\}=?$

在研究随机变量时,必须要弄清两个问题:

(1) 随机变量的所有可能取值是什么?

(2) 随机变量取每一个值的概率是多少?

随机变量依据概率取值的规律称为 X 的**概率分布**(random distribution).了解随机变量,必须了解它的概率分布,因此下面先将随机变量进行分类.

按照随机变量所有可能取值的特点,可以把随机变量分为两类:

(1) 离散型随机变量(discrete random variable): X 的所有可能取值可以一一列举,如"掷一颗骰子出现的点数","一小时内传呼台收到的呼救次数"等,即所有可能取值能按照一定顺序排列起来,表示成数列 $x_1,x_2,\cdots,x_k,\cdots$.

(2) 非离散型随机变量(undiscrete random variable): X 的全部可能取值不仅无穷多,而且还不能一一列举,一般说来,X 的取值充满一个区间. 非离散型随机变量的范围很广,而其中最重要也最常见的是连续型随机变量.非离散型随机变量的例子如"电视机的使用寿命",实际中常遇到的"测量误差"等.

2.2 离散型随机变量及其分布

要掌握一个离散型随机变量 X 的统计规律,必须且只需知道 X 的所有可能取值以及取每一个值的概率.首先介绍研究随机变量取值规律性的第一个工具——分布律.

定义 1 设离散型随机变量 X 的所有可能取值为 $x_k(k=1,2,\cdots)$,X 取各个可能值的概率,即事件 $\{X=x_k\}$ 的概率为

$$P\{X=x_k\}=p_k,\quad k=1,2,\cdots,$$

则称上式为离散型随机变量 X 的**分布律**(distributing law). 它清楚而完整地表示了 X 取值的概率分布状况.

离散型随机变量的分布律也可以用表格形式表示为

X	x_1	x_2	$\cdots$	x_k	$\cdots$
p_k	p_1	p_2	$\cdots$	p_k	$\cdots$

其中第一行表示 X 的一切可能取值,第二行表示 X 取相应值的概率,即

$$P\{X=x_k\}=p_k,\quad k=1,2,\cdots.$$

离散型随机变量的分布律满足如下两条基本性质:

(1) 非负性:$p_k\geqslant 0,k=1,2,\cdots$;

(2) 规范性:$\sum\limits_k p_k=1.$

分布律的这两个性质可以利用概率的性质证明.

证明 (1) 由于概率值是非负的,所以

$$p_k=P\{X=x_k\}\geqslant 0,\quad k=1,2,\cdots,$$

即性质(1)成立.

(2) 由于 X 的全部可能取值为 $x_1,x_2,\cdots,x_k,\cdots$,所以

$$S=\{X=x_1\}\bigcup\{X=x_2\}\bigcup\cdots\bigcup\{X=x_k\}\bigcup\cdots,$$

利用概率的可列可加性,则

$$1=P(S)=P\{X=x_1\}+P\{X=x_2\}+\cdots+P\{X=x_k\}+\cdots,$$

即性质(2)成立.

例 1 设袋中有编号为 $1,2,3,4,5$ 的 5 只乒乓球,现从中任取 3 只,以 X 表示所取的 3 只球中的最大号码,求 X 的分布律.

解 由题意知,X 的可能取值为 $3,4,5$. 由古典概型的计算公式易知

$$P\{X=3\}=\frac{C_3^3}{C_5^3}=\frac{1}{10},$$

$$P\{X=4\}=\frac{C_3^2}{C_5^3}=\frac{3}{10},$$

$$P\{X=5\}=\frac{C_4^2}{C_5^3}=\frac{6}{10},$$

即为 X 的分布律. 或写成表格形式:

X	3	4	5
p_k	$\dfrac{1}{10}$	$\dfrac{3}{10}$	$\dfrac{6}{10}$

　　显然所求得的分布律满足两条基本性质.通过分布律这个工具,随机变量 X 的取值概率规律一目了然.

　　例 2　设随机变量 X 的分布律为

$$P\{X = k\} = a\frac{\lambda^k}{k!}, \quad k = 0,1,2,\cdots,\lambda > 0,$$

试确定常数 a.

　　解　利用分布律的性质 $\displaystyle\sum_k p_k = 1$,可得

$$\sum_{k=0}^{\infty} a\frac{\lambda^k}{k!} = 1.$$

由常见的幂级数展开式 $\mathrm{e}^{\lambda} = \displaystyle\sum_{k=0}^{\infty}\frac{\lambda^k}{k!}$,故有

$$\sum_{k=0}^{\infty} a\frac{\lambda^k}{k!} = a\mathrm{e}^{\lambda} = 1,$$

从中解得

$$a = \mathrm{e}^{-\lambda}.$$

　　对于离散型随机变量,重点掌握以下几个常见的离散型随机变量及其分布,并注意其在实际中的应用.

一、两点分布(0-1 分布)

　　定义 2　设离散型随机变量 X 的分布律为

$$P\{X = 0\} = 1 - p, \quad P\{X = 1\} = p,$$

或

X	0	1
p_k	$1-p$	p

其中 $0 < p < 1$,则称随机变量 X 服从**两点分布**(two-point distribution),也称 **0-1 分布**.记为 $X \sim B(1,p)$.

　　两点分布可用来描述一切只有两个可能结果的随机试验.对于随机试验 E,如果人们只关心两个相互对立的结果,即样本空间可以表示为 $S = \{e_1, e_2\}$,定义

$$X = \begin{cases} 1, & \text{当 } e_1 \text{ 出现,} \\ 0, & \text{当 } e_2 \text{ 出现,} \end{cases}$$

则 X 服从两点分布.生活中这样的具体例子很多,例如,掷一枚均匀的硬币出现正面还是反面;抽查新生婴儿的性别;检验产品的质量是否合格等,都可以用服从两点分布的随机变量来描述试验结果.两点分布是生活中常见的一种简单分布.

二、二项分布

定义 3 设随机试验 E 只有两个可能出现的结果：A 与 $\overline{A}$，则称 E 为伯努利 (Bernoulli) 试验. 设 $P(A)=p(0<p<1)$，此时 $P(\overline{A})=1-p$. 将伯努利试验独立、重复地进行 n 次，称为 **n 重伯努利试验**.

所谓重复是指每次试验事件 A 出现的概率都是 p，A 不出现的概率都是 $1-p$，即每次试验时 $P(A)=p$ 保持不变. 所谓独立是指各次试验结果之间彼此互不影响，即若以 C_i 记第 i 次试验的结果，C_i 为 A 或 $\overline{A}$，其中 $i=1,2,\cdots,n$. "独立"是指

$$P(C_1 C_2 \cdots C_n) = P(C_1)P(C_2)\cdots P(C_n).$$

n 重伯努利试验是一种很重要的数学模型，它有着广泛的应用，是研究最多的概率模型之一.

以 X 表示 n 重伯努利试验中事件 A 出现的次数，X 是离散型随机变量，考虑它的分布律.

显然 X 的所有可能取值是 $0,1,2,\cdots,n$. 下面寻求 $P\{X=k\}=p_k$，$k=0,1,2,\cdots,n$.

若求在 n 重伯努利试验中事件 A 出现 k 次的概率，先求事件 A 在指定的 k 次试验中出现的概率，比如事件 A 在指定的前 k 次试验中出现，在后面的 $n-k$ 次试验中不出现的概率为

$$\underbrace{p \cdot p \cdots \cdot p}_{k\text{个}} \cdot \underbrace{(1-p)\cdot(1-p)\cdot\cdots\cdot(1-p)}_{n-k\text{个}} = p^k(1-p)^{n-k}.$$

这种指定方式共有 C_n^k 种，它们是两两互不相容的，故在 n 重伯努利试验中事件 A 出现 k 次的概率为

$$C_n^k p^k(1-p)^{n-k},$$

即 X 的分布律为

$$P\{X=k\} = C_n^k p^k(1-p)^{n-k}, \quad k=0,1,2,\cdots,n.$$

若记 $q=1-p$，X 的分布律还可以记为

$$P\{X=k\} = C_n^k p^k q^{n-k}, \quad k=0,1,2,\cdots,n.$$

显然有

$$P\{X=k\} \geqslant 0, \quad \sum_{k=0}^{n} C_n^k p^k q^{n-k} = (p+q)^n = 1.$$

故 X 的分布律满足两条基本性质. 由于 X 取各个值的概率恰好是 $(p+q)^n$ 按二项公式展开式的各项，所以有如下定义.

定义 4 若离散型随机变量 X 的分布律为

$$P\{X=k\} = C_n^k p^k q^{n-k}, \quad k=0,1,2,\cdots,n,$$

其中 $0<p<1$，$q=1-p$，则称 X 服从参数为 n,p 的二项分布，简称 X 服从**二项分布** (binomial distribution)，记为 $X \sim B(n,p)$.

显然，当 $n=1$ 时，二项分布就退化为两点分布，即

$$P\{X=k\} = p^k q^{1-k}, \quad k=0,1.$$

两点分布是二项分布的特殊情况.

例 3 一批种子的发芽率为 0.9，如果每次任意选 3 粒进行播种，求发芽的种子数 X 的

分布律.

解 观察 3 粒种子是否发芽可以看作 3 重伯努利试验.

设 $A=\{$任选的一粒种子发芽了$\}$，则

$$P(A)=0.9,$$

故

$$X \sim B(3,0.9).$$

X 的分布律为

$$P\{X=k\}=C_3^k\,0.9^k\,0.1^{3-k}, \quad k=0,1,2,3,$$

或写成表格形式：

X	0	1	2	3
p_k	0.001	0.027	0.243	0.729

例 4 一张考卷上有 5 道选择题，每道题列出 4 个可能答案，其中只有一个答案是正确的.某学生靠猜测至少能答对 4 道题的概率是多少？

解 设 $A=\{$答对一道题$\}$，则

$$P(A)=\frac{1}{4}.$$

X：该学生靠猜测能答对的题数，则

$$X \sim B\left(5,\frac{1}{4}\right).$$

$$P\{X \geqslant 4\}=P\{X=4\}+P\{X=5\}=C_5^4\left(\frac{1}{4}\right)^4 \times \frac{3}{4}+\left(\frac{1}{4}\right)^5=\frac{1}{64},$$

所以学生靠猜测至少能答对 4 道题的概率是 $\frac{1}{64}$.

例 5 甲、乙两选手进行乒乓球单打比赛，如果每一局甲胜的概率为 0.6，乙胜的概率为 0.4，比赛时可以采用三局二胜制（打三局）或五局三胜制（打五局），试分析在哪一种赛制下，甲选手获胜的可能性大？

解 设 $A=\{$打一局甲获胜$\}$，则 $\overline{A}=\{$打一局乙获胜$\}$.由题意有

$$P(A)=0.6, \quad P(\overline{A})=0.4.$$

打一局比赛看作伯努利试验，打三局比赛即 3 重伯努利试验.

设三局比赛中甲获胜的次数为 X，则

$$X \sim B(3,0.6),$$

甲选手获胜的概率为

$$P\{X \geqslant 2\}=P\{X=2\}+P\{X=3\}=C_3^2 \times 0.6^2 \times 0.4+C_3^3 \times 0.6^3=0.648.$$

设五局比赛中甲获胜的次数为 Y，则

$$Y \sim B(5,0.6),$$

甲选手获胜的概率为

$$P\{Y \geqslant 3\} = P\{Y = 3\} + P\{Y = 4\} + P\{Y = 5\}$$
$$= C_5^3 \times 0.6^3 \times 0.4^2 + C_5^4 \times 0.6^4 \times 0.4 + C_5^5 \times 0.6^5$$
$$= 0.68256.$$

显然采取五局三胜制甲选手获胜的可能性更大.

三、泊松分布

定义 5　设离散型随机变量 X 的所有可能取值为 $0,1,2,\cdots$,且取各个值的概率为

$$P\{X = k\} = \frac{\lambda^k \mathrm{e}^{-\lambda}}{k!}, \quad k = 0,1,2,\cdots,$$

其中 $\lambda > 0$ 为常数,则称随机变量 X 服从参数为 λ 的泊松分布(Poisson distribution),记作 $X \sim \pi(\lambda)$.

易知泊松分布满足离散型随机变量分布律的两个基本性质:

(1) $P\{X = k\} = \dfrac{\lambda^k \mathrm{e}^{-\lambda}}{k!} \geqslant 0, k = 0,1,2,\cdots;$

(2) $\displaystyle\sum_k p_k = \sum_{k=0}^{\infty} \frac{\lambda^k \mathrm{e}^{-\lambda}}{k!} = \mathrm{e}^{-\lambda} \sum_{k=0}^{\infty} \frac{\lambda^k}{k!} = \mathrm{e}^{-\lambda} \cdot \mathrm{e}^{\lambda} = 1$

具有泊松分布的随机变量在实际应用中是很多的,例如,某医院在一天中接到的急诊病人数,某一地区一段时间间隔内发生交通事故的次数等. 书末附有泊松分布表,可以查表计算概率值.

泊松分布与二项分布存在着某种内在的联系,它体现在下列的定理中.

定理　设随机变量 X 服从二项分布 $X \sim B(n,p)$,则当 n 充分大时,记 $\lambda = np$,X 近似服从泊松分布 $X \sim \pi(\lambda)$,即下面的近似等式成立:

$$P\{X = k\} = C_n^k p^k q^{n-k} \approx \frac{\lambda^k \mathrm{e}^{-\lambda}}{k!}, \quad k = 0,1,2,\cdots,n.$$

证明　$C_n^k p^k q^{n-k} = \dfrac{n!}{k!(n-k)!} p^k (1-p)^{n-k}$

$$= \frac{n(n-1)\cdots(n-k+1)}{k!}\left(\frac{\lambda}{n}\right)^k \left(1 - \frac{\lambda}{n}\right)^{n-k}$$

$$= \frac{\lambda^k}{k!}\left(1 - \frac{1}{n}\right)\cdots\left(1 - \frac{k-1}{n}\right)\left(1 - \frac{\lambda}{n}\right)^{n-k}.$$

因为 $\displaystyle\lim_{n \to \infty}\left(1 - \frac{\lambda}{n}\right)^{n-k} = \mathrm{e}^{-\lambda}$,所以有

$$\lim_{n \to \infty} C_n^k p^k q^{n-k} = \frac{\lambda^k \mathrm{e}^{-\lambda}}{k!}, \quad k = 0,1,2,\cdots,n.$$

从而当 n 充分大时,近似地有

$$P\{X = k\} = C_n^k p^k q^{n-k} \approx \frac{\lambda^k \mathrm{e}^{-\lambda}}{k!}, \quad k = 0,1,2,\cdots,n.$$

这一定理的证明过程中,$p = \dfrac{\lambda}{n}$. 一般来说,当 $n \geqslant 10, p \leqslant 0.1$ 时,二项分布近似于泊松分布.

例 6　设某班车发车时有 50 个乘客,每位乘客在中途下车的概率为 0.05,且中途下车与否相互独立,以 X 表示在中途下车的人数,求中途不超过 5 人下车的概率。

解 由题意,显然 $X \sim B(50, 0.05)$,

$$P\{X \leqslant 5\} = \sum_{k=0}^{5} C_{50}^k \, 0.05^k (1 - 0.05)^{50-k}.$$

利用近似公式, $\lambda = np = 2.5$,

$$P\{X \leqslant 5\} \approx \sum_{k=0}^{5} \frac{2.5^k}{k!} e^{-2.5} = 1 - \sum_{k=6}^{\infty} \frac{2.5^k}{k!} e^{-2.5} = 0.042021.$$

例 7 某救援站在长度为 t(单位:h)的时间间隔内,收到救援信号的次数与时间间隔的起点无关,服从 $\pi\left(\dfrac{t}{2}\right)$ 分布,试求某一天 12 时至 17 时至少收到一次援助信号的概率.

解 设该天 12 时至 17 时收到援助信号的次数为 X,由题意可知

$$X \sim \pi\left(\frac{5}{2}\right),$$

则至少收到一次援助信号的概率为

$$P\{X \geqslant 1\} = 1 - P\{X = 0\} = 1 - e^{-\frac{5}{2}} = 0.917915$$

例 8 设随机变量 X 服从参数为 λ 的泊松分布,且已知 $P\{X=1\} = P\{X=2\}$,求 $P\{X=4\}$.

解 根据泊松分布的分布律

$$P\{X = k\} = \frac{\lambda^k e^{-\lambda}}{k!}, \quad k = 0, 1, 2, \cdots.$$

由于

$$P\{X = 1\} = P\{X = 2\},$$

即

$$\frac{\lambda^1}{1!} e^{-\lambda} = \frac{\lambda^2}{2!} e^{-\lambda},$$

解出 $\lambda = 2$.

所以

$$P\{X = 4\} = \frac{2^4}{4!} e^{-2} = \frac{2}{3} e^{-2} = 0.090224.$$

习题 2-2

1. 袋里有 3 个红球,2 个白球,从中任取 3 个球,设 X 表示取到的白球数,求 X 的分布律.

2. 已知随机变量的分布律为

X	1	2	3
p_k	0.2	k	$3k$

求常数 k.

3. 直线上一质点从原点开始做随机游走,每单位时间可以向左或向右一步,向左的概率为 p,向右的概率为 $q = 1 - p$,每步保持定长 l,求三步以后质点位置坐标 X 的分布律。

4. 某人抛硬币 3 次,求国徽向上次数 X 的分布律,并求国徽向上次数不小于 1 的概率.

5. 从一副不含大小王的扑克牌(52 张)中抽出 2 张,求所抽的 2 张中黑桃张数的分布律.

6. 有一繁忙的汽车站,每天有大量的汽车通过,设每辆汽车在一天的某段时间内出事故的概率为 0.01,已知在某天的该段时间有 3 辆汽车通过,问出事故的次数不小于 1 的概率是多少?

7. 将一颗骰子抛 4 次,求至少有 2 次点数不超过 3 的概率.

8. 某人向目标独立射击 3 次,每次击中目标的概率为 0.6,求至少击中目标一次的概率.

9. 设随机变量 X 服从参数为 $(2,p)$ 的二项分布,随机变量 Y 服从参数为 $(3,p)$ 的二项分布,若 $P\{X \geqslant 1\} = \dfrac{5}{9}$,求 $P\{Y \geqslant 1\}$.

10. 统计资料表明某路口每月交通事故发生次数服从参数为 5 的泊松分布,求该路口一个月至少发生两起交通事故的概率.

11. 一电话交换台每分钟收到的呼叫次数 X 服从参数为 4 的泊松分布,求:(1)每分钟恰有 2 次呼叫的概率;(2) 每分钟的呼叫次数大于 1 的概率.

12. 设随机变量 $X \sim \pi(\lambda)$,且 $P\{X=2\}=P\{X=3\}$,求 $P\{X=5\}$.

2.3　随机变量的分布函数

对于非离散型随机变量 X,由于其可能取值不能一一列举出来,因而不能像离散型随机变量那样可以用分布律来描述它的取值概率规律.另外,通常所遇到的非离散型随机变量取任一指定值的概率都等于零(这一点在下一节会介绍),因而研究随机变量在一个区间内取值的概率.为此,本节要介绍的第二个研究随机变量取值规律性的工具——分布函数.

定义　设 X 是一个随机变量,x 是任意实数,函数
$$F(x) = P\{X \leqslant x\}$$
称为 X 的**分布函数**(distribution function).

若随机变量 X 的分布函数 $F(x)$ 是已知的,则
$$P\{X > x\} = 1 - P\{X \leqslant x\} = 1 - F(x).$$
对于任意实数 $x_1, x_2 (x_1 < x_2)$,有
$$P\{x_1 < X \leqslant x_2\} = P\{X \leqslant x_2\} - P\{X \leqslant x_1\} = F(x_2) - F(x_1).$$
因此,若已知随机变量 X 的分布函数 $F(x)$,就知道 X 在任意形如 $(-\infty, x]$,$(x, +\infty)$,$(x_1, x_2]$ 的区间上取值的概率,从这个意义上说,分布函数完整地描述了随机变量取值的概率规律,是用来研究随机变量取值规律性的第二种工具.

分布函数是一个普通的函数,正是通过它,人们可以用高等数学的方法研究概率问题.

分布函数具有以下基本性质:

(1) $F(x)$ 是一个不减函数,即若 $x_1 < x_2$,则 $F(x_1) \leqslant F(x_2)$.

事实上,由于 $F(x_2) - F(x_1) = P\{x_1 < X \leqslant x_2\}$,而概率总是非负的,故
$$F(x_2) - F(x_1) \geqslant 0,$$
所以性质(1)成立.

(2) $0 \leqslant F(x) \leqslant 1$, 且 $F(-\infty) = 0, F(+\infty) = 1$.

由分布函数的定义, 显然 $0 \leqslant F(x) \leqslant 1$ 成立. 由于

$$F(-\infty) = \lim_{x \to -\infty} F(x) = P(\varnothing) = 0,$$

$$F(+\infty) = \lim_{x \to +\infty} F(x) = P(S) = 1.$$

即性质(2)成立.

(3) $F(x)$ 是右连续的, 即 $F(x+0) = F(x)$.

如果一个函数具有上述性质, 则其必为某个随机变量 X 的分布函数. 也就是说, 性质(1)～性质(3)是鉴别一个函数是否是某个随机变量分布函数的充分必要条件.

例 1　设有函数

$$F(x) = \begin{cases} \sin x, & 0 \leqslant x \leqslant \pi, \\ 0, & \text{其他}, \end{cases}$$

试说明 $F(x)$ 能否是某个随机变量的分布函数.

解　由于 $F(x)$ 在 $\left[\dfrac{\pi}{2}, \pi\right]$ 上单调递减, 故不满足性质(1), 又因为

$$F(+\infty) = \lim_{x \to +\infty} F(x) = 0,$$

故不满足性质(2), 所以 $F(x)$ 不能作为某个随机变量的分布函数.

若 X 是离散型随机变量, 不但可以用第一种工具——分布律来描述它的取值概率规律, 也可以用第二种工具——分布函数来描述它的取值概率规律. 由于离散型随机变量的可能取值至多只有可列个, 所以它在某一区间内取值的概率等于它在这个区间内的各个可能取值的概率之和. 离散型随机变量的分布函数与分布律之间的关系可以用下式给出:

$$F(x) = P\{X \leqslant x\} = \sum_{x_k \leqslant x} P\{X = x_k\} = \sum_{x_k \leqslant x} p_k,$$

其中求和式是对所有满足不等式 $x_k \leqslant x$ 的那些可能值 x_k 所对应的概率 p_k 求和.

例 2　设随机变量 X 的分布律为

X	-1	0	2
p_k	$\dfrac{1}{6}$	$\dfrac{1}{2}$	$\dfrac{1}{3}$

求 X 的分布函数, 并求 $P\{X \leqslant 1\}, P\{-1 < X \leqslant 0\}, P\{0 \leqslant X \leqslant 2\}, P\{X \geqslant 1\}$.

分析　由于分布函数的定义域是整个实数轴, 故求分布函数时, 必须在整个实数轴上讨论 x 的取值, 利用公式 $F(x) = \sum_{x_k \leqslant x} p_k$ 进行计算.

解　根据分布函数的定义 $F(x) = P\{X \leqslant x\}$.

当 $x < -1$ 时, $\{X \leqslant x\} = \varnothing$, 故 $F(x) = 0$;

当 $-1 \leqslant x < 0$ 时, $F(x) = P\{X = -1\} = \dfrac{1}{6}$;

当 $0 \leqslant x < 2$ 时, $F(x) = P\{X = -1\} + P\{X = 0\} = \dfrac{1}{6} + \dfrac{1}{2} = \dfrac{2}{3}$;

当 $x \geqslant 2$ 时，$F(x) = P\{X = -1\} + P\{X = 0\} + P\{X = 2\} = \frac{1}{6} + \frac{1}{2} + \frac{1}{3} = 1$.

故 X 的分布函数为

$$F(x) = \begin{cases} 0, & x < -1, \\ \dfrac{1}{6}, & -1 \leqslant x < 0, \\ \dfrac{2}{3}, & 0 \leqslant x < 2, \\ 1, & x \geqslant 2. \end{cases}$$

利用分布函数可以计算

$$P\{X \leqslant 1\} = F(1) = \frac{2}{3},$$

$$P\{-1 < X \leqslant 0\} = F(0) - F(-1) = \frac{2}{3} - \frac{1}{6} = \frac{1}{2},$$

$$P\{0 \leqslant X \leqslant 2\} = F(2) - F(0) + P\{X = 0\} = 1 - \frac{2}{3} + \frac{1}{2} = \frac{5}{6},$$

$$P\{X \geqslant 1\} = 1 - P\{X \leqslant 1\} + P\{X = 1\} = 1 - F(1) = 1 - \frac{2}{3} = \frac{1}{3}.$$

分布函数 $F(x)$ 的图形如图 2-2 所示，是一条阶梯形曲线，$x = -1, 0, 2$ 为其间断点，又称作跳跃点，在跳跃点的跳跃值分别等于 $P\{X = -1\}, P\{X = 0\}, P\{X = 2\}$. 由此可见，对于离散型随机变量，分布函数的跳跃点即 X 的所有可能取值点，在每一个跳跃点的跳跃值即随机变量在该点取值的概率.

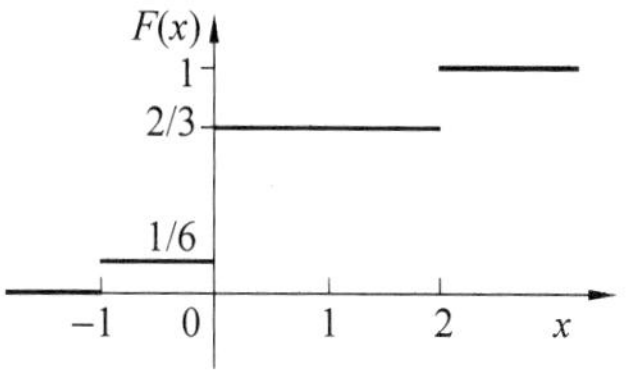

对于离散型随机变量，既可以通过分布律来描述其取值规律性，又可以通过分布函数描述其取值规律性，一般说来，人们更倾向于选择分布律，是因为它直观简洁. 引入分布函数，主要是为了研究非离散型随机变量的取值规律性.

图 2-2

例 3 向半径为 R 的圆形靶射击，击中点落在以靶心 O 为圆心，r 为半径的圆内的概率与该圆的面积成正比，并且假设不会发生脱靶的情况. 设 X 表示击中点与靶心的距离，求 X 的分布函数.

解 因为不会发生脱靶的情况，所以 X 的取值充满区间 $[0, R]$. 根据分布函数的定义，

当 $x < 0$ 时，$F(x) = P\{X \leqslant x\} = P(\varnothing) = 0$，

当 $x > R$ 时，$F(x) = P\{X \leqslant x\} = P(S) = 1$，

当 $0 \leqslant x \leqslant R$ 时，根据题意有

$$F(x) = P\{X \leqslant x\} = k\pi x^2,$$

其中 k 为比例系数.

当 $x = R$ 时，$F(R) = k\pi R^2$.

又因为 $F(R) = P\{X \leqslant R\} = P(S) = 1$，所以 $k\pi R^2 = 1$.

由此得 $k = \dfrac{1}{\pi R^2}$，从而 $F(x) = \dfrac{x^2}{R^2}$. 故 X 的分布函数为

$$F(x) = \begin{cases} 0, & x < 0, \\ \dfrac{x^2}{R^2}, & 0 \leqslant x \leqslant R, \\ 1, & x > R. \end{cases}$$

它的图形是一条连续曲线,如 2-3 所示.

另外,容易看出对于本例中的分布函数 $F(x)$,可以写成积分形式

$$F(x) = \int_{-\infty}^{x} f(t) \, dt,$$

其中

$$f(t) = \begin{cases} \dfrac{2t}{R^2} & 0 \leqslant t \leqslant R, \\ 0, & \text{其他}. \end{cases}$$

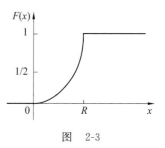

图 2-3

这就是说,$F(x)$ 恰是非负函数 $f(t)$ 在区间 $(-\infty, x]$ 上的积分,在这种情况下,称 X 为连续型随机变量,下一节我们将给出它的一般定义.

习题 2-3

1. 设随机变量 X 的分布函数为 $F(x) = A - B\arctan\dfrac{x}{3}, -\infty < x < +\infty$,求常数 A, B.

2. 设随机变量 X 的分布函数为

$$F(x) = \begin{cases} 0, & x \leqslant 0, \\ Ax^2, & 0 < x \leqslant 1, \\ 1, & x > 1. \end{cases}$$

求常数 A,并求 $P\{0.2 < X \leqslant 0.8\}$.

3. 设随机变量 X 的分布律为

X	-2	-1	1	2
p_k	$\dfrac{1}{8}$	$\dfrac{1}{2}$	$\dfrac{1}{8}$	$\dfrac{1}{4}$

求 X 的分布函数,并求 $P\{X \leqslant 0\}, P\{-2 < X \leqslant 0\}, P\{0 \leqslant X \leqslant 1\}, P\{X \geqslant -1\}$.

4. 设随机变量 X 的分布函数为

$$F(x) = \begin{cases} 0, & x < 0, \\ \dfrac{1}{2}, & 0 \leqslant x < 1, \\ \dfrac{2}{3}, & 1 \leqslant x < 2, \\ \dfrac{11}{12}, & 2 \leqslant x < 3, \\ 1, & 3 \leqslant x. \end{cases}$$

求 X 的分布律,并求 $P\{X<3\}$,$P\left\{X>\dfrac{1}{2}\right\}$,$P\{1\leqslant X<3\}$.

5. 在区间 $[0,a]$ 上任意投掷一个质点,以 X 表示这个质点的坐标.设这个质点落在 $[0,a]$ 中任意小区间内的概率与这个小区间的长度成正比,试求 X 的分布函数.

6. 已知随机变量 $X\sim B(2,0.5)$,求 X 的分布函数.

2.4 连续型随机变量及其概率密度

连续型随机变量是非离散型随机变量中最常见而且应用也最广泛的一种情况.由于它的所有可能取值不能一一列举,所以就不能用分布律来描述其取值规律性,只能用分布函数来刻画连续型随机变量的取值规律性.

而 2.3 节例 3 中以 X 表示击中点与靶心的距离,则 X 的分布函数可以写成

$$F(x)=\int_{-\infty}^{x}f(t)\mathrm{d}t,$$

故 X 的分布函数 $F(x)$ 恰是某非负函数 $f(t)$ 在区间 $(-\infty,x]$ 上的积分.这一结果对连续型随机变量具有普遍性.

下面给出连续型随机变量的定义.

定义 1 对于随机变量 X 的分布函数 $F(x)$,如果存在非负可积函数 $f(x)$,使得对任意实数 x,有

$$F(x)=\int_{-\infty}^{x}f(t)\mathrm{d}t,$$

则称 X 为**连续型随机变量**(continuous random variable),称 $f(x)$ 为 X 的**概率密度函数**,简称为**概率密度**(probability density).

由定义 1 可知,连续型随机变量的分布函数是连续函数,这是它与离散型随机变量的一个区别之处.连续型随机变量的分布函数的几何意义是概率密度曲线下方、x 轴上方、从 $-\infty\sim x$ 之间围成图形的面积,如图 2-4 所示.也就是说,对于连续型随机变量 X,只要知道被积函数 $f(x)$,则分布函数 $F(x)$ 也就知道了,而且由概率密度函数,还可直接求出 X 落在任一区间 $(a,b]$ 内的概率.事实上,

$$P\{a<X\leqslant b\}=F(b)-F(a)=\int_{-\infty}^{b}f(x)\mathrm{d}x-\int_{-\infty}^{a}f(x)\mathrm{d}x=\int_{a}^{b}f(x)\mathrm{d}x,$$

即若求 X 落在区间 $(a,b]$ 内的概率,只需将概率密度函数 $f(x)$ 在该区间上积分即可.

几何上,连续型随机变量在区间 $(a,b]$ 内取值的概率等于在该区间上概率密度曲线下方曲边梯形的面积,如图 2-5.由此可见,若 $f(x)$ 在某一区间内的值越大,则 X 落在该区间上的概率越大.因此,人们索性用第三种工具——概率密度函数来描述连续型随机变量的取值规律性.

由概率密度的定义可知,已知概率密度通过积分可求分布函数,反之,已知分布函数求导即得概率密度.即

$$F'(x)=f(x).$$

概率密度具有如下基本性质:

(1) 非负性:$f(x)\geqslant 0,x\in(-\infty,+\infty)$,

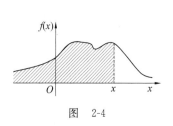

图 2-4

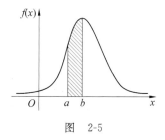

图 2-5

（2）规范性：$\int_{-\infty}^{+\infty} f(x)\mathrm{d}x = 1$.

这两条基本性质可以用来判断一个函数是否为某一连续型随机变量的概率密度函数.

例 1　已知如下函数

$$f(x) = \begin{cases} \dfrac{A}{\sqrt{1-x^2}}, & |x| \leqslant 1, \\ 0, & 其他 \end{cases}$$

为某个连续型随机变量的概率密度函数，求常数 A，并求 $P\left\{0 < X \leqslant \dfrac{1}{2}\right\}$.

解　由概率密度的基本性质 $\int_{-\infty}^{+\infty} f(x)\mathrm{d}x = 1$ 知

$$\int_{-1}^{1} \frac{A}{\sqrt{1-x^2}}\mathrm{d}x = 1,$$

解出

$$A = \frac{1}{\pi}.$$

所以概率密度为

$$f(x) = \begin{cases} \dfrac{1}{\pi\sqrt{1-x^2}}, & |x| \leqslant 1, \\ 0, & 其他, \end{cases}$$

故

$$P\left\{0 < X \leqslant \frac{1}{2}\right\} = \int_{0}^{\frac{1}{2}} \frac{1}{\pi\sqrt{1-x^2}}\mathrm{d}x = \frac{1}{6}.$$

连续型随机变量与离散型随机变量的另一个区别之处是：**连续型随机变量取任意指定值的概率为零**.

设 x_0 为任一指定的实数，则

$$0 \leqslant P\{X = x_0\} \leqslant P\{x_0 < X \leqslant x_0 + \Delta x\} = \int_{x_0}^{x_0+\Delta x} f(x)\mathrm{d}x.$$

由函数极限的保序性，令上式中的 $\Delta x \to 0$，必有

$$0 \leqslant P\{X = x_0\} \leqslant \lim_{\Delta x \to 0} \int_{x_0}^{x_0+\Delta x} f(x)\mathrm{d}x = 0,$$

故

$$P\{X = x_0\} = 0.$$

正是因为连续型随机变量取任意指定值的概率为零这个特点,所以对于连续型随机变量再采用分布律作为工具研究它取值的概率规律,就毫无意义了.一般研究离散型随机变量,利用分布律,而研究连续型随机变量,利用概率密度.也正是因为连续型随机变量取任意指定值的概率为零这个特点,在计算连续型随机变量在某一区间取值的概率时,不必区分该区间的开闭性.如下几种情况下概率相等:

$$P\{a \leqslant X \leqslant b\} = P\{a < X \leqslant b\} = P\{a \leqslant X < b\} = P\{a < X < b\}.$$

在这里,事件 $\{X = x_0\}$ 并非不可能事件,但是 $P\{X = x_0\} = 0$.这就是说,若 A 是不可能事件,则有 $P(A) = 0$;反之,若 $P(A) = 0$,并不一定意味着 A 是不可能事件.

例 2 设随机变量 X 的概率密度为

$$f(x) = A\mathrm{e}^{-|x|}, \quad -\infty < x < +\infty.$$

求:(1) 系数 A;(2) $P\{0 < X < 1\}$;(3) X 的分布函数 $F(x)$.

解 (1) 由概率密度的基本性质知

$$1 = \int_{-\infty}^{+\infty} f(x)\mathrm{d}x = A\left(\int_{-\infty}^{0} \mathrm{e}^{x}\mathrm{d}x + \int_{0}^{+\infty} \mathrm{e}^{-x}\mathrm{d}x\right) = 2A,$$

解出

$$A = \frac{1}{2}.$$

(2) $P\{0 < X < 1\} = \int_{0}^{1} \frac{1}{2}\mathrm{e}^{-x}\mathrm{d}x = \frac{1}{2}\left(1 - \frac{1}{\mathrm{e}}\right).$

(3) 由分布函数的定义 $F(x) = \int_{-\infty}^{x} f(t)\mathrm{d}t$,可知

当 $x < 0$ 时,

$$F(x) = \int_{-\infty}^{x} \frac{1}{2}\mathrm{e}^{t}\mathrm{d}t = \frac{1}{2}\mathrm{e}^{x};$$

当 $x \geqslant 0$ 时,

$$F(x) = \int_{-\infty}^{0} \frac{1}{2}\mathrm{e}^{t}\mathrm{d}t + \int_{0}^{x} \frac{1}{2}\mathrm{e}^{-t}\mathrm{d}t = 1 - \frac{1}{2}\mathrm{e}^{-x}.$$

故分布函数为

$$F(x) = \begin{cases} \dfrac{1}{2}\mathrm{e}^{x}, & x < 0, \\ 1 - \dfrac{1}{2}\mathrm{e}^{-x}, & x \geqslant 0. \end{cases}$$

例 3 设连续型随机变量 X 的分布函数为

$$F(x) = \begin{cases} 0, & x \leqslant 0, \\ A_1 x^2, & 0 < x < \dfrac{1}{2}, \\ A_2 x, & \dfrac{1}{2} \leqslant x < \dfrac{2}{3}, \\ 1, & x \geqslant \dfrac{2}{3}. \end{cases}$$

求:(1) 常数 A_1, A_2;(2) X 的概率密度 $f(x)$.

解　(1) 由于连续型随机变量的分布函数是连续函数,故分布函数在点 $x=\dfrac{2}{3}$ 处连续,有

$$A_2\,\frac{2}{3}=1,$$

解出

$$A_2=\frac{3}{2}.$$

同理分布函数在点 $x=\dfrac{1}{2}$ 处连续,也有

$$A_1\left(\frac{1}{2}\right)^2=\frac{3}{2}\cdot\frac{1}{2},$$

解出

$$A_1=3.$$

(2) 利用关系式 $F'(x)=f(x)$,可得 X 的概率密度

$$f(x)=\begin{cases}6x, & 0<x<\dfrac{1}{2},\\[2mm]\dfrac{3}{2}, & \dfrac{1}{2}\leqslant x<\dfrac{2}{3},\\[2mm]0, & \text{其他}.\end{cases}$$

下面介绍三种常见的连续型随机变量的分布.

一、均匀分布

设连续型随机变量 X 具有概率密度

$$f(x)=\begin{cases}\dfrac{1}{b-a}, & a\leqslant x\leqslant b,\\[2mm]0, & \text{其他},\end{cases}$$

则称 X 服从区间 (a,b) 上的均匀分布(uniform distribution),记作:$X\sim U(a,b)$. $f(x)$ 的图像如图 2-6 所示.

显然 X 的概率密度 $f(x)$ 满足:

(1) 非负性:$f(x)\geqslant 0,x\in(-\infty,+\infty)$;

(2) 规范性:$\displaystyle\int_{-\infty}^{+\infty}f(x)\mathrm{d}x=1$.

设随机变量 X 在区间 (a,b) 上服从均匀分布,则对于任意满足 $a<x_1<x_2<b$ 的 x_1,x_2,有

$$P\{x_1<X<x_2\}=\int_{x_1}^{x_2}f(x)\mathrm{d}x=\int_{x_1}^{x_2}\frac{1}{b-a}\mathrm{d}x=\frac{x_2-x_1}{b-a}.$$

上式说明,均匀分布的特点是:X 在 (a,b) 内任一小区间内取值的概率与该小区间的长度成正比,而与该区间的起点无关,故 X 在等长度的子区间内取值的概率相等.

设 X 在区间 (a,b) 上服从均匀分布,则 X 的分布函数为

$$F(x) = \begin{cases} 0, & x \leqslant a, \\ \dfrac{x-a}{b-a}, & a < x < b, \\ 1, & x \geqslant b. \end{cases}$$

$F(x)$ 的图像如图 2-7 所示.

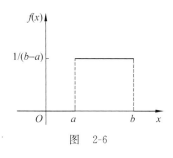

图　2-6

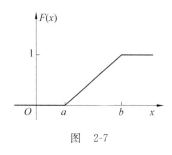

图　2-7

例 4　设某公共汽车站从上午 7 时起,每 15min 来一班车,即 7:15,7:30,7:45 等时刻有汽车到达此站,如果乘客到达此站时间 X 是 7:00 到 7:30 之间的均匀随机变量,试求他候车时间少于 5min 的概率.

解　以 7:00 为起点,以分为单位,由题意可知
$$X \sim U(0,30).$$
则 X 的概率密度为

$$f(x) = \begin{cases} \dfrac{1}{30}, & 0 \leqslant x \leqslant 30 \\ 0, & \text{其他.} \end{cases}$$

为使候车时间 X 少于 5min,乘客必须在 7:10—7:15 之间,或在 7:25—7:30 之间到达车站.

故所求概率为

$$P\{10 < X < 15\} + P\{25 < X < 30\} = \int_{10}^{15} \frac{1}{30}\mathrm{d}x + \int_{25}^{30} \frac{1}{30}\mathrm{d}x = \frac{1}{3},$$

即乘客候车时间少于 5min 的概率是 $\dfrac{1}{3}$.

二、指数分布

设连续型随机变量 X 具有概率密度

$$f(x) = \begin{cases} \dfrac{1}{\theta}\mathrm{e}^{-\frac{x}{\theta}}, & x > 0, \\ 0, & \text{其他,} \end{cases}$$

其中 $\theta > 0$ 为常数,则称 X 服从参数为 θ 的指数分布(exponential distribution).记作:$X \sim E(\theta)$.

指数分布的概率密度如图 2-8 所示.

X 的分布函数为

$$F(x) = \begin{cases} 1 - \mathrm{e}^{-\frac{x}{\theta}}, & x \geqslant 0, \\ 0, & x < 0. \end{cases}$$

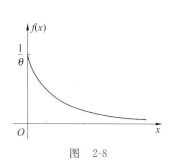

图　2-8

指数分布常用于可靠性统计研究中,如元件的寿命.

例 5　已知某电子管的使用寿命 X(单位:h)服从指数分布,$\theta=100$,设某仪器由上述三个电子管串联组成,求该仪器使用寿命超过 100h 的概率.

解　由题意 X 的概率密度为

$$f(x) = \begin{cases} \dfrac{1}{100}\mathrm{e}^{-\frac{x}{100}}, & x>0, \\ 0, & 其他, \end{cases}$$

故

$$P\{X \geqslant 100\} = \int_{100}^{+\infty} \frac{1}{100}\mathrm{e}^{-\frac{x}{100}}\,\mathrm{d}x = \mathrm{e}^{-1}.$$

设该仪器的使用寿命为 Y,则有

$$P\{Y \geqslant 100\} = (P\{X \geqslant 100\})^3 = \mathrm{e}^{-3}.$$

三、正态分布

设连续型随机变量 X 具有概率密度

$$f(x) = \frac{1}{\sigma\sqrt{2\pi}}\mathrm{e}^{-\frac{(x-\mu)^2}{2\sigma^2}}, \quad -\infty < x < \infty,$$

其中 μ 和 $\sigma(\sigma>0)$ 为常数,则称 X 服从参数为 μ,σ^2 的正态分布(normal distribution). 记作 $X \sim N(\mu,\sigma^2)$.

正态分布是概率论中一种重要的分布,一方面,正态分布是自然界中最常见的一种分布,例如,测量的误差,人的身高、体重等,都近似服从正态分布. 一般来说,若一个随机变量是由许多相互独立的随机因素的综合影响造成的,而每个个别因素的影响都不起决定性的作用,且这些影响是可以叠加的,则这个随机变量就服从正态分布;另一方面,正态分布具有许多良好的性质,许多分布可以用正态分布来近似,因此在理论研究中,正态分布十分重要.

正态分布的概率密度函数 $f(x)$ 的图像如图 2-9 所示.

观察图 2-9 可以得到概率密度的如下性质:

(1) 正态分布的概率密度曲线是一条关于 $x=\mu$ 对称的钟形曲线. 特点是"两头小,中间大,左右对称".

令 $x=\mu-c,x=\mu+c(c>0)$,分别代入 $f(x)$,可得

$$f(\mu-c) = f(\mu+c).$$

这表明,对于任意的 $c>0$,有

$$P\{\mu-c < X \leqslant \mu\} = P\{\mu < X \leqslant \mu+c\}.$$

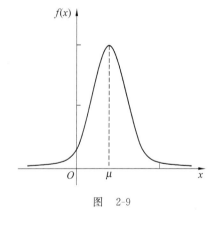

图　2-9

(2) 当 $x=\mu$ 时,概率密度 $f(x)$ 达到最大值

$$f(\mu) = \frac{1}{\sigma\sqrt{2\pi}}.$$

x 离 μ 越远,$f(x)$ 的值越小,这表明对于同样长度的区间,当区间离 μ 越远,X 在这个区间

上取值的概率就越小.

（3）$f(x)$ 在 $\mu\pm\sigma$ 处有拐点,且曲线以 x 轴为渐近线.用求导的方法容易得到 $f''(\mu\pm\sigma)=0$,且显然令 $x\to\pm\infty$ 时,$f(x)\to0$.

（4）如果固定 σ,改变 μ 的值,则正态分布曲线沿 x 轴平行移动,而不改变其形状,可见曲线的位置完全由参数 μ 所决定;如果固定 μ,改变 σ 的值,当 σ 越小时,图形变得越尖陡,反之,σ 越大时,图形变得越平坦.因而 X 在 μ 附近取值的概率随着 σ 的增大而减小.如图 2-10、图 2-11 所示.

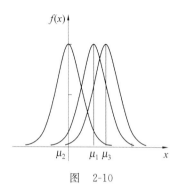

图 2-10

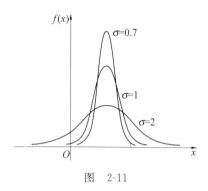

图 2-11

实际生活中具有这种特点的随机变量有哪些呢?每年的年降雨量和人的身高、体重,在正常条件下各种产品的质量指标,如零件的尺寸,纤维的强度和张力,农作物的产量,小麦的穗长、株高,测量误差,射击目标的水平或垂直偏差,信号噪声等,都服从或近似服从正态分布.

正态分布的分布函数是

$$F(x)=\frac{1}{\sigma\sqrt{2\pi}}\int_{-\infty}^{x}\mathrm{e}^{-\frac{(t-\mu)^2}{2\sigma^2}}\mathrm{d}t,\quad -\infty<x<\infty.$$

这是一个超越定积分,无法用牛顿-莱布尼茨公式计算.

下面考虑一种最简单的正态分布.称 $\mu=0$,$\sigma=1$ 的正态分布称为标准正态分布,其概率密度和分布函数分别用 $\varphi(x)$、$\Phi(x)$ 表示,即有

$$\varphi(x)=\frac{1}{\sqrt{2\pi}}\mathrm{e}^{-\frac{x^2}{2}},\quad -\infty<x<\infty,$$

$$\Phi(x)=\frac{1}{\sqrt{2\pi}}\int_{-\infty}^{x}\mathrm{e}^{-\frac{t^2}{2}}\mathrm{d}t,\quad -\infty<x<\infty.$$

书末附有标准正态分布函数值表,可以解决标准正态分布的概率计算.

注意：表中给的是 $x>0$ 时 $\Phi(x)$ 的值.对于 $x<0$ 的情况,

$$\Phi(x)=1-\Phi(-x).$$

利用标准正态分布函数值表(附表 2),可以查表计算

$$P\{a<X<b\}=\Phi(b)-\Phi(a).$$

标准正态分布的重要性在于,任何一个一般的正态分布都可以通过线性变换转化为标准正态分布.它的依据是下面的定理.

定理 设 $X\sim N(\mu,\sigma^2)$,则 $Y=\dfrac{X-\mu}{\sigma}\sim N(0,1)$.

根据定理,利用标准正态分布的分布函数表,就可以解决一般正态分布的概率计算问题.

若 $X \sim N(\mu, \sigma^2)$,则

$$F(x) = P\{X \leqslant x\} = P\left\{\frac{X-\mu}{\sigma} \leqslant \frac{x-\mu}{\sigma}\right\} = \Phi\left(\frac{x-\mu}{\sigma}\right).$$

对于任意实数 $x_1, x_2(x_1 < x_2)$,

$$P\{x_1 < X \leqslant x_2\} = P\left\{\frac{x_1-\mu}{\sigma} < Y \leqslant \frac{x_2-\mu}{\sigma}\right\} = \Phi\left(\frac{x_2-\mu}{\sigma}\right) - \Phi\left(\frac{x_1-\mu}{\sigma}\right).$$

例 6 设随机变量 $X \sim N(0,1)$,试求:

(1) $P\{1 < X \leqslant 2\}$; (2) $P\{-1 < X < 2\}$.

解 (1) $P\{1 < X \leqslant 2\} = \Phi(2) - \Phi(1) = 0.9772 - 0.8413 = 0.1359$.

(2) $P\{-1 < X \leqslant 2\} = \Phi(2) - \Phi(-1) = \Phi(2) - 1 + \Phi(1) = 0.9772 - 1 + 0.8413 = 0.8185$.

例 7 设随机变量 $X \sim N(1,9)$,试求:

(1) $P\{X \leqslant 3\}$; (2) $P\{X \geqslant 2\}$; (3) $P\{0 < X \leqslant 3\}$; (4) $P\{|X| \geqslant 2\}$.

解 (1) $P\{X \leqslant 3\} = F(3) = \Phi\left(\frac{3-1}{3}\right) = \Phi\left(\frac{2}{3}\right) = 0.7486$.

(2) $P\{X \geqslant 2\} = 1 - F(2) = 1 - \Phi\left(\frac{2-1}{3}\right) = 1 - \Phi\left(\frac{1}{3}\right) = 0.3707$.

(3) $P\{0 < X \leqslant 3\} = \Phi\left(\frac{3-1}{3}\right) - \Phi\left(\frac{0-1}{3}\right) = \Phi\left(\frac{2}{3}\right) - \Phi\left(-\frac{1}{3}\right) = \Phi\left(\frac{2}{3}\right) + \Phi\left(\frac{1}{3}\right) - 1 = 0.3779$.

(4) $P\{|X| \geqslant 2\} = 1 - P\{|X| < 2\} = 1 - P\{-2 < X < 2\} = 1 - \Phi\left(\frac{2-1}{3}\right) + \Phi\left(\frac{-2-1}{3}\right) = 0.5408$.

例 8 设随机变量 $X \sim N(\mu, \sigma^2)$ $(\sigma > 0)$,记 $p = P\{X \leqslant \mu + \sigma^2\}$,讨论 p 与 σ 的关系。

解 $p = P\{X \leqslant \mu + \sigma^2\} = P\left\{\frac{X-\mu}{\sigma} \leqslant \sigma\right\} = \Phi(\sigma)$.

由于 $\Phi(\sigma)$ 单调增加,故概率 p 随着 σ 的增加而增加.

由标准正态分布的查表计算可以求得,当 $X \sim N(0,1)$ 时,

$$P\{|X| < 1\} = 2\Phi(1) - 1 = 0.6826,$$
$$P\{|X| < 2\} = 2\Phi(2) - 1 = 0.9544,$$
$$P\{|X| < 3\} = 2\Phi(3) - 1 = 0.9974.$$

这说明,X 的取值几乎全部集中在 $[-3,3]$ 区间内,超出这个范围的可能性仅占不到 0.3%. 将上述结论推广到一般的正态分布,有

当 $X \sim N(\mu, \sigma^2)$ 时,

$$P(|X-\mu| \leqslant \sigma) = 0.6826,$$
$$P(|X-\mu| \leqslant 2\sigma) = 0.9544,$$
$$P(|X-\mu| \leqslant 3\sigma) = 0.9974.$$

可以认为,X 的取值几乎全部集中在 $[\mu-3\sigma, \mu+3\sigma]$ 区间内. 在统计学上称作"3σ 准则".

为了便于学习后面数理统计部分的内容,对于标准正态分布的随机变量,我们引入上 α 分位点的定义.

定义 2 设随机变量 $X \sim N(0,1)$,若 z_α 满足条件

$$P\{X > z_\alpha\} = \alpha, \quad 0 < \alpha < 1,$$

则称点 z_α 为标准正态分布的上 α 分位点. 如图 2-12 所示.

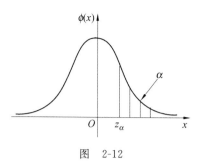

例 9 设随机变量 $X \sim N(0,1)$,求 $z_{0.025}$.

解 由分位点的定义可知

$$P\{X > z_{0.025}\} = 0.025,$$

故

$$P\{X \leqslant z_{0.025}\} = 0.975,$$

即

$$\Phi(z_{0.025}) = 0.975.$$

反查标准正态分布函数表,得

$$z_{0.025} = 1.96.$$

图 2-12

习题 2-4

1. 已知连续型随机变量 X 的分布函数为

$$F(x) = \begin{cases} 0, & x < 0, \\ \dfrac{x}{2}, & 0 \leqslant x \leqslant 1, \\ c + \dfrac{1}{2}\ln x, & 1 < x \leqslant e, \\ 1, & x > e. \end{cases}$$

求:(1) 常数 c;(2) 概率密度 $f(x)$;(3) $P\{1 < X \leqslant e\}$.

2. 已知连续型随机变量 X 的概率密度为

$$f(x) = \begin{cases} cx, & 0 \leqslant x \leqslant 1, \\ 0, & \text{其他}. \end{cases}$$

求:(1) 常数 c;(2) 分布函数 $F(x)$;(3) $P\{0.3 < X < 0.5\}$.

3. 已知连续型随机变量 X 的概率密度为

$$f(x) = \begin{cases} cx, & 0 \leqslant x \leqslant 3, \\ 2 - \dfrac{x}{2}, & 3 < x < 4, \\ 0, & \text{其他}. \end{cases}$$

求:(1) 常数 c;(2) 分布函数 $F(x)$;(3) $P\{1 < X < 3.5\}$.

4. 设随机变量 X 的概率密度为 $f(x) = \begin{cases} \dfrac{1}{3}, & x \in [0,1], \\ \dfrac{2}{9}, & x \in [3,6], \\ 0, & \text{其他}. \end{cases}$ 若 k 使得 $P\{X \geqslant k\} = \dfrac{2}{3}$,求 k 的取值范围.

5. 设随机变量 X 在区间 $(0,2)$ 上服从均匀分布,求 $P\left\{\dfrac{1}{2} < X < \dfrac{3}{2}\right\}$.

6. 已知随机变量 X 在区间 $(-a,a)$ 上服从均匀分布,且 $P\{X>1\}=\dfrac{1}{4}$,求 $P\{-1<X<2\}$.

7. 对圆片的直径进行测量,测量值 X 服从均匀分布,即 $X\sim U(7.5,8.5)$,求圆片面积不小于 16π 的概率.

8. 设顾客在银行的窗口等待服务的时间 X(单位:min)服从指数分布,参数 $\theta=5$,某顾客在窗口等待服务,若超过 10min,他就离开,求他离开的概率.

9. 某种型号的电子管的使用寿命 X(单位:h)具有以下的概率密度

$$f(x)=\begin{cases}\dfrac{1}{1000}\mathrm{e}^{-\frac{x}{1000}}, & x>0,\\[2mm] 0, & x\leqslant 0.\end{cases}$$

求该电子管的使用寿命不超过 2000h 的概率.

10. 设随机变量 Y 服从参数为 1 的指数分布,a 为常数且大于零,计算 $P\{Y\leqslant a+1|Y>a\}$.

11. 设随机变量 $X\sim N(2,9)$,试求:(1) $P\{1\leqslant X<5\}$;(2) $P\{|X-2|>6\}$;(3) $P\{X>0\}$;(4)当 a 为何值时,满足 $P\{X\leqslant a\}=P\{X>a\}$.

12. 测量某一物体的高度,其测量误差为 X(单位:mm),若 $X\sim N(2,16)$,求测量误差的绝对值不超过 3mm 的概率.

13. 设某机器生产的零件长度 X(单位:cm)服从参数 $\mu=10.05,\sigma=0.06$ 的正态分布,规定零件长度在范围 $10.05\pm0.12\text{cm}$ 内为合格品,求零件不合格的概率.

14. 设 X_1,X_2,X_3 为随机变量,且 $X_1\sim N(0,1),X_2\sim N(0,2^2),X_3\sim N(2,4^2)$,$p_i=P\{-2\leqslant X_i\leqslant 2\}$,$(i=1,2,3)$.试比较 p_i 的大小.

15. 求下列标准正态分布的上 α 分位点 z_α:(1)$\alpha=0.01$;(2)$\alpha=0.003$.

2.5 随机变量函数的分布

前面几节已经详细介绍了两种主要类型的随机变量——离散型随机变量和连续型随机变量的分布.但是在实际生活中,人们还会遇到这样的问题:可以测量的是圆的直径 d 的分布,而关心的却是面积

$$S=\frac{1}{4}\pi d^2$$

的分布.d 为随机变量,S 就是随机变量 d 的函数.

又如,在统计物理中,已知分子的运动速度 X 的分布,求其动能

$$Y=\frac{1}{2}mX^2$$

的分布.

一般地,设 $Y=g(X)$ 是一元实函数,X 是一个随机变量,若 X 的取值在函数 $Y=g(X)$ 的定义域内,则 $Y=g(X)$ 也为一随机变量.

定义 1 设 X 是一个随机变量,则它的函数 $Y=g(X)$ 也是随机变量,称 $Y=g(X)$ 为随机变量的函数.

从定义可知,当 X 取值 x 时,Y 取值 $g(x)$,由于 X 的取值具有随机性,所以 Y 的取值也有随机性.那么如何从已知分布的 X 出发确定 Y 的分布呢?

一、离散型随机变量函数的分布

已知离散型随机变量 X 的分布律,求 $Y = g(X)$ 的分布律.

例 1 设离散型随机变量 X 的分布律为

X	-1	0	1	2
p_k	0.2	0.3	0.1	0.4

试求:(1) 求 $Y = X - 1$ 的分布律;(2) $Y = X^2$ 的分布律.

解 (1) 当 X 取值 $-1, 0, 1, 2$ 时,Y 取对应值 $-2, -1, 0, 1$.
$$P\{Y = -2\} = P\{X = -1\} = 0.2,$$
$$P\{Y = -1\} = P\{X = 0\} = 0.3,$$
$$P\{Y = 0\} = P\{X = 1\} = 0.1,$$
$$P\{Y = 1\} = P\{X = 2\} = 0.4.$$

由此可知 Y 的分布律为

Y	-2	-1	0	1
p_k	0.2	0.3	0.1	0.4

(2) 当 X 取值 $-1, 0, 1, 2$ 时,Y 取对应值 $0, 1, 4$.
$$P\{Y = 0\} = P\{X = 0\} = 0.3,$$
$$P\{Y = 1\} = P\{X = -1\} + P\{X = 1\} = 0.3,$$
$$P\{Y = 4\} = P\{X = 2\} = 0.4.$$

由此可知 Y 的分布律为

Y	0	1	4
p_k	0.3	0.3	0.4

将该结论推广到一般情形,设离散型随机变量 X 的分布律为

X	x_1	x_2	$\cdots$	x_k	$\cdots$
p_k	p_1	p_2	$\cdots$	p_k	$\cdots$

显然,$Y = g(X)$ 的可能取值是 $g(x_1), g(x_2), \cdots, g(x_k), \cdots$,若 $g(x_k)$ 互不相等,则 Y 的分布律为

Y	$g(x_1)$	$g(x_2)$	$\cdots$	$g(x_k)$	$\cdots$
p_k	p_1	p_2	$\cdots$	p_k	$\cdots$

如果 $g(x_1), g(x_2), \cdots$ 中有相等的,则把相同的取值合并为一个取值,其概率为相应的概率之和.

二、连续型随机变量函数的分布

已知连续型随机变量 X 的概率密度 $f_X(x)$，求 $Y=g(X)$ 的概率密度 $f_Y(y)$.

例 2 已知随机变量 $X \sim N(\mu, \sigma^2)$，求 $Y = \dfrac{X-\mu}{\sigma}$ 的概率密度.

解 用 $F_X(x)$ 表示随机变量 X 的分布函数，$F_Y(y)$ 表示随机变量 Y 的分布函数. 对于任意实数 y，有

$$F_Y(y) = P\{Y \leqslant y\} = P\left\{\frac{X-\mu}{\sigma} \leqslant y\right\} = P\{X \leqslant \mu + \sigma y\} = F_X(\mu + \sigma y).$$

将上式两边同时对 y 求导得

$$f_Y(y) = f_X(\mu + \sigma y) \cdot \sigma = \frac{1}{\sqrt{2\pi}\sigma} e^{-\frac{(\mu + \sigma y - \mu)^2}{2\sigma^2}} \cdot \sigma = \frac{1}{\sqrt{2\pi}} e^{-\frac{y^2}{2}}.$$

显然 $Y \sim N(0,1)$.

这表明，若 $X \sim N(\mu, \sigma^2)$，则只要通过一个线性变换 $Y = \dfrac{X-\mu}{\sigma}$，就能将其化为标准正态分布(2.4 节定理).

例 3 设随机变量 X 具有概率密度 $f_X(x)$，$x \in (-\infty, +\infty)$. 求 $Y = X^2$ 的概率密度 $f_Y(y)$.

解 随机变量 X 在 $(-\infty, +\infty)$ 上取值时，相应的 Y 在 $[0, +\infty)$ 上取值.

当 $y < 0$ 时，$F_Y(y) = P\{Y \leqslant y\} = P(\varnothing) = 0$，

当 $y \geqslant 0$ 时，$F_Y(y) = P\{Y \leqslant y\} = P(X^2 \leqslant y) = P(-\sqrt{y} \leqslant X \leqslant \sqrt{y}) = F_X(\sqrt{y}) - F_X(-\sqrt{y})$.

将上式两边同时对 y 求导得

$$f_Y(y) = \frac{\mathrm{d}F_y(y)}{\mathrm{d}y} = \begin{cases} \dfrac{1}{2\sqrt{y}}\left[f_X(\sqrt{y}) + f_X(-\sqrt{y})\right], & y \geqslant 0, \\ 0, & y < 0. \end{cases}$$

例 4 设随机变量 X 在 $(0,1)$ 上服从均匀分布，求 $Y = -2\ln X$ 的概率密度.

解 由于随机变量 X 在 $(0,1)$ 上服从均匀分布，故 X 的概率密度为

$$f_X(x) = \begin{cases} 1, & 0 < x < 1, \\ 0, & 其他. \end{cases}$$

对于任意实数 y，有

$$F_Y(y) = P\{Y \leqslant y\} = P\{-2\ln X \leqslant y\} = P\left\{\ln X \geqslant -\frac{y}{2}\right\}$$

$$= P\{X \geqslant e^{-\frac{y}{2}}\} = 1 - F_X(e^{-\frac{y}{2}}).$$

将上式两边同时对 y 求导得

$$f_Y(y) = \frac{1}{2} f_X(e^{-\frac{y}{2}}) e^{-\frac{y}{2}} = \begin{cases} \dfrac{1}{2} e^{-\frac{y}{2}}, & 0 < e^{-\frac{y}{2}} < 1, \\ 0, & 其他, \end{cases} = \begin{cases} \dfrac{1}{2} e^{-\frac{y}{2}}, & y > 0, \\ 0, & 其他. \end{cases}$$

即 Y 服从参数为 2 的指数分布.

已知连续型随机变量 X 的概率密度，求 $Y=g(X)$ 的概率密度的方法：先求 Y 的分布函数，从上述三例中可以看出，在求 $P\{Y \leqslant y\}$ 的过程中，关键的一步是设法从 $\{g(X) \leqslant Y\}$ 中解

出 X. 这样做是为了用 X 的分布函数表示 Y 的分布函数;然后对等式两边同时求导,利用分布函数的导数是概率密度这一性质,从而用 X 的概率密度表示 Y 的概率密度. 称这种求随机变量函数的概率密度方法为"过渡法".

另外,我们还可以直接利用已知 X 的概率密度,代入公式计算 $Y=g(X)$ 的概率密度,这种方法称为"公式法".

定理 设 X 是一个取值于区间 $[a,b]$,具有概率密度 $f_X(x)$ 的连续型随机变量,又设 $y=g(x)$ 处处可导,且对于任意 $x\in[a,b]$,恒有 $g'(x)>0$ 或恒有 $g'(x)<0$,则 $Y=g(X)$ 是一个连续型随机变量,它的概率密度为

$$f_Y(y) = \begin{cases} f_X[h(y)] \cdot |h'(y)|, & a \leqslant h(y) \leqslant b; \\ 0, & \text{其他}. \end{cases}$$

其中 $x=h(y)$ 是 $y=g(x)$ 的反函数.

证明 不妨设 $g'(x)>0, x\in[a,b]$. 此时 $g(x)$ 在 $[a,b]$ 上严格单调增加,故它的反函数 $h(y)$ 存在,且有 $h'(y)>0$.

记 X,Y 的分布函数分别为 $F_X(x), F_Y(y)$. 则

$$F_Y(y) = P\{Y \leqslant y\} = P\{g(X) \leqslant y\} = P\{X \leqslant h(y)\}.$$

当 $h(y)<a$ 时,$F_Y(y)=0$;

当 $h(y)>b$ 时,$F_Y(y)=1$;

当 $a \leqslant h(y) \leqslant b$ 时,$F_Y(y)=F_X(h(y))$.

将上式两边的分布函数分别对 y 求导,即得 Y 的概率密度为

$$f_Y(y) = \begin{cases} f_X[h(y)]h'(y), & a \leqslant h(y) \leqslant b, \\ 0, & \text{其他}. \end{cases}$$

同理可证,当 $g'(x)<0$ 时,Y 的概率密度为

$$f_Y(y) = \begin{cases} f_X[h(y)](-h'(y)), & a \leqslant h(y) \leqslant b, \\ 0, & \text{其他}. \end{cases}$$

综合以上两式得 Y 的概率密度为

$$f_Y(y) = \begin{cases} f_X[h(y)] \cdot |h'(y)|, & a \leqslant h(y) \leqslant b, \\ 0, & \text{其他}. \end{cases}$$

例 2 还有以下解法.

解 在 $(-\infty, +\infty)$ 上,对于函数 $y=\dfrac{x-\mu}{\sigma}$,有

$$y' = \frac{1}{\sigma} > 0.$$

于是 y 在区间 $(-\infty, +\infty)$ 上单调上升,且有反函数

$$x = h(y) = \mu + \sigma y.$$

由定理得

$$f_Y(y) = f_X(\mu + \sigma y)|(\mu + \sigma y)'|, \quad -\infty < \mu + \sigma y < +\infty,$$

而

$$f_X(x) = \frac{1}{\sqrt{2\pi}\sigma} e^{-\frac{(x-\mu)^2}{2\sigma^2}},$$

故 Y 的概率密度为

$$f_Y(y) = \frac{1}{\sqrt{2\pi}} e^{-\frac{y^2}{2}}, \quad -\infty < y < +\infty.$$

例 4 还有以下解法.

解 由于随机变量 X 在 $(0,1)$ 上服从均匀分布,故 X 的概率密度为

$$f_X(x) = \begin{cases} 1, & 0 < x < 1, \\ 0, & \text{其他}. \end{cases}$$

在区间 $(0,1)$ 上,对于函数 $y = -2\ln x$,有

$$y' = -\frac{2}{x} < 0.$$

于是 y 在区间 $(0,1)$ 上单调下降,有反函数

$$x = h(y) = e^{-y/2}.$$

由定理得

$$f_Y(y) = \begin{cases} f_X(e^{-y/2}) \left| (e^{-y/2})' \right|, & 0 < e^{-y/2} < 1, \\ 0, & \text{其他}. \end{cases}$$

即 Y 的概率密度为

$$f_Y(y) = \begin{cases} \dfrac{1}{2} e^{-y/2}, & y > 0, \\ 0, & y \leqslant 0. \end{cases}$$

显然对于该问题,公式法比过渡法更简单.

注意:例 3 是否可以用公式法求解呢? 由于在 $x \in (-\infty, +\infty)$ 上,$g'(x) > 0$ 或 $g'(x) < 0$ 不能恒成立,故此问题不能用公式法求解.

习题 2-5

1. 设随机变量 X 具有以下分布律,试求 $Y = X^2$ 和 $Y = \arcsin X$ 的分布律.

X	-1	0	1
p_k	0.5	0.1	0.4

2. 设圆半径 X 的分布律为

X	9.5	10	10.5	11
p_k	0.06	0.5	0.4	0.04

求周长及面积的分布律.

3. 设随机变量服从 $[90, 110]$ 上的均匀分布,求 $Y = 0.1X + 10$ 的概率密度.

4. 设随机变量 X 的概率密度为

$$f(x) = \begin{cases} \dfrac{3x^2}{16}, & -2 < x < 2, \\ 0, & \text{其他}. \end{cases}$$

求随机变量 $Y = 2X^2$ 的概率密度.

5. 设球的半径 X 的概率密度为

$$f(x) = \begin{cases} 6x(1-x), & 0 < x < 1, \\ 0, & \text{其他.} \end{cases}$$

试求体积的概率密度.

6. 设圆的半径 X 服从区间 $(1,2)$ 上的均匀分布,求圆面积的概率密度.

7. 设随机变量 $X \sim N(0,1)$,且 $Y = X^2$,求 Y 的概率密度.

8. 设电流 I 是一个随机变量,它均匀分布在 $9A \sim 11A$ 之间。若此电流通过 $R = 2\Omega$ 的电阻,在其上消耗的功率 $W = I^2 R$,求 W 的概率密度.

小结

随机变量 $X = X(e)$ 是定义在样本空间 $S = \{e\}$ 上的实值单值函数,随机变量是研究随机试验的有效工具,用随机变量来描述随机事件是近代概率论的重要方法,今后我们主要研究随机变量和它的分布.

一个随机变量,如果它的所有可能取值是有限个或可列无限个,这种随机变量称为离散型随机变量,否则,称为非离散型随机变量.不论是离散型还是非离散型随机变量,都可以借助分布函数

$$F(x) = P\{X \leqslant x\}, \quad -\infty < x < +\infty$$

来描述它的取值规律.若已知随机变量 X 的分布函数,就能掌握 X 在如下任一区间

$$(-\infty, x] \quad (x_1, x_2] \quad (x, +\infty)$$

上取值的概率.因此,分布函数能够完整地描述随机变量的取值规律性.

本章主要研究了离散型随机变量和连续型随机变量的分布,对于离散型随机变量,用分布律

$$P\{X = x_k\} = p_k, \quad k = 1, 2, \cdots$$

或表格形式

X	x_1	x_2	$\cdots$	x_k	$\cdots$
p_k	p_1	p_2	$\cdots$	p_k	$\cdots$

来描述它的取值规律性.分布律与分布函数有以下关系:

$$F(x) = P\{X \leqslant x_k\} = \sum_{x_k \leqslant x} p_k.$$

对于随机变量 X 的分布函数 $F(x)$,如果存在非负可积函数 $f(x)$,使得对任意实数 x,有

$$F(x) = \int_{-\infty}^{x} f(t) \mathrm{d}t.$$

则称 X 为连续型随机变量,称 $f(x)$ 为 X 的概率密度函数,简称为概率密度或密度.给定概率密度函数,就能确定如下概率:

$$P\{X \leqslant x\} = \int_{-\infty}^{x} f(t) \mathrm{d}t,$$

$$P\{x_1 < X \leqslant x_2\} = \int_{x_1}^{x_2} f(x) \mathrm{d}x,$$

$$P\{X > x\} = \int_{x}^{+\infty} f(t) \mathrm{d}t.$$

因此,概率密度能够完整地描述连续型随机变量的取值规律性.

　　连续型随机变量的分布函数是连续函数,连续型随机变量取任意指定点的概率为零,这两点性质是离散型随机变量不具备的.

　　随机变量 X 的函数 $Y=g(X)$ 也是一个随机变量,由已知 X 的概率密度求 Y 的概率密度有两种方法:过渡法和公式法.

伯努利（Bernoulli）家族

　　概率论的奠基人是伯努利,在数学史上我们很难找到一个家庭群体像瑞士巴塞尔城的伯努利家族那样对数学做出这么多贡献.从 1680 年到 1800 年,这个家族为数学(和物理学)奉献了至少三代以上的成员,其中不乏出色的数学家,而其中至少有 5 位参与了概率论的创建.雅克布·伯努利与约翰·伯努利是一位财运亨通的商人的儿子,但是他们反对其父令其从商的意志,却热衷于研究数学,两人都是他们那个时代优秀的数学家,其中雅克布·伯努利专注于概率论的研究,创建了伯努利大数定律.

　　约翰的儿子丹尼尔和侄子尼克拉也研究概率论.尼克拉发现男婴与女婴的血缘关系可以用概率来描述.有意思的是,约翰和其父一样,希望自己的儿子成为一名商人或医生,但是丹尼尔最终成为另外一名数学家,对于概率论中的平均对策颇有建树,还对牛痘的接种提出卓有远见的看法.

　　伯努利家族对于数学的贡献,像他同时代巴赫家族对音乐的贡献一样,是科学史上一个不寻常的天才群体的例子,他们推动了概率论的成长,并把他从赌徒手里的筹码,变成为全世界人们服务的一个有力工具.

知识结构脉络图

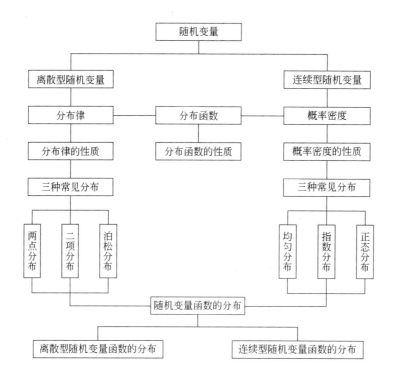

总习题 2

1. 设随机变量 X 的分布律为

$$P\{X = k\} = \frac{a}{N}, \quad k = 1, 2, \cdots, N.$$

试确定常数 a.

2. 某批产品共 100 件, 其中有 10 件次品. 从中任意抽取 5 件(不放回), 求其中次品件数的概率分布.

3. 一盒中有 5 枚一元钱硬币, 编号为: 1, 2, 3, 4, 5. 在其中等可能地任取 3 个, 用 X 表示取出的 3 个硬币上的最大号码, 求随机变量 X 的分布律.

4. 对某一目标进行射击, 直至击中为止. 如果每次射击命中率为 p, 求射击次数的分布律.

5. 进行某种试验, 设试验成功的概率为 $\frac{3}{4}$, 失败的概率为 $\frac{1}{4}$, 以 X 表示试验首次成功所需试验的次数, 试写出 X 的分布律, 并计算 X 取偶数的概率.

6. 设某种治疗流行性感冒的新药的治愈率为 $\frac{2}{3}$, 现 50 名流行性感冒的患者中试服此药, 试写出治愈人数的概率分布.

7. 一大楼装有 5 个同类型的供水设备, 调查表明在任一时刻 t 每个设备被使用的概率为 0.1, 问在同一时刻:

(1) 恰有两个设备被使用的概率是多少?

(2) 至少有 3 个设备被使用的概率是多少?

(3) 至多有 3 个设备被使用的概率是多少?

(4) 至少有一个设备被使用的概率是多少?

8. 假设一大型设备在任何长度为 t(单位: h)的时间间隔内发生故障的次数 X 服从参数为 $2t$ 的泊松分布, 求设备无故障运行 8h 的概率.

9. 设随机变量 X 的分布律为

X	-1	0	1	3
p_k	a	$2a$	0.2	0.2

试求: (1) 常数 a; (2) X 的分布函数 $F(x)$.

10. 设离散型随机变量 X 的分布函数为

$$F(x) = \begin{cases} 0, & x < -2, \\ 0.2, & -2 \leqslant x < 1, \\ 0.7, & 1 \leqslant x < 3, \\ 1, & x \geqslant 3. \end{cases}$$

求 X 的分布律.

11. 设随机变量 X 的分布函数为

$$F(x) = \begin{cases} 0, & x < 0, \\ 2x, & 0 \leqslant x < 0.3, \\ Ax^2 + B, & 0.3 \leqslant x < 0.5, \\ 1, & x \geqslant 0.5. \end{cases}$$

试求：(1) 系数 A,B；(2) 随机变量落在$(0.3,0.7)$内的概率；(3) 随机变量 X 的概率密度.

12. 设离散型随机变量 X 的分布函数为

$$F(x) = \begin{cases} 0, & x < -1, \\ a, & -1 \leqslant x < 1, \\ \dfrac{2}{3} - a, & 1 \leqslant x < 2, \\ a + b, & x \geqslant 2, \end{cases}$$

且 $P\{X=2\} = \dfrac{1}{2}$.试求：(1) 系数 a 及 b；(2) X 的分布律.

13. 设随机变量 X 的概率密度为：

$$f(x) = \begin{cases} A\cos x, & |x| \leqslant \dfrac{\pi}{2}, \\ 0, & |x| > \dfrac{\pi}{2}. \end{cases}$$

试求：(1) 系数 A；(2) X 的分布函数；(3) X 落在区间 $\left(0, \dfrac{\pi}{4}\right)$ 内的概率.

14. 公共汽车站每隔 5min 有一辆汽车通过,乘客到达车站的任一时刻是等可能的,求乘客候车时间不超过 3min 的概率.

15. 如果 X 的取值可能充满区间：

(1) $\left[0, \dfrac{\pi}{2}\right]$；(2) $[0, \pi]$；(3) $\left[0, \dfrac{3\pi}{2}\right]$.

函数 $\cos x$ 是否为随机变量 X 的概率密度?

16. 设 K 在$(0,5)$上服从均匀分布,求方程 $4x^2 + 4Kx + K + 2 = 0$ 有实根的概率.

17. 设 $X \sim N(0,1)$,求：

(1) $P\{X < 2.2\}$；(2) $P\{X > 1.76\}$；(3) $P\{X < -0.78\}$；(4) $P\{|X| < 1.55\}$；

(5) $P\{|X| > 2.5\}$.

18. 设 $X \sim N(3,4)$,试求：

(1) $P\{2 < X \leqslant 5\}$；(2) $P\{-2 < X < 7\}$；(3) 确定 C 的值,使得 $P\{X > C\} = P\{X \leqslant C\}$.

19. 某一时期在纽约股票交易所登记的全部公司股东所持有的股票利润率 $X \sim N(0.102, 0.032^2)$,求这些公司股东所持有的股票利润率在 $0.15 \sim 0.166$ 之间的概率.

20. 测量某一目标的距离时,发生的随机误差 X(单位：mm)具有概率密度

$$f(x) = \frac{1}{40\sqrt{2\pi}} e^{-\frac{(x-20)^2}{3200}}.$$

求测量误差的绝对值不超过 30mm 的概率.

21. 设随机变量 X 的分布律为

X	-1	0	1	2
p_k	$\frac{1}{6}$	$\frac{1}{3}$	$\frac{5}{12}$	$\frac{1}{12}$

求 $Y = 6 - X^2$ 的分布律.

22. 设随机变量 X 的概率密度为

$$f(x) = \begin{cases} 1, & 0 < x < 1, \\ 0, & 其他. \end{cases}$$

求函数 $Y = 3X + 1$ 的概率密度.

23. 设圆的直径测量值 X 在区间 $(2,4)$ 内服从均匀分布,求圆面积的概率密度.

24. 设随机变量 X 的概率密度为

$$f(x) = \begin{cases} \dfrac{2}{\pi(1 + x^2)}, & x > 0, \\ 0, & 其他. \end{cases}$$

求 $Y = \ln X$ 的概率密度.

25. 设随机变量 X 的概率密度为

$$f(x) = \begin{cases} \dfrac{1}{9}x^2, & 0 < x < 3, \\ 0, & 其他, \end{cases}$$

令随机变量 $Y = \begin{cases} 2, & X \leqslant 1, \\ X, & 1 < X < 2, \\ 1, & X \geqslant 2. \end{cases}$

(1) 求 Y 的分布函数;(2) 求概率 $P\{X \leqslant Y\}$.

自测题 2

一、填空题(每小题 5 分,4 小题,共 20 分)

1. 设离散型随机变量 $X \sim B(4,0.2)$,则 $P\{X = 3\} = $ _____.

2. 设 X 的分布律为

X	-1	0	2
p_k	0.2	0.5	0.3

则 $F(1.5) = $ _____.

3. 设随机变量 X 的分布函数为 $F(x) = A + \dfrac{1}{\pi}\arctan\dfrac{x}{2}(-\infty < x < +\infty)$,则系数 $A = $ _____.

4. 随机变量 X 的概率密度为 $f(x) = \begin{cases} Cx^2, & -R \leqslant x \leqslant R, \\ 0, & 其他. \end{cases}$,则 C 的值为 _____.

二、选择题（每小题 5 分，4 小题，共 20 分）

1. 设 $F(x)$ 是随机变量 X 的分布函数，则对（　　）随机变量，一定有
$$P\{x_1 < X < x_2\} = F(x_2) - F(x_1).$$
  A. 任意类型   B. 离散型   C. 连续型   D. 个别连续型

2. 某车间包装糖果，每包重量是一个随机变量 $X \sim N(1,1)$，则 $P\{X<1\}=$（　　）.
  A. 0.1   B. 0.5   C. 0.8   D. 1.

3. 设离散型随机变量 X 的分布律为 $P\{X=k\}=\dfrac{k+1}{10}, k=0,1,2,3$. 则 $P\{0.1<X\leqslant 3\}=$（　　）.
  A. 0.1   B. 0.3   C. 0.6   D. 0.9

4. 设随机变量 X 的概率密度为
$$f(x) = \begin{cases} x, & 0<x<1, \\ 2-x, & 1\leqslant x\leqslant A, \\ 0, & \text{其他}. \end{cases}$$
则常数 $A=$（　　）.
  A. 1   B. 2   C. 3   D. 4

三、解答题（每小题 15 分，4 小题，共 60 分）

1. 设连续型随机变量 X 的分布函数为
$$F(x) = \begin{cases} A + Be^{-\frac{x^2}{2}}, & x>0, \\ 0, & x\leqslant 0. \end{cases}$$
试求：(1) 常数 A,B；(2) X 的概率密度；(3) $P\{1<X<2\}$.

2. 到某服务单位办事总需要排队，等待时间 X（单位：min）服从 $\theta=10$ 的指数分布，某人到此处办事，若等待时间超过 15min，他就愤然离去，此人一个月要到该处去 10 次，求至少有两次愤然离去的概率.

3. 设随机变量 X 的分布函数是 $F(x)=\begin{cases} 0, & x<-1, \\ 0.2, & -1\leqslant x<3, \\ 0.8, & 3\leqslant x<5, \\ 1, & x\geqslant 5, \end{cases}$ 求 X 的分布律.

4. 设离散型随机变量具有以下分布律：

X	-1	0	1	2
p_k	0.2	0.3	0.4	0.1

求 $Y=(X-1)^2$ 的分布律.

5. 设随机变量 X 的概率密度为 $f(x)=\begin{cases} \dfrac{1}{3\sqrt[3]{x^2}}, & x\in[1,8], \\ 0, & \text{其他}, \end{cases}$，$F(x)$ 是 X 的分布函数，求随机变量 $Y=F(X)$ 的分布函数.

第3章

多维随机变量及其分布

第 2 章主要讲述了随机变量以及随机变量的分布.但在实际应用中面对的情况经常是十分复杂的,除了需要研究一个随机变量外,更多的情况要涉及两个或两个以上的随机变量,这些随机变量之间往往存在着一定的联系,经常需要将它们作为一个整体来考察.因此,引入多维随机变量(有时也称为随机向量)的概念,并对其分布加以研究很有必要.

本章主要介绍二维随机变量及其联合分布、边缘分布、条件分布、独立性等概念,并分别针对离散型二维随机变量和连续型二维随机变量进行深入探讨,最后介绍几种常用的两个随机变量的函数的分布.

3.1 二维随机变量

一、二维随机变量及其分布函数

一个随机变量只能描述单个不确定结果,在研究实际问题时,随机试验中出现的变量常常是两个或两个以上,这需要在对每个随机变量进行研究以外,还要对它们之间的关系加以关注,由此就引出了多维随机变量的概念.

定义 1 设 E 是一个随机试验,它的样本空间 $S=\{e\}$,设 $X_i=X_i(e),i=1,2,\cdots,n,$是定义在 S 上的 n 个随机变量,由它们构成的一个向量 $(X_1,X_2,\cdots,X_n)$ 叫做 n **维随机向量**或 n **维随机变量**(n-dimensional random variable).

特殊地,当 $n=2$ 时,(X_1,X_2) 构成一个二维随机变量,通常记做 (X,Y).本书围绕二维随机变量展开讲解,三维及更高维的情况与此类似.

例如,向某个平面区域随机打点,描述该点的位置,需要两个随机变量 $X(e),Y(e)$ 分别表示该随机点的横、纵坐标,则该点的坐标 (X,Y) 就构成一个二维随机变量.在研究某一地区成年男子身体状况时,每位成年男子的身高 $X(e)$ 和体重 $Y(e)$ 就构成一个二维随机变量 (X,Y);考察某一地区的气候状况时,该地区每天的日平均气温 $X(e)$ 和日平均湿度 $Y(e)$ 就构成一个二维随机变量 (X,Y).

注意:必须是针对同一个样本点 e 的 $X(e)$ 和 $Y(e)$,才能构成一个二维随机变量.

对于二维随机变量,仍然是通过分布函数、分布律和概率密度这三个工具来研究取值规律的.

与一维随机变量类似,首先给出二维随机变量的分布函数的定义.

定义 2 设(X,Y)是二维随机变量,对于任意实数 x,y,称二元函数

$$F(x,y) = P\{X \leqslant x, Y \leqslant y\}$$ (3.1.1)

为二维随机变量(X,Y)的**联合分布函数**(joint distribution function).

类似的,可以有 n 维随机变量分布函数的定义.

定义 3 n 维随机变量$(X_1,X_2,\cdots,X_n)$,对于任意实数 $x_1,x_2,\cdots,x_n$,称 n 元函数

$$F(x_1,x_2,\cdots,x_n) = P\{X_1 \leqslant x_1, X_2 \leqslant x_2, \cdots, X_n \leqslant x_n\}$$ (3.1.2)

为随机变量$(X_1,X_2,\cdots,X_n)$的分布函数,或$(X_1,X_2,\cdots,X_n)$的联合分布函数.

下面以二维随机变量为例,对分布函数加以深入研究. 如果把二维随机变量(X,Y)看成是平面上随机点的坐标,式(3.1.1)右端可以理解为随机点落入平面区域 $D = \{(X,Y) \mid X \leqslant x, Y \leqslant y\}$的概率,即以点$(x,y)$为右上端点的无穷矩形区域内的概率. 如图 3-1 阴影部分所示.

由此可知,一旦给出了 $F(x,y)$,就可以计算事件$\{x_1 < X \leqslant x_2, y_1 < Y \leqslant y_2\}$的概率.借助图 3-2 可知

$$P\{x_1 < X \leqslant x_2, y_1 < Y \leqslant y_2\} = F(x_2,y_2) - F(x_1,y_2) - F(x_2,y_1) + F(x_1,y_1).$$
(3.1.3)

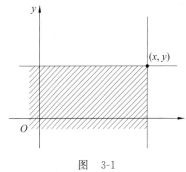

图 3-1

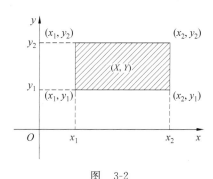

图 3-2

其次,分布函数 $F(x,y)$具有如下基本性质:

(1) 分布函数 $F(x,y)$是关于 x(或 y)的单调不减函数,即对于任意固定的 y,当 $x_1 < x_2$ 时,有 $F(x_1,y) \leqslant F(x_2,y)$;对于任意固定的 x,当 $y_1 < y_2$ 时,有 $F(x,y_1) \leqslant F(x,y_2)$.

(2) $0 \leqslant F(x,y) \leqslant 1$,且

$$F(-\infty,-\infty) = \lim_{\substack{x \to -\infty \\ y \to -\infty}} F(x,y) = 0;$$

$$F(+\infty,+\infty) = \lim_{\substack{x \to +\infty \\ y \to +\infty}} F(x,y) = 1;$$

对于任意固定的 $y, F(-\infty,y) = \lim_{x \to -\infty} F(x,y) = 0;$

对于任意固定的 $x, F(x,-\infty) = \lim_{y \to -\infty} F(x,y) = 0.$

这四个式子,可以运用分布函数的几何意义加以解释.将图 3-1 中无穷矩形的上边界向下无限平移(即 $y \to -\infty$),则"随机点(X,Y)落在这个矩形内"趋于不可能事件,其概率趋于

0,即 $F(x,-\infty)=0$. 当上边界、右边界分别向上、向右无限平移,无穷矩形几乎扩展到全平面,则"随机点 (X,Y) 落在这个矩形内"趋于必然事件,其概率趋于 1,即 $F(+\infty,+\infty)=1$.

(3) $F(x,y)$ 关于 x(或 y)右连续,即

$$F(x,y)=F(x+0,y)=F(x,y+0), \quad \forall x\in\mathbb{R}, \forall y\in\mathbb{R}.$$

(4) 对任意 $(x_1,y_1),(x_2,y_2),x_1<x_2,y_1<y_2$,由式(3.1.3)可知下述不等式成立:

$$F(x_2,y_2)-F(x_1,y_2)-F(x_2,y_1)+F(x_1,y_1)\geqslant 0.$$

例 1 设二维随机变量 (X,Y) 的分布函数为

$$F(x,y)=A\left(B+\arctan\frac{x}{2}\right)\left(C+\arctan\frac{y}{3}\right).$$

(1) A,B,C 的值各是多少?

(2) 求 $P\{0<X\leqslant 2,3<Y<+\infty\}$.

解 (1) 由二维随机变量分布函数的性质可知:

$$F(+\infty,+\infty)=A\left(B+\frac{\pi}{2}\right)\left(C+\frac{\pi}{2}\right)=1;$$

$$\forall y\in\mathbb{R}, F(-\infty,y)=A\left(B-\frac{\pi}{2}\right)\left(C+\arctan\frac{y}{3}\right)=0;$$

$$\forall x\in\mathbb{R}, F(x,-\infty)=A\left(B+\arctan\frac{x}{3}\right)\left(C-\frac{\pi}{2}\right)=0.$$

由第一个等式可知

$$A\neq 0,B+\frac{\pi}{2}\neq 0,C+\frac{\pi}{2}\neq 0.$$

而第二个等式对于任意的实数 y 均成立,第三个等式对于任意的实数 x 均成立,由此可知

$$B=\frac{\pi}{2}, \quad C=\frac{\pi}{2}.$$

代入第一个等式可知 $A=\frac{1}{\pi^2}$. 即 (X,Y) 的分布函数为

$$F(x,y)=\frac{1}{\pi^2}\left(\frac{\pi}{2}+\arctan\frac{x}{2}\right)\left(\frac{\pi}{2}+\arctan\frac{y}{3}\right).$$

(2) 由性质(4)可知:

$$\begin{aligned}
P\{0<X\leqslant 2,3<Y<+\infty\}&=F(2,+\infty)-F(0,+\infty)-F(2,3)+F(0,3)\\
&=\frac{1}{\pi^2}\left(\frac{\pi}{2}+\frac{\pi}{4}\right)\left(\frac{\pi}{2}+\frac{\pi}{2}\right)-\frac{1}{\pi^2}\left(\frac{\pi}{2}+0\right)\left(\frac{\pi}{2}+\frac{\pi}{2}\right)\\
&\quad-\frac{1}{\pi^2}\left(\frac{\pi}{2}+\frac{\pi}{4}\right)\left(\frac{\pi}{2}+\frac{\pi}{4}\right)+\frac{1}{\pi^2}\left(\frac{\pi}{2}+0\right)\left(\frac{\pi}{2}+\frac{\pi}{4}\right)\\
&=\frac{1}{16}.
\end{aligned}$$

与第 2 章中对一维随机变量的研究一样,二维随机变量也主要研究离散型和连续型两类随机变量.

二、二维离散型随机变量及其分布律

定义 4　如果二维随机变量(X,Y)全部可能取到的不相同的值是有限对或可列无限对,则称(X,Y)是二维离散型的随机变量.

如果二维离散型随机变量(X,Y)所有可能取值为$(x_i,y_j),i,j=1,2,\cdots$,则称

$$P\{X=x_i,Y=y_j\}=p_{ij}, \quad i,j=1,2,\cdots \tag{3.1.4}$$

为二维离散型随机变量(X,Y)的**联合分布律**(joint distribution law).

与一维的情况类似,二维离散型随机变量的分布律也可以用表格表示,如下表所示.

Y＼X	x_1	x_2	$\cdots$	x_i	$\cdots$
y_1	p_{11}	p_{21}	$\cdots$	p_{i1}	$\cdots$
y_2	p_{12}	p_{22}	$\cdots$	p_{i2}	
$\vdots$	$\vdots$	$\vdots$		$\vdots$	
y_j	p_{1j}	p_{2j}	$\cdots$	p_{ij}	$\cdots$
$\vdots$	$\vdots$	$\vdots$		$\vdots$	

二维随机变量(X,Y)具有如下性质:

(1) $p_{ij}\geqslant 0,i,j=1,2,\cdots$;

(2) $\sum\limits_{i=1}^{\infty}\sum\limits_{j=1}^{\infty}p_{ij}=1$.

如果二维随机变量(X,Y)的分布律如式(3.1.4)所示,则其分布函数为

$$F(x,y)=\sum_{x_i\leqslant x}\sum_{y_j\leqslant y}p_{ij}. \tag{3.1.5}$$

其中,$\sum\limits_{x_i\leqslant x}\sum\limits_{y_j\leqslant y}p_{ij}$表示对不大于$x$的$x_i$和不大于$y$的$y_j$所对应的$p_{ij}$求和.

例 2　设随机变量X在$1,2,3,4$四个整数中等可能地取一个值,另一个随机变量Y在$1\sim X$中等可能地取一个整数值,试求(X,Y)的分布律.

解　由乘法公式可得$p_{ij}=P\{X=i,Y=j\}$.

当$i<j$时,$p_{ij}=0$;

当$i\geqslant j$时,$p_{ij}=P\{Y=j\,|\,X=i\}\cdot P\{X=i\}=\dfrac{1}{i}\times\dfrac{1}{4}$.

于是(X,Y)的联合分布律为

Y＼X	1	2	3	4
1	$\dfrac{1}{4}$	$\dfrac{1}{8}$	$\dfrac{1}{12}$	$\dfrac{1}{16}$
2	0	$\dfrac{1}{8}$	$\dfrac{1}{12}$	$\dfrac{1}{16}$
3	0	0	$\dfrac{1}{12}$	$\dfrac{1}{16}$
4	0	0	0	$\dfrac{1}{16}$

三、二维连续型随机变量及其联合概率密度

定义 5 设 $F(x,y)$ 是二维随机变量 (X,Y) 的分布函数,如果存在非负函数 $f(x,y)$,使得对任意实数 x,y 都有

$$F(x,y) = \int_{-\infty}^{x} \int_{-\infty}^{y} f(u,v) \mathrm{d}u \mathrm{d}v, \qquad (3.1.6)$$

则称 (X,Y) 为二维连续型随机变量,$f(x,y)$ 为二维随机变量 (X,Y) 的概率密度,或 X 与 Y 的**联合概率密度**(joint probability density).

二维连续型随机变量 (X,Y) 的概率密度 $f(x,y)$ 具有下列性质:

(1) $f(x,y) \geqslant 0$;

(2) $\int_{-\infty}^{+\infty} \int_{-\infty}^{+\infty} f(x,y) \mathrm{d}x \mathrm{d}y = F(+\infty, +\infty) = 1$;

(3) 若 $f(x,y)$ 在点 (x,y) 处连续,则有

$$\frac{\partial^2 F(x,y)}{\partial x \partial y} = f(x,y);$$

(4) 设 D 为 xOy 平面上任一区域,点 (X,Y) 落在 D 中的概率为

$$P\{(X,Y) \in D\} = \iint_D f(x,y) \mathrm{d}x \mathrm{d}y.$$

在空间解析几何中,$z=f(x,y)$ 表示空间的一个曲面,由性质(2)可知,介于它和 xOy 平面之间的无限空间立体的体积为 1;由性质(4)可知,点 (X,Y) 落在区域 D 中的概率等于以 D 为底,以 $z=f(x,y)$ 为顶的曲顶柱体的体积.

与一维随机变量的结论类似,当一个二元函数 $f(x,y)$ 满足性质(1)和性质(2)时,它一定是某个二维连续型随机变量的概率密度.

例 3 设二维随机变量 (X,Y) 的概率密度为

$$f(x,y) = \begin{cases} A\mathrm{e}^{-\frac{1}{2}(x+y)}, & x \geqslant 0, y \geqslant 0, \\ 0, & \text{其他}. \end{cases}$$

求:(1) 常数 A;(2) 分布函数 $F(x,y)$;(3) $P\{X+Y \leqslant 2\}$.

解 (1) 由二维连续型随机变量概率密度的性质(2)可知:

$$\int_{-\infty}^{+\infty} \int_{-\infty}^{+\infty} f(x,y) \mathrm{d}x \mathrm{d}y = \int_{0}^{+\infty} \int_{0}^{+\infty} A\mathrm{e}^{-\frac{1}{2}(x+y)} \mathrm{d}x \mathrm{d}y = 1.$$

则 $A = \dfrac{1}{4}$,故 (X,Y) 的概率密度为

$$f(x,y) = \begin{cases} \dfrac{1}{4} \mathrm{e}^{-\frac{1}{2}(x+y)}, & x \geqslant 0, y \geqslant 0, \\ 0, & \text{其他}. \end{cases}$$

(2) $F(x,y) = \displaystyle\int_{-\infty}^{x} \int_{-\infty}^{y} f(u,v) \mathrm{d}u \mathrm{d}v$

$$= \begin{cases} \dfrac{1}{4} \displaystyle\int_{0}^{x} \int_{0}^{y} \mathrm{e}^{-\frac{1}{2}(u+v)} \mathrm{d}u \mathrm{d}v, & x \geqslant 0, y \geqslant 0, \\ 0, & \text{其他} \end{cases}$$

$$= \begin{cases} (1-\mathrm{e}^{-\frac{x}{2}})(1-\mathrm{e}^{-\frac{y}{2}}), & x \geqslant 0, y \geqslant 0, \\ 0, & \text{其他.} \end{cases}$$

（3）由性质（4）可知：$P\{X+Y \leqslant 2\} = \iint\limits_{x+y \leqslant 2} f(x,y)\mathrm{d}x\mathrm{d}y.$ 由于 $f(x,y)$ 只在第一象限有

非零表达式，故上述积分区域为由 $x+y=2, x=0$ 以及 $y=0$ 三条线围成的区域.

$$P\{X+Y \leqslant 2\} = \frac{1}{4}\int_0^2 \mathrm{d}x\int_0^{2-x}\mathrm{e}^{-\frac{1}{2}(x+y)}\mathrm{d}y = \frac{1}{4}\int_0^2 \mathrm{e}^{-\frac{x}{2}}\mathrm{d}x\int_0^{2-x}\mathrm{e}^{-\frac{y}{2}}\mathrm{d}y$$

$$= \frac{1}{2}\int_0^2 (\mathrm{e}^{-\frac{x}{2}} - \mathrm{e}^{-1})\mathrm{d}x = 1 - 2\mathrm{e}^{-1} = 0.2642.$$

例 4（二维均匀分布） 设 G 是平面上的一个有界区域，其面积为 S_G，令

$$f(x,y) = \begin{cases} \dfrac{1}{S_G}, & (x,y) \in G, \\ 0, & \text{其他.} \end{cases}$$

则 $f(x,y)$ 是一个密度函数，称以 $f(x,y)$ 为联合概率密度的二维随机变量 (X,Y) 服从区域 G 上的**二维均匀分布**.

例如，当 G 为单位圆 $x^2+y^2 \leqslant 1$ 时，(X,Y) 服从 G 上的二维均匀分布，其概率密度为

$$f(x,y) = \begin{cases} \dfrac{1}{\pi}, & x^2 + y^2 \leqslant 1, \\ 0, & \text{其他.} \end{cases}$$

若二维随机变量 (X,Y) 的概率密度为

$$f(x,y) = \frac{1}{2\pi\sigma_1\sigma_2\sqrt{1-\rho^2}}\exp\left\{-\frac{1}{2(1-\rho^2)}\left[\frac{(x-\mu_1)^2}{\sigma_1^2} - 2\rho\frac{(x-\mu_1)(y-\mu_2)}{\sigma_1\sigma_2} + \frac{(y-\mu_2)^2}{\sigma_2^2}\right]\right\}$$

其中 $\mu_1, \mu_2, \sigma_1, \sigma_2, \rho$ 都是常数，且 $\sigma_1 > 0, \sigma_2 > 0, -1 < \rho < 1$，则 (X,Y) 服从**二维正态分布**（two-dimensional normal distribution），记为 $(X,Y) \sim N(\mu_1, \mu_2; \sigma_1^2, \sigma_2^2; \rho)$.

二维正态分布也是一种常见的分布，有关它的一些性质在本章后面的章节逐步讨论.

二维随机变量分布函数的性质

设函数 $F(x,y) = \begin{cases} 1, & x+2y \geqslant 1, \\ 0, & x+2y < 1, \end{cases}$ 问 $F(x,y)$ 是否为某个二维随机变量 (X,Y) 的分布函数？

答：不是. 因为一个二元函数要能成为分布函数，它必须满足分布函数的一切性质才行. 在二维随机变量分布函数的性质中有这样一条：

$$P\{x_1 < X \leqslant x_2, y_1 < Y \leqslant y_2\} = F(x_2, y_2) - F(x_1, y_2) - F(x_2, y_1) + F(x_1, y_1) \geqslant 0.$$

下面举一反例，说明函数 $F(x,y)$ 不满足上述性质.

例如：取 $(x_1, y_1) = (0,0), (x_2, y_2) = (2,1)$，从而 $(x_1, y_2) = (0,1), (x_2, y_1) = (2,0)$. 这四个点中，只有 $(x_1, y_1) = (0,0)$ 在直线 $x+2y=1$ 下方，$F(x_1, y_1) = 0$，其余三个点都在直线 $x+2y=1$ 上方，$F(x_2, y_2) = F(x_1, y_2) = F(x_2, y_1) = 1$. 将此四点带入上述性质，可得

$$P\{0<X\leqslant2,0<Y\leqslant1\}=F(2,1)-F(0,1)-F(2,0)+F(0,0)$$
$$=1-1-1+0=-1<0.$$

这与上面的性质矛盾,故 $F(x,y)$ 不是某个二维随机变量 (X,Y) 的分布函数.

事实上这样的点可以找到很多组,只要满足矩形一个点(左下顶点)在直线下方,其余的三个点都在直线上方,就可以找出一组反例.

这就说明并不是每个二元函数都是某个二维随机变量的分布函数.

习题 3-1

1. 设 $F(x,y)$ 为随机变量 (X,Y) 的联合分布函数,试用 $F(x,y)$ 表述下列概率:
(1) $P\{a\leqslant X\leqslant b,Y\leqslant c\}$;(2) $P\{0<Y\leqslant a\}$;(3) $P\{X\geqslant a,Y>b\}$.

2. 若二维随机变量 (X,Y) 的联合分布律为

X $\diagdown$ Y	0	1	2
0	$\dfrac{1}{8}$	$\dfrac{1}{4}$	$\dfrac{1}{8}$
1	$\dfrac{1}{6}$	$\dfrac{1}{6}$	c

(1) 求常数 c;(2) 计算 $P\{X=0,Y\leqslant1\}$;(3) 设 (X,Y) 的分布函数为 $F(X,Y)$,求 $F(1,2)$.

3. 一个口袋中装有 4 只球,分别标有数字 $1,2,3,3$,现从袋中任取一球后,再从袋中任取一球.用 X 和 Y 分别表示第一次和第二次取得的球上标有的数字,分别在下列条件下求 (X,Y) 的联合分布律:(1) 无放回;(2) 有放回.

4. 袋中有 10 个大小相同的小球,其中 6 个红球,4 个白球.现随机地抽取两次,每次抽取一个,定义两个随机变量 X 和 Y 为

$$X=\begin{cases}1, & \text{第 1 次抽到红球,}\\0, & \text{第 1 次抽到白球,}\end{cases} \quad Y=\begin{cases}1, & \text{第 2 次抽到红球,}\\0, & \text{第 2 次抽到白球.}\end{cases}$$

若第 1 次抽球后不放回,求 (X,Y) 的联合分布律.

5. 设二维随机变量 (X,Y) 的概率密度为

$$f(x,y)=\begin{cases}A(3x^2+xy), & 0\leqslant x\leqslant1,0\leqslant y\leqslant2,\\0, & \text{其他.}\end{cases}$$

求:(1) 常数 A;(2) $P\{X+Y\leqslant1\}$.

6. 随机变量 (X,Y) 在矩形区域 $D:\{(x,y)\,|\,a\leqslant x\leqslant b,c\leqslant y\leqslant d\}$ 内服从均匀分布,求 (X,Y) 的联合概率密度.

7. 设二维连续型随机变量 (X,Y) 的联合概率密度为

$$f(x,y)=\begin{cases}k\mathrm{e}^{-3x-4y}, & x>0,y>0,\\0, & \text{其他.}\end{cases}$$

求:(1) 常数 k;(2) $P\{0<X<1,0<Y<2\}$.

3.2　边缘分布

一、边缘分布的概念

二维随机变量(X,Y)作为一个整体,具有联合分布函数$F(x,y)$,其中X和Y两个分量分别可以看作两个一维随机变量,所以它们也有各自的分布函数,分别记为$F_X(x)$和$F_Y(y)$,依次称它们为二维随机变量(X,Y)关于X和关于Y的**边缘分布函数**(marginal distribution function).边缘分布函数可以由联合分布函数唯一确定.

$$F_X(x) = P\{X \leqslant x\} = P\{X \leqslant x, Y < +\infty\} = F(x, +\infty), \tag{3.2.1}$$

由此可知,当(X,Y)的联合分布函数$F(x,y)$已知时,令$y \to +\infty$,就可以得到X的边缘分布函数$F_X(x)$.同理可得Y的边缘分布函数为

$$F_Y(y) = F(+\infty, y). \tag{3.2.2}$$

二维随机变量(X,Y)关于X的边缘分布函数$F_X(x)$表示点(X,Y)落在区域$\{(X,Y) | X \leqslant x, -\infty < Y < +\infty\}$内的概率;关于$Y$的边缘分布函数$F_Y(y)$表示点$(X,Y)$落在区域$\{(X,Y) | -\infty < X < +\infty, Y \leqslant y\}$内的概率.

二、二维离散型随机变量的边缘分布

对于二维离散型随机变量(X,Y),由式$(3.1.5)$可知

$$F_X(x) = F(x, +\infty) = \sum_{x_i \leqslant x} \sum_{j=1}^{\infty} p_{ij},$$

$$F_Y(y) = F(+\infty, y) = \sum_{i=1}^{\infty} \sum_{y_j \leqslant y} p_{ij}.$$

由此可知,X和Y的概率分布为

$$P\{X = x_i\} = \sum_{j=1}^{\infty} p_{ij}, \quad i = 1, 2, \cdots, \tag{3.2.3}$$

$$P\{Y = y_j\} = \sum_{i=1}^{\infty} p_{ij}, \quad j = 1, 2, \cdots. \tag{3.2.4}$$

若记$p_{i\cdot} = \sum_{j=1}^{\infty} p_{ij}, i = 1, 2, \cdots, p_{\cdot j} = \sum_{i=1}^{\infty} p_{ij}, j = 1, 2, \cdots$,则分别称$p_{i\cdot}$和$p_{\cdot j}(i, j = 1, 2, \cdots)$为二维离散型随机变量$(X,Y)$关于$X$和关于$Y$的**边缘分布律**(marginal distribution law),也可以用表格形式表示,如下表所示。

Y＼X	x_1	x_2	$\cdots$	x_i	$\cdots$	$P\{Y = y_j\}$
y_1	p_{11}	p_{21}	$\cdots$	p_{i1}	$\cdots$	$p_{\cdot 1}$
y_2	p_{12}	p_{22}	$\cdots$	p_{i2}	$\cdots$	$p_{\cdot 2}$
$\vdots$	$\vdots$	$\vdots$		$\vdots$		$\vdots$
y_j	p_{1j}	p_{2j}	$\cdots$	p_{ij}	$\cdots$	$p_{\cdot j}$
$\vdots$	$\vdots$	$\vdots$		$\vdots$		$\vdots$
$P\{X = x_i\}$	$p_{1\cdot}$	$p_{2\cdot}$	$\cdots$	$p_{i\cdot}$	$\cdots$	

常常将边缘分布律写在联合分布律表格的边缘上,这就是"边缘分布律"这个词的来源.

例1　3.1 节的例 2 中,(X,Y) 关于 X 的边缘分布律为

$$P\{X=i\} = \sum_{j=1}^{i} \frac{1}{4} \cdot \frac{1}{i} = \frac{1}{4}, \quad i=1,2,3,4.$$

关于 Y 的边缘分布律为

$$P\{X=j\} = \sum_{i=j}^{4} \frac{1}{4} \cdot \frac{1}{i}, \quad j=1,2,3,4.$$

即

X	1	2	3	4
$p_i.$	$\frac{1}{4}$	$\frac{1}{4}$	$\frac{1}{4}$	$\frac{1}{4}$

Y	1	2	3	4
$p_{\cdot j}$	$\frac{25}{48}$	$\frac{13}{48}$	$\frac{7}{48}$	$\frac{3}{48}$

三、二维连续型随机变量的边缘分布

对于二维连续型随机变量 (X,Y),设其概率密度为 $f(x,y)$,则

$$F_X(x) = F(x,+\infty) = \int_{-\infty}^{x} \left[\int_{-\infty}^{+\infty} f(u,v) \mathrm{d}v \right] \mathrm{d}u.$$

由一维连续型随机变量的概率密度定义可知,上式左右两侧同时对 x 求导,可得 X 的概率密度为

$$f_X(x) = \int_{-\infty}^{+\infty} f(x,y) \mathrm{d}y. \tag{3.2.5}$$

同理,Y 的概率密度为

$$f_Y(y) = \int_{-\infty}^{+\infty} f(x,y) \mathrm{d}x. \tag{3.2.6}$$

分别称 $f_X(x)$ 和 $f_Y(y)$ 为 (X,Y) 关于 X 和关于 Y 的**边缘概率密度**(marginal density).

例2　设二维随机变量 (X,Y) 服从单位圆上的均匀分布,求其关于 X 和关于 Y 的边缘概率密度.

解　由题意可知 (X,Y) 的概率密度函数为

$$f(x,y) = \begin{cases} \dfrac{1}{\pi}, & x^2+y^2 \leqslant 1, \\ 0, & 其他. \end{cases}$$

故 X 的边缘概率密度为

$$f_X(x) = \int_{-\infty}^{+\infty} f(x,y) \mathrm{d}y = \begin{cases} \int_{-\sqrt{1-x^2}}^{\sqrt{1-x^2}} \dfrac{1}{\pi} \mathrm{d}y, & |x| \leqslant 1, \\ 0, & 其他 \end{cases} = \begin{cases} \dfrac{2}{\pi} \sqrt{1-x^2}, & |x| \leqslant 1, \\ 0, & 其他. \end{cases}$$

Y 的边缘概率密度为

$$f_Y(y) = \int_{-\infty}^{+\infty} f(x,y) \mathrm{d}x = \begin{cases} \int_{-\sqrt{1-y^2}}^{\sqrt{1-y^2}} \dfrac{1}{\pi} \mathrm{d}x, & |y| \leqslant 1, \\ 0, & 其他 \end{cases} = \begin{cases} \dfrac{2}{\pi} \sqrt{1-y^2}, & |y| \leqslant 1, \\ 0, & 其他. \end{cases}$$

注意:关于 X 的边缘概率密度 $f_X(x)$ 的表达式只与 x 有关,与 y 无关;同理关于 Y 的

边缘概率密度 $f_Y(y)$ 只与 y 有关,而与 x 无关.

如果 (X,Y) 服从二维正态分布,则关于 X 和关于 Y 的边缘概率密度分别为

$$f_X(x) = \frac{1}{\sqrt{2\pi}\sigma_1}\mathrm{e}^{-\frac{(x-\mu_1)^2}{2\sigma_1^2}}, \quad -\infty < x < +\infty,$$

和

$$f_Y(y) = \frac{1}{\sqrt{2\pi}\sigma_2}\mathrm{e}^{-\frac{(y-\mu_2)^2}{2\sigma_2^2}}, \quad -\infty < y < +\infty.$$

这表明服从二维正态分布的二维随机变量的两个边缘分布都是一维正态分布,即由 $(X,Y) \sim N(\mu_1,\mu_2;\sigma_1^2,\sigma_2^2;\rho)$ 可以得到 $X \sim N(\mu_1,\sigma_1^2)$ 和 $Y \sim N(\mu_2,\sigma_2^2)$. 并且这两个正态分布都不依赖于参数 ρ,对于给定的 $\mu_1,\mu_2,\sigma_1,\sigma_2$,当 ρ 不同时,对应的二维正态分布就会不同,但边缘分布却都是一样的.这一事实说明,仅由边缘分布不能确定二维随机变量的联合分布.

习题 3-2

1. 抛两枚硬币,以 X 表示第一枚硬币出现正面的次数,Y 表示第二枚硬币出现正面的次数.求:(1) 二维随机变量 (X,Y) 的联合分布律;(2) 关于 X 和关于 Y 的边缘分布律.

2. 求习题 3-1,2 中的二维随机变量 (X,Y) 的边缘分布律.

3. 求习题 3-1,3 中的二维随机变量 (X,Y) 的边缘分布律.

4. 求习题 3-1,4 中的二维随机变量 (X,Y) 的边缘分布律.

5. 求习题 3-1,5 中的二维随机变量 (X,Y) 的边缘概率密度.

6. 求习题 3-1,6 中的二维随机变量 (X,Y) 的边缘概率密度.

7. 求习题 3-1,7 中的二维随机变量 (X,Y) 的边缘概率密度.

8. 设二维连续型随机变量 (X,Y) 的联合概率密度为

$$f(x,y) = \begin{cases} kxy, & 0 \leqslant x \leqslant 1, 0 \leqslant y \leqslant 1, \\ 0 & 其他. \end{cases}$$

求:(1) 常数 k;(2) $P\left\{0<X<\dfrac{1}{2}, \dfrac{1}{2}<Y<2\right\}$;(3) 关于 X 和关于 Y 的边缘概率密度.

3.3　条件分布

第 1 章中讲解了随机事件的条件概率,解决了附加信息对事件发生概率的影响问题.对随机变量而言,亦是如此.当二维随机变量中的一个随机变量具有附加条件时,是否会对另一个变量的分布造成影响,影响程度如何,本小节分别从离散型和连续型两个角度探讨这一问题.

一、二维离散型随机变量的条件分布

第 1 章中讲解过随机事件的条件概率,对于任意两个事件 A 和 B,假设 $P(B)>0$,则 B 发生的条件下 A 的条件概率为

$$P(A \mid B) = \frac{P(AB)}{P(B)}.$$

对于离散型二维随机变量,设其联合分布律为 $P\{X = x_i, Y = y_j\} = p_{ij}$,其中的 X 和 Y 都是离散型随机变量,若把 $X = x_i$ 和 $Y = y_j$ 当作事件,其中 $P\{Y = y_j\} = p._j > 0$,则有

$$p_{i \mid j} = P\{X = x_i \mid Y = y_j\} = \frac{P\{X = x_i, Y = y_j\}}{P\{Y = y_j\}} = \frac{p_{ij}}{p._j}. \tag{3.3.1}$$

同理,若 $P\{X = x_i\} = p_i. > 0$,有

$$p_{j \mid i} = P\{Y = y_j \mid X = x_i\} = \frac{P\{X = x_i, Y = y_j\}}{P\{X = x_i\}} = \frac{p_{ij}}{p_i.}. \tag{3.3.2}$$

式(3.3.1)和式(3.3.2)为离散型二维随机变量的**条件分布律**.

类似地,也可以定义 $Y = y_j$ 条件下 X 的条件分布函数,对于所有满足 $P\{Y = y_j\} > 0$ 的 y_j,有

$$F(x \mid y_j) = P\{X \leqslant x \mid Y = y_j\} = \frac{P\{X \leqslant x, Y = y_j\}}{P\{Y = y_j\}} = \frac{\sum\limits_{x_i \leqslant x} p_{ij}}{p._j} = \sum\limits_{x_i \leqslant x} p_{i \mid j}. \tag{3.3.3}$$

同理,对于所有满足 $P\{X = x_i\} > 0$ 的 x_i,也可以定义 $X = x_i$ 条件下 Y 的条件分布函数

$$F(y \mid x_i) = P\{Y \leqslant y \mid X = x_i\} = \frac{P\{X = x_i, Y \leqslant y\}}{P\{X = x_i\}} = \frac{\sum\limits_{y_j \leqslant y} p_{ij}}{p_i.} = \sum\limits_{y_j \leqslant y} p_{j \mid i}. \tag{3.3.4}$$

式(3.3.3)和式(3.3.4)为离散型二维随机变量的**条件分布函数**.

例1 设二维离散型随机变量 (X, Y) 的联合分布律为

X \ Y	1	2	3	$p_i.$
1	0.1	0.3	0.2	0.6
2	0.2	0.05	0.15	0.4
$p._j$	0.3	0.35	0.35	

由于 $P\{X = 1\} = p_1. = 0.6$,所以用第 1 行各元素分别除以 0.6,就可得到给定 $X = 1$ 下,Y 的条件分布律为

$Y \mid X = 1$	1	2	3
P	$\frac{1}{6}$	$\frac{1}{2}$	$\frac{1}{3}$

用第 2 行各元素分别除以 0.4,可以得到 $X = 2$ 下,Y 的条件分布律为

$Y \mid X = 2$	1	2	3
P	$\frac{1}{2}$	$\frac{1}{8}$	$\frac{3}{8}$

用第 1 列各元素分别除以 0.3,可以得到 $Y=1$ 下,X 的条件分布律为

$X \mid Y=1$	1	2
P	$\dfrac{1}{3}$	$\dfrac{2}{3}$

用第 2 列各元素分别除以 0.35,可以得到 $Y=2$ 下,X 的条件分布律为

$X \mid Y=2$	1	2
P	$\dfrac{6}{7}$	$\dfrac{1}{7}$

用第 3 列各元素分别除以 0.35,可以得到 $Y=3$ 下,X 的条件分布律为

$X \mid Y=3$	1	2
P	$\dfrac{4}{7}$	$\dfrac{3}{7}$

从这个例题中可以看出,二维随机变量的联合分布律只有一个,而条件分布律有 5 个. 若 X 和 Y 的取值更多,则条件分布律也更多. 每个条件分布律都只是从一个层面描述了一个随机变量在某种状态下的特定分布.

例 2　设在一段时间内进入某一商店的顾客人数 X 服从参数为 λ 的泊松分布,每个顾客购买某种物品的概率为 p,并且每个顾客是否购买该种物品相互独立,求进入商店的顾客购买这种物品的人数 Y 的分布律.

解　由已知条件可得

$$P\{X=m\} = \frac{\lambda^m}{m!}\mathrm{e}^{-\lambda}, m = 0,1,2,\cdots.$$

在进入商店的人数 $X=m$ 的条件下,购买某种物品的人数 Y 的条件分布为二项分布 $B(m,p)$,即

$$P\{Y=k \mid X=m\} = \mathrm{C}_m^k p^k (1-p)^{m-k}, \quad k = 0,1,2,\cdots,m.$$

由全概率公式可得

$$
\begin{aligned}
P\{Y=k\} &= \sum_{m=k}^{+\infty} P\{X=m\} P\{Y=k \mid X=m\} \\
&= \sum_{m=k}^{+\infty} \frac{\lambda^m}{m!}\mathrm{e}^{-\lambda} \cdot \frac{m!}{k!(m-k)!} p^k (1-p)^{m-k} \\
&= \mathrm{e}^{-\lambda} \frac{(\lambda p)^k}{k!} \sum_{m=k}^{+\infty} \frac{[(1-p)\lambda]^{m-k}}{(m-k)!} \\
&= \frac{(\lambda p)^k}{k!}\mathrm{e}^{-\lambda p}, \quad k = 0,1,2,\cdots.
\end{aligned}
$$

这道例题说明,在直接求解某一随机变量的分布有困难时,可以借助条件分布间接地解决问题.

二、二维连续型随机变量的条件分布

设二维连续型随机变量 (X,Y) 的联合概率密度为 $f(x,y)$,边缘概率密度为 $f_X(x)$ 和 $f_Y(y)$.

由于连续型随机变量取某个值的概率为 0，即 $P\{Y=y\}=0$，因此不能用条件概率直接计算 $P\{X\leqslant x\,|\,Y=y\}$。一个很自然的想法，将 $P\{X\leqslant x\,|\,Y=y\}$ 看成是 $h\to 0$ 时 $P\{X\leqslant x\,|\,y\leqslant Y\leqslant y+h\}$ 的极限，即

$$P\{X\leqslant x\,|\,Y=y\}=\lim_{h\to 0}P\{X\leqslant x\,|\,y\leqslant Y\leqslant y+h\}=\lim_{h\to 0}\frac{P\{X\leqslant x,y\leqslant Y\leqslant y+h\}}{P\{y\leqslant Y\leqslant y+h\}}$$

$$=\lim_{h\to 0}\frac{\int_{-\infty}^{x}\left(\int_{y}^{y+h}f(u,v)\mathrm{d}v\right)\mathrm{d}u}{\int_{y}^{y+h}f_Y(v)\mathrm{d}v}=\lim_{h\to 0}\frac{\int_{-\infty}^{x}\left(\frac{1}{h}\int_{y}^{y+h}f(u,v)\mathrm{d}v\right)\mathrm{d}u}{\frac{1}{h}\int_{y}^{y+h}f_Y(v)\mathrm{d}v}.$$

由积分中值定理和概率密度函数的连续性有

$$\lim_{h\to 0}\frac{1}{h}\int_{y}^{y+h}f_Y(v)\mathrm{d}v=f_Y(y)\quad\text{和}\quad\lim_{h\to 0}\frac{1}{h}\int_{y}^{y+h}f(u,v)\mathrm{d}v=f(u,y),$$

进而

$$P\{X\leqslant x\,|\,Y=y\}=\int_{-\infty}^{x}\frac{f(u,y)}{f_Y(y)}\mathrm{d}u.$$

至此，可以定义连续型随机变量的条件分布

定义 对满足 $f_Y(y)>0$ 的 y，给定 $Y=y$ 条件下 X 的**条件分布函数**和**条件概率密度**分别为

$$F(x\,|\,y)=P\{X\leqslant x\,|\,Y=y\}=\int_{-\infty}^{x}\frac{f(u,y)}{f_Y(y)}\mathrm{d}u,$$

$$f(x\,|\,y)=\frac{f(x,y)}{f_Y(y)}.$$

同理对满足 $f_X(x)>0$ 的 x，给定 $X=x$ 条件下 Y 的**条件分布函数**和**条件概率密度**分别为

$$F(y\,|\,x)=P\{Y\leqslant y\,|\,X=x\}=\int_{-\infty}^{y}\frac{f(x,v)}{f_X(x)}\mathrm{d}v,$$

$$f(y\,|\,x)=\frac{f(x,y)}{f_X(x)}.$$

例 3 设 (X,Y) 服从区域 $G=\{(x,y)\,|\,x^2+y^2\leqslant 1\}$ 上服从均匀分布，试求给定 $Y=y$ 条件下 X 的条件概率密度 $f(x\,|\,y)$。

解 由已知条件可得

$$f(x,y)=\begin{cases}\dfrac{1}{\pi}, & x^2+y^2\leqslant 1,\\[2mm] 0, & \text{其他}.\end{cases}$$

由此得 Y 的边缘概率密度为

$$f_Y(y)=\begin{cases}\dfrac{2}{\pi}\sqrt{1-y^2}, & -1\leqslant y\leqslant 1,\\[2mm] 0, & \text{其他}.\end{cases}$$

当 $-1<y<1$ 时，有

$$f(x\,|\,y)=\frac{f(x,y)}{f_Y(y)}=\begin{cases}\dfrac{\frac{1}{\pi}}{\left(\frac{2}{\pi}\right)\sqrt{1-y^2}}=\dfrac{1}{2\sqrt{1-y^2}}, & -\sqrt{1-y^2}\leqslant x\leqslant \sqrt{1-y^2},\\[4mm] 0, & \text{其他}.\end{cases}$$

而当 $y \leqslant -1$ 或 $y \geqslant 1$ 时,不存在相应的条件概率密度.

这个问题中,考虑 $y=0$ 和 $y=0.5$ 两种情况,可得

$$f(x \mid y=0) = \begin{cases} \dfrac{1}{2}, & -1 \leqslant x \leqslant 1, \\ 0, & \text{其他}, \end{cases}$$

和

$$f(x \mid y=0.5) = \begin{cases} \dfrac{1}{\sqrt{3}}, & -\dfrac{\sqrt{3}}{2} \leqslant x \leqslant \dfrac{\sqrt{3}}{2}, \\ 0, & \text{其他}. \end{cases}$$

可以得到下述结论:当 $-1 < y < 1$ 时,给定 $Y=y$ 条件下,X 服从 $\left(-\sqrt{1-y^2}, \sqrt{1-y^2}\right)$ 上的均匀分布.同理可得当 $-1 < x < 1$ 时,给定 $X=x$ 条件下,Y 服从 $\left(-\sqrt{1-x^2}, \sqrt{1-x^2}\right)$ 上的均匀分布.

用同样的方法,服从二维正态分布的随机变量的条件分布均为正态分布,请同学们自行完成.

习题 3-3

1. 以 X 表示某医院一天内来院体检的人数,以 Y 表示其中男士的人数.设 (X,Y) 的联合分布律为

$$P\{X=n, Y=m\} = \frac{\mathrm{e}^{-14} (7.14)^m (6.86)^{n-m}}{m!(n-m)!}, \quad m=0,1,\cdots,n; n=0,1,2,\cdots.$$

试求条件分布律 $P\{Y=m \mid X=n\}$.

2. 设二维随机变量 (X,Y) 的联合概率密度为

$$f(x,y) = \begin{cases} 3x, 0<x<1, & 0<y<x, \\ 0, & \text{其他}. \end{cases}$$

求条件概率密度 $f(y \mid x)$.

3. 设二维随机变量 (X,Y) 的联合概率密度为

$$f(x,y) = \begin{cases} \dfrac{21}{4} x^2 y, & x^2 \leqslant y \leqslant 1, \\ 0, & \text{其他}. \end{cases}$$

求条件概率 $P\{Y \geqslant 0.75 \mid X=0.5\}$.

3.4 随机变量的独立性

第 1 章中讲解了随机事件的独立性,读者已经对独立有了一定的认识.这一节将要讲到的随机变量的独立性,在概率论与数理统计中具有重要意义.本节将借助于随机事件独立性的概念来定义随机变量的独立性.

定义 设 (X,Y) 为二维随机变量,如果对于任意的实数 x,y 都有

$$P\{X \leqslant x, Y \leqslant y\} = P\{X \leqslant x\} \cdot P\{Y \leqslant y\}, \tag{3.4.1}$$

即

$$F(x,y) = F_X(x) \cdot F_Y(y) \tag{3.4.2}$$

成立,则称**随机变量 X 与 Y 是相互独立的**(independence of two dimensional random variable).

定理1 设 (X,Y) 为二维离散型随机变量,则 X 与 Y 相互独立的充分必要条件为:对于任意的 $i,j = 1,2,\cdots$,有

$$P\{X = x_i, Y = y_j\} = P\{X = x_i\} \cdot P\{Y = y_j\}, \tag{3.4.3}$$

即

$$p_{ij} = p_{i\cdot} \cdot p_{\cdot j}. \tag{3.4.4}$$

证明省略.

定理2 设 (X,Y) 为二维连续型随机变量,则 X 与 Y 相互独立的充分必要条件为:对于任意的 $x \in \mathbb{R}$ 和 $y \in \mathbb{R}$,有

$$f(x,y) = f_X(x) \cdot f_Y(y). \tag{3.4.5}$$

证明留给读者.

例1 设二维离散型随机变量 (X,Y) 的联合分布律为

X ＼ Y	1	2	3
1	$\dfrac{1}{6}$	$\dfrac{1}{9}$	$\dfrac{1}{18}$
2	$\dfrac{1}{3}$	α	β

试确定 α, β 使得随机变量 X 与 Y 相互独立.

解 由上表可得随机变量 X 和 Y 的边缘分布律为

X ＼ Y	1	2	3	$p_{i\cdot}$
1	$\dfrac{1}{6}$	$\dfrac{1}{9}$	$\dfrac{1}{18}$	$\dfrac{1}{3}$
2	$\dfrac{1}{3}$	α	β	$\alpha + \beta + \dfrac{1}{3}$
$p_{\cdot j}$	$\dfrac{1}{2}$	$\alpha + \dfrac{1}{9}$	$\beta + \dfrac{1}{18}$	

由随机变量 X 与 Y 相互独立,有

$$p_{ij} = p_{i\cdot} \cdot p_{\cdot j}, \quad i = 1,2; \quad j = 1,2,3.$$

由此可得

$$P\{X = 1, Y = 2\} = P\{X = 1\} \cdot P\{Y = 2\},$$

即

$$\frac{1}{9} = \frac{1}{3} \cdot \left(\alpha + \frac{1}{9}\right),$$

故

$$\alpha = \frac{2}{9}.$$

$$P\{X=1,Y=3\}=P\{X=1\}\cdot P\{Y=3\},$$

即

$$\frac{1}{18}=\frac{1}{3}\cdot\left(\beta+\frac{1}{18}\right),$$

故

$$\beta=\frac{1}{9}.$$

当 $\alpha=\dfrac{2}{9}$，$\beta=\dfrac{1}{9}$ 时，(X,Y) 的联合分布律及边缘分布律为

Y \ X	1	2	3	$p_i.$
1	$\frac{1}{6}$	$\frac{1}{9}$	$\frac{1}{18}$	$\frac{1}{3}$
2	$\frac{1}{3}$	$\frac{2}{9}$	$\frac{1}{9}$	$\frac{2}{3}$
$p._j$	$\frac{1}{2}$	$\frac{1}{3}$	$\frac{1}{6}$	

可以验证，此时有 $p_{ij}=p_i.\cdot p._j$，$i=1,2$，$j=1,2,3$. 因此，当 $\alpha=\dfrac{2}{9}$，$\beta=\dfrac{1}{9}$ 时，X 与 Y 相互独立.

例 2 设二维随机变量 (X,Y) 服从区域 D 上的均匀分布，D 是由直线 $x=0$，$y=0$ 和 $x+y=1$ 围成的闭区域，判断 X 与 Y 是否相互独立.

解 由题可知，X 与 Y 的联合概率密度为

$$f(x,y)=\begin{cases}2,&(x,y)\in D,\\0,&\text{其他,}\end{cases}$$

则

$$f_X(x)=\int_{-\infty}^{+\infty}f(x,y)\mathrm{d}y=\begin{cases}\int_0^{1-x}2\mathrm{d}y,&0\leqslant x\leqslant 1,\\0,&\text{其他}\end{cases}$$

$$=\begin{cases}2(1-x),&0\leqslant x\leqslant 1,\\0,&\text{其他.}\end{cases}$$

同理可得

$$f_Y(y)=\begin{cases}2(1-y),&0\leqslant y\leqslant 1,\\0,&\text{其他.}\end{cases}$$

显然有 $f(x,y)\neq f_X(x)\cdot f_Y(y)$. 因此，$X$ 与 Y 不独立.

当二维随机变量 $(X,Y)\sim N(\mu_1,\mu_2;\sigma_1^2,\sigma_2^2;\rho)$ 时，X 与 Y 相互独立的充分必要条件为 $\rho=0$，在此不作详细证明.

习题 3-4

1. 随机变量 X,Y 分别表示某超市某月售出甲、乙两种商品的件数，根据以前的资料可知 (X,Y) 的联合分布律为

X\Y	11	12	13	14	15
11	0.06	0.05	0.05	0.01	0.01
12	0.07	0.05	0.01	0.01	0.01
13	0.05	0.10	0.10	0.05	0.05
14	0.05	0.02	0.01	0.01	0.03
15	0.05	0.06	0.05	0.01	0.03

求：(1) 关于 X 和关于 Y 的边缘分布律；(2) 随机变量 X,Y 是否相互独立？

2. 判断习题 3-1,2 中的随机变量 X,Y 是否相互独立？

3. 判断习题 3-1,3 中的随机变量 X,Y 是否相互独立？

4. 判断习题 3-1,4 中的随机变量 X,Y 是否相互独立？

5. 判断习题 3-2,1 中的随机变量 X,Y 是否相互独立？

6. 判断习题 3-1,5 中的随机变量 X,Y 是否相互独立？

7. 判断习题 3-1,6 中的随机变量 X,Y 是否相互独立？

8. 判断习题 3-1,7 中的随机变量 X,Y 是否相互独立？

9. 判断习题 3-2,8 中的随机变量 X,Y 是否相互独立？

10. 设二维连续型随机变量 (X,Y) 的联合概率密度为

$$f(x,y) = \begin{cases} \dfrac{k}{4}xy, & 0 \leqslant x \leqslant 4, 0 \leqslant y \leqslant \sqrt{x}, \\ 0, & \text{其他.} \end{cases}$$

求：(1) 常数 k；(2) $P\{X \leqslant 1\}$ 和 $P\{Y \leqslant 1\}$；(3) 关于 X 和关于 Y 的边缘概率密度；(4) 随机变量 X,Y 是否相互独立？

3.5 二维随机变量函数的分布

在第 2 章中,讨论过一维随机变量函数的分布问题,同样的对于已知分布的二维随机变量,也可以推求二维随机变量的某个函数的分布.本书分别针对二维离散型随机变量和二维连续型随机变量进行研究.

一、二维离散型随机变量函数的分布

对于二维离散型随机变量函数的分布,这里仅举例说明其求法.

例 1 设随机变量 (X,Y) 的分布律如下所示

X\Y	−1	0	1	2
−1	0.2	0.15	0.1	0.3
2	0.1	0	0.1	0.05

求二维随机变量的函数 Z 的分布：(1) $Z=X+Y$；(2) $Z=X \cdot Y$.

解　由(X,Y)的分布律可知

p_{ij}	0.2	0.15	0.1	0.3	0.1	0	0.1	0.05
(X,Y)	$(-1,-1)$	$(-1,0)$	$(-1,1)$	$(-1,2)$	$(2,-1)$	$(2,0)$	$(2,1)$	$(2,2)$
$Z=X+Y$	-2	-1	0	1	1	2	3	4
$Z=X \cdot Y$	1	0	-1	-2	-2	0	2	4

把相同Z值对应的概率值合并,则

（1）$Z=X+Y$的分布律为

Z	-2	-1	0	1	2	3	4
p_k	0.2	0.15	0.1	0.4	0	0.1	0.05

由于$P\{Z=2\}=0$,也可省略不写.

（2）$Z=X \cdot Y$的分布律为

Z	-2	-1	0	1	2	4
p_k	0.4	0.1	0.15	0.2	0.1	0.05

再来看一个最值函数的例子.

例2　设随机变量X与Y相互独立,其分布律如下表.

X	1	2	3
p_k	0.2	0.2	0.6

Y	1	2
p_k	0.3	0.7

把(X,Y)看成一个二维随机变量,其可能取值(i,j),$i=1,2,3$,$j=1,2$,共有六种可能,且$P\{X=i,Y=j\}=P\{X=i\} \cdot P\{Y=j\}$,$i=1,2,3$,$j=1,2$,令$M=\max(X,Y)$,$N=\min(X,Y)$,其中,$M$和$N$都是$X$和$Y$的函数,只是这个函数不能用初等函数的形式表示出来而已.现在从定义出发求M和N的分布.M与N可能取值如下：

(X,Y)	p_{ij}	M	N
$(1,1)$	0.06	1	1
$(1,2)$	0.14	2	1
$(2,1)$	0.06	2	1
$(2,2)$	0.14	2	2
$(3,1)$	0.18	3	1
$(3,2)$	0.42	3	2

将M,N各自相同的取值对应概率合并,可得M与N的分布律如下：

M	1	2	3
p_k	0.06	0.34	0.6

N	1	2
p_k	0.44	0.56

二、二维连续型随机变量函数的分布

二维连续型随机变量函数的分布较之离散型更为复杂,在这里仅针对和函数、最值函数这两类函数进行讨论.

1. 和函数的分布

设二维连续型随机变量 (X,Y) 的概率密度为 $f(x,y)$,则 $Z=X+Y$ 的分布函数为

$$F_Z(z) = P\{Z \leqslant z\} = P\{X+Y \leqslant z\} = \iint\limits_{x+y \leqslant z} f(x,y)\mathrm{d}x\mathrm{d}y.$$

积分区域 $G: x+y \leqslant z$ 是直线 $x+y=z$ 的左下方的半平面.化为累次积分,可得

$$F_Z(z) = \int_{-\infty}^{+\infty}\left[\int_{-\infty}^{z-y} f(x,y)\mathrm{d}x\right]\mathrm{d}y,$$

令 $u=x+y$,则 $x=u-y, \mathrm{d}x=\mathrm{d}u$,故

$$F_Z(z) = \int_{-\infty}^{+\infty}\left[\int_{-\infty}^{z} f(u-y,y)\mathrm{d}u\right]\mathrm{d}y.$$

交换积分次序可得

$$F_Z(z) = \int_{-\infty}^{z}\left[\int_{-\infty}^{+\infty} f(u-y,y)\mathrm{d}y\right]\mathrm{d}u.$$

上式两端同时对 z 求导,有

$$f_Z(z) = \int_{-\infty}^{+\infty} f(z-y,y)\mathrm{d}y. \tag{3.5.1}$$

由 X 与 Y 的对称性可知,还有

$$f_Z(z) = \int_{-\infty}^{+\infty} f(x,z-x)\mathrm{d}x. \tag{3.5.2}$$

特别地,当 X 与 Y 相互独立时,$f(x,y)=f_X(x) \cdot f_Y(y)$,式(3.5.1)和式(3.5.2)可化为

$$f_Z(z) = \int_{-\infty}^{+\infty} f_X(z-y) \cdot f_Y(y)\mathrm{d}y, \tag{3.5.3}$$

和

$$f_Z(z) = \int_{-\infty}^{+\infty} f_X(x) \cdot f_Y(z-x)\mathrm{d}x. \tag{3.5.4}$$

式(3.5.3)和式(3.5.4)称为二维连续型随机变量的卷积公式.

例 3 设随机变量 X 与 Y 相互独立,且 $X \sim U[0,1], Y \sim U[0,1]$,令 $Z=X+Y$,试求随机变量 Z 的概率密度.

解 由题意可知,$f_X(x)$ 和 $f_Y(y)$ 分别为

$$f_X(x) = \begin{cases} 1, & 0 \leqslant x \leqslant 1, \\ 0, & \text{其他}; \end{cases} \quad \text{和} \quad f_Y(y) = \begin{cases} 1, & 0 \leqslant y \leqslant 1, \\ 0, & \text{其他}. \end{cases}$$

设随机变量 $Z=X+Y$ 的密度函数为 $f_Z(z)$,则有

$$f_Z(z) = \int_{-\infty}^{+\infty} f_X(x) \cdot f_Y(z-x)\mathrm{d}x.$$

被积函数 $f_X(x) \cdot f_Y(z-x)$ 不为零的区域为 $\begin{cases} 0 \leqslant x \leqslant 1, \\ 0 \leqslant z-x \leqslant 1, \end{cases}$ 如图 3-3 所示.

（1）当 $z<0$ 或 $z>2$ 时，被积函数为零，故 $f_Z(z)=0$；

（2）当 $0 \leqslant z \leqslant 1$ 时，$f_Z(z)=\int_0^z \mathrm{d}x=z$；

（3）当 $1<z \leqslant 2$ 时，$f_Z(z)=\int_{z-1}^1 \mathrm{d}x=2-z$.

综上所述，可得 $Z=X+Y$ 的密度函数为

$$f_Z(z)=\begin{cases}z, & 0 \leqslant z \leqslant 1, \\ 2-z, & 1<z \leqslant 2, \\ 0, & 其他.\end{cases}$$

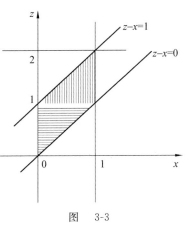

图 3-3

例 4 设 X 和 Y 是两个相互独立的随机变量，且 $X \sim N(0,1)$，$Y \sim N(0,1)$，求 $Z=X+Y$ 的概率密度.

解 由题意可知，X 与 Y 的概率密度分别为

$$f_X(x)=\frac{1}{\sqrt{2\pi}}\mathrm{e}^{-\frac{x^2}{2}}, \quad -\infty<x<+\infty,$$

和

$$f_Y(y)=\frac{1}{\sqrt{2\pi}}\mathrm{e}^{-\frac{y^2}{2}}, \quad -\infty<y<+\infty.$$

由卷积公式可知

$$f_Z(z)=\int_{-\infty}^{+\infty}f_X(x) \cdot f_Y(z-x)\mathrm{d}x=\frac{1}{2\pi}\int_{-\infty}^{+\infty}\mathrm{e}^{-\frac{x^2}{2}}\mathrm{e}^{-\frac{(z-x)^2}{2}}\mathrm{d}x.$$

对 x 配方可得

$$f_Z(z)=\frac{1}{\sqrt{2\pi}}\mathrm{e}^{-\frac{z^2}{4}}\int_{-\infty}^{+\infty}\frac{1}{\sqrt{2\pi}}\mathrm{e}^{-(x-\frac{z}{2})^2}\mathrm{d}x,$$

令 $\dfrac{u}{\sqrt{2}}=x-\dfrac{z}{2}$，则有 $\dfrac{\mathrm{d}u}{\sqrt{2}}=\mathrm{d}x$，代入上式可得

$$f_Z(z)=\frac{1}{\sqrt{2\pi}\sqrt{2}}\mathrm{e}^{-\frac{z^2}{2(\sqrt{2})^2}}\int_{-\infty}^{+\infty}\frac{1}{\sqrt{2\pi}}\mathrm{e}^{-\frac{u^2}{2}}\mathrm{d}u=\frac{1}{\sqrt{2\pi}\sqrt{2}}\mathrm{e}^{-\frac{z^2}{2(\sqrt{2})^2}}.$$

与正态分布中概率密度公式对比可知 $Z \sim N(0,2)$.

类似，可以推出如下结论：设随机变量 X 与 Y 相互独立，且 $X \sim N(\mu_1,\sigma_1^2)$，$Y \sim N(\mu_2,\sigma_2^2)$，$Z=X+Y$，则 $Z \sim N(\mu_1+\mu_2,\sigma_1^2+\sigma_2^2)$.

更一般地，可以证明有限个相互独立的正态随机变量的线性和仍然服从正态分布.

2. $M=\max(X,Y)$ 与 $N=\min(X,Y)$ 的分布

下面研究连续型随机变量最值函数的分布. 一般，设 X 与 Y 是两个相互独立的随机变量，其分布函数分别为 $F_X(x)$ 和 $F_Y(y)$，设 $M=\max(X,Y)$，$N=\min(X,Y)$，则 M 的分布函数为

$$\begin{aligned}F_M(z)=P\{M \leqslant z\}&=P\{\max\{X,Y\} \leqslant z\}=P\{X \leqslant z,Y \leqslant z\}\\&=P\{X \leqslant z\} \cdot P\{Y \leqslant z\}=F_X(z) \cdot F_Y(z).\end{aligned} \tag{3.5.5}$$

N 的分布函数为

$$F_N(z)=P\{N \leqslant z\}=P\{\min\{X,Y\} \leqslant z\}=1-P\{\min\{X,Y\}>z\}$$

$$= 1 - P\{X > z, Y > z\} = 1 - P\{X > z\} \cdot P\{Y > z\}$$
$$= 1 - [1 - F_X(z)] \cdot [1 - F_Y(z)]. \tag{3.5.6}$$

特别,当 X 与 Y 相互独立且具有相同的分布函数 $F(x)$ 时,有

$$F_M(z) = [F(z)]^2, \tag{3.5.7}$$

$$F_N(z) = 1 - [1 - F(z)]^2. \tag{3.5.8}$$

上述结果,可以推广到 n 个相互独立的随机变量的情况.上述各式对离散型随机变量同样成立.

例 5 设随机变量 X 与 Y 相互独立,$X \sim U[0,1]$,$Y \sim U[0,1]$,令 $M = \max(X,Y)$,$N = \min(X,Y)$,求 M 和 N 的分布函数.

解 由题意可知 $f_X(x)$ 和 $f_Y(y)$ 分别为

$$f_X(x) = \begin{cases} 1, & 0 \leqslant x \leqslant 1, \\ 0, & \text{其他}, \end{cases} \quad \text{和} \quad f_Y(y) = \begin{cases} 1, & 0 \leqslant y \leqslant 1, \\ 0, & \text{其他}. \end{cases}$$

则 X 和 Y 的分布函数分别为

$$F_X(x) = \begin{cases} 0, & x < 0, \\ x, & 0 \leqslant x < 1, \\ 1, & x \geqslant 1, \end{cases} \quad \text{和} \quad F_Y(y) = \begin{cases} 0, & y < 0, \\ y, & 0 \leqslant y < 1, \\ 1, & y \geqslant 1. \end{cases}$$

由式(3.5.7)可知 M 的分布函数为

$$F_M(z) = \begin{cases} 0, & z < 0, \\ z^2, & 0 \leqslant z < 1, \\ 1, & z \geqslant 1. \end{cases}$$

由式(3.5.8)可知 N 的分布函数为

$$F_N(z) = \begin{cases} 0, & z < 0, \\ 1 - (1-z)^2, & 0 \leqslant z < 1, \\ 1, & z \geqslant 1. \end{cases}$$

习题 3-5

1~4 题有如下题设. 设二维随机变量 (X,Y) 的分布律为

X \ Y	-1	1	2
-1	0.1	0.2	0.3
2	0.2	0.1	0.1

1. 求 $Z = X + Y$ 的分布律.

2. 求 $Z = XY$ 的分布律.

3. 求 $Z = \dfrac{X}{Y}$ 的分布律.

4. 求 $Z = \max(X,Y)$ 的分布律.

5. 设相互独立的两个离散型随机变量 X,Y 具有相同分布,且分布律为

X	0	1
p_k	$\dfrac{1}{2}$	$\dfrac{1}{2}$

记 $M=\max(X,Y)$，$N=\min(X,Y)$，求 M 和 N 的分布律.

6. 设二维随机变量 (X,Y) 的联合概率密度为

$$f(x,y) = \begin{cases} \mathrm{e}^{-(x+y)}, & x>0,y>0, \\ 0, & \text{其他.} \end{cases}$$

求随机变量 $Z=X+Y$ 的概率密度函数.

7. 设随机变量 X_1,X_2,X_3 相互独立，且都服从参数为 1 的指数分布，求 $M=\max(X_1, X_2,X_3)$ 的概率密度.

8. 设 X,Y 为两个随机变量，且 $P\{X\geqslant 0,Y\geqslant 0\}=\dfrac{3}{7}$，$P\{X\geqslant 0\}=P\{Y\geqslant 0\}=\dfrac{4}{7}$，求 $P\{\max(X,Y)\geqslant 0\}$ 和 $P\{\min(X,Y)<0\}$.

小结

本章在第 2 章的基础上对一维随机变量的概念加以扩充，得到多维随机变量的定义，并详细讨论了二维随机变量的取值规律性. 与一维的情况类似，首先定义了二维随机变量 (X,Y) 的分布函数

$$F(x,y) = P\{X\leqslant x,Y\leqslant y\}.$$

而后分别针对二维离散型随机变量和二维连续型随机变量进行探讨. 对于二维离散型随机变量 (X,Y) 定义了联合分布律

$$P\{X=x_i,Y=y_j\} = p_{ij}, \quad i,j=1,2,\cdots.$$

联合分布律具有性质：

(1) $p_{ij}\geqslant 0,i,j=1,2,\cdots$；

(2) $\displaystyle\sum_{i=1}^{\infty}\sum_{j=1}^{\infty}p_{ij} = 1.$

联合分布律也可以用一个二维的表格来表示，更加直观. 联合分布律与分布函数有下式所述的关系

$$F(x,y) = \sum_{x_i\leqslant x}\sum_{y_j\leqslant y}p_{ij}.$$

对于连续型随机变量 (X,Y) 定义了联合概率密度 $f(x,y)$，它具有性质：

(1) $f(x,y)\geqslant 0$；

(2) $\displaystyle\int_{-\infty}^{+\infty}\int_{-\infty}^{+\infty}f(x,y)\mathrm{d}x\mathrm{d}y = F(+\infty,+\infty) = 1$；

(3) 若 $f(x,y)$ 在点 (x,y) 处连续，则有

$$\frac{\partial^2 F(x,y)}{\partial x\partial y} = f(x,y),$$

其中，$F(x,y)$ 为 (X,Y) 的分布函数；

(4) 设 D 为 xOy 平面上任一区域，点 (X,Y) 落在 D 中的概率为

$$P\{(X,Y)\in D\} = \iint\limits_{D}f(x,y)\mathrm{d}x\mathrm{d}y.$$

联合概率密度与分布函数有下式所述的关系:

$$F(x,y) = \int_{-\infty}^{x} \int_{-\infty}^{y} f(u,v) \mathrm{d}u \mathrm{d}v.$$

为研究问题的方便,通常用联合分布律描述二维离散型随机变量的分布,用联合概率密度描述二维连续型随机变量的分布,用分布函数的情况较少.

在研究二维随机变量时,除了上述的定义和性质外,还研究了边缘分布、条件分布、随机变量的独立性等内容.

对于二维离散型随机变量,边缘分布律为

$$p_{i.} = P\{X = x_i\} = \sum_{j=1}^{\infty} p_{ij}, \quad i = 1,2,3,\cdots$$

和

$$p_{.j} = P\{Y = y_j\} = \sum_{i=1}^{\infty} p_{ij}, \quad j = 1,2,3,\cdots,$$

也可以在分布律表格中表示出来,写在表格的右边和下方. 对于二维连续型随机变量,边缘概率密度为

$$f_X(x) = \int_{-\infty}^{+\infty} f(x,y) \mathrm{d}y$$

和

$$f_Y(y) = \int_{-\infty}^{+\infty} f(x,y) \mathrm{d}x.$$

需要注意的是,对于已知的二维随机变量(X,Y),可以唯一确定关于 X 和关于 Y 的边缘分布. 但是,由 X 和 Y 的边缘分布,一般不能确定(X,Y)的联合分布.

当二维随机变量中的一个随机变量具有附加条件时,需要探讨另一个随机变量的条件分布.

离散型二维随机变量的条件分布律为

$$p_{i|j} = P\{X = x_i \mid Y = y_j\} = \frac{p_{ij}}{p_{.j}}, \quad \text{其中 } P\{Y = y_j\} = p_{.j} > 0,$$

和

$$p_{j|i} = P\{Y = y_j \mid X = x_i\} = \frac{p_{ij}}{p_{i.}}, \quad \text{其中 } P\{X = x_i\} = p_{i.} > 0.$$

条件分布函数为

$$F(x \mid y_j) = P\{X \leqslant x \mid Y = y_j\} = \sum_{x_i \leqslant x} p_{i|j}, \text{其中 } P\{Y = y_j\} = p_{.j} > 0,$$

和

$$F(y \mid x_i) = P\{Y \leqslant y \mid X = x_i\} = \sum_{y_j \leqslant y} p_{j|i}, \text{其中 } P\{X = x_i\} = p_{i.} > 0.$$

二维连续型随机变量的条件分布函数为

$$F(x \mid y) = P\{X \leqslant x \mid Y = y\} = \int_{-\infty}^{x} \frac{f(u,y)}{f_Y(y)} \mathrm{d}u, \quad \text{其中 } f_Y(y) > 0,$$

和

$$F(y \mid x) = P\{Y \leqslant y \mid X = x\} = \int_{-\infty}^{y} \frac{f(x,v)}{f_X(x)} \mathrm{d}v, \quad \text{其中 } f_X(x) > 0.$$

二维连续型随机变量的条件概率密度为

$$f(x \mid y) = \frac{f(x,y)}{f_Y(y)}, \quad \text{其中 } f_Y(y) > 0,$$

和

$$f(y \mid x) = \frac{f(x, y)}{f_X(x)}, \quad \text{其中 } f_X(x) > 0.$$

随机变量的独立性研究是随机事件独立性的延续. 对于二维离散型随机变量 X 与 Y 相互独立的充分必要条件为 $p_{ij} = p_{i\cdot} \cdot p_{\cdot j}, i, j = 1, 2, \cdots$. 对于二维连续型随机变量 X 与 Y 相互独立的充分必要条件为 $f(x, y) = f_X(x) \cdot f_Y(y), x \in \mathbb{R}$ 和 $y \in \mathbb{R}$. 应用中, 通常针对问题的实际意义来判断两个随机变量的独立性.

本章的最后探讨了 $Z = X + Y$, 最大值 $M = \max(X, Y)$ 和最小值 $N = \min(X, Y)$ 的分布, 这些都是很有意义的研究.

本章很多关于连续型随机变量的计算问题都用到了二重积分, 或固定一个变量对另一个变量进行积分, 这时搞清楚谁是积分变量尤为重要. 对于被积函数在不同范围内的不同表达式, 可以通过在平面直角坐标系中画图来确定.

知识结构脉络图

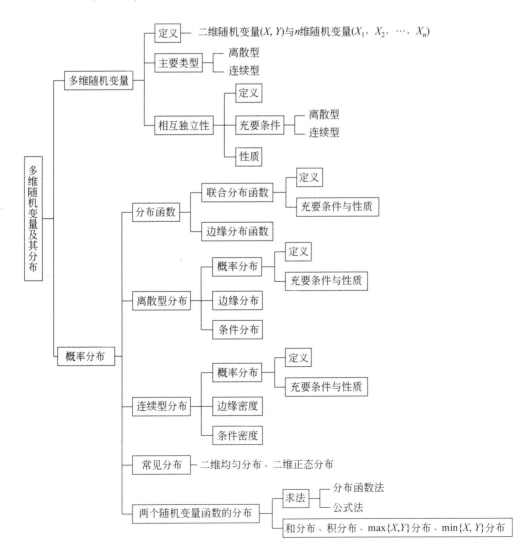

总习题 3

1. 一大批产品中有一等品 30%，二等品 50%，三等品 20%. 从中有放回地抽取 5 件，随机变量 X 和 Y 分别表示取到的 5 件产品中一等品、二等品的数量，求 (X,Y) 的联合分布律.

2. 将一枚硬币抛三次，用 X 表示前两次中正面出现的次数，用 Y 表示三次中正面出现的次数. 求：(1) (X,Y) 的联合分布律；(2) X 和 Y 的边缘分布律.

3. 设随机变量 (X,Y) 的概率密度为

$$f(x,y) = \begin{cases} A(3-x-y), & 0 < x < 1, 1 < y < 2, \\ 0, & 其他. \end{cases}$$

求：(1) 常数 A；(2) $P\left\{X < \dfrac{1}{2}, Y < \dfrac{3}{2}\right\}$；(3) $P\{X+Y \leqslant 2\}$.

4. 已知二维随机变量 (X,Y) 的分布函数为

$$F(x,y) = \begin{cases} c(1-\mathrm{e}^{-2x})(1-\mathrm{e}^{-y}), & x,y > 0, \\ 0, & 其他. \end{cases}$$

求：(1) 常数 c；(2) (X,Y) 的概率密度；(3) $P\{X+Y < 1\}$.

5. 一台机器生产直径为 X（单位：cm）的螺丝，另一台机器生产内径为 Y（单位：cm）的螺母，设 (X,Y) 的密度函数为

$$f(x,y) = \begin{cases} 2500, & 0.49 < x < 0.51, 0.51 < y < 0.53, \\ 0, & 其他. \end{cases}$$

如果螺母的内径比螺丝的直径大 0.004，但不超过 0.036，则二者可以配套，现任取一枚螺丝和一枚螺母，问二者能配套的概率是多少？

6. 设有三封信投入三个邮筒中，若 X,Y 分别表示投入第一、第二个邮筒中的信的数量，求 (X,Y) 的分布律和边缘分布律.

7. 已知二维随机变量 (X,Y) 的联合概率密度为

$$f(x,y) = \begin{cases} \dfrac{2\mathrm{e}^{-y+1}}{x^3}, & x > 1, y > 1, \\ 0, & 其他. \end{cases}$$

求关于 X 和关于 Y 的边缘概率密度.

8. 设二维随机变量 (X,Y) 的概率密度为

$$f(x,y) = \begin{cases} 4.8y(2-x), & 0 \leqslant x \leqslant 1, 0 \leqslant y \leqslant x, \\ 0, & 其他. \end{cases}$$

求关于 X 和 Y 的边缘概率密度.

9. 设二维随机变量 (X,Y) 的概率密度为

$$f(x,y) = \begin{cases} \dfrac{21}{4}x^2 y, & x^2 \leqslant y \leqslant 1, \\ 0, & 其他. \end{cases}$$

求关于 X 和 Y 的边缘概率密度.

10. 第 2,6,7,8 题中的 X 和 Y 相互独立吗？

11. 设二维随机变量 (X,Y) 的联合概率密度为

$$f(x,y) = \begin{cases} 1, & |y| < x, 0 < x < 1, \\ 0, & \text{其他.} \end{cases}$$

求条件概率密度 $f(x \mid y)$.

12. 已知随机变量 X 和 Y 相互独立且都服从 $[0,1]$ 上的均匀分布,求方程 $x^2 + Xx + Y = 0$ 有实根的概率.

13. 打靶时,弹着点 $A(X,Y)$ 的坐标 X 和 Y 相互独立,且 $X \sim N(0,1)$,$Y \sim N(0,1)$. 记分规则为 A 落在 $G_1 = \{(x,y) \mid x^2 + y^2 < 1\}$ 得 5 分;落在 $G_2 = \{(x,y) \mid 1 \leqslant x^2 + y^2 \leqslant 9\}$ 得 2 分;落在 $G_3 = \{(x,y) \mid x^2 + y^2 > 9\}$ 不得分,用 Z 表示打靶得分,写出 (X,Y) 的概率密度及 Z 的分布律.

14. 甲、乙两人独立地各进行一次射击,假设甲的命中率为 0.4,乙的命中率为 0.5,随机变量 X 和 Y 分别表示甲和乙的命中次数,试求 $P\{X \leqslant Y\}$.

15. 设二维随机变量 (X,Y) 的概率密度为

$$f(x,y) = \begin{cases} \dfrac{1}{2}(x+y) e^{-(x+y)}, & x > 0, y > 0, \\ 0, & \text{其他.} \end{cases}$$

求:(1) X 与 Y 是否相互独立;(2) $Z = X + Y$ 的概率密度.

16. 设二维随机变量 (X,Y) 的概率密度为

$$f(x,y) = \begin{cases} c \cdot e^{-(x+y)}, & 0 < x < 1, y > 0, \\ 0, & \text{其他.} \end{cases}$$

求:(1) 常数 c;(2) 关于 X 和 Y 的边缘概率密度 $f_X(x)$ 和 $f_Y(y)$;(3) $M = \max\{X,Y\}$ 和 $N = \min\{X,Y\}$ 的分布函数.

17. 设某种型号的晶体管寿命(单位:h)近似服从 $N(160,20^2)$ 分布,随机地选取 4 只,求其中没有一只寿命小于 180h 的概率.

18. 已知方程 $x^2 + \xi x + \eta = 0$ 的两根独立且均服从 $[-1,1]$ 上的均匀分布,试求系数 ξ 和 η 的概率密度函数.

19. 设 X,Y 是相互独立的随机变量,且 $X \sim \pi(\lambda_1)$,$Y \sim \pi(\lambda_2)$,试证明 $Z = X + Y \sim \pi(\lambda_1 + \lambda_2)$.

20. 设 X,Y 是相互独立的随机变量,且 $X \sim B(n_1,p)$,$Y \sim B(n_2,p)$,试证明 $Z = X + Y \sim B(n_1 + n_2, p)$.

21. 设连续型随机变量 $X_1, X_2, \cdots, X_n$ 独立同分布,试证:

$$P\{X_n > \max(X_1, X_2, \cdots, X_{n-1})\} = \frac{1}{n}.$$

自测题 3

一、填空题(每题 5 分,4 小题,共 20 分)

1. 设二维随机变量 (X,Y) 的联合概率密度为

$$f(x,y) = \begin{cases} \dfrac{1}{4}, & |x| < 1, |y| < 1, \\ 0, & \text{其他.} \end{cases}$$

则 $P\{X>0,Y>0\}=$ _____.

2. 设 $f(x,y)$ 为二维连续型随机变量 (X,Y) 的联合概率密度, X 和 Y 相互独立的充要条件为: $f(x,y)=$ _____.

3. 设 X,Y 是相互独立的随机变量,且 $X\sim\pi(3),Y\sim\pi(2)$,则 $Z=X+Y$ 服从的分布为_____.

4. 设 X,Y 为两个随机变量,且 $P\{X\geqslant 0,Y\geqslant 0\}=\dfrac{3}{7}$, $P\{X\geqslant 0\}=P\{Y\geqslant 0\}=\dfrac{4}{7}$,则 $P\{\min(X,Y)\geqslant 0\}=$ _____.

二、选择题(每题 5 分,4 小题,共 20 分)

1. 设二维随机变量 (X,Y) 的分布律为

X\Y	0	1	2
0	0.1	0.2	0
1	0.3	0.1	0.1
2	0.1	0	0.1

则 $P\{XY=0\}=($).

　A. 0.3　　　　B. 0.5　　　　C. 0.7　　　　D. 0.8

2. 设相互独立的随机变量 X 和 Y 具有同一分布,其分布律为

X	1	2
p_k	$\dfrac{1}{2}$	$\dfrac{1}{2}$

则 $P\{X+Y=3\}=($).

　A. $\dfrac{1}{4}$　　　B. $\dfrac{1}{2}$　　　C. $\dfrac{2}{3}$　　　D. $\dfrac{3}{4}$

3. 设随机变量 (X,Y) 在单位圆位于 x 轴上方的区域 D 内服从均匀分布,则 (X,Y) 的联合概率密度为( ).

　A. $f(x,y)=\begin{cases}\pi, & (x,y)\in D,\\ 0, & 其他\end{cases}$　　　B. $f(x,y)=\begin{cases}2\pi, & (x,y)\in D,\\ 0, & 其他\end{cases}$

　C. $f(x,y)=\begin{cases}\dfrac{2}{\pi}, & (x,y)\in D,\\ 0, & 其他\end{cases}$　　　D. $f(x,y)=\begin{cases}\dfrac{\pi}{2}, & (x,y)\in D,\\ 0, & 其他\end{cases}$

4. 设相互独立的随机变量 X 和 Y 具有同一分布,其分布律为

X	0	1
p_k	$\dfrac{1}{2}$	$\dfrac{1}{2}$

令 $Z=\max\{X,Y\}$,则 $P\{Z=1\}=($).

　A. $\dfrac{3}{4}$　　　B. $\dfrac{1}{2}$　　　C. $\dfrac{1}{3}$　　　D. 1

三、解答题(每题 12 分,5 小题,共 60 分)

1. 一个口袋中装有 5 个球,分别标有号码 1,2,3,4,5,现从袋中任取 3 个球,X,Y 分别表示取出的球的最大标号和最小标号.

　　求:(1) 二维随机变量 (X,Y) 的联合分布律;(2) 关于 X 和关于 Y 的边缘分布律;(3) 判断 X 和 Y 是否相互独立.

2. 设二维随机变量 (X,Y) 的概率密度为

$$f(x,y) = \begin{cases} k\sin x \sin y, & 0 \leqslant x \leqslant \pi, 0 \leqslant y \leqslant \pi, \\ 0, & \text{其他}. \end{cases}$$

求:(1) 常数 k;(2) 关于 X 和关于 Y 的边缘概率密度;(3) 判断 X 和 Y 是否相互独立.

3. 设二维随机变量 (X,Y) 的概率密度为

$$f(x,y) = \begin{cases} 2(x+y), & 0 < x < 1, x < y < 1, \\ 0, & \text{其他}. \end{cases}$$

求随机变量 $Z = X + Y$ 的概率密度.

4. 设某种商品一周的需求量是一个随机变量,其概率密度为

$$f(t) = \begin{cases} te^{-t}, & t > 0, \\ 0, & t \leqslant 0. \end{cases}$$

并设各周的需求量是相互独立的.求两周需求量的概率密度.

5. 设随机变量 Y 的概率密度为

$$f_Y(y) = \begin{cases} 5y^4, & 0 < y < 1, \\ 0, & \text{其他}. \end{cases}$$

给定 $Y = y$ 条件下,随机变量 X 的条件概率密度为

$$f(x|y) = \begin{cases} \dfrac{3x^2}{y^3}, & 0 < x < y < 1, \\ 0, & \text{其他}. \end{cases}$$

求 $P\{X > 0.5\}$.

第4章

随机变量的数字特征

前两章讨论了随机变量的分布函数,分布函数能够完整地描述随机变量的统计特性. 但是在许多实际问题中,不需要去全面考查随机变量的整体取值情况,而只需知道随机变量的某些统计特征.

与随机变量有关的数字,虽然不能完整地描述随机变量的取值规律性,却能描述随机变量在某些方面的重要特征.这些数字特征在实践和理论上都具有十分重要的意义.

本章介绍随机变量的常用数字特征:数学期望、方差、协方差、相关系数和矩.

4.1 数学期望

问题:一个随机变量的所有可能取值不是唯一的,那么这个随机变量的平均取值是多少呢? 例如对于服从两点分布的随机变量,它的平均取值是 $\frac{0+1}{2} = \frac{1}{2}$ 吗? 下面就来研究这个问题.

一、离散型随机变量的数学期望

例 1 某年级有 50 名学生,17 岁的有 2 人,18 岁的有 2 人,16 岁的有 46 人,则该年级学生的平均年龄为

$$\frac{(17 \times 2 + 18 \times 2 + 16 \times 46)}{50} = 17 \times \frac{2}{50} + 18 \times \frac{2}{50} + 16 \times \frac{46}{50} = 16.2.$$

事实上,在计算中用到以频率为权重的加权平均,而当试验次数 n 很大时,频率接近于概率,于是对于一般的离散型随机变量,定义如下:

定义 1 设离散型随机变量 X 的分布律为 $P\{X = x_k\} = p_k, k = 1, 2, \cdots$,若级数 $\sum_{k=1}^{\infty} x_k p_k$ 绝对收敛,则称其为随机变量 X 的**数学期望**(mathematical expectation) 或**均值**. 记为 $E(X)$,即

$$E(X) = \sum_{k=1}^{\infty} x_k p_k.$$

例 2　设随机变量 X 的分布律为

X	-2	0	2
p_k	0.4	0.3	0.3

求 $E(X)$.

解　$E(X) = (-2) \times 0.4 + 0 \times 0.3 + 2 \times 0.3 = -0.2.$

例 3　一工厂生产的同一种产品分为 4 个等级,所占比例分别为 $60\%, 20\%, 10\%,$ 10%,各级产品的出厂单价分别为 6 元,4.8 元,4 元,2 元,求产品的平均出厂单价.

解　设 X 为任取一只产品的出厂价,X 的分布律为

X	6	4.8	4	2
p_k	0.6	0.2	0.1	0.1

则平均出厂价为

$$E(X) = 6 \times 0.6 + 4.8 \times 0.2 + 4 \times 0.1 + 2 \times 0.1 = 5.16(\text{元}).$$

例 4　火车站每天 8:00—9:00,9:00—10:00 都恰好有一辆客车到站,但到站的时刻是随机的,且两车到站的时间相互独立,其规律为

到站时间	8:10,9:10	8:30,9:30	8:50,9:50
概率	$\dfrac{1}{6}$	$\dfrac{3}{6}$	$\dfrac{2}{6}$

求:(1) 一旅客 8:00 到站,求他候车时间的数学期望.(2) 一旅客 8:20 到站,求他候车时间的数学期望.

解　设旅客的候车时间为 X(单位:min).

(1) 由 X 的分布律:

X	10	30	50
p_k	$\dfrac{1}{6}$	$\dfrac{3}{6}$	$\dfrac{2}{6}$

候车时间的数学期望为

$$E(X) = 10 \times \frac{1}{6} + 30 \times \frac{3}{6} + 50 \times \frac{2}{6} = 33.33(\text{分}).$$

(2) 由 X 的分布律:

X	10	30	50	70	90
p_k	$\dfrac{3}{6}$	$\dfrac{2}{6}$	$\dfrac{1}{6} \times \dfrac{1}{6}$	$\dfrac{3}{6} \times \dfrac{1}{6}$	$\dfrac{2}{6} \times \dfrac{1}{6}$

设 $A = \{$第一辆车 8:10 到站$\}$,$B = \{$第二辆车 9:10 到站$\}$,则

$$P\{X = 50\} = P(AB) = P(A)P(B) = \frac{1}{6} \times \frac{1}{6}.$$

候车时间的数学期望为

$$E(X) = 10 \times \frac{3}{6} + 30 \times \frac{2}{6} + 50 \times \frac{1}{36} + 70 \times \frac{3}{36} + 90 \times \frac{2}{36} = 27.22(分).$$

例 5　把 4 个球随机地投入 4 个木桶中,设 X 表示空木桶的个数,求 $E(X)$.

解　X 对应的取值为 $0,1,2,3$,对应的概率为

$$P\{X=0\} = \frac{4!}{4^4} = \frac{6}{64}; \quad P\{X=1\} = \frac{3C_4^1 C_4^1 C_3^1}{4^4} = \frac{36}{64};$$

$$P\{X=2\} = \frac{C_4^2 (2C_4^3 + C_4^2)}{4^4} = \frac{21}{64}; \quad P\{X=3\} = \frac{1}{64}.$$

X 的分布律为

X	0	1	2	3
p_k	$\frac{6}{64}$	$\frac{36}{64}$	$\frac{21}{64}$	$\frac{1}{64}$

则 $E(X) = 0 \times \frac{6}{64} + 1 \times \frac{36}{64} + 2 \times \frac{21}{64} + 3 \times \frac{1}{64} = \frac{81}{64}$.

二、连续型随机变量的数学期望

定义 2　设连续型随机变量 X 的概率密度函数为 $f(x)$,若积分 $\int_{-\infty}^{+\infty} xf(x)\mathrm{d}x$ 绝对收敛,则称其为 X 的数学期望或均值.记为 $E(X)$,即

$$E(X) = \int_{-\infty}^{+\infty} xf(x)\mathrm{d}x.$$

例 6　已知随机变量 X 的分布函数为

$$F(x) = \begin{cases} 0, & x \leqslant 0, \\ \dfrac{x}{4}, & 0 < x \leqslant 4, \\ 1, & x > 4. \end{cases}$$

求 $E(X)$.

解　随机变量 X 的密度函数为

$$f(x) = F'(x) = \begin{cases} \dfrac{1}{4}, & 0 < x < 4, \\ 0, & 其他. \end{cases}$$

$$E(X) = \int_{-\infty}^{+\infty} xf(x)\mathrm{d}x = \int_0^4 x \, \frac{1}{4}\mathrm{d}x = \left. \frac{x^2}{8} \right|_0^4 = 2.$$

例 7　已知连续型随机变量 X 的密度函数为

$$f(x) = \frac{1}{\sqrt{\pi}}\mathrm{e}^{-x^2 + 2x - 1}, \quad -\infty < x < +\infty.$$

求 $E(X)$.

解　由数学期望的定义:

$$E(X) = \int_{-\infty}^{+\infty} xf(x)\mathrm{d}x = \frac{1}{\sqrt{\pi}} \int_{-\infty}^{+\infty} x\mathrm{e}^{-(x-1)^2} \mathrm{d}x$$

$$= \frac{1}{\sqrt{\pi}} \int_{-\infty}^{+\infty} e^{-(x-1)^2} dx + \frac{1}{\sqrt{\pi}} \int_{-\infty}^{+\infty} (x-1) e^{-(x-1)^2} dx = 1.$$

提示：利用标准正态分布的结果

$$\frac{1}{\sqrt{2\pi}} \int_{-\infty}^{+\infty} e^{-\frac{x^2}{2}} dx = 1.$$

三、常见随机变量的数学期望

1. 离散型

（1）0-1 分布或两点分布

0-1 分布的分布律为

X	0	1
p_k	$1-p$	p

故

$$E(X) = 0 \times (1-p) + 1 \times p = p.$$

（2）二项分布

二项分布的分布律为

$$P\{X = k\} = C_n^k p^k (1-p)^{n-k}, \quad k = 0, 1, \cdots, n,$$

故

$$E(X) = \sum_{k=0}^{n} k p_k = \sum_{k=1}^{n} k C_n^k p^k (1-p)^{n-k} = np(p+1-p) = np.$$

（3）泊松分布

泊松分布的分布律为

$$p_k = P\{X = k\} = \frac{\lambda^k}{k!} e^{-\lambda}, \quad k = 1, 2, \cdots, \lambda > 0.$$

故

$$E(X) = \sum_{k=1}^{\infty} k \frac{\lambda^k}{k!} e^{-\lambda} = \sum_{k=1}^{\infty} \frac{\lambda^k}{(k-1)!} e^{-\lambda} = \lambda e^{-\lambda} \sum_{k=1}^{\infty} \frac{\lambda^{k-1}}{(k-1)!} = \lambda e^{-\lambda} e^{\lambda} = \lambda.$$

2. 连续型

（1）均匀分布

均匀分布的概率密度函数为

$$f(x) = \begin{cases} \dfrac{1}{b-a}, & a < x < b, \\ 0, & \text{其他}, \end{cases}$$

故

$$E(X) = \int_a^b x f(x) dx = \int_a^b \frac{x}{b-a} dx = \frac{b^2 - a^2}{2(b-a)} = \frac{a+b}{2}.$$

（2）指数分布

指数分布的概率密度函数为

$$f(x) = \begin{cases} \dfrac{1}{\theta} e^{-\frac{x}{\theta}}, & x > 0, \\ 0, & x \leqslant 0, \end{cases}$$

故 $\quad E(X) = \int_0^{+\infty} x f(x) \mathrm{d}x = \int_0^{+\infty} \frac{1}{\theta} x \mathrm{e}^{-x/\theta} \mathrm{d}x = -x \mathrm{e}^{-x/\theta} \Big|_0^{+\infty} + \int_0^{+\infty} \mathrm{e}^{-x/\theta} \mathrm{d}x$

$$= 0 - \theta \mathrm{e}^{-x/\theta} \Big|_0^{+\infty} = \theta.$$

（3）正态分布

正态分布的概率密度函数

$$f(x) = \frac{1}{\sqrt{2\pi}\sigma} \mathrm{e}^{-\frac{(x-\mu)^2}{2\sigma^2}}, \quad -\infty < x < +\infty,$$

故 $\quad E(X) = \int_{-\infty}^{+\infty} \frac{x}{\sqrt{2\pi}\sigma} \mathrm{e}^{-\frac{(x-\mu)^2}{2\sigma^2}} \mathrm{d}x \quad \left(\text{令}\frac{x-\mu}{\sigma} = t\right)$

$$= \frac{1}{\sqrt{2\pi}} \int_{-\infty}^{+\infty} (\sigma t + \mu) \mathrm{e}^{-\frac{t^2}{2}} \mathrm{d}t = \mu.$$

四、随机变量的函数的数学期望

定理 1　设 Y 为随机变量 X 的函数：$Y = g(X)$（$y = g(x)$ 是连续函数），则

（1）X 是离散型随机变量，分布律为 $P\{X = x_k\} = p_k, k = 1, 2, \cdots$，若级数 $\sum_{k=1}^{\infty} g(x_k) p_k$ 绝对收敛，则有

$$E(Y) = E[g(X)] = \sum_{k=1}^{\infty} g(x_k) p_k.$$

（2）X 是连续型随机变量，它的概率密度为 $f(x)$，若 $\int_{-\infty}^{+\infty} g(x) f(x) \mathrm{d}x$ 绝对收敛，则有

$$E(Y) = E[g(X)] = \int_{-\infty}^{+\infty} g(x) f(x) \mathrm{d}x.$$

定理 1 表明：求 $E(Y)$ 时，不必知道 Y 的分布，而只需知道 X 的分布.

例 8　随机变量 X 的分布律如下：

X	0	1	2	3
p_k	$\frac{1}{2}$	$\frac{1}{4}$	$\frac{1}{8}$	$\frac{1}{8}$

求 $E\left(\dfrac{1}{1+X}\right), E(X^2)$.

解　$E\left(\dfrac{1}{1+X}\right) = \dfrac{1}{1+0} \times \dfrac{1}{2} + \dfrac{1}{1+1} \times \dfrac{1}{4} + \dfrac{1}{1+2} \times \dfrac{1}{8} + \dfrac{1}{1+3} \times \dfrac{1}{8} = \dfrac{67}{96}$.

$E(X^2) = 0^2 \times \dfrac{1}{2} + 1^2 \times \dfrac{1}{4} + 2^2 \times \dfrac{1}{8} + 3^2 \times \dfrac{1}{8} = \dfrac{15}{8}$.

例 9　已知离散型随机变量 X 的分布律：

X	-2	-1	0	1
p_k	$\frac{1}{6}$	$\frac{1}{3}$	$\frac{1}{3}$	$\frac{1}{6}$

求：(1) $E(X)$；(2) $E(X^2)$；(3) $E(|X-1|)$.

解　(1) $E(X) = (-2)\times\dfrac{1}{6}+(-1)\times\dfrac{1}{3}+0\times\dfrac{1}{3}+1\times\dfrac{1}{6}=-\dfrac{1}{2}$.

(2) 由于 $E[g(X)] = \displaystyle\sum_{k=1}^{n}g(X_k)p_k$，故

$$E(X^2) = (-2)^2\times\frac{1}{6}+(-1)^2\times\frac{1}{3}+0^2\times\frac{1}{3}+1^2\times\frac{1}{6}=\frac{7}{6}.$$

(3) $E(|X-1|) = |-2-1|\times\dfrac{1}{6}+|-1-1|\times\dfrac{1}{3}+|0-1|\times\dfrac{1}{3}+|1-1|\times\dfrac{1}{6}=\dfrac{3}{2}$.

例 10　设随机变量 X 在 $[0,\pi]$ 上服从均匀分布，求：$E(\sin X)$，$E(X^2)$，$E[X-E(X)]^2$.

解　由题设可知，X 的概率密度为

$$f(x) = \begin{cases} \dfrac{1}{\pi}, & 0 < x < \pi, \\ 0, & \text{其他.} \end{cases}$$

$$E(\sin X) = \int_{-\infty}^{+\infty}\sin x f(x)\mathrm{d}x = \int_{0}^{\pi}\sin x\,\frac{1}{\pi}\mathrm{d}x = \frac{1}{\pi}(-\cos x)\,\big|_{0}^{\pi}=\frac{2}{\pi}.$$

$$E(X^2) = \int_{-\infty}^{+\infty}x^2 f(x)\mathrm{d}x = \int_{0}^{\pi}x^2\,\frac{1}{\pi}\mathrm{d}x = \frac{\pi^2}{3}.$$

$$E(X) = \int_{-\infty}^{+\infty}x f(x)\mathrm{d}x = \int_{0}^{\pi}x\,\frac{1}{x}\mathrm{d}x = \frac{\pi}{2}.$$

$$E[X-E(X)]^2 = E\left(X-\frac{\pi}{2}\right)^2 = \int_{0}^{\pi}\left(x-\frac{\pi}{2}\right)^2\,\frac{1}{\pi}\mathrm{d}x = \frac{\pi^2}{12}.$$

定理 2　设 $Z=g(X,Y)$ 是随机变量 (X,Y) 的连续函数，则

(1) (X,Y) 是二维离散型随机变量，联合分布律为 $p_{ij}=P\{X=x_i,Y=y_j\}$，$i,j=1,2,\cdots$，则有

$$E(Z) = E[g(X,Y)] = \sum_{i=1}^{\infty}\sum_{j=1}^{\infty}g(x_i,y_j)p_{ij}.$$

(2) (X,Y) 是二维连续型随机变量，联合分布密度为 $f(x,y)$，则有

$$E(Z) = E[g(X,Y)] = \int_{-\infty}^{+\infty}\int_{-\infty}^{+\infty}g(x,y)f(x,y)\mathrm{d}x\mathrm{d}y.$$

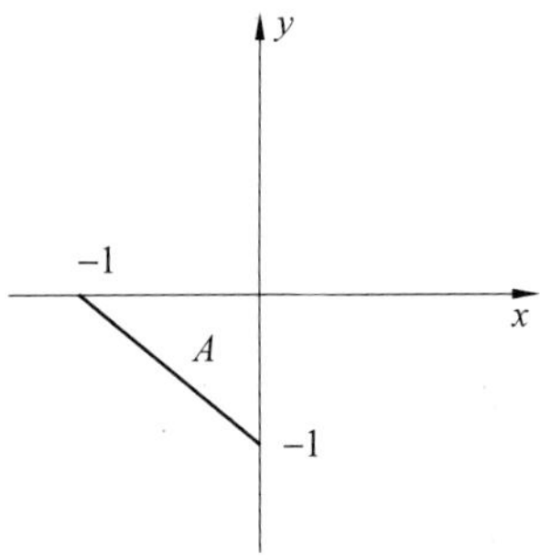

例 11　设 (X,Y) 在区域 A 上服从均匀分布，其中 A 为 x 轴、y 轴和直线 $x+y+1=0$ 所围成的区域(图 4-1). 求 $E(X)$，$E(-3X+2Y)$，$E(XY)$.

图 4-1

解　(X,Y) 的密度函数为

$$f(x,y) = \begin{cases} 2, & (x,y)\in A, \\ 0, & \text{其他.} \end{cases}$$

故

$$E(X) = \int_{-\infty}^{+\infty}\int_{-\infty}^{+\infty}x f(x,y)\mathrm{d}x\mathrm{d}y = \int_{-1}^{0}\mathrm{d}x\int_{-1-x}^{0}2x\mathrm{d}y = -\frac{1}{3}.$$

$$E(-3X+2Y) = \int_{-\infty}^{+\infty}\int_{-\infty}^{+\infty}(-3x+2y)f(x,y)\mathrm{d}x\mathrm{d}y$$

$$= \int_{-1}^{0}\mathrm{d}x\int_{-1-x}^{0}2(-3x+2y)\mathrm{d}y = \frac{1}{3}.$$

$$E(XY) = \int_{-\infty}^{+\infty}\int_{-\infty}^{+\infty}xyf(x,y)\mathrm{d}x\mathrm{d}y = \int_{-1}^{0}\mathrm{d}x\int_{-1-x}^{0}2xy\mathrm{d}y = \frac{1}{12}.$$

例 12 设 (X,Y) 的概率密度函数为

$$f(x,y) = \begin{cases} \dfrac{(x+y)}{3}, & 0 \leqslant x \leqslant 2, 0 \leqslant y \leqslant 1, \\ 0, & \text{其他}. \end{cases}$$

求 $E(X), E(XY), E(X^2+Y^2)$.

解 令 $D: 0 \leqslant x \leqslant 2, 0 \leqslant y \leqslant 1$,则

$$E(X) = \iint\limits_{D} xf(x,y)\mathrm{d}x\mathrm{d}y = \int_{0}^{2}x\mathrm{d}x\int_{0}^{1}\frac{x+y}{3}\mathrm{d}y = \frac{1}{6}\int_{0}^{2}x(2x+1)\mathrm{d}x = \frac{11}{9}.$$

$$E(XY) = \iint\limits_{D} xyf(x,y)\mathrm{d}x\mathrm{d}y = \int_{0}^{2}\left[\int_{0}^{1}xy\frac{x+y}{3}\mathrm{d}y\right]\mathrm{d}x = \int_{0}^{2}\left(\frac{1}{6}x^2 + \frac{1}{9}x\right)\mathrm{d}x = \frac{8}{9}.$$

$$E(X^2+Y^2) = \iint\limits_{D}(x^2+y^2)f(x,y)\mathrm{d}x\mathrm{d}y = \int_{0}^{2}x^2\mathrm{d}x\int_{0}^{1}\frac{x+y}{3}\mathrm{d}y + \int_{0}^{2}\mathrm{d}x\int_{0}^{1}\frac{xy^2+y^3}{3}\mathrm{d}y = \frac{13}{6}.$$

注:利用 $E(X) = \int_{-\infty}^{\infty}xf_X(x)\mathrm{d}x$ 计算的结果与上面的结果一样.

五、数学期望的性质

下面介绍数学期望的几个重要性质:

(1) 设 C 是常数,则有 $E(C) = C$.

(2) 设 X 是随机变量,k 是常数,则有 $E(kX) = kE(X)$.

(3) 设 X,Y 是随机变量,则有 $E(X+Y) = E(X) + E(Y)$.

推广:$E(aX+bY) = aE(X) + bE(Y)$,其中 a,b 都是常数.

$$E\left(\sum_{i=1}^{n}a_iX_i\right) = \sum_{i=1}^{n}a_iE(X_i).$$

(4) 设 X,Y 是相互独立的随机变量,则有 $E(XY) = E(X)E(Y)$.

(1)、(2)由读者自己证明.下面来证明(3)和(4),仅就连续型随机变量的情形给出证明,离散型情形类似可证.

证明 设二维连续型随机变量 (X,Y) 的联合概率密度为 $f(x,y)$,其边缘概率密度为 $f_X(x), f_Y(y)$,则

$$\begin{aligned} E(X+Y) &= \int_{-\infty}^{+\infty}\int_{-\infty}^{+\infty}(x+y)f(x,y)\mathrm{d}x\mathrm{d}y \\ &= \int_{-\infty}^{+\infty}\int_{-\infty}^{+\infty}xf(x,y)\mathrm{d}x\mathrm{d}y + \int_{-\infty}^{+\infty}\int_{-\infty}^{+\infty}yf(x,y)\mathrm{d}x\mathrm{d}y \\ &= E(X) + E(Y). \end{aligned}$$

性质(3)得证.

又若 X 和 Y 相互独立,此时 $f(x,y) = f_X(x)f_Y(y)$,故有

$$\begin{aligned} E(XY) &= \int_{-\infty}^{+\infty}\int_{-\infty}^{+\infty}xyf(x,y)\mathrm{d}x\mathrm{d}y = \left[\int_{-\infty}^{+\infty}xf_X(x)\mathrm{d}x\right]\left[\int_{-\infty}^{+\infty}yf_Y(y)\mathrm{d}y\right] \\ &= E(X)E(Y). \end{aligned}$$

性质(4)得证.

例 13 设 n 个信封内分别装有发给 n 个考生的录取通知书,但信封上各收信人的地址是随机填写的,以 X 表示收到自己通知书的人数,求 X 的数学期望.

解 设 $A_k = \{$第 k 个信封的地址与内容一致$\}$,把第 k 个人的通知书随意装入 n 个信封中,恰好装进写有其地址信封的概率是 $\dfrac{1}{n}$,故 $P\{A_k\} = \dfrac{1}{n}$.

设随机变量 $U_k = \begin{cases} 1, & A_k \text{ 出现}, \\ 0, & A_k \text{ 不出现}, \end{cases}$ $k = 1, 2, \cdots, n$,则 $X = U_1 + U_2 + \cdots + U_n$,从而有

$$P\{U_k = 1\} = P\{A_k\} = \frac{1}{n}, \quad E\{U_k\} = \frac{1}{n},$$

$$E(X) = E(U_1) + E(U_2) + \cdots + E(U_n) = n \times \frac{1}{n} = 1.$$

习题 4-1

1. 对某一目标进行连续射击,直到第一次命中为止,每次射击命中的概率为 p,求子弹消耗量 X 的期望.

2. 设随机变量 X 的概率密度为 $f(x) = \begin{cases} x, & 0 \leqslant x \leqslant 1, \\ 2 - x, & 1 < x \leqslant 2, \\ 0, & \text{其他}, \end{cases}$ 求 $E(x)$.

3. 设随机变量 X 的分布律为

X	-2	0	2
p_k	0.4	0.3	0.3

求 $E(X), E(X^2), E(3X^2 + 5)$.

4. 设离散型随机变量 X 的分布律为 $P\{X = i\} = \dfrac{1}{2^i}, i = 1, 2, \cdots$,求 $Y = \sin\left(\dfrac{\pi}{2} X\right)$ 的期望.

5. 某工厂生产的圆盘直径服从区间 (a, b) 内的均匀分布,求圆盘面积的数学期望.

6. 设 (X, Y) 的分布律为

Y＼X	1	2	3
4	0.2	0.1	0.1
5	0.1	0	0.2
6	0.1	0.1	0.1

(1) 求 $E(X), E(Y)$;(2) 设 $Z = Y/X$,求 $E(Z)$;(3) 设 $Z = (X - Y)^2$,求 $E(Z)$.

7. 设 (X, Y) 的概率密度为

$$f(x, y) = \begin{cases} 12y^2, & 0 \leqslant y \leqslant x \leqslant 1, \\ 0, & \text{其他}. \end{cases}$$

求 $E(X), E(Y), E(XY), E(X^2 + Y^2)$.

4.2 方差

在现实生活中去检验产品的质量时,既要关注产品的平均寿命,还要关注产品寿命与平均寿命的偏离程度. 因此人们考虑用一个量去度量这个偏离程度. 直接用 $E[X-E(X)]$ 来描述,因为正负偏差会抵消,达不到目的,用改进后的 $E|X-E(X)|$ 来描述偏离程度,原则上是可以的,但有绝对值不便于计算;因此,通常选用 $E\{[X-E(X)]^2\}$ 来描述随机变量与其均值的偏离程度.

一、方差的概念

定义 1 设 X 是随机变量,若 $E\{[X-E(X)]^2\}$ 存在,则称其为 X 的**方差**(variance),记为 $D(X)$(或 $\text{Var}(X)$),即

$$D(X) = E\{[X-E(X)]^2\}.$$

称 $\sqrt{D(X)}$ 为 X 的均方差或标准差,记为 $\sigma(X)$.

二、方差的计算

由方差的定义可知,方差本质上就是随机变量 X 的函数 $g(X)=[X-E(X)]^2$ 的数学期望. 于是有

(1) 若 X 是离散型随机变量,分布律为 $P\{X=x_k\}=p_k,k=1,2,\cdots$,则

$$D(X) = \sum_{k=1}^{\infty} [x_k - E(X)]^2 p_k.$$

(2) 若 X 是连续型随机变量,它的概率密度为 $f(x)$,则

$$D(X) = \int_{-\infty}^{+\infty} [x - E(X)]^2 f(x)\mathrm{d}x.$$

(3) $D(X)=E(X^2)-[E(X)]^2$.

证明 由方差的定义及数学期望的性质,有

$$\begin{aligned}
D(X) &= E\{[X-E(X)]^2\} = E\{X^2 - 2XE(X) + [E(X)]^2\} \\
&= E(X^2) - 2E(X)E(X) + [E(X)]^2 \\
&= E(X^2) - [E(X)]^2.
\end{aligned}$$

例 1 甲、乙两人对一圆环射击,X:甲击中的环数,Y:乙击中的环数. 他们的射击水平如下表给出:

X	8	9	10
p_k	0.3	0.2	0.5

Y	8	9	10
p_k	0.2	0.4	0.4

试分析两人的射击水平.

解 $E(X)=8\times0.3+9\times0.2+10\times0.5=9.5$,

$E(Y)=8\times0.2+9\times0.4+10\times0.4=9.5$.

由 $E(X)=E(Y)$,说明两人平均成绩相同. 而

$$D(X) = (8-9.5)^2 \times 0.3 + (9-9.5)^2 \times 0.2 + (10-9.5)^2 \times 0.5 = 0.76,$$

$$D(Y) = (8-9.5)^2 \times 0.2 + (9-9.5)^2 \times 0.4 + (10-9.5)^2 \times 0.4 = 0.624,$$

由 $D(X) > D(Y)$，表明乙比甲射击成绩稳定.

例 2   设随机变量 X 在 $[-1,2]$ 上服从均匀分布，当 X 小于、等于和大于 0 时，随机变量 Y 分别取 $-1,0$ 和 1，求 Y 的方差.

解   由于随机变量 X 在 $[-1,2]$ 上服从均匀分布，故 X 的概率密度为

$$f_X(x) = \begin{cases} \dfrac{1}{3}, & -1 < x < 2, \\ 0, & \text{其他.} \end{cases}$$

故

$$P\{Y = -1\} = P\{X < 0\} = \frac{1}{3},$$

$$P\{Y = 0\} = P\{X = 0\} = 0,$$

$$P\{Y = 1\} = P\{X > 0\} = \frac{2}{3}.$$

$$E(Y^2) = 1, \quad E(Y) = \frac{1}{3},$$

$$D(Y) = E(Y^2) - E^2(Y) = \frac{8}{9}.$$

例 3   设离散型随机变量 X 的分布函数 $F(x)$ 为

$$F(x) = \begin{cases} 0, & x < -1, \\ 0.2, & -1 \leqslant x < 0, \\ 0.5, & 0 \leqslant x < 1, \\ 0.8, & 1 \leqslant x < 2, \\ 1, & x \geqslant 2. \end{cases}$$

计算 $E(X)$ 与 $D(X)$.

解 X 的分布律为

X	-1	0	1	2
p_k	0.2	0.3	0.3	0.2

故

$$E(X) = \sum_{i=1}^{4} x_i p_i = -1 \times 0.2 + 0 \times 0.3 + 1 \times 0.3 + 2 \times 0.2 = 0.5,$$

$$E(X^2) = \sum_{i=1}^{4} x_i^2 p_i = (-1)^2 \times 0.2 + 0^2 \times 0.3 + 1^2 \times 0.3 + 2^2 \times 0.2 = 1.3,$$

$$D(X) = E(X^2) - E^2(X) = 1.3 - 0.5^2 = 1.05.$$

三、方差的性质

(1) 设 C 是常数，则有 $D(C) = 0$.

(2) 设 k 是常数，则有 $D(kX) = k^2 D(X)$.

(3) $D(X+Y) = D(X) + D(Y) + 2E\{[X-E(X)][Y-E(Y)]\}$.

当 X,Y 相互独立时，$D(X+Y) = D(X) + D(Y)$.

证明
$$
\begin{aligned}
D(X+Y) &= E\left[(X+Y)-E(X+Y)\right]^2 \\
&= E\left\{\left[X-E(X)\right]+\left[Y-E(Y)\right]\right\}^2 \\
&= D(X)+D(Y)+2E\left\{\left[X-E(X)\right]\left[Y-E(Y)\right]\right\}.
\end{aligned}
$$

推广：若 $X_1,X_2,\cdots,X_n$ 是相互独立的随机变量，则

$$
D\left(\sum_{i=1}^{n}C_iX_i\right)=\sum_{i=1}^{n}C_i^2D(X_i).
$$

（4）$D(X)=0$ 的充要条件是 X 以概率 1 取一常数，即

$$
P\{X=C\}=1.
$$

例 4　设随机变量 X 服从二项分布 $B(n,p)$，求 $E(X),D(X)$.

解　由二项分布的定义知 X 是 n 重伯努利试验中事件 A 发生的次数，且每次试验中事件 A 发生的概率为 p，引入随机变量：

$$
X_k=\begin{cases}1, & A \text{ 在第 } k \text{ 次试验中发生}, \\ 0, & A \text{ 在第 } k \text{ 次试验中不发生}, \end{cases} \quad k=1,2,\cdots,n.
$$

易知

$$
X=X_1+X_2+\cdots+X_n,
$$

且 $X_1,X_2,\cdots,X_n$ 独立同分布，X_k 的分布律均为

$$
P\{X_k=1\}=p,P\{X_k=0\}=1-p, \quad k=1,2,\cdots,n.
$$

则 $X=X_1+X_2+\cdots+X_n$ 服从 $B(n,p)$. 因为

$$
\begin{aligned}
E(X_k) &= 1\cdot p+0\cdot(1-p)=p, \\
D(X_k) &= E(X_k^2)-E(X_k)^2 \\
&= 1^2\times p+0^2\times(1-p)-p^2=p(1-p), \quad k=1,2,\cdots,n,
\end{aligned}
$$

所以

$$
E(X)=\sum_{k=1}^{n}E(X_k)=\sum_{k=1}^{n}p=np,
$$

$$
D(X)=\sum_{k=1}^{n}D(X_k)=np(1-p).
$$

例 5　设二维连续型随机变量 (X,Y) 的概率密度为

$$
f(x,y)=\begin{cases}1, & |y|\leqslant x,0\leqslant x\leqslant 1, \\ 0, & \text{其他}, \end{cases}
$$

求 $D(X)$ 及 $D(Y)$.

解　令 $D:|y|\leqslant x,0\leqslant x\leqslant 1$，则

$$
E(X)=\iint\limits_{D}xf(x,y)\mathrm{d}x\mathrm{d}y=\int_0^1 x\mathrm{d}x\int_{-x}^{x}\mathrm{d}y=\int_0^1 2x^2\mathrm{d}x=\frac{2}{3},
$$

$$
E(Y)=\iint\limits_{D}yf(x,y)\mathrm{d}x\mathrm{d}y=\int_0^1 \mathrm{d}x\int_{-x}^{x}y\mathrm{d}y=0,
$$

$$
E(X^2)=\iint\limits_{D}x^2f(x,y)\mathrm{d}x\mathrm{d}y=\int_0^1 x^2\mathrm{d}x\int_{-x}^{x}\mathrm{d}y=\int_0^1 2x^3\mathrm{d}x=\frac{1}{2},
$$

$$
E(Y^2)=\iint\limits_{D}y^2f(x,y)\mathrm{d}x\mathrm{d}y=\int_0^1 \mathrm{d}x\int_{-x}^{x}y^2\mathrm{d}y=\frac{2}{3}\int_0^1 x^3\mathrm{d}x=\frac{1}{6},
$$

$$D(X) = \frac{1}{2} - \frac{4}{9} = \frac{1}{18}, D(Y) = \frac{1}{6} - 0 = \frac{1}{6}.$$

例 6　设连续型随机变量 X 的概率密度函数为

$$f(x) = \begin{cases} ax, & 0 < x < 2, \\ cx + b, & 2 \leqslant x < 4, \\ 0, & \text{其他}. \end{cases}$$

已知 $E(X) = 2$, $P\{1 < X < 3\} = \dfrac{3}{4}$, 求:(1) 常数 a, b, c;(2) 随机变量 $Y = e^X$ 的数学期望和方差.

解　(1) 由概率密度函数的性质可得 $\displaystyle\int_{-\infty}^{+\infty} f(x)\mathrm{d}x = 1$, 即

$$\int_0^2 ax\,\mathrm{d}x + \int_2^4 (cx + b)\,\mathrm{d}x = 2a + 6c + 2b = 1. \tag{1}$$

又由, $E(X) = 2$, 可得

$$\int_0^2 ax^2\,\mathrm{d}x + \int_2^4 (cx + b)x\,\mathrm{d}x = \frac{8}{3}a + \frac{56}{3}c + b = 2. \tag{2}$$

再由, $P\{1 < X < 3\} = \dfrac{3}{4}$, 可得

$$\int_1^2 ax\,\mathrm{d}x + \int_2^3 (cx + b)\,\mathrm{d}x = \frac{3}{2}a + \frac{5}{2}c + b = \frac{3}{4}, \tag{3}$$

联立方程(1)、(2)、(3)可得 $a = \dfrac{1}{4}$, $b = 1$, $c = -\dfrac{1}{4}$.

(2) $E(Y) = E(e^X) = \displaystyle\int_0^2 \frac{1}{4}x e^x\,\mathrm{d}x + \int_2^4 \left(\frac{1}{4}x + 1\right)e^x\,\mathrm{d}x = \frac{1}{4}(e^2 - 1)^2,$

$\qquad E(Y^2) = E(e^{2X}) = \displaystyle\int_0^2 \frac{1}{4}x e^{2x}\,\mathrm{d}x + \int_2^4 \left(\frac{1}{4}x + 1\right)e^{2x}\,\mathrm{d}x = \frac{1}{16}(e^4 - 1)^2,$

所以, $D(Y) = E(Y^2) - [E(Y)]^2 = \dfrac{1}{4}e^2(e^2 - 1)^2,$

四、常见随机变量的方差

1. 离散型

(1) 0-1 分布

0-1 分布的分布律为

X	0	1
p_k	$1 - p$	p

故　　　　　　　　$$D(X) = E(X^2) - [E(X)]^2 = p - p^2.$$

(2) 二项分布

二项分布的分布律为

$$P\{X = k\} = C_n^k p^k (1 - p)^{n-k}, \quad k = 0, 1, \cdots, n.$$

其方差为

$$D(X) = np(1 - p).$$

（3）泊松分布

泊松分布的分布律为

$$p_k = P\{X = k\} = \frac{\lambda^k}{k!}\mathrm{e}^{-\lambda}, \quad k = 0,1,\cdots,\lambda > 0,$$

其方差为

$$D(X) = \lambda.$$

证明 由于 $D(X) = E(X^2) - [E(X)]^2$，而 $E(X) = \lambda$，

$$E(X^2) = \sum_{k=1}^{\infty} k^2 \frac{\lambda^k}{k!}\mathrm{e}^{-\lambda} = \lambda \sum_{k=1}^{\infty} \frac{k\lambda^{k-1}}{(k-1)!}\mathrm{e}^{-\lambda} = \lambda\mathrm{e}^{-\lambda} \sum_{k=0}^{\infty} \frac{(k+1)\lambda^k}{k!}$$

$$= \lambda\mathrm{e}^{-\lambda} \sum_{k=0}^{\infty} \frac{k\lambda^k}{k!} + \lambda\mathrm{e}^{-\lambda} \sum_{k=0}^{\infty} \frac{\lambda^k}{k!} = \lambda\mathrm{e}^{-\lambda}(\lambda\mathrm{e}^{\lambda} + \mathrm{e}^{\lambda}) = \lambda^2 + \lambda.$$

因而 $D(X) = \lambda$.

2. 连续型

（1）均匀分布 $X \sim U(a,b)$

均匀分布的概率密度函数为

$$f(x) = \begin{cases} \dfrac{1}{b-a}, & a < x < b, \\ 0, & \text{其他}. \end{cases}$$

则

$$D(X) = \frac{(b-a)^2}{12}.$$

证明 由 $E(X^2) = \displaystyle\int_a^b \frac{x^2}{b-a}\mathrm{d}x = \frac{b^3 - a^3}{3(b-a)} = \frac{b^2 + ab + a^2}{3}$，

故

$$D(X) = \frac{b^2 + ab + a^2}{3} - \left(\frac{a+b}{2}\right)^2 = \frac{(b-a)^2}{12}.$$

（2）指数分布

指数分布的概率密度函数为

$$f(x) = \begin{cases} \dfrac{1}{\theta}\mathrm{e}^{-\frac{x}{\theta}}, & x > 0, \\ 0, & x \leqslant 0. \end{cases}$$

则

$$D(X) = \theta^2.$$

证明

$$E(X^2) = \int_0^{+\infty} x^2 f(x)\mathrm{d}x = \int_0^{+\infty} \frac{1}{\theta}x^2 \mathrm{e}^{-\frac{x}{\theta}}\mathrm{d}x = -\int_0^{+\infty} x^2 \mathrm{d}\mathrm{e}^{-\frac{x}{\theta}}$$

$$= -x^2 \mathrm{e}^{-\frac{x}{\theta}}\Big|_0^{+\infty} + \int_0^{+\infty} 2x\mathrm{e}^{-\frac{x}{\theta}}\mathrm{d}x = -2\theta\int_0^{+\infty} x\mathrm{d}\mathrm{e}^{-\frac{x}{\theta}} = 2\theta^2,$$

则

$$D(X) = 2\theta^2 - \theta^2 = \theta^2.$$

(3) 正态分布 $X \sim N(\mu, \sigma^2)$

正态分布的概率密度函数为

$$f(x) = \frac{1}{\sqrt{2\pi}\sigma} e^{-\frac{(x-\mu)^2}{2\sigma^2}}, \quad -\infty < x < +\infty,$$

则

$$D(X) = \sigma^2.$$

例 7 某类钢丝的抗拉强度服从均值为 $100(\text{kg/cm}^2)$,标准差为 $5(\text{kg/cm}^2)$的正态分布,求抗拉强度在 $90 \sim 110$ 之间的概率($\Phi(1) = 0.8413$,$\Phi(2) = 0.9772$).

解 设钢丝的抗拉强度为 X,则 $X \sim N(100, 5^2)$,且$\dfrac{X-100}{5} \sim N(0,1)$.

$$P\{90 < X < 110\} = P\left\{\frac{90-100}{5} < \frac{X-100}{5} < \frac{110-100}{5}\right\}$$

$$= \Phi(2) - \Phi(-2) = 2\Phi(2) - 1 = 0.9544.$$

例 8 卡车装水泥,设每袋水泥重量 X(单位:kg)服从 $N(50, 2.5^2)$,问最多装多少袋水泥使总重量超过 2000kg 的概率不大于 0.05?

解 设 $Y = \sum\limits_{i=1}^{n} X_i \sim N(50n, 2.5^2 n)$,由题意得 $P\{Y > 2000\} \leqslant 0.05$,又由

$$P\{Y > 2000\} = 1 - P\{Y \leqslant 2000\} = 1 - \Phi\left(\frac{2000-50n}{2.5\sqrt{n}}\right) \leqslant 0.05,$$

得 $\Phi\left(\dfrac{2000-50n}{2.5\sqrt{n}}\right) \geqslant 0.95 = \Phi(1.645)$,从中解得 $n \leqslant 39.48$,即最多装 39 袋水泥.

常见随机变量的数学期望与方差总结于表 4-1 中.

表 4-1　几个常见随机变量的数学期望和方差

变量	名称记号	概率分布(密度)	期望	方差	参数范围
离散型随机变量	0-1 分布 $B(1,p)$	$P\{X=k\} = p^k(1-p)^{1-k}$, $k=0,1$	p	$p(1-p)$	$0 < p < 1$
	二项分布 $B(n,p)$	$P\{X=k\} = C_n^k p^k (1-p)^{n-k}$, $k=0,1,\cdots,n$	np	$np(1-p)$	$0 < p < 1$ $n \geqslant 1, n \in \mathbb{N}$
	泊松分布 $\pi(\lambda)$	$P\{X=k\} = \dfrac{\lambda^k}{k!} e^{-\lambda}$, $k=0,1,\cdots,n$	λ	λ	$\lambda > 0$

续表

变量	名称记号	概率分布(密度)	期望	方差	参数范围
连续型随机变量	均匀分布 $U(a,b)$	$f(x)=\begin{cases}\dfrac{1}{b-a}, & a\leqslant x\leqslant b,\\[2mm] 0, & \text{其他}\end{cases}$	$\dfrac{a+b}{2}$	$\dfrac{(b-a)^2}{12}$	$-\infty<a<b<+\infty$
	指数分布 $E(\theta)$	$f(x)=\begin{cases}\dfrac{1}{\theta}\mathrm{e}^{-\frac{1}{\theta}}, & x\geqslant0,\\[2mm] 0, & x<0\end{cases}$	θ	θ^2	$\theta>0$
	正态分布 $N(\mu,\sigma^2)$	$f(x)=\dfrac{1}{\sqrt{2\pi}\sigma}\mathrm{e}^{-\frac{(x-\mu)^2}{2\sigma^2}}$ $-\infty<x<+\infty$	μ	σ^2	$-\infty<x<+\infty,$ $\sigma>0$

习题 4-2

1. 设甲、乙两个工厂生产同一种产品的使用寿命 X,Y 的分布律分别为

X	900	1000	1100
p_k	0.1	0.8	0.1

Y	950	1000	1050
p_k	0.3	0.4	0.3

比较两个厂家产品的质量.

2. 12 个零件中有 9 个是合格品,3 个是次品,在其中任取 1 个,若取出的是次品就不再放回,求在取得合格品前已取出的次品的数学期望与方差.

3. 设 X 的概率密度为

$$f(x)=\begin{cases}1+x, & -1\leqslant x\leqslant0,\\ 1-x, & 0<x\leqslant1,\\ 0, & \text{其他},\end{cases}$$

求 $D(X)$.

4. 设随机变量 X 的概率密度为

$$f(x)=\begin{cases}ax^2+bx+c, & 0<x<1,\\ 0, & \text{其他},\end{cases}$$

已知 $E(X)=0.5,D(X)=0.15$,求 a,b,c 的值.

5. 设随机变量 X 服从参数为 λ 的泊松分布,并且 $E[(X-1)(X-2)]=1$,求 λ 的值.

4.3　协方差与相关系数

本节讨论二维随机变量 (X,Y) 中,X 与 Y 之间相互关系的数字特征.

通过前面讨论已知,随机变量 X 与 Y 相互独立,则

$$E\{[X-E(X)][Y-E(Y)]\}=0.$$

因此,如果 $E\{[X-E(X)][Y-E(Y)]\}\neq0$ 时,随机变量 X 与 Y 必不相互独立,那么 X 与 Y 有何关系呢?

一、协方差及相关系数的定义

定义 1 称 $E[X-E(X)][Y-E(Y)]$ 为随机变量 X 与 Y 的**协方差**(covariance). 记为 $\mathrm{Cov}(X,Y)$,即

$$\mathrm{Cov}(X,Y) = E\{[X-E(X)][Y-E(Y)]\}.$$

而

$$\rho_{XY} = \frac{\mathrm{Cov}(X,Y)}{\sqrt{D(X)}\,\sqrt{D(Y)}}, \quad D(X)\neq 0, D(Y)\neq 0,$$

称为随机变量 X 与 Y 的**相关系数**(correlation coefficient).

二、协方差与相关系数的性质

1. 协方差的性质

(1) $\mathrm{Cov}(X,Y) = \mathrm{Cov}(Y,X)$;

(2) $\mathrm{Cov}(X,X) = D(X)$;

(3) $\mathrm{Cov}(X,Y) = E(XY) - E(X)E(Y)$;

(4) $D(X\pm Y) = D(X) + D(Y) \pm 2\mathrm{Cov}(X,Y)$;

(5) $\mathrm{Cov}(aX,bY) = ab\mathrm{Cov}(X,Y)$;

(6) $\mathrm{Cov}(X_1+X_2,Y) = \mathrm{Cov}(X_1,Y) + \mathrm{Cov}(X_2,Y)$.

以上性质请读者自己证明.

2. 相关系数的性质

定理 1 设 ρ_{XY} 是 X 和 Y 的相关系数,则有

(1) $|\rho_{XY}| \leqslant 1$;

(2) $|\rho_{XY}| = 1$ 的充要条件是 X 和 Y 以概率 1 存在线性关系,即存在常数 $a(a\neq 0),b$ 使 $P\{Y=aX+b\}=1$.

证明略.

定义 2 若 $\rho_{XY}=0$,即 $\mathrm{Cov}(X,Y)=0$,称 X 与 Y **不相关**.

定理 2 若 X 与 Y 相互独立,则 $\rho_{XY}=0$,即 X 与 Y 不相关.

3. 相关性与独立性的关系

随机变量 X 与 Y 不相关,实际上是指 X 和 Y 没有线性关系,但它们仍可以有其他非线性关系,所以 X 与 Y 不相关不能说明 X 与 Y 相互独立.

事实上,相关系数只是随机变量间线性关系强弱的一个度量,$|\rho_{XY}|=1$ 表明随机变量 X 与 Y 具有线性关系,$\rho_{XY}=1$ 时为正线性相关,$\rho_{XY}=-1$ 时为负线性相关;当 $|\rho_{XY}|<1$ 时,这种线性相关程度就随着 $|\rho_{XY}|$ 的减小而减弱;当 $|\rho_{XY}|=0$ 时,就意味着随机变量 X 与 Y 是不相关的.

例 1 已知随机变量 (X,Y) 的联合分布律如下:

Y X	−1	0	2
0	0.1	0.2	0
1	0.3	0.05	0.1
2	0.15	0	0.1

求 $\mathrm{Cov}(X,Y)$.

解　由已知可得随机变量 X 的边缘分布律为
$$P\{X=0\}=0.3, \quad P\{X=1\}=0.45, \quad P\{X=2\}=0.25,$$
可得随机变量 Y 的边缘分布律为
$$P\{Y=-1\}=0.55, \quad P\{Y=0\}=0.25, \quad P\{Y=2\}=0.2.$$
则
$$E(X)=0\times0.3+1\times0.45+2\times0.25=0.95,$$
$$E(Y)=(-1)\times0.55+0\times0.25+2\times0.2=-0.15,$$
$$\begin{aligned}E(XY)=&0\times(-1)\times0.15+0\times0\times0+0\times2\times0.1\\&+1\times(-1)\times0.1+1\times0\times0.2+1\times2\times0\\&+2\times(-1)\times0.3+2\times0\times0.05+2\times2\times0.1\\=&-0.3.\end{aligned}$$
故
$$\mathrm{Cov}(X,Y)=E(XY)-E(X)E(Y)=-0.3+0.95\times0.15=-0.1575.$$

例2　设 Z 服从 $[-\pi,\pi]$ 上的均匀分布,且 $X=\sin Z,Y=\cos Z$,求相关系数 ρ_{XY}.

解　由题意可知 Z 的概率密度
$$f_Z(z)=\begin{cases}\dfrac{1}{2\pi}, & -\pi<z<\pi,\\0, & \text{其他}.\end{cases}$$
$$E(X)=\frac{1}{2\pi}\int_{-\pi}^{\pi}\sin z\mathrm{d}z=0, \quad E(Y)=\frac{1}{2\pi}\int_{-\pi}^{\pi}\cos z\mathrm{d}z=0,$$
$$E(XY)=\frac{1}{2\pi}\int_{-\pi}^{\pi}\sin z\cos z\mathrm{d}z=0.$$
故
$$\mathrm{Cov}(X,Y)=0, \quad \rho_{XY}=0.$$
相关系数 $\rho_{XY}=0$,表明随机变量 X 与 Y 不相关,因为有 $X^2+Y^2=1$,所以 X 与 Y 不独立.

例3　随机变量 (X,Y) 在以 $(0,0),(1,0)$ 和 $(0,1)$ 为顶点的三角形内服从均匀分布,求 X 与 Y 的相关系数.

解　由于三角形的面积为 $\dfrac{1}{2}$,所以 (X,Y) 的联合密度函数为
$$f(x,y)=\begin{cases}2, & (x,y)\in D,\\0, & \text{其他}.\end{cases}$$
先求边缘密度函数 $f_X(x)$.
当 $0<x<1$ 时,
$$f_X(x)=\int_0^{1-x}f(x,y)\mathrm{d}y=\int_0^{1-x}2\mathrm{d}y=2(1-x),$$
即

$$f_X(x) = \begin{cases} 2(1-x), & 0 < x < 1, \\ 0, & \text{其他}. \end{cases}$$

根据对称性可知,Y 的边缘概率密度与 X 是相同的,又因为

$$E(X) = 2\int_0^1 x(1-x)\mathrm{d}x = \frac{1}{3},$$

所以

$$E(Y) = \frac{1}{3}.$$

而且

$$D(X) = E(X^2) - [E(X)]^2 = 2\int_0^1 x^2(1-x)\mathrm{d}x - \frac{1}{9} = \frac{1}{18}.$$

同理

$$D(Y) = \frac{1}{18},$$

$$E(XY) = \int_0^1 \mathrm{d}x \int_0^{1-x} 2xy\,\mathrm{d}y = \frac{1}{12},$$

所以

$$\rho_{XY} = \frac{E(XY) - E(X)E(Y)}{\sqrt{D(X)}\,\sqrt{D(Y)}} = \frac{\dfrac{1}{12} - \dfrac{1}{9}}{\dfrac{1}{18}} = -\frac{1}{2}.$$

习题 4-3

1. 设随机变量 X 服从参数为 2 的泊松分布,$Y = 3X - 2$,求 $E(Y)$,$D(Y)$,$\mathrm{Cov}(X,Y)$,ρ_{XY}.

2. 设随机变量 X 的方差 $D(X) = 16$,随机变量 Y 的方差 $D(Y) = 25$,并且 X,Y 的相关系数 $\rho_{XY} = 0.5$,求 $D(X+Y)$,$D(X-Y)$.

3. 已知 $X \sim N(1,9)$,$Y \sim N(0,16)$,$\rho_{XY} = -\dfrac{1}{2}$,设 $Z = \dfrac{X}{3} + \dfrac{Y}{2}$,求 $E(Z)$,$D(Z)$,ρ_{XZ}.

4. 设随机变量 (X,Y) 的概率密度为

$$f(x,y) = \begin{cases} x+y, & 0 \leqslant x \leqslant 1, 0 \leqslant y \leqslant 1, \\ 0, & \text{其他}. \end{cases}$$

求 $E(X)$,$E(Y)$,$\mathrm{Cov}(X,Y)$,ρ_{XY},$D(X+Y)$.

5. 设随机变量 (X,Y) 的概率密度为

$$f(x,y) = \begin{cases} \dfrac{1}{4}, & |x| \leqslant y, 0 \leqslant y \leqslant 2, \\ 0, & \text{其他}. \end{cases}$$

求:(1) X,Y 的边缘概率密度;(2) $E(X)$,$E(Y)$,$D(X)$,$D(Y)$,$\mathrm{Cov}(X,Y)$.

6. 设随机变量 (X,Y) 的分布律为

Y \ X	-8	-1	1	8
4	0	0.25	0.25	0
12	0.25	0	0	0.25

验证 X 和 Y 是不相关的,但 X 和 Y 不是相互独立的.

4.4　矩

定义　设 X 和 Y 是两个随机变量,

若 $E(X^k),k=1,2,\cdots$ 存在,称它为 X 的 k 阶原点矩,简称 k 阶矩.

若 $E\{[X-E(X)]^k\},k=1,2,\cdots$ 存在,称它为 X 的 k 阶中心矩.

若 $E(X^kY^l),k,l=1,2,\cdots$ 存在,称它为 X 和 Y 的 $k+l$ 阶混合矩.

若 $E\{[X-E(X)]^k[Y-E(Y)]^l\},k,l=1,2,\cdots$ 存在,称它为 X 和 Y 的 $k+l$ 阶混合中心矩.

显然,X 的数学期望 $E(X)$ 是 X 的一阶原点矩,方差 $D(X)$ 是 X 的二阶中心矩,协方差 $\mathrm{Cov}(X,Y)$ 是 X 和 Y 的二阶混合中心矩.

小结

本章主要讲述离散型随机变量的数学期望、连续型随机变量的数学期望、随机变量的函数的数学期望,以及数学期望的性质;方差的概念、方差的计算、方差的性质;协方差及相关系数的定义、协方差与相关系数的性质、矩等内容.

应该理解数学期望与方差的概念,掌握它们的性质与计算. 熟练掌握常见分布的数学期望与方差. 了解矩、相关系数的概念及其性质与计算.

知识结构脉络图

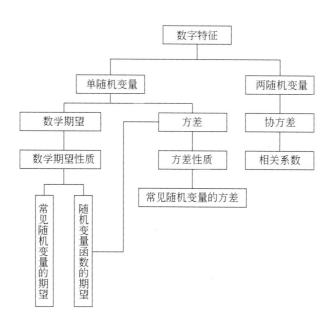

总习题 4

一、填空题

1. 设随机变量 X 服从参数为 5 的泊松分布,则 $E(X) = $_____ , $D(X) = $_____ .

2. 设随机变量 X 服从参数为 3 的指数分布,则 $E(X) = $_____ , $D(X) = $_____ .

3. 设 $X \sim B(n, p)$,且 $E(X) = 6$, $D(X) = 3.6$,则 $n = $_____ .

4. 设随机变量 $X \sim U(2, 5)$,且 $E(X) = $_____ , $D(X) = $_____ .

5. 设随机变量 X 的数学期望、方差分别为 μ 和 σ^2 ,令 $Y = aX + b$,则 $E(X) = $_____ , $D(X) = $_____ .

二、选择题

1. 设 $X \sim N(50, 10^2)$,则随机变量(　　) $\sim N(0, 1)$.

A. $\dfrac{X - 50}{100}$　　　　B. $\dfrac{X - 50}{10}$　　　　C. $\dfrac{X - 100}{50}$　　　　D. $\dfrac{X - 10}{50}$

2. 设 $X \sim N(2, \sigma^2)$,已知 $P\{2 \leqslant x \leqslant 4\} = 0.4$,则 $P\{x \leqslant 0\} = ($　　$)$.

A. 0.4　　　　B. 0.3　　　　C. 0.2　　　　D. 0.1

3. 已知 $X \sim N(2, 2^2)$,若 $aX + b \sim N(0, 1)$,则有(　　).

A. $a = 2, b = -2$　　　　　　　　B. $a = -2, b = -1$

C. $a = \dfrac{1}{2}, b = -1$　　　　　　　D. $a = \dfrac{1}{2}, b = 2$

4. 已知 $E(X) = -1$. $D(X) = 3$,则 $E[3(X^2 - 2)] = ($　　$)$.

A. 30　　　　B. 9　　　　C. 6　　　　D. 36

5. 设随机变量 X 的密度函数为 $f(x)$,则 $E(X^2) = ($　　$)$.

A. $\displaystyle\int_{-\infty}^{+\infty} xf(x)\,\mathrm{d}x$　　　　　　　　B. $\displaystyle\int_{-\infty}^{+\infty} x^2 f(x)\,\mathrm{d}x$

C. $\displaystyle\int_{-\infty}^{+\infty} xf^2(x)\,\mathrm{d}x$　　　　　　　D. $\displaystyle\int_{-\infty}^{+\infty} (x - E(X))^2 f(x)\,\mathrm{d}x$

三、解答题

1. 设随机变量 X 的密度函数为

$$f(x) = \begin{cases} 3(x - 1)^2, & 1 \leqslant x \leqslant 2, \\ 0, & \text{其他}, \end{cases}$$

求 $E(X)$.

2. 已知随机变量 X 的分布函数为

$$F(x) = \begin{cases} 0, & x \leqslant 0, \\ \dfrac{x}{8}, & 0 < x \leqslant 8, \\ 1, & x > 8, \end{cases}$$

求 $E(X)$.

3. 设随机变量 X 服从两点分布,即

$$P\{X = 1\} = p, \quad P\{X = 0\} = 1 - p,$$

求 $E(2X^2+1)$.

4. 设随机变量 X 的密度函数为

$$f(x) = \begin{cases} 3x^2, & 0 \leqslant x < 1, \\ 0, & \text{其他}, \end{cases}$$

求 $E(X), D(X)$.

5. 设随机变量 X 具有分布律 $P\{X=k\} = \dfrac{1}{2^k}, k=1,2,\cdots$, 求 $E(x), D(x), E(2X+1)$, $D(2X+1)$.

6. 设二维随机变量 (X,Y) 的联合概率密度为

$$f(x,y) = \begin{cases} \dfrac{6}{7}\left(x^2 + \dfrac{1}{2}xy\right), & 0 < x < 1, 0 < y < 2, \\ 0, & \text{其他}. \end{cases}$$

求 (X,Y) 的相关系数.

7. 箱中装有 6 个球, 其中红、白、黑球的个数分别为 1、2、3 个, 现从箱中随机地取出 2 个球, 记 X 为取出的红球个数, Y 为取出的白球个数. 求:(1) 随机变量 (X,Y) 的概率分布; (2) $\mathrm{Cov}(X,Y)$.

自测题 4

一、选择题(每小题 5 分, 共 35 分)

1. 设随机变量 $X \sim B(n,p)$, 且 $E(X)=4.8, D(X)=0.96$, 则参数 n 与 p 分别是(　　).

    A. $6, 0.8$ B. $8, 0.6$ C. $12, 0.4$ D. $14, 0.2$

2. 设 $f(x)$ 为连续型随机变量 X 的密度函数, 则对任意的 $a, b(a<b), E(X)=(　　)$.

    A. $\displaystyle\int_{-\infty}^{+\infty} xf(x)\mathrm{d}x$ B. $\displaystyle\int_{b}^{a} xf(x)\mathrm{d}x$ C. $\displaystyle\int_{b}^{a} f(x)\mathrm{d}x$ D. $\displaystyle\int_{-\infty}^{+\infty} f(x)\mathrm{d}x$

3. 设 X 为随机变量, 则 $D(2X-3)=(　　)$.

    A. $2D(X)+3$ B. $2D(X)$ C. $2D(X)-3$ D. $4D(X)$

4. 设 X 为随机变量, $E(X)=\mu, D(X)=\sigma^2$, 当(　　)时, 有 $E(Y)=0, D(Y)=1$.

    A. $Y=\sigma X+\mu$ B. $Y=\sigma X-\mu$ C. $Y=\dfrac{X-\mu}{\sigma}$ D. $Y=\dfrac{X-\mu}{\sigma^2}$

5. 设 X 是随机变量, $D(X)=\sigma^2$, 设 $Y=aX+b$, 则 $D(Y)=(　　)$.

    A. $a\sigma^2+b$ B. $a^2\sigma^2$ C. $a\sigma^2$ D. $a^2\sigma^2+b$

6. 设随机变量 X 服从二项分布 $B(n,p)$, 则(　　).

    A. $E(X)=np, D(X)=np$ B. $E(X)=np, D(X)=np(1-p)$

    C. $E(X)=p, D(X)=p(1-p)$ D. $E(X)=np, D(X)=np^2$

7. 设随机变量 X 的方差 $D(X)=1$, 则 $D(-2X)=(　　)$.

    A. -2 B. -1 C. 1 D. 4

二、填空题(每小题 5 分, 共 25 分)

1. 若 $X \sim B(20, 0.3)$, 则 $E(X)=$ _____.

2. 若二维随机变量 (X,Y) 的相关系数 $\rho_{XY}=0$, 则称 X, Y _____.

3. $E\{[X-E(X)][Y-E(Y)]\}$ 称为二维随机变量 (X,Y) 的_____.

4. 设随机变量 $X \sim U(2,3)$,则 $E(X)=$_____,$D(X)=$_____.

5. 设随机变量 X 服从参数为 7 的泊松分布,则 $E(X)=$_____,$D(X)=$_____.

三、解答题(每小题 8 分,共 40 分)

1. 已知随机变量 X 的分布律为

$$P\{X=k\}=\frac{1}{10}, \quad k=2,4,6,\cdots,18,20,$$

求 $E(X),D(X)$.

2. 设随机变量 X 的概率密度为

$$f(x)=\begin{cases}2x, & 0 \leqslant x \leqslant 1, \\ 0, & \text{其他},\end{cases}$$

求 $E(X),D(X)$.

3. 设随机变量 X 的概率密度函数为

$$f(x)=\begin{cases}e^{-x}, & x>0, \\ 0, & \text{其他},\end{cases}$$

$Y=2X,Z=e^{-2X}$,求 $E(Y),E(Z)$.

4. 设矩形的高 $X \sim U(0,2)$,并且矩形的周长为 20,设 S 为矩形的面积,求 $E(S)$,$D(S)$.

5. 设二维随机变量 (X,Y) 的概率密度函数为

$$f(x,y)=\begin{cases}\dfrac{1}{\pi}, & x^2+y^2 \leqslant 1, \\ 0, & \text{其他},\end{cases}$$

证明 X,Y 不相关.

第5章

大数定律及中心极限定理

概率论中极限定理的两个类型是"大数定律"和"中心极限定理". 它们在概率论和数理统计理论的研究中都十分重要. 本章将介绍三个大数定律和三个中心极限定理.

5.1 大数定律

在第1章中曾经讲过,在 n 次重复独立试验中,事件 A 发生的频率随试验次数 n 的逐渐增大而具有稳定性,并把这个稳定值定义为事件 A 的概率;在实际测量时,为了提高测量的准确度,人们经常取大量测量值的算术平均数,这也是稳定性的体现. 这种稳定性就是本节所要介绍的大数定律的客观背景. 大数定律(law of large numbers)以严格的数学形式表达了算术平均值及频率稳定性的确切含义.

一、切比雪夫不等式

设随机变量 X 的数学期望为 $E(X)$,方差为 $D(X)$,对于任意给定的正数 ε,则有

$$P\{\,|\,X - E(X)\,|\geqslant \varepsilon\,\} \leqslant \frac{D(X)}{\varepsilon^2}, \tag{5.1.1}$$

或

$$P\{\,|\,X - E(X)\,|< \varepsilon\,\} \geqslant 1 - \frac{D(X)}{\varepsilon^2}. \tag{5.1.2}$$

式(5.1.1)和式(5.1.2)为**切比雪夫不等式**.

下面仅就连续型随机变量的情形给予证明.

证明　$P\{\,|\,X - E(X)\,|\geqslant \varepsilon\,\} = \displaystyle\int_{|x-E(X)|\geqslant \varepsilon} f(x)\mathrm{d}x \leqslant \int_{|x-E(X)|\geqslant \varepsilon} \frac{[x - E(X)]^2}{\varepsilon^2} f(x)\mathrm{d}x$

$$\leqslant \int_{-\infty}^{+\infty} \frac{[x - E(X)]^2}{\varepsilon^2} f(x)\mathrm{d}x$$

$$\leqslant \frac{1}{\varepsilon^2}\int_{-\infty}^{+\infty} [x - E(X)]^2 f(x)\mathrm{d}x = \frac{D(X)}{\varepsilon^2}.$$

切比雪夫不等式表述了随机变量的取值与其均值的距离与方差的关系,并且具体估算了随机变量取值与其数学期望这个中心的分散程度. 这个不等式在实际应用和理论研究上

都有重要作用.

例 1 设随机变量 X 的数学期望为 $E(X)=\mu$,方差为 $D(X)=\sigma^2$,用切比雪夫不等式估计 $P\{|X-\mu|<3\sigma\}$.

解 由切比雪夫不等式可知 $P\{|X-\mu|<3\sigma\}\geqslant 1-\dfrac{\sigma^2}{9\sigma^2}=1-\dfrac{1}{9}=\dfrac{8}{9}$.

例 1 是概率论中著名的 3σ 原则,它在很多生产实践中得到广泛应用.通过此例可以发现,只要随机变量的期望和方差已知,不管随机变量服从什么分布,甚至可以不知道随机变量是离散型还是连续型,只根据切比雪夫不等式就可以对随机变量与期望的偏差程度进行估计.

二、切比雪夫大数定律

定理 1 设随机变量序列 $X_1,X_2,\cdots,X_n,\cdots$ 相互独立,且具有相同的数学期望和方差,$E(X_k)=\mu$,$D(X_k)=\sigma^2$,$k=1,2,\cdots,n,\cdots$,则对任意给定的正数 ε,都有

$$\lim_{n\to\infty}P\left\{\left|\frac{1}{n}\sum_{k=1}^{n}X_k-\mu\right|<\varepsilon\right\}=1.$$

证明 令 $Y_n=\dfrac{1}{n}\sum\limits_{k=1}^{n}X_k$,则

$$E(Y_n)=E\left(\frac{1}{n}\sum_{k=1}^{n}X_k\right)=\frac{1}{n}[E(X_1)+E(X_2)+\cdots+E(X_n)]=\frac{1}{n}n\mu=\mu.$$

又因为 $X_1,X_2,\cdots,X_n,\cdots$ 相互独立,且 $D(X_k)=\sigma^2$,故

$$D(Y_n)=D\left(\frac{1}{n}\sum_{k=1}^{n}X_k\right)=\frac{1}{n^2}[D(X_1)+D(X_2)+\cdots+D(X_n)]=\frac{1}{n^2}\cdot n\sigma^2=\frac{\sigma^2}{n}.$$

由切比雪夫不等式可得

$$P\{|Y_n-E(Y_n)|<\varepsilon\}\geqslant 1-\frac{D(Y_n)}{\varepsilon^2},$$

即

$$P\left\{\left|\frac{1}{n}\sum_{k=1}^{n}X_k-\mu\right|<\varepsilon\right\}\geqslant 1-\frac{\sigma^2}{n\varepsilon^2}\to 1,\quad n\to\infty.$$

又

$$P\left\{\left|\frac{1}{n}\sum_{k=1}^{n}X_k-\mu\right|<\varepsilon\right\}\leqslant 1,$$

即得

$$\lim_{n\to\infty}P\left\{\left|\frac{1}{n}\sum_{k=1}^{n}X_k-\mu\right|<\varepsilon\right\}=1.$$

这里给出更一般的形式.

定理 2(切比雪夫大数定律) 设随机变量序列 $X_1,X_2,\cdots,X_n,\cdots$ 相互独立,每个分量分别存在方差 $D(X_1),D(X_2),\cdots,D(X_n),\cdots$,且方差有共同的上界,即 $D(X_i)\leqslant c$,则对任意给定的正数 ε,都有

$$\lim_{n\to\infty}P\left\{\left|\frac{1}{n}\sum_{k=1}^{n}X_k-\frac{1}{n}\sum_{k=1}^{n}E(X_k)\right|<\varepsilon\right\}=1.$$

证明 因为 $X_1, X_2, \cdots, X_n, \cdots$ 相互独立,故

$$D\left(\frac{1}{n}\sum_{k=1}^{n}X_k\right) = \frac{1}{n^2}\sum_{k=1}^{n}D(X_k) \leqslant \frac{c}{n}.$$

再由切比雪夫不等式有:对任意给定的正数 ε,有

$$P\left\{\left|\frac{1}{n}\sum_{k=1}^{n}X_k - \frac{1}{n}\sum_{k=1}^{n}E(X_k)\right| < \varepsilon\right\} \geqslant 1 - \frac{D\left(\dfrac{1}{n}\sum_{k=1}^{n}X_k\right)}{\varepsilon^2} \geqslant 1 - \frac{c}{n\varepsilon^2}.$$

于是,当 $n \to +\infty$ 时,有

$$\lim_{n\to\infty}P\left\{\left|\frac{1}{n}\sum_{k=1}^{n}X_k - \frac{1}{n}\sum_{k=1}^{n}E(X_k)\right| < \varepsilon\right\} = 1.$$

定理 1 是切比雪夫大数定律的特殊形式.

切比雪夫大数定律表明,当 n 充分大时,n 个随机变量的算术平均值 $\dfrac{1}{n}\sum_{k=1}^{n}X_k$ 偏离其数学期望的可能性很小.如果测量一个零件的某项指标 d 时,独立重复测量得到一系列实测值 $X_1, X_2, \cdots, X_n$,求得实测值的平均值 $\dfrac{1}{n}\sum_{k=1}^{n}X_k$.根据切比雪夫大数定律可知,当 n 足够大时,平均值 $\dfrac{1}{n}\sum_{k=1}^{n}X_k$ 与真实值 d 之差的绝对值小于任意给定正数 ε 的概率可以充分接近于 1,所以实际测量中经常用量得的一系列实测值的算术平均值作为该项指标的近似值.

三、依概率收敛(convergence in probability)

定义 设 $X_1, X_2, \cdots, X_n, \cdots$ 是一个随机变量序列,a 是一个常数,若对于任意给定的正数 ε,有

$$\lim_{n\to\infty}P\{|X_n - a| < \varepsilon\} = 1,$$

则称随机变量序列 $X_1, X_2, \cdots, X_n, \cdots$ **依概率收敛于** a,记为 $X_n \xrightarrow{P} a$.

依概率收敛的序列还具有以下性质:设 $X_n \xrightarrow{P} a$,$Y_n \xrightarrow{P} b$,又设函数 $g(x, y)$ 在点 (a, b) 连续,则 $g(X_n, Y_n) \xrightarrow{P} g(a, b)$.

借助此性质,定理 1 又可以表述如下:

随机变量 $X_1, X_2, \cdots, X_n, \cdots$ 相互独立,且具有相同的数学期望 μ 和方差 σ^2,则 $Y_n = \dfrac{1}{n}\sum_{k=1}^{n}X_k \xrightarrow{P} \mu$.

四、伯努利大数定律

定理 3 设在 n 次重复独立试验中事件 A 发生 Y_n 次,每次试验事件 A 发生的概率为 p,则对任意的正数 ε,总有

$$\lim_{n\to\infty}P\left\{\left|\frac{Y_n}{n} - p\right| < \varepsilon\right\} = 1.$$

证明 令 $X_k = \begin{cases} 0, & \text{第 } k \text{ 次试验 } A \text{ 不发生,} \\ 1, & \text{第 } k \text{ 次试验 } A \text{ 发生,} \end{cases}$ $k = 1, 2, \cdots.$

显然，$Y_n = X_1 + X_2 + \cdots + X_n$，表示 n 次试验中事件 A 发生的次数，因为 X_k 只与第 k 次试验有关，而各次试验相互独立，且 X_k 服从参数为 p 的（0-1）分布，故有 $E(X_k) = p$，$D(X_k) = p(1-p)$，$k = 1, 2, \cdots$. 由定理 1 有

$$\lim_{n \to \infty} P\left\{ \left| \frac{Y_n}{n} - p \right| < \varepsilon \right\} = 1.$$

伯努利大数定律证明了第 1 章中提到的"频率稳定性"，即它从理论上说明了只要试验次数 n 充分大时，事件发生的频率与其概率偏差足够小. 在实际应用中，当试验次数很大时，便可以用事件发生的频率来代替事件的概率. 伯努利大数定律表明事件 A 发生的频率依概率收敛于事件 A 的概率.

定理 4（辛钦大数定律）

设随机变量序列 $X_1, X_2, \cdots, X_n, \cdots$ 相互独立，服从同一分布，且数学期望 $E(X_k) = \mu$，$k = 1, 2, \cdots, n, \cdots$，则对任意给定的正数 ε，都有

$$\lim_{n \to \infty} P\left\{ \left| \frac{1}{n} \sum_{k=1}^{n} X_k - \mu \right| < \varepsilon \right\} = 1.$$

显然，伯努利大数定律是辛钦大数定律的特殊情况.

数学家切比雪夫简介

帕夫努季·利沃维奇·切比雪夫（1821—1894）出身于俄国贵族家庭. 切比雪夫的左脚生来有残疾，因而童年时代的他经常独坐家中，养成了在孤寂中思索的习惯. 1832 年，父母请了一位家庭教师 П. Н. 波戈列日斯基（Погорелский），他是当时莫斯科最有名的私人教师和几本流行的初等数学教科书的作者. 切比雪夫从家庭教师那里学到了很多东西，并对数学产生了强烈的兴趣. 他对欧几里得（Euclid）《几何原本》（Elements）当中关于没有最大素数的证明留下了极深刻的印象. 大学毕业之后，切比雪夫在彼得堡大学执教，直  到退休. 在概率论、解析数论和函数逼近论领域的开创性工作是他留给后人的宝贵财富.

——引自 www.baidu.com

习题 5-1

1. 在每次试验中，事件 A 发生的概率为 0.5，利用切比雪夫不等式估计在 1000 次独立试验中，事件 A 发生的次数在 $400 \sim 600$ 之间的概率.

2. 已知随机变量的分布律为

X	1	2	3
P	0.2	0.3	0.5

用切比雪夫不等式估计事件 $\{|X-E(X)|<1.5\}$ 的概率.

3. 设随机变量 X 的数学期望为 $E(X)=\mu$，方差为 $D(X)=\sigma^2$，使用切比雪夫不等式估计 $P\{|X-\mu|\geqslant 2\sigma\}$ 和 $P\{|X-\mu|\geqslant 4\sigma\}$.

4. 设 $\{X_n\}$ 为独立同分布的随机变量序列，其共同分布为

$$P\left\{X_n=\frac{2^k}{k^2}\right\}=\frac{1}{2^k}, \quad k=1,2,3,\cdots.$$

试问随机变量序列 $\{X_n\}$ 是否服从辛钦大数定律.

5. 设 $\{X_n\}$ 是一随机变量序列，X_n 的概率密度为

$$f_n(x)=\frac{n}{\pi(1+n^2x^2)}, \quad -\infty<x<+\infty, \quad n=1,2,3,\cdots.$$

证明 $X_n \xrightarrow{P} 0$.

5.2 中心极限定理

正态分布在实际应用中具有重要意义，在许多数据处理中都会用到它，而且它还是很多分布的极限分布.

在客观实际中有很多随机变量，它们是由大量相互独立的随机因素综合影响所形成的，而其中每个因素在总的影响中起的作用都是微小的，这种随机变量往往近似服从正态分布，这正是中心极限定理的实际背景，本节介绍三个常用的中心极限定理（central limit theorem）.

一、独立同分布的中心极限定理

定理 1 设随机变量序列 $X_1,X_2,\cdots,X_n,\cdots$ 相互独立，且服从同一分布，$E(X_k)=\mu$，$D(X_k)=\sigma^2\neq 0, k=1,2,\cdots,n,\cdots$，则随机变量之和 $\sum\limits_{k=1}^{n}X_k$ 的标准化随机变量

$$Y_n=\frac{\sum\limits_{k=1}^{n}X_k-E(\sum\limits_{k=1}^{n}X_k)}{\sqrt{D(\sum\limits_{k=1}^{n}X_k)}}=\frac{\sum\limits_{k=1}^{n}X_k-n\mu}{\sqrt{n}\sigma}$$

的分布函数 $F_n(x)$ 对于任意实数 x 满足

$$\lim_{n\to\infty}F_n(x)=\lim_{n\to\infty}P\left\{\frac{\sum\limits_{k=1}^{n}X_k-n\mu}{\sqrt{n}\sigma}\leqslant x\right\}=\int_{-\infty}^{x}\frac{1}{\sqrt{2\pi}}\mathrm{e}^{-\frac{t^2}{2}}\mathrm{d}t=\Phi(x).$$

此定理的证明超出了本书的研究范围.

定理 1 的含义是：n 个相互独立且服从同一分布的随机变量 $X_1,X_2,\cdots,X_n,\cdots$ 的和的极限分布为正态分布，即 $\sum\limits_{k=1}^{n}X_k \sim N(n\mu,n\sigma^2)$；如果将 $\sum\limits_{k=1}^{n}X_k$ 化为标准化随机变量 $Y_n=$

$\dfrac{\sum\limits_{k=1}^{n}X_k-n\mu}{\sqrt{n}\sigma}$，则 Y_n 的极限分布为标准正态分布.

从定理 1 可以看出,尽管 $X_1, X_2, \cdots, X_n, \cdots$ 不一定服从正态分布,只要 n 充分大,$\sum\limits_{k=1}^{n} X_k$ 一定近似服从正态分布,这就是正态分布在概率中占有重要地位的原因之一. 在很多问题中,当所考虑的随机变量可以表示成多个独立的随机变量之和时,它们往往近似服从正态分布,例如,人的身高是由遗传、环境、营养、锻炼等诸多因素决定的;任一时刻,一个城市的用电量是许多用户用电量之和.

例 1　一个零件由 10 个部分构成,每部分的长度是相互独立的,且服从同一分布,其数学期望为 3mm,方差为 0.05^2mm^2. 规定零件的总长度为 $(30 \pm 0.1) \text{mm}$ 时,产品合格. 试求产品合格的概率.

解　设 X_k 为第 k 部分的长度,则 $X = \sum\limits_{k=1}^{n} X_k$ 为零件的总长度,由定理 1 可知随机变量

$$Y = \frac{\sum\limits_{k=1}^{n} X_k - 30}{0.05\sqrt{10}} = \frac{X - 30}{0.05\sqrt{10}}$$ 近似服从标准正态分布,则

$$P\{30 - 0.1 < X < 30 + 0.1\} = P\left\{\frac{30 - 0.1 - 30}{0.05\sqrt{10}} < \frac{X - 30}{0.05\sqrt{10}} < \frac{30 + 0.1 - 30}{0.05\sqrt{10}}\right\}$$

$$= \Phi\left(\frac{\sqrt{10}}{5}\right) - \Phi\left(-\frac{\sqrt{10}}{5}\right) = 2\Phi\left(\frac{\sqrt{10}}{5}\right) - 1 = 0.4714.$$

故产品合格的概率为 0.4714.

二、李雅普诺夫(Liapunov)定理

定理 2　设随机变量 $X_1, X_2, \cdots, X_n, \cdots$ 相互独立,数学期望和方差分别为 $E(X_k) = \mu_k$,$D(X_k) = \sigma_k^2 \neq 0, k = 1, 2, \cdots, n, \cdots$,记

$$B_n^2 = \sum_{k=1}^{n} \sigma_k^2.$$

若存在正数 δ,使得当 $n \to \infty$ 时,

$$\frac{1}{B_n^{2+\delta}} \sum_{k=1}^{n} E\{|X_k - \mu_k|^{2+\delta}\} \to 0,$$

则随机变量之和 $\sum\limits_{k=1}^{n} X_k$ 的标准化随机变量

$$Z_n = \frac{\sum\limits_{k=1}^{n} X_k - E(\sum\limits_{k=1}^{n} X_k)}{\sqrt{D(\sum\limits_{k=1}^{n} X_k)}} = \frac{\sum\limits_{k=1}^{n} X_k - \sum\limits_{k=1}^{n} \mu_k}{B_n}$$

的分布函数 $F_n(x)$ 对于任意实数 x,满足

$$\lim_{n \to \infty} F_n(x) = \lim_{n \to \infty} P\left\{\frac{\sum\limits_{k=1}^{n} X_k - \sum\limits_{k=1}^{n} \mu_k}{B_n} \leqslant x\right\} = \int_{-\infty}^{x} \frac{1}{\sqrt{2\pi}} e^{-\frac{t^2}{2}} dt = \Phi(x).$$

定理 2 是独立不同分布情形下的中心极限定理,在满足定理条件下,当 n 充分大时,

$\sum\limits_{k=1}^{n} X_k$ 近似服从正态分布,即 $\sum\limits_{k=1}^{n} X_k \sim N\left(\sum\limits_{k=1}^{n} \mu_k, \sum\limits_{k=1}^{n} \sigma_k^2\right)$,如果将 $\sum\limits_{k=1}^{n} X_k$ 标准化后,随机变量

$$Z_n = \frac{\sum\limits_{k=1}^{n} X_k - \sum\limits_{k=1}^{n} \mu_k}{\sqrt{\sum\limits_{k=1}^{n} \sigma_k^2}}$$ 的极限分布为标准正态分布.

在数理统计中,中心极限定理是大样本统计推断的理论基础.

三、棣莫弗-拉普拉斯(De Moivre-Laplace)定理

定理 3 设随机变量 $Y_n (n=1,2,\cdots)$ 服从参数为 $n,p(0<p<1)$ 的二项分布,则对于任意实数 x,有

$$\lim_{n\to\infty} P\left\{ \frac{Y_n - np}{\sqrt{np(1-p)}} \leqslant x \right\} = \int_{-\infty}^{x} \frac{1}{\sqrt{2\pi}} e^{-\frac{t^2}{2}} \mathrm{d}t = \Phi(x).$$

证明 令 $X_k = \begin{cases} 0, & \text{第 } k \text{ 次试验 } A \text{ 不发生}, \\ 1, & \text{第 } k \text{ 次试验 } A \text{ 发生}, \end{cases} k=1,2,\cdots.$

且 $P(A)=p$,则 $X_1, X_2, \cdots, X_n, \cdots$ 相互独立,且都服从 $B(1,p)$,进而 $Y_n = \sum\limits_{k=1}^{n} X_k$.

由于 $E(X_k)=p, D(X_k)=p(1-p), k=1,2,\cdots,n$,由定理 1 可得

$$\lim_{n\to\infty} P\left\{ \frac{Y_n - np}{\sqrt{np(1-p)}} \leqslant x \right\} = \lim_{n\to\infty} P\left\{ \frac{\sum\limits_{k=1}^{n} X_k - np}{\sqrt{np(1-p)}} \leqslant x \right\} = \int_{-\infty}^{x} \frac{1}{\sqrt{2\pi}} e^{-\frac{t^2}{2}} \mathrm{d}t = \Phi(x).$$

定理 3 是定理 1 的特殊情况.

定理 3 表明,服从二项分布的随机变量经标准化后,其极限分布是正态分布,这就为二项分布提供了另一种十分简便的近似计算方法.在实际使用中为获得更多的近似,对 p 有一个最佳适用范围.

当 p 很小,而 np 不太大时,用泊松分布近似,$\lambda = np$;当 $np \geqslant 5$ 和 $n(1-p) \geqslant 5$ 都成立时,一般用正态分布近似.

例 2 一份考卷由 100 道题目组成,某学生答对任一小题的概率为 0.5,假如该学生答对各问题是相互独立的,并且至少要正确回答 60 个问题才算通过考试.试计算该学生通过考试的概率是多少?

解 将某学生回答一道小题看作是一次试验,由题意可知各次试验是相互独立的.在 100 道题目中,答对的题数记为 X,则有 $X \sim B(100, 0.5)$.直接由第 2 章的方法可以计算出答对题目数不小于 60 的概率,但这种做法计算量非常大,现在利用棣莫弗-拉普拉斯定理来求它的近似值.

$$P\{X \geqslant 60\} = P\left\{ \frac{X-np}{\sqrt{np(1-p)}} \geqslant \frac{60-np}{\sqrt{np(1-p)}} \right\} = 1 - P\left\{ \frac{X-np}{\sqrt{np(1-p)}} \leqslant \frac{60-np}{\sqrt{np(1-p)}} \right\}$$

$$= 1 - P\left\{ \frac{X-50}{5} \leqslant \frac{60-50}{5} \right\} = 1 - \Phi(2) = 0.0228.$$

则该学生通过考试的概率为 0.0228.

例 3　某电话总机设有 200 部分机,每部分机 5% 的时间要用外线通话,假设每部分机是否使用外线相互独立,问总机至少需配多少条外线才能以 90% 的概率保证每部分机需要时有外线可供使用?

解　设随机变量 X 表示 200 部分机中同时需要使用外线的分机数,由题意可知 $X \sim B(200, 0.05)$.

设总机配有 k 条外线,则 $P\{0 \leqslant X \leqslant k\} = 0.90$. 由定理 3 得

$$P\{0 \leqslant X \leqslant k\}$$

$$= P\left\{\frac{0 - 200 \times 0.05}{\sqrt{200 \times 0.05 \times (1 - 0.05)}} \leqslant \frac{X - 200 \times 0.05}{\sqrt{200 \times 0.05 \times (1 - 0.05)}} \leqslant \frac{k - 200 \times 0.05}{\sqrt{200 \times 0.05 \times (1 - 0.05)}}\right\}$$

$$= P\left\{-\frac{10}{\sqrt{9.5}} \leqslant \frac{X - 10}{\sqrt{9.5}} \leqslant \frac{k - 10}{\sqrt{9.5}}\right\} \approx \Phi\left(\frac{k - 10}{\sqrt{9.5}}\right) - \Phi\left(-\frac{10}{\sqrt{9.5}}\right) \approx \Phi\left(\frac{k - 10}{\sqrt{9.5}}\right) = 0.90.$$

查表得 $\dfrac{k - 10}{\sqrt{9.5}} = 1.28$,即 $k = 13.945 \approx 14$. 故总机至少需要配 14 条外线才能保证需要.

习题 5-2

1. 由于工程需要,对施工中所用的钢管的直径进行测量,每次测量相互独立,测量的误差在 $(-0.5, 0.5)$ 上服从均匀分布,现对测量误差加以控制,求 1500 次测量结果的误差总和绝对值超过 15 的概率.

2. 测量冰水混合物的温度,每次测量相互独立,测量结果服从 $(-1, 1)$ 上的均匀分布.

(1) 如果取 n 次测量的算术平均值作为测量结果,求它与真值的差小于一个小的正数 ε 的概率;

(2) 计算当 $n = 36$, $\varepsilon = \dfrac{1}{6}$ 时的概率的近似值;

(3) 要使上述概率小于 0.95,应进行多少次测量?

3. 某机械厂每年生产 10000 台挖掘机,该厂的转向机车间的正品率为 0.8,为了以 99.7% 的概率保证出厂的挖掘机都装上正品转向机,该车间每年应生产多少台转向机?

4. 一家保险公司有 10000 份寿险保单,每张保单的年保费为 12 元,被保险人在一年内死亡的概率为 0.006,死亡后保险公司须向其家属支付保险金 1000 元.

(1) 保险公司亏本的概率是多少?

(2) 保险公司一年的利润不少于 4000 元,6000 元,8000 元的概率是多少?

5. 某厂生产装饰用彩灯的灯泡,此种装饰彩灯,每条电线连接 100 个灯头. 该厂产品的废品率为 0.01,问一盒中应装多少灯泡才能使其中至少含有 100 个合格产品的概率不小于 95%.

6. 已知初生婴儿中男孩的概率为 0.515,求在 10000 个新生婴儿中女孩不少于男孩的概率.

小结

本章介绍了切比雪夫不等式、依概率收敛、三个大数定律和三个中心极限定理.

人们在长期的生产活动中认识到频率具有稳定性,当试验次数增大时,事件发生的频率稳定在某一个数值附近.这一事实显示了可以用一个数来描述事件发生可能性的大小,这使人们认识到概率是客观存在的.进而由频率的三条性质引出了概率的公理化定义,频率的稳定性是概率定义存在的客观基础.大数定律就是以严密的数学推导论证了频率的稳定性.

中心极限定理表明,当独立随机变量的个数增加时,其和的分布趋于正态分布.很多分布的极限分布都是正态分布.从另一方面理解,中心极限定理表明,当 n 充分大时,独立随机变量之和 $\sum_{k=1}^{n} X_k$ 近似服从正态分布,即 $\sum_{k=1}^{n} X_k \sim N\left(\sum_{k=1}^{n} \mu_k, \sum_{k=1}^{n} \sigma_k^2\right)$,只要 n 充分大,就可以不必考虑 X_k 的分布.

本章要求读者能够理解大数定律和中心极限定理的意义,并能够使用中心极限定理估计事件的概率.

知识结构脉络图

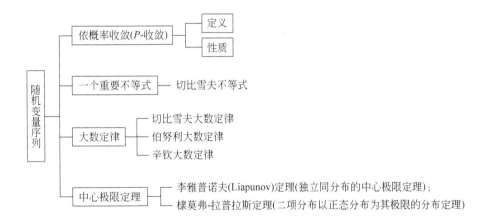

总习题 5

1. 设随机变量 X 服从参数为 $\frac{1}{2}$ 的指数分布,试用切比雪夫不等式估计 $P\{|X-2|>3\}$ 的值.

2. 设 $X \sim U(1,3)$,试用切比雪夫不等式估计 $P\{|X-2|<1\}$ 的值.

3. 设 $X \sim B(200,0.01)$,试用切比雪夫不等式估计 $P\{|X-2|<2\}$ 的值.

4. 掷一颗骰子,为了有 95% 的把握使六点出现的频率与概率 $\frac{1}{6}$ 之差落在 0.01 范围内,问至少需要掷多少次?

5. 在每次实验中,事件 A 发生的概率为 $\dfrac{1}{2}$,是否可以确定 1000 次独立重复试验中事件 A 发生的次数在 $400\sim600$ 的概率不小于 0.97?

6. 设 $\{X_n\}$ 为独立同分布的随机变量序列,其共同分布为

$$P\{X_n = k\} = \frac{c}{k^2 \cdot \lg^2 k}, \quad k = 2, 3, \cdots,$$

其中

$$c = \Big(\sum_{k=2}^{+\infty} \frac{1}{k^2 \cdot \lg^2 k} \Big)^{-1}.$$

试问随机变量序列 $\{X_n\}$ 是否服从辛钦大数定律.

7. 设 $X_1, X_2, \cdots, X_n, \cdots$ 为相互独立的随机变量序列,且 $X_i \sim \pi(\lambda), i = 1, 2, \cdots$,则

$$\lim_{n \to \infty} P\left\{ \frac{\displaystyle\sum_{i=1}^{n} X_i - n\lambda}{\sqrt{n\lambda}} > 0 \right\} = \underline{\hspace{2cm}}.$$

8. 某工厂有 400 台同样的机床,每台机床发生故障的概率均为 0.02,假设各机床独立工作,试求机床故障的台数少于两台的概率.

9. 某保险公司承保家庭财产保险,公司以往的资料数据表明索赔户中被盗索赔户占 20%,现随意抽查 100 个索赔户,用随机变量 X 表示其中因被盗向保险公司索赔的户数.求被盗索赔户数在 $14\sim30$ 之间的概率.

10. 某零件不合格的概率为 0.05,任取 10000 件,问不合格品多于 70 件的概率是多少?

11. 掷一颗骰子 100 次,记第 i 次掷出的点数为 $X_i, i = 1, 2, \cdots, 100$,点数值平均为 $\overline{X} = \dfrac{1}{100} \sum_{i=1}^{100} X_i$,试求 $P\{3 \leqslant \overline{X} \leqslant 4\}$.

12. 抛一枚硬币,正面出现的概率为 0.5,现抛掷 1000 次,问正面出现的次数不少于背面的概率是多少?

13. 某化工厂负责供应一个地区 1000 人对香皂的需求,每个人每月最多需要一块,需要的概率为 0.6,每个人需要与否互不影响.这家工厂每月至少生产多少块香皂才能够以 99.7% 的概率保证供应?

14. 某厂生产液晶电视,月产量为 10000 台,其液晶屏车间产品合格率为 80%,为了以 99.7% 的把握保证出厂的液晶电视都能装上合格的液晶屏,求液晶屏车间每月的最小产量.

15. 有一批铺设地下管道用的水泥管,其中 80% 的长度不小于 $3m$,现从这批水泥管中随机的抽取 100 根进行测量.问其中至少有 30 根短于 $3m$ 的概率是多少?

16. 某种彩票的奖金额由摇奖决定,其分布律为

X	5	10	20	30	40	50	100
p_k	0.2	0.2	0.2	0.1	0.1	0.1	0.1

若一年中要开出 300 个奖,至少要有多少奖金才有 95% 的把握能够发放奖金.

自测题 5

一、填空题(每小题 5 分,4 小题,共 20 分)

1. 设随机变量 X 服从泊松分布,且 $E(X)=2$,用切比雪夫不等式估计 $P\{|X-2|\geqslant 4\}\leqslant$ _____.

2. 设随机变量 $X\sim U(-1,b)$,若由切比雪夫不等式有 $P\{|X-1|<\varepsilon\}\geqslant\dfrac{2}{3}$,则 $b=$ _____,$\varepsilon=$ _____.

3. 设 $X_1,X_2,\cdots,X_n,\cdots$ 为独立同分布的随机变量序列,$E(X_i)=\mu$,$D(X_i)=\sigma^2$,令 $\overline{X}=\dfrac{1}{n}\sum_{i=1}^{n}X_i$,由切比雪夫不等式可知 $P\{|\overline{X}-\mu|<2\sigma\}\geqslant$ _____.

4. 将一枚硬币连掷 100 次,则出现正面次数大于 60 的概率为 _____.

二、选择题(每小题 5 分,4 小题,共 20 分)

1. 设随机变量 X 的方差存在,且满足 $P\{|X-E(X)|\geqslant 3\}\leqslant\dfrac{2}{9}$,则一定有( ).

    A. $D(X)=2$ B. $P\{X-E(X)<3\}<\dfrac{7}{9}$

    C. $D(X)\neq 2$ D. $P\{X-E(X)<3\}>\dfrac{7}{9}$

2. 某车间包装糖果,每包重量是一个随机变量,其数学期望为 $1\mathrm{kg}$,方差为 $0.0005\mathrm{kg}^2$,500 包装好的糖果中重量在 $499\sim 501\mathrm{kg}$ 的概率为( ).

    A. $2\Phi(1)-1$ B. $1-\Phi(2)$ C. $2\Phi(2)-1$ D. $1-\Phi(1)$

3. 设随机变量 X 服从正态分布 $N(\mu,\sigma^2)$,则 $P\{|X-\mu|<\sigma\}$ 随 σ 的增大而( ).

    A. 单调增大   B. 单调减小   C. 保持不变   D. 增减不变

4. 设随机变量 X 的方差 $D(X)$ 存在,则对于任给的 $\varepsilon>0$,成立的不等式是( ).

    A. $P\{|X|\geqslant\varepsilon\}\leqslant\dfrac{D(X)}{\varepsilon^2}$ B. $P\{|X|<\varepsilon\}>1-\dfrac{E(|X|)}{\varepsilon}$

    C. $P\{|X|-E(X)>\varepsilon\}\leqslant\dfrac{D(X)}{\varepsilon^2}$ D. $P\{|X|<\varepsilon\}\leqslant 1-\dfrac{E(X)}{\varepsilon}$

三、解答题(每小题 15 分,4 小题,共 60 分)

1. 设随机变量 X 的数学期望为 $E(X)=100$,方差为 $D(X)=10$,由切比雪夫不等式估计 $P\{80<X<120\}$.

2. 一所学校有 1000 名住校生,每人去图书馆自习的概率为 80%,问图书馆至少应设多少座位才能以 99% 的概率保证去上自习的同学都有座位?

3. 要为 400 台机器配备维修工人,已知各台机器发生故障的概率都为 0.02,且各台机器发生故障与否相互独立,试用中心极限定理计算机器出故障的台数不多于 2 的概率.

4. 抽样检查产品质量,如果发现次品多于 10 个,则拒绝接受这批产品,设某批产品的次品率为 10%,则至少抽多少才能保证拒绝接受该产品的概率达到 0.9?

第6章

样本及抽样分布

从本章开始,将讲述数理统计的基本内容. 数理统计作为一门学科诞生于 19 世纪末 20 世纪初,是具有广泛应用的一个数学分支,它以概率论为基础,根据试验或观察得到的数据,来研究随机现象,以便对研究对象的客观规律性作出合理的估计和判断.

概率论与数理统计的关系:概率论是数理统计的理论基础;数理统计是概率论的应用.

概率论与数理统计研究问题的不同之处:概率论是在总体 X 分布已知的情况下,研究 X 的性质及统计规律性;数理统计是在总体 X 分布未知(或部分未知)的情况下,对总体 X 的分布作出推断和预测.

数理统计的研究方法:从总体中抽取部分个体(样本),对样本进行研究,从而对总体进行推断或预测. 是一种随机抽样并由部分推测整体的方法.

数理统计的任务包括:有效地收集、整理有限的数据资料;对所得的数据资料进行分析、研究,从而对研究对象的性质、特点作出合理的推断,此即统计推断问题,统计推断是数理统计学的主要理论部分,它对于统计实践具有指导性的作用. 统计推断的内容大致可以分为参数估计和假设检验两个方面,我们将在第 7 章、第 8 章中分别介绍有关内容。

本章主要介绍数理统计中的一些基本概念和几个重要的统计量及其分布,它们是数理统计的基础.

6.1 随机样本

一、总体和个体

定义 1 研究对象的某项数量指标的全体,称为**总体**(population),总体中的每个元素称为**样品**或**个体**(individual).

例如:某工厂生产的灯泡的寿命是一个总体,每一个灯泡的寿命是一个个体;某学校男生的身高的全体是一个总体,每个男生的身高是一个个体.

总体的性质由各个个体的性质综合而定,所以要了解总体的性质,就必须测定各个个体的性质. 但是很多情况下,总体中所包含的个体的数目很多,要逐一测定每个个体是很困难的,例如全国 18 岁男性的身高值. 有时总体中所包含的个体的数目虽不很多,但是对每个个体的测量有一定的破坏性,例如测一批子弹的杀伤力,因此也不允许对全部个体逐一测定.对于此类总体,只能抽取其中的部分个体进行观察或试验以获得有限的数据,然后据此来推断总体的性质.

总体中的每一个个体是随机试验的一个观察值,故它是某一随机变量 X 的值,于是,一个总体对应于一个随机变量 X,对总体的研究就相当于对一个随机变量 X 的研究,X 的分布函数和数字特征就称为总体的分布函数和数字特征,今后将不区分总体与相应的随机变量,并引入如下定义.

定义 2 统计学中称随机变量 X 为总体,并把其分布称为总体分布.

注意:

(1) 有时个体的特性很难用数量指标直接描述,但总可以将其数量化. 例如检验某学校全体学生的血型,试验的结果有 O 型、A 型、B 型、AB 型 4 种,若分别以 1、2、3、4 依次表示这 4 种血型,则试验的结果就可以用数值来表示了.

(2) 总体的分布一般来说是未知的,有时即使知道其分布的类型(如正态分布、二项分布等),但不知这些分布中所含的参数(如 μ,σ^2,p 等).数理统计的任务就是根据总体中部分个体的数据资料对总体的未知分布进行统计推断.

二、简单随机样本

由于作为统计研究对象的总体分布一般来说是未知的,为推断总体分布及其各种特征,一般方法是按一定规则从总体中抽取若干个体进行观察,通过观察可得到关于总体 X 的一组数值 $(X_1,X_2,\cdots,X_n)$,其中 X_i 是从总体中抽取的某一个体的数量指标.上述抽取过程称为**抽样**(sampling),所抽取的部分个体称为**样本**(sample),样本中所含个体数目称为**样本容量**(size of a sample).

例如,考察某大学一年级男生的平均身高,若一年级男生共有 2000 人,则考察的总体有 2000 个身高值. 要想获得一个大致的平均身高,没有必要对全部个体一一测定,只需从总体中抽取一部分个体,比如 100 个身高值 $(X_1,X_2,\cdots,X_{100})$. 用这 100 个身高的平均值去估计总体的平均值,即利用抽取的部分个体的性质去估计总体的性质. 这一抽取过程为抽样,$(X_1,X_2,\cdots,X_{100})$ 为一个样本,样本容量为 100.

为对总体进行合理的统计推断,还需在相同的条件下进行多次重复、独立的抽样观察,故样本是一个随机变量. 容量为 n 的样本可视为 n 维随机变量 $(X_1,X_2,\cdots,X_n)$,一旦具体取定一组样本,便得到样本的一次具体的观察值 $(x_1,x_2,\cdots,x_n)$,称其为**样本值**(sample value).

为了使抽取的样本能很好地反映总体的信息,必须考虑抽样方法,最常用的一种抽样方法称为简单随机抽样,它要求抽取的样本满足下面两个条件:

(1) **代表性**:$X_1,X_2,\cdots,X_n$ 与所考察的总体具有相同的分布;

(2) **独立性**:$X_1,X_2,\cdots,X_n$ 是相互独立的随机变量.

由简单随机抽样得到的样本称为**简单随机样本**(simple random sample),它可用相互独立且与总体同分布的 n 个随机变量 $X_1,X_2,\cdots,X_n$ 表示. 显然,简单随机样本是一种非常理想化的样本,在实际应用中要获得严格意义下的简单随机样本并不容易.

对有限总体,若采用有放回抽样就能得到简单随机样本,但有放回抽样使用起来不方便,故实际操作中通常采用的是无放回抽样,当所考察的总体很大时,无放回抽样与有放回抽样的区别很小,此时可近似把无放回抽样所得到的样本看成是一个简单随机样本.对无限总体,因抽取一个个体不影响它的分布,故采用无放回抽样即可得到的一个简单随机样本.

注:今后假定所考虑的样本均为简单随机样本,简称为样本.

三、样本的分布

简单随机样本的分布完全由总体的分布所确定.

设总体 X 的分布函数为 $F(x)$,则简单随机样本$(X_1,X_2,\cdots,X_n)$的联合分布函数为

$$
\begin{aligned}
F(x_1,x_2,\cdots,x_n) &= P\{X_1 \leqslant x_1,X_2 \leqslant x_2,\cdots,X_n \leqslant x_n\} \\
&= P\{X_1 \leqslant x_1\}P\{X_2 \leqslant x_2\}\cdots P\{X_n \leqslant x_n\} \\
&= F(x_1)F(x_2)\cdots F(x_n),
\end{aligned}
$$

即

$$
F(x_1,x_2,\cdots,x_n) = \prod_{i=1}^{n} F(x_i).
$$

特别地,若总体 X 为连续型随机变量,其概率密度为 $f(x)$,则样本的联合概率密度为

$$
f(x_1,x_2,\cdots,x_n) = \prod_{i=1}^{n} f(x_i),
$$

分别称 $f(x)$ 与 $f(x_1,x_2,\cdots,x_n)$ 为**总体概率密度**与**样本概率密度**.

若总体 X 为离散型随机变量,其分布律为 $p(x_i)=P\{X=x_i\}$,x_i 取遍 X 所有可能取值,则样本的联合分布律为

$$
p(x_1,x_2,\cdots,x_n) = p\{X=x_1,X=x_2,\cdots,X=x_n\} = \prod_{i=1}^{n} p(x_i),
$$

分别称 $p(x_i)$ 与 $p(x_1,x_2,\cdots,x_n)$ 为**总体分布律**与**样本分布律**.

例1 设总体 X 服从正态分布 $N(\mu,\sigma^2)$,$(X_1,X_2,\cdots,X_n)$为其样本,求样本的联合概率密度.

解
$$
\begin{aligned}
f(x_1,x_2,\cdots,x_n) &= \prod_{i=1}^{n} \frac{1}{\sigma\sqrt{2\pi}}\exp\left[-\frac{1}{2}\left(\frac{x_i-\mu}{\sigma}\right)^2\right] \\
&= \left(\frac{1}{\sigma\sqrt{2\pi}}\right)^n \exp\left[-\frac{1}{2\sigma^2}\sum_{i=1}^{n}(x_i-\mu)^2\right].
\end{aligned}
$$

例2 设总体 X 服从参数为λ 的泊松分布,$(X_1,X_2,\cdots,X_n)$为其样本,求样本的联合分布律.

解 $P\{X_1=x_1,X_2=x_2,\cdots,X_n=x_n\} = \prod_{k=1}^{n} P\{X=x_k\} = \prod_{k=1}^{n} \frac{\lambda^{x_k}}{x_k!}e^{-\lambda} = \frac{\lambda^{s_n}}{x_1!x_2!\cdots x_n!}e^{-n\lambda}$,其中 $x_k(1\leqslant k\leqslant n)$取非负整数,而 $s_n=x_1+x_2+\cdots+x_n$.

习题 6-1

1. 若$(X_1,X_2,\cdots,X_n)$是正态总体 $X\sim N(1,4)$的样本,则 $E(X_1X_n)=$_____, $D(X_1-2X_2)=$_____.

2. 若$(X_1,X_2,\cdots,X_n)$是总体 $X\sim B(1,p)$的样本,求$(X_1,X_2,\cdots,X_n)$的联合分布律.

3. 设总体 X 的分布律为

X	0	1	2
p_k	0.2	0.3	0.5

(X_1, X_2) 为来自总体的样本,求 (X_1, X_2) 的联合分布律.

4. 设总体 X 的分布律为

X	1	2	3
p_k	0.2	0.4	0.4

(X_1, X_2, X_3) 为来自总体的样本,求 $P\{X_1=1, X_2=2, X_3=1\}$.

5. 若 $(X_1, X_2, \cdots, X_n)$ 是总体 $X \sim E(\theta)$ 的样本,求 $(X_1, X_2, \cdots, X_n)$ 的联合概率密度.

6. 设总体 X 的概率密度为

$$f(x) = \begin{cases} \theta x^{\theta-1}, & 0 < x < 1, \\ 0, & \text{其他}, \end{cases}$$

$(X_1, X_2, \cdots, X_n)$ 为来自总体的样本,求 $(X_1, X_2, \cdots, X_n)$ 的联合概率密度.

6.2 抽样分布

一、统计推断问题

总体和样本是数理统计中的两个基本概念. 样本来自总体,自然带有总体的信息,从而可以从这些信息出发去研究总体的某些特征(分布或分布中的参数). 另一方面,由样本研究总体可以省时省力(特别是针对破坏性的抽样试验而言). 称通过总体 X 的一个样本 $(X_1, X_2, \cdots, X_n)$ 对总体 X 的分布进行推断的问题为**统计推断问题**(statistical inference question).

总体、样本、样本值的关系:

总体

抽样↙ ↖推断

(个体)样本→样本值

在实际应用中,总体的分布一般是未知的,或虽然知道总体分布所属的类型,但其中包含未知参数. 统计推断就是利用样本值对总体的分布类型、未知参数进行估计和推断.

样本是从总体中随机抽取的部分个体,它包含有总体的部分信息,由于样本所含的信息一般不能直接用于推断总体,因而需要对其进行必要的加工和计算. 通常的做法是针对不同的问题构造出样本的某种函数,从而把样本中所含的信息集中起来,下面将对相关内容进行深入的讨论.

二、统计量

由样本推断总体,需要针对不同的问题构造出样本的某种函数,这种函数在统计学中称为**样本函数**. 由于构造样本函数的目的是为了推断未知总体的分布,故在构造样本函数时,就不应包含总体的未知参数,为此引入下列定义.

定义 1 设$(X_1, X_2, \cdots, X_n)$为总体 X 的一个样本,$g(X_1, X_2, \cdots, X_n)$是一个不含任何未知参数的连续函数,称 $g(X_1, X_2, \cdots, X_n)$为**统计量**(statistic).

设$(x_1, x_2, \cdots, x_n)$是相应于$(X_1, X_2, \cdots, X_n)$的样本值,则称 $g(x_1, x_2, \cdots, x_n)$是 $g(X_1, X_2, \cdots, X_n)$的观察值.

统计量是依赖于样本的,而样本是随机变量,故统计量也是随机变量.

例 1 设总体 X 服从正态分布 $N(\mu, \sigma^2)$,其中 μ 未知,σ^2 已知,$X_1, X_2, \cdots, X_n$ 为其样本,问下列随机变量中哪些是统计量?

(1) $\min(X_1, X_2, \cdots, X_n)$;(2) $\dfrac{X_1 + X_n}{2}$;(3) $\dfrac{X_1 + X_2 + \cdots + X_n}{n} - \mu$;(4) $\dfrac{(X_1 + X_n)^2}{\sigma^2}$;

(5) $\dfrac{(X_1 + X_2 + \cdots + X_n) - n\mu}{\sqrt{n}\sigma}$.

解 (1)、(2)、(4)是,(3)、(5)不是.

在数理统计中,根据不同的目的构造了许多不同的统计量,下面列出几个常用的统计量. 设$(X_1, X_2, \cdots, X_n)$为总体 X 的一个样本,$(x_1, \cdots, x_n)$是相应的样本值.

1. 样本均值(sample mean)

$$\overline{X} = \frac{1}{n} \sum_{i=1}^{n} X_i,$$

常用于估计总体的均值或检验有关总体均值的假设.

2. 样本方差(sample variance)

$$S^2 = \frac{1}{n-1} \sum_{i=1}^{n} (X_i - \overline{X})^2 = \frac{1}{n-1} \left(\sum_{i=1}^{n} X_i^2 - n\overline{X}^2 \right).$$

证明 $S^2 = \dfrac{1}{n-1} \sum_{i=1}^{n} (X_i^2 - 2X_i\overline{X} + \overline{X}^2) = \dfrac{1}{n-1} \left(\sum_{i=1}^{n} X_i^2 - 2\overline{X} \sum_{i=1}^{n} X_i + n\overline{X}^2 \right)$

$$= \frac{1}{n-1} \left(\sum_{i=1}^{n} X_i^2 - 2\overline{X}n\overline{X} + n\overline{X}^2 \right) = \frac{1}{n-1} \left(\sum_{i=1}^{n} X_i^2 - n\overline{X}^2 \right).$$

S^2 常用于估计总体的方差.

3. 样本标准差(sample standard deviation)

$$S = \sqrt{S^2} = \sqrt{\frac{1}{n-1} \sum_{i=1}^{n} (X_i - \overline{X})^2},$$

常用于估计总体的标准差.

4. 样本(k 阶)原点矩(Sample origin moment)

$$A_k = \frac{1}{n} \sum_{i=1}^{n} X_i^k, \quad k = 1, 2, \cdots.$$

5. 样本(k 阶)中心矩(Sample central moment)

$$B_k = \frac{1}{n} \sum_{i=1}^{n} (X_i - \overline{X})^k, \quad k = 2, 3, \cdots.$$

它们的观察值分别为

$$\overline{x} = \frac{1}{n} \sum_{i=1}^{n} x_i;$$

$$s^2 = \frac{1}{n-1} \sum_{i=1}^{n} (x_i - \bar{x})^2 = \frac{1}{n-1} \Big(\sum_{i=1}^{n} x_i^2 - n\bar{x}^2 \Big);$$

$$s = \sqrt{\frac{1}{n-1} \sum_{i=1}^{n} (x_i - \bar{x})^2};$$

$$a_k = \frac{1}{n} \sum_{i=1}^{n} x_i^k, \quad k = 1, 2, \cdots;$$

$$b_k = \frac{1}{n} \sum_{i=1}^{n} (x_i - \bar{x})^k, \quad k = 2, 3, \cdots.$$

统计量是样本的函数,它是一个随机变量,因此它也有对应的概率分布,称统计量的分布为**抽样分布**(sampling distribution).

若总体 X 的 k 阶矩 $E(X^k) = \mu_k$ 存在,则当 $n \to \infty$ 时,$A_k \xrightarrow{P} \mu_k, k = 1, 2, \cdots$. 进而由依概率收敛的性质知

$$g(A_1, A_2, \cdots, A_k) \xrightarrow{P} g(\mu_1, \mu_2, \cdots, \mu_k),$$

其中 g 为连续函数.

定理 1 设 $X_1, X_2, \cdots, X_n$ 为来自总体 X 的一个样本,$E(X) = \mu, D(X) = \sigma^2$,则

$$E(\bar{X}) = \mu, \quad D(\bar{X}) = \frac{\sigma^2}{n}, \quad E(S^2) = \sigma^2.$$

证明 $E(\bar{X}) = E\Big(\dfrac{\sum\limits_{i=1}^{n} X_i}{n} \Big) = \dfrac{\sum\limits_{i=1}^{n} E(X_i)}{n} = \mu,$

$$D(\bar{X}) = D\Big(\frac{\sum\limits_{i=1}^{n} X_i}{n} \Big) = \frac{\sum\limits_{i=1}^{n} D(X_i)}{n^2} = \frac{\sigma^2}{n},$$

$$E(S^2) = E\Big[\frac{1}{n-1} \sum_{i=1}^{n} (X_i - \bar{X})^2 \Big] = \frac{1}{n-1} E\Big(\sum_{i=1}^{n} X_i^2 - n\bar{X}^2 \Big)$$

$$= \frac{1}{n-1} \Big[\sum_{i=1}^{n} E(X_i^2) - nE(\bar{X}^2) \Big]$$

$$= \frac{1}{n-1} \sum_{i=1}^{n} \{ D(X_i) + [E(X_i)]^2 \} - n\{ D(\bar{X}) + [E(\bar{X})]^2 \}$$

$$= \frac{1}{n-1} \Big[\sum_{i=1}^{n} (\sigma^2 + \mu^2) - n\Big(\frac{\sigma^2}{n} + \mu^2 \Big) \Big]$$

$$= \frac{1}{n-1} (n\sigma^2 + n\mu^2 - \sigma^2 - n\mu^2) = \sigma^2.$$

三、常用统计量的分布

1. χ^2 分布

设 $(X_1, X_2, \cdots, X_n)$ 为来自正态总体 $N(0,1)$ 的样本,则称统计量

$$\chi^2 = X_1^2 + X_2^2 + \cdots + X_n^2 \tag{6.2.1}$$

所服从的分布是**自由度为 n 的 χ^2 分布**,记作 $\chi^2 \sim \chi^2(n)$.

  χ^2 分布是由正态分布派生出来的一种分布. 自由度是指式(6.2.1)右端包含的独立随机变量的个数.

  $\chi^2(n)$ 分布的概率密度为

$$f(x)=\begin{cases}\dfrac{1}{2^{n/2}\,\Gamma(n/2)}x^{n/2-1}\,\mathrm{e}^{-x/2}, & x>0,\\[2mm] 0, & \text{其他}.\end{cases}$$

$f(x)$ 的图形如图 6-1 所示.

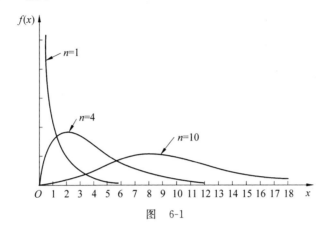

图 6-1

  χ^2 分布的性质:

  (1) 设 $X_1\sim\chi^2(n_1)$, $X_2\sim\chi^2(n_2)$, 且 X_1, X_2 相互独立, 则

$$X_1+X_2\sim\chi^2(n_1+n_2).$$

证明略.

  (2) 若 $\chi^2\sim\chi^2(n)$, 则 $E(\chi^2)=n$, $D(\chi^2)=2n$.

  证明 因为 $X_i\sim N(0,1)$, $i=1,2,\cdots,n$, 且彼此相互独立, 故

$$\chi^2=X_1^2+\cdots+X_n^2\sim\chi^2(n).$$

显然有

$$E(X_i)=0,\quad D(X_i)=1.$$

故

$$E(X_i^2)=D(X_i)+[E(X_i)]^2=1,$$
$$D(X_i^2)=E(X_i^4)-[E(X_i^2)]^2=3-1=2,\quad i=1,2,\cdots,n.$$

因此

$$E(\chi^2)=E\Big(\sum_{i=1}^{n}X_i^2\Big)=\sum_{i=1}^{n}E(X_i^2)=n,$$
$$D(\chi^2)=D\Big(\sum_{i=1}^{n}X_i^2\Big)=\sum_{i=1}^{n}D(X_i^2)=2n.$$

  定义 2 对于给定的 $\alpha(0<\alpha<1)$, 称满足条件

$$P\{\chi^2>\chi_\alpha^2(n)\}=\alpha$$

的点 $\chi_\alpha^2(n)$ 为 χ^2 分布的上 α 分位点. 如图 6-2 所示.

  对于不同的 α、n, χ^2 分布的上 α 分位点的值可以查附表 5. 例如: $\chi_{0.1}^2(10)=15.987$,

$\chi^2_{0.05}(8) = 15.507.$

当 n 充分大时，$\chi^2_\alpha(n) \approx \frac{1}{2}(z_\alpha + \sqrt{2n-1})^2$，其中 z_α 是标准正态分布的上 α 分位点.

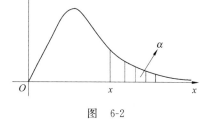

图 6-2

例 2 设 $(X_1, X_2, \cdots, X_n)$ 是来自正态总体 $N(\mu, \sigma^2)$ 的样本，确定 $\sum\limits_{i=1}^{n} \dfrac{(X_i - \mu)^2}{\sigma^2}$ 的分布.

解 根据题意可知

$$\frac{X_i - \mu}{\sigma} \sim N(0,1), \quad i = 1, 2, \cdots, n,$$

且彼此相互独立，则

$$\sum_{i=1}^{n} \frac{(X_i - \mu)^2}{\sigma^2} \sim \chi^2(n).$$

2. t 分布

若 $X \sim N(0,1)$，$Y \sim \chi^2(n)$，且 X、Y 相互独立，则称

$$t = \frac{X}{\sqrt{Y/n}}$$

所服从的分布是**自由度为 n 的 t 分布**，记作 $t \sim t(n)$. t 分布又称**学生氏分布**.

t 分布的概率密度函数为

$$f(x) = \frac{\Gamma[(n+1)/2]}{\sqrt{n\pi}\,\Gamma(n/2)} \left(1 + \frac{t^2}{n}\right)^{-(n+1)/2}, \quad -\infty < t < \infty,$$

其图形如图 6-3 所示.

定义 3 对于给定的 $\alpha(0 < \alpha < 1)$，称满足条件：

$$P\{t > t_\alpha(n)\} = \alpha$$

的点 $t_\alpha(n)$ 为 t 分布的上 α 分布点，如图 6-4 所示. t 分布的上 α 分位点可以查附表 4.

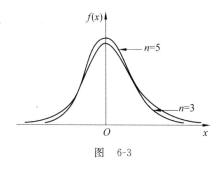

图 6-3

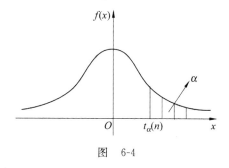

图 6-4

由概率密度的对称性知

$$t_{1-\alpha}(n) = -t_\alpha(n),$$

且当 $n > 45$ 时，$t_\alpha(n) \approx z_\alpha$.

例如 $t_{0.05}(8) = 1.8595$，$t_{0.95}(8) = -1.8595$，$t_{0.05}(50) = 1.645$，$t_{0.95}(50) = -1.645$.

例 3 设 $(X_1, X_2, \cdots, X_n)$ 是来自正态总体 $N(0,4)$ 的样本，确定 $\dfrac{\sqrt{n-1}X_1}{\sqrt{\sum\limits_{i=2}^{n} X_i^2}}$ 的分布.

解　根据题意可知

$$\frac{X_1}{2} \sim N(0,1), \frac{\sum_{i=2}^{n} X_i^2}{4} \sim \chi^2(n-1),$$

且它们相互独立. 根据 t 分布的定义, 有

$$\frac{\sqrt{n-1}X_1}{\sqrt{\sum_{i=2}^{n} X_i^2}} = \frac{X_1/2}{\sqrt{\dfrac{\sum_{i=2}^{n} X_i^2}{4}\Big/(n-1)}} \sim t(n-1).$$

3. F 分布

若 $X \sim \chi^2(n_1)$, $Y \sim \chi^2(n_2)$, 且 X、Y 独立, 则称随机变量

$$F = \frac{X/n_1}{Y/n_2}$$

所服从的分布是**自由度为 (n_1, n_2) 的 F 分布**, n_1 称为**第一自由度**, n_2 称为**第二自由度**, 记作 $F \sim F(n_1, n_2)$.

$F(n_1, n_2)$ 分布的概率密度函数为

$$f(x) = \begin{cases} \dfrac{\Gamma\big[(n_1+n_2)/2\big](n_1/n_2)^{n_1/2} x^{(n_1/2)-1}}{\Gamma(n_1/2)\Gamma(n_2/2)\big[1+(n_1 x/n_2)\big]^{(n_1+n_2)/2}}, & x>0, \\ 0, & \text{其他}, \end{cases}$$

其图形如图 6-5 所示.

定理 2　若 $F \sim F(n_1, n_2)$, 则 $1/F \sim F(n_2, n_1)$.

这个定理可以直接由 F 分布的定义推出.

定义 4　对于给定的 $\alpha(0<\alpha<1)$, 称满足条件

$$P\{F > F_\alpha(n_1, n_2)\} = \alpha$$

的点 $F_\alpha(n_1, n_2)$ 为 F 分布的上 α 分位点, 如图 6-6 所示. F 分布的上 α 分位点可以查附表 6.

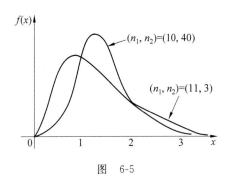

图　6-5

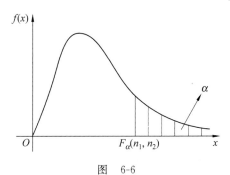

图　6-6

F 分布的分位点的性质: $F_{1-\alpha}(m,n) = \dfrac{1}{F_\alpha(n,m)}$.

证明　若 $F \sim F(m,n)$, 按定义

$$1-\alpha = P\{F > F_{1-\alpha}(m,n)\} = P\left\{\frac{1}{F} < \frac{1}{F_{1-\alpha}(m,n)}\right\} = 1 - P\left\{\frac{1}{F} \geqslant \frac{1}{F_{1-\alpha}(m,n)}\right\},$$

所以

$$P\left\{\frac{1}{F} > \frac{1}{F_{1-\alpha}(m,n)}\right\} = \alpha.$$

又因为

$$1/F \sim F(n,m),$$

所以

$$F_\alpha(n,m) = \frac{1}{F_{1-\alpha}(m,n)},$$

即

$$F_{1-\alpha}(m,n) = \frac{1}{F_\alpha(n,m)}.$$

例如 $F_{0.05}(6,8) = 3.58, F_{0.95}(8,6) = \dfrac{1}{F_{0.05}(6,8)} = 0.28.$

例 4 已知 $X \sim t(n)$,试证 $X^2 \sim F(1,n)$.

证明 由于 $X \sim t(n)$,所以 $X = \dfrac{Y}{\sqrt{Z/n}}$,其中 $Y \sim N(0,1)$,$Z \sim \chi^2(n)$,且 Y、Z 独立. 则

$$X^2 = \frac{Y^2/1}{Z/n},$$

由 F 分布的定义知

$$X^2 \sim F(1,n).$$

4. 正态总体的抽样分布

对于正态总体,其样本均值和样本方差以及某些重要的统计量的抽样分布具有非常完善的理论结果,它们是参数估计和假设检验的理论基础. 下面将给出有关的几个定理.

定理 3(样本均值和样本方差的分布) 设 $(X_1, X_2, \cdots, X_n)$ 是取自正态总体 $N(\mu, \sigma^2)$ 的样本,$\overline{X}$ 和 S^2 分别为样本均值和样本方差,则有

(1) $\overline{X} \sim N\left(\mu, \dfrac{\sigma^2}{n}\right)$; (2) $\dfrac{\overline{X}-\mu}{\sigma/\sqrt{n}} \sim N(0,1)$; (3) $\dfrac{(n-1)S^2}{\sigma^2} \sim \chi^2(n-1)$;

(4) $\overline{X}$ 和 S^2 相互独立; (5) $\dfrac{\overline{X}-\mu}{S/\sqrt{n}} \sim t(n-1)$.

证明 (1)(2)由于 $\overline{X} = \dfrac{1}{n}\sum_{i=1}^{n} X_i$,根据第 3 章的知识,相互独立且服从正态分布的随机变量的线性组合仍然服从正态分布,故 $\overline{X}$ 服从正态分布.

而根据定理 1 可知

$$E(\overline{X}) = \mu, \quad D(\overline{X}) = \frac{\sigma^2}{n},$$

故

$$\overline{X} \sim N\left(\mu, \frac{\sigma^2}{n}\right).$$

将 $\overline{X}$ 标准化可得

$$\frac{\overline{X} - \mu}{\sigma / \sqrt{n}} \sim N(0,1).$$

（3）（4）证明略.

（5）由结论（2）和结论（3）可知

$$\frac{\overline{X} - \mu}{\sigma / \sqrt{n}} \sim N(0,1), \quad \frac{(n-1)S^2}{\sigma^2} \sim \chi^2(n-1),$$

且 $\overline{X}$ 和 S^2 相互独立. 由 t 分布的定义得

$$\frac{\dfrac{\overline{X} - \mu}{\sigma / \sqrt{n}}}{\sqrt{\dfrac{(n-1)S^2}{\sigma^2} / n - 1}} \sim t(n-1),$$

即

$$\frac{\overline{X} - \mu}{S / \sqrt{n}} \sim t(n-1).$$

定理 4（两总体样本均值差的分布） 设 $X \sim N(\mu_1, \sigma^2)$，$Y \sim N(\mu_2, \sigma^2)$，且 X 与 Y 相互独立，$X_1, X_2, \cdots, X_{n_1}$ 是取自总体 X 的样本，$Y_1, Y_2, \cdots, Y_{n_2}$ 是取自总体 Y 的样本，$\overline{X}$ 和 $\overline{Y}$ 分别是这两个样本的样本均值，S_1^2 和 S_2^2 分别是这两个样本的样本方差，则有

$$\frac{\overline{X} - \overline{Y} - (\mu_1 - \mu_2)}{S_w \sqrt{\dfrac{1}{n_1} + \dfrac{1}{n_2}}} \sim t(n_1 + n_2 - 2),$$

其中 $S_w^2 = \dfrac{(n_1-1)S_1^2 + (n_2-1)S_2^2}{n_1 + n_2 - 2}$，$S_w = \sqrt{S_w^2}$.

证明 根据定理 3（1）可知

$$\overline{X} \sim N\left(\mu_1, \frac{\sigma^2}{n_1}\right), \quad \overline{Y} \sim N\left(\mu_2, \frac{\sigma^2}{n_2}\right).$$

显然 $\overline{X}$ 与 $\overline{Y}$ 相互独立，所以有

$$\overline{X} - \overline{Y} \sim N\left[\mu_1 - \mu_2, \left(\frac{1}{n_1} + \frac{1}{n_2}\right)\sigma^2\right].$$

标准化后即

$$U = \frac{(\overline{X} - \overline{Y}) - (\mu_1 - \mu_2)}{\sigma \sqrt{\dfrac{1}{n_1} + \dfrac{1}{n_2}}} \sim N(0,1).$$

由定理 3（3）可知

$$\frac{(n_1-1)S_1^2}{\sigma^2} \sim \chi^2(n_1-1), \quad \frac{(n_2-1)S_2^2}{\sigma^2} \sim \chi^2(n_2-1),$$

且 S_1^2 与 S_2^2 相互独立，故

$$V = \frac{(n_1-1)S_1^2}{\sigma^2} + \frac{(n_2-1)S_2^2}{\sigma^2} = \frac{(n_1-1)S_1^2 + (n_2-1)S_2^2}{\sigma^2} \sim \chi^2(n_1+n_2-2).$$

于是

$$\frac{U}{\sqrt{V/(n_1+n_2-2)}} = \frac{(\overline{X}-\overline{Y})-(\mu_1-\mu_2)}{S_w\sqrt{\frac{1}{n_1}+\frac{1}{n_2}}} \sim t(n_1+n_2-2).$$

定理 5（两总体样本方差比的分布） 设 $X\sim N(\mu_1,\sigma_1^2)$，$Y\sim N(\mu_2,\sigma_2^2)$，且 X 与 Y 相互独立，$X_1,X_2,\cdots,X_{n_1}$ 是取自 X 的样本，$Y_1,Y_2,\cdots,Y_{n_2}$ 是取自 Y 的样本，$\overline{X}$ 和 $\overline{Y}$ 分别是这两个样本的样本均值，S_1^2 和 S_2^2 分别是这两个样本的样本方差，则有

$$\frac{S_1^2/\sigma_1^2}{S_2^2/\sigma_2^2} \sim F(n_1-1,n_2-1).$$

证明 根据定理 3(3) 可知

$$\frac{(n_1-1)S_1^2}{\sigma_1^2} \sim \chi^2(n_1-1), \frac{(n_2-1)S_2^2}{\sigma_2^2} \sim \chi^2(n_2-1),$$

且 S_1^2 与 S_2^2 相互独立. 由 F 分布的定义可知

$$\frac{S_1^2/\sigma_1^2}{S_2^2/\sigma_2^2} \sim F(n_1-1,n_2-1).$$

例 5 设 $X_1,X_2,\cdots,X_{16}$ 是来自正态分布总体 $N(1,0.04)$ 的一个样本.

(1) 试确定 $\overline{X}=\frac{1}{16}\sum_{i=1}^{16}X_i$ 的分布；(2) 试求 $P\{0.95<\overline{X}\leqslant1.05\}$；(3) 已知 $P\{\overline{X}>\lambda\}=0.05$，求 λ 的值.

解 (1) 利用定理 3(1) 可知

$$\overline{X} \sim N\left(\mu,\frac{\sigma^2}{n}\right).$$

将 $\mu=1,\sigma^2=0.04,n=16$ 代入得

$$\overline{X} \sim N(1,0.05^2).$$

(2) $P\{0.95<\overline{X}\leqslant1.05\}=F(1.05)-F(0.95)=\Phi\left(\frac{1.05-1}{0.05}\right)-\Phi\left(\frac{0.95-1}{0.05}\right)$

$=\Phi(1)-\Phi(-1)=2\Phi(1)-1=0.6826.$

(3) 由已知 $P\{\overline{X}>\lambda\}=0.05$，故

$$P\{\overline{X}\leqslant\lambda\} = 0.95.$$

即

$$P\{\overline{X}\leqslant\lambda\} = F(\lambda) = \Phi\left(\frac{\lambda-1}{0.05}\right) = 0.95.$$

查正态分布表，得

$$\frac{\lambda-1}{0.05} = 1.645,$$

从而可得

$$\lambda = 1.082.$$

例 6 设 $X_1,X_2,\cdots,X_{10}$；$Y_1,Y_2,\cdots,Y_{15}$ 是来自正态分布总体 $N(20,3)$ 的两个样本. $\overline{X}$ 和 $\overline{Y}$ 分别表示两个样本均值，求 $P\{|\overline{X}-\overline{Y}|>0.3\}$.

解 利用定理 3 可知

$$\overline{X} \sim N\left(20, \frac{3}{10}\right), \quad \overline{Y} \sim N\left(20, \frac{3}{15}\right),$$

且两者独立,于是

$$\overline{X} - \overline{Y} \sim N\left(0, \frac{1}{2}\right),$$

$$P\{|\overline{X} - \overline{Y}| > 0.3\} = 1 - P\{-0.3 \leqslant \overline{X} - \overline{Y} \leqslant 0.3\}$$

$$= 1 - \Phi\left(\frac{0.3 - 0}{\sqrt{1/2}}\right) + \Phi\left(\frac{-0.3 - 0}{\sqrt{1/2}}\right) \approx 2 - 2\Phi(0.42)$$

$$= 2(1 - 0.6628) = 0.6744.$$

习题 6-2

1. 设 $(X_1, X_2, \cdots, X_n)$ 是来自总体 $X \sim N(\mu, 4)$ 的一个样本, $\overline{X}$ 为样本均值,试问样本容量应取多大,才能使以下各式成立:

(1) $E(|\overline{X} - \mu|^2) \leqslant 0.1$;

(2) $E(|\overline{X} - \mu|) \leqslant 0.1$;

(3) $P(|\overline{X} - \mu| \leqslant 1) \geqslant 0.95$.

2. 在正态分布总体 $N(12, 4)$ 中随机抽一容量为 5 的样本 $(X_1, X_2, \cdots, X_5)$,求:

(1) 样本均值与总体均值之差的绝对值大于 1 的概率;

(2) $P\{\max(X_1, X_2, X_3, X_4, X_5) > 15\}$;

(3) $P\{\min(X_1, X_2, X_3, X_4, X_5) < 10\}$.

3. 设 $X_1, X_2, \cdots, X_n$ 为来自泊松分布总体 $\pi(\lambda)$ 的一个样本, $\overline{X}, S^2$ 分别为样本均值和样本方差,求 $E(\overline{X}), D(\overline{X}), E(S^2)$.

4. 若 $X \sim \chi^2(6)$,且有 λ_1 使 $P\{X > \lambda_1\} = 0.05$,求 λ_1 的值;若 $X \sim \chi^2(9)$,且有 λ_2 使 $P\{X < \lambda_2\} = 0.05$,求 λ_2 的值.

5. 若 $X \sim t(9)$,且 λ_1 使 $P\{X < \lambda_1\} = 0.05$,求 λ_1 的值.

6. 若 $X \sim F(9, 8)$,且 λ_1 使 $P\{X > \lambda_1\} = 0.05$,求 λ_1 的值.

7. 设 $X_1, X_2, \cdots, X_n, X_{n+1}$ 为来自正态总体 $X \sim N(\mu, \sigma^2)$ 的一个样本,记 $\overline{X}, S^2$ 为前 n 个个体的样本均值与样本方差,求证: $T = \sqrt{\dfrac{n}{n+1}} \dfrac{X_{n+1} - \overline{X}}{S_n} \sim t(n-1)$.

8. 设 $X_1, X_2, \cdots, X_9$ 是来自正态总体 X 的一个简单随机样本, $Y_1 = \dfrac{1}{6}(X_1 + X_2 + \cdots + X_6)$, $Y_2 = \dfrac{1}{3}(X_7 + X_8 + X_9)$, $S^2 = \dfrac{1}{2}\sum\limits_{i=7}^{9}(X_i - Y_2)^2$, $Z = \dfrac{\sqrt{2}(Y_1 - Y_2)}{S}$,证明统计量 Z 服从自由度为 2 的 t 分布.

费希尔——统计学之父

费希尔(Ronald A. Fisher,1890—1962)是统计史上的一位传奇人物.作为英国一位统计学家和遗传学家,他于1920年来到美国,受雇于罗塞曼斯特农业试验站,他在这里为农业试验做出了开创性的改革.当时实验室里的工作是比较几种措施的效果,例如对农作物用不同方法施放肥料等.费希尔对此引入抽样设计思想,他得出的方法是最简单和最好的,正是由于他的杰出工作,从此一门专门用来分析随机试验数据的数学脱颖而出,从这个角度上,可以说是费希尔将统计学发展成一门理论扎实、应用广泛的现代化学科.

费希尔除了将他的理论出版成书外,还培养了一大批学者,他和他的学生们后来的工作进一步发展了这门学科,在美国被称为"费希尔学派".

在费希尔的诸多学生当中,也有一位传奇式的中国学者,他便是前北京大学的教授徐宝禄先生.作为费希尔的学生,在不到两年的时间里,他以最快的速度掌握了费希尔学派的全部技巧,将一门崭新的学科——统计学带到中国来.更重要的是,他在北京大学执教期间,为中国培养了一大批统计学者,活跃在中国的科技舞台上.

小结

本章介绍了总体、个体和样本的定义与关系,几个常见统计量,常见统计量的分布.

由于大量随机现象必然呈现出它的统计规律性,故理论上只要对随机现象进行足够多次观察,则研究对象的规律性就一定能清楚地呈现出来,但实际上人们常常无法对所研究的对象的全体(或总体)进行观察,而只能抽取其中的部分(或样本)进行观察或试验以获得有限的数据.样本来自总体,自然带有总体的信息,从而可以从这些信息出发去研究总体的某些特征(分布或分布中的参数).另一方面,由样本研究总体可以省时省力(特别是针对破坏性的抽样试验而言).人们往往通过总体 X 的一个样本 $X_1, X_2, \cdots, X_n$ 对总体 X 的分布进行推断.

为由样本推断总体,需要构造一些合适的统计量,再由这些统计量来推断未知总体.这里,样本的函数本即为统计量.广义地讲,统计量可以是样本的任一函数,但由于构造统计量的目的是为推断未知总体的分布,故在构造统计量时,就不应包含总体的未知参数.常用的统计量有五个:样本均值、样本方差、样本标准差、样本(k 阶)原点矩以及样本(k 阶)中心矩.为了进行统计推断,首先就要了解所需统计量的分布,即抽样分布.本章介绍了四类常见的抽样分布: χ^2 分布、t 分布、F 分布以及来自正态分布总体的样本均值和样本方差的分布.

本章要求读者能够理解总体、个体和样本的关系,掌握常见统计量及其抽样分布.

知识结构脉络图

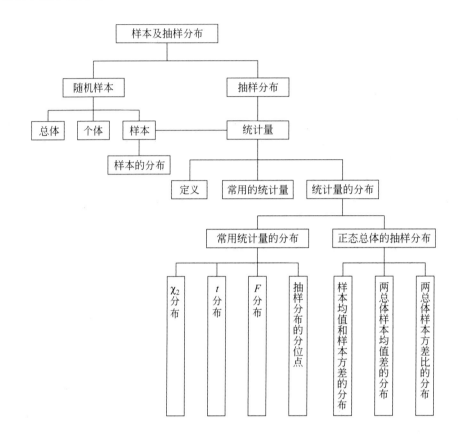

总习题 6

1. 设总体 X 的分布律为

X	-1	2	4
p_k	0.1	0.4	0.5

(X_1,X_2,X_3) 为来自总体的样本,求 $P\{X_1=2,X_2=2,X_3=4\}$.

2. 若 $X_1,\cdots,X_n$ 是来自总体 $X\sim U(a,b)$ 的样本,求 $(X_1,\cdots,X_n)$ 的联合概率密度.

3. 设总体 X 的概率密度为

$$f(x) = \begin{cases} 3x^2, & 0 < x < 1, \\ 0, & \text{其他.} \end{cases}$$

$(X_1,X_2,\cdots,X_n)$ 为来自总体的样本,求 $(X_1,X_2,\cdots,X_n)$ 的联合概率密度.

4. 设样本值如下:

$$19.1,20,20.2,19.8,20.9,19.5,20.5,19.7,20.3.$$

求样本均值和样本方差.

5. 设样本值如下：

　　　15.8,24.2,14.5,17.4,13.2,20.8,17.9,19.1,21,18.5,16.4,22.6.
求样本均值和样本方差.

6. 设总体 $X \sim N(30, 5^2)$，现抽取容量为 25 的样本，求 $P\{28 < \bar{X} < 32\}$.

7. 设某厂生产的灯泡寿命近似服从正态分布 $X \sim N(\mu, 6)$，从中随机抽取 25 个灯泡做寿命试验，设 S^2 为其样本方差，求 $P\{S^2 > 9.1\}$.

8. 设 X_1, X_2, X_3, X_4 是来自正态总体 $X \sim N(0, 1)$ 的样本，又 $Y = (X_1 + X_2)^2 + (X_3 - X_4)^2$，求常数 a，使 aY 服从 χ^2 分布.

9. 若 $X \sim t(10)$，且 λ_1 使 $P\{X > \lambda_1\} = 0.05$，则 $\lambda_1 = $ _____.

10. 若 $X \sim F(10, 6)$，且 λ_1 使 $P\{X > \lambda_1\} = 0.05$，则 $\lambda_1 = $ _____.

自测题 6

一、填空题（每小题 5 分，4 小题，共 20 分）

1. $\chi^2_{0.95}(12) = $ _____.

2. 设 (X_1, X_2, X_3, X_4) 为来自正态总体 $X \sim N(0, 4)$ 的一个简单随机样本，$Y = a(X_1 - 2X_2)^2 + b(3X_3 - 4X_4)^2$，则当 $a = $ _____，$b = $ _____ 时，统计量 Y 服从 χ^2 分布，其自由度为 _____.

3. 设 $(X_1, X_2, \cdots, X_n)$ 为来自正态总体 $X \sim N(\mu, \sigma^2)$ 的一个样本，则 $\sum\limits_{i=1}^{n} \left(\dfrac{X_i - \mu}{\sigma} \right)^2 \sim$

_____.

4. 设 $(X_1, X_2, \cdots, X_8)$ 为来自正态总体 $X \sim N(0, 2^2)$ 的一个样本，令 $U = \dfrac{X_1 + X_2 + X_3 + X_4}{\sqrt{X_5^2 + X_6^2 + X_7^2 + X_8^2}}$，则 $U \sim$ _____.

二、选择题（每小题 4 分，5 小题，共 20 分）

1. 设 $X_1, X_2, \cdots, X_7$ 是正态总体 $N(0, 0.5^2)$ 的一个样本，则 $P\left(\sum\limits_{i=1}^{7} X_i^2 > 4 \right) = ($ _____).

　　A. 0.01 　　　　　 B. 0.025 　　　　　 C. 0.075 　　　　　 D. 0.99

2. 设正态总体 $X \sim N(\mu, \sigma^2)$ 中 μ 是已知的，σ^2 是未知的，(X_1, X_2, X_3) 是从总体中抽取的一个简单随机样本，则下列表达式中不是统计量的是（ _____).

　　A. $X_1 + X_2 + X_3$ 　　　　　　　　　　 B. $\min(X_1, X_2, X_3)$

　　C. $\sum\limits_{i=1}^{n} \dfrac{X_i^2}{\sigma^2}$ 　　　　　　　　　　　　 D. $X_1 + 2\mu$

3. 设 $(X_1, X_2, \cdots, X_n)$ 为来自正态总体 $X \sim N(\mu, \sigma^2)$ 的一个样本，$\overline{X}$ 为样本均值，记

$$S_1^2 = \frac{1}{n-1} \sum_{i=1}^{n} (X_i - \overline{X})^2, \quad S_2^2 = \frac{1}{n} \sum_{i=1}^{n} (X_i - \overline{X})^2,$$

$$S_3^2 = \frac{1}{n-1} \sum_{i=1}^{n} (X_i - \mu)^2, \quad S_4^2 = \frac{1}{n} \sum_{i=1}^{n} (X_i - \mu)^2.$$

则：(1) 服从自由度为 $n-1$ 的 χ^2 分布的随机变量是（ _____ ）.

A. $\dfrac{(n-1)S_1^2}{\sigma^2}$ B. $\dfrac{(n-1)S_2^2}{\sigma^2}$ C. $\dfrac{(n-1)S_3^2}{\sigma^2}$ D. $\dfrac{(n-1)S_4^2}{\sigma^2}$

（2）服从自由度为 $n-1$ 的 t 分布的随机变量是（   ）.

A. $\dfrac{\overline{X}-\mu}{S_1/\sqrt{n-1}}$ B. $\dfrac{\overline{X}-\mu}{S_2/\sqrt{n-1}}$ C. $\dfrac{\overline{X}-\mu}{S_3/\sqrt{n}}$ D. $\dfrac{\overline{X}-\mu}{S_4/\sqrt{n}}$

4. 设随机变量 $X \sim t(n)$，$n>1$，$Y=\dfrac{1}{X^2}$，则 Y 服从的分布是（   ）.

A. $F(1,n)$ B. $t(2n)$ C. $F(n,1)$ D. $\chi^2(n)$

5. 设总体 $X \sim N(\mu,\sigma^2)$，从该总体中抽取简单随机样本 $X_1,X_2,\cdots,X_{2n}$，$(n \geqslant 2)$，其样本均值 $\overline{X}=\dfrac{1}{2n}\sum\limits_{i=1}^{2n}X_i$，则统计量 $Y=\sum\limits_{i=1}^{n}(X_i+X_{n+i}-2\overline{X})^2$ 的数学期望 $E(Y)$ 为（   ）.

A. $2(n-1)\sigma^2$ B. $2n\sigma^2$ C. $(n-1)\sigma^2$ D. $n\sigma^2$

三、解答题（每小题 15 分，4 小题，共 60 分）

1. 设 $(X_1,X_2,\cdots,X_{25})$ 及 $(Y_1,Y_2,\cdots,Y_{25})$ 分别是两个独立总体 $N(0,16)$ 和 $N(1,9)$ 的样本，$\overline{X}$ 和 $\overline{Y}$ 分别表示两个样本均值，求 $P\{|\overline{X}-\overline{Y}|>1\}$.

2. 设 $(X_1,X_2,\cdots,X_9)$ 为来自正态总体 $X \sim N(0,4)$ 的一个样本，若 $P\left\{\left(\sum\limits_{i=1}^{9}X_i\right)^2>a\right\}=0.1$，求 a 的值.

3. 设 $(X_1,X_2,\cdots,X_5)$ 为来自正态总体 $X \sim N(0,\sigma^2)$ 的一个样本，试证：当常数 $c=\sqrt{\dfrac{3}{2}}$ 时，统计量 $\dfrac{c(X_1+X_2)}{\sqrt{X_3^2+X_4^2+X_5^2}}$ 服从 t 分布.

4. 设 $(X_1,X_2,\cdots,X_n)$ 为来自总体 X 的一个容量为 n 的样本，S^2 为其样本方差，试证：$\dfrac{n-1}{n}S^2=A_2-A_1^2$.

第7章

参 数 估 计

数理统计的基本问题是根据样本提供的信息,对总体的分布或分布参数做出统计推断.统计推断(statistical inference)包括参数估计和假设检验两个部分.

在实际问题中,我们经常会遇到所研究的总体分布类型已知,但分布中含有一个或多个未知参数,需要根据样本来估计.通过样本来估计总体的未知参数,这就是参数估计问题.

参数估计(parameter estimation)问题分为点估计问题和区间估计问题.所谓点估计就是估计总体未知参数是多少;区间估计就是对于未知参数给出一个范围,并且在一定的可靠度下使这个范围包含未知参数的真值.本章讨论参数估计的常用方法,估计的优良性以及若干重要总体的参数估计问题.

7.1 点估计

一、点估计的概念

设总体 X 的分布函数的形式为已知,但它的一个或多个参数为未知,借助于总体 X 的一个样本,来估计总体未知参数的值的问题,称为参数的点估计(point estimation)问题.即用一个具体的数值去估计一个未知参数的值的问题.

例1 已知某地区新生婴儿的体重 $X \sim N(\mu, \sigma^2)$,μ, σ^2 未知. 随机抽查 10 个婴儿,得 10 个体重(kg)数据:

$$4.5, 5.0, 3.8, 4.25, 2.8, 2.6, 3.35, 3.9, 4.0, 3.6,$$

试估计参数 μ.

解 由于 $X \sim N(\mu, \sigma^2)$,故有 $\mu = E(X)$,自然想到用样本均值 $\overline{X}$ 来估计总体的均值 $E(X)$.现由已知数据得到

$$\overline{x} = \frac{1}{10} \sum_{i=1}^{10} x_i = \frac{1}{10}(4.5+5.0+3.8+4.25+2.8+2.6+3.35+3.9+4.0+3.6) = 3.78,$$

故 μ 的估计值为 3.78.

参数点估计问题的一般提法是:设总体 X 的分布函数 $F(x; \theta)$ 的形式已知,θ 是待估参数.$X_1, X_2, \cdots, X_n$ 是 X 的一个样本,$x_1, x_2, \cdots, x_n$ 是相应的一个样本值.点估计问题就是要

构造一个适当的统计量 $\hat{\theta}(X_1, X_2, \cdots, X_n)$，用它的观测值 $\hat{\theta}(x_1, x_2, \cdots, x_n)$ 作为未知参数 θ 的近似值，称 $\hat{\theta}(X_1, X_2, \cdots, X_n)$ 为 θ 的**估计量**(estimator)，称 $\hat{\theta}(x_1, x_2, \cdots, x_n)$ 为 θ 的**估计值** (estimate value)．在不致混淆的情况下，统称估计量和估计值为**估计**(estimation)，并都简记为 $\hat{\theta}$.

例如在例 1 中，用样本均值 $\overline{X}$ 来估计总体的均值 $\mu = E(X)$，即有 μ 的估计量

$$\hat{\mu} = \overline{X} = \frac{1}{n}\sum_{i=1}^{n} X_i, n = 10,$$

与估计值

$$\hat{\mu} = \overline{x} = \frac{1}{n}\sum_{i=1}^{n} x_i = 3.78, \quad n = 10.$$

注 1：总体 X 的分布函数 F 的形式也可以是未知的，F 中的待估参数可以是多个.

注 2：由于估计量 $\hat{\theta}(X_1, X_2, \cdots, X_n)$ 是一个随机变量，是样本的函数，因此对于不同的样本值，θ 的估计值一般是不相同的.

因为在一条确定了原点、正方向和单位长度的数轴上，每个数都可用数轴上的一个点来代表. 而未知参数是数轴上的一个点，要用一个数，即一个已知点去估计它，故称为点估计. 这就是点估计的由来.

构造估计量的方法很多，下面只介绍其中常用的两种方法：矩估计法和最大似然估计法，除了这两种方法之外，还有 Bayes 方法和最小二乘法等. 后两种方法本书不做介绍.

二、矩估计法

矩估计法是由英国统计学家皮尔逊在 1849 年提出的，它具有简单易行的优点.

设 X 为连续型随机变量，其概率密度为 $f(x; \theta_1, \theta_2, \cdots, \theta_k)$，或 X 为离散型随机变量，其分布律为 $P\{X = x\} = p(x; \theta_1, \theta_2, \cdots, \theta_k)$，其中 $\theta_1, \theta_2, \cdots, \theta_k$ 为待估参数，$X_1, X_2, \cdots, X_n$ 是来自 X 的样本. 假设总体 X 的前 k 阶原点矩

$$\mu_l = E(X^l) = \int_{-\infty}^{\infty} x^l f(x; \theta_1, \theta_2, \cdots, \theta_k)\mathrm{d}x \quad (X \text{ 连续型}),$$

或

$$\mu_l = E(X^l) = \sum_{x \in R_X} x^l p(x; \theta_1, \theta_2, \cdots, \theta_k) \quad (X \text{ 离散型}), \quad l = 1, 2, \cdots, k$$

存在(其中 R_X 是 X 可能取值的范围). 一般来说，它们是 $\theta_1, \theta_2, \cdots, \theta_k$ 的函数，即总体的原点矩形如 $\mu_l(\theta_1, \theta_2, \cdots, \theta_k), l = 1, 2, \cdots, k$. 基于

$$A_l = \frac{1}{n}\sum_{i=1}^{n} X_i^l \xrightarrow{P} \mu_l(\theta_1, \theta_2, \cdots, \theta_k),$$

样本矩的连续函数依概率收敛于相应的总体矩的连续函数(6.2 节)，我们就用样本矩作为相应的总体矩的估计量，而以样本矩的连续函数作为相应的总体矩的连续函数的估计量. 这种估计方法称为**矩估计法**(moment method of estimation). 矩估计法的具体做法如下：

设

$$\begin{cases} \mu_1 = \mu_1(\theta_1, \theta_2, \cdots, \theta_k), \\ \mu_2 = \mu_2(\theta_1, \theta_2, \cdots, \theta_k), \\ \qquad\qquad \vdots \\ \mu_k = \mu_k(\theta_1, \theta_2, \cdots, \theta_k). \end{cases}$$

这是一个包含 k 个未知参数 $\theta_1, \theta_2, \cdots, \theta_k$ 的联立方程组. 一般可以从中解出 $\theta_1, \theta_2, \cdots, \theta_k$, 得到

$$\begin{cases} \theta_1 = \theta_1(\mu_1, \mu_2, \cdots, \mu_k), \\ \theta_2 = \theta_2(\mu_1, \mu_2, \cdots, \mu_k), \\ \qquad\qquad \vdots \\ \theta_k = \theta_k(\mu_1, \mu_2, \cdots, \mu_k). \end{cases}$$

以 A_i 分别代替上式中的 $\mu_i, i = 1, 2, \cdots, k$,则就以

$$\hat{\theta}_i = \theta_i(A_1, A_2, \cdots, A_k), \quad i = 1, 2, \cdots, k$$

分别作为 $\theta_i(i = 1, 2, \cdots, k)$ 的估计量,这种估计量称为**矩估计量**(moment estimator). 矩估计量的观测值称为**矩估计值**(moment estimate value).

通过矩估计量的求解过程直接得到的是参数的矩估计量而非参数的矩估计值,要求参数的矩估计值只要将矩估计量中的样本用其观测值代替即可.

例 2　设 X 表示某种型号的电子元件的寿命(以 h 计),它服从指数分布,其概率密度为

$$f(x) = \begin{cases} \dfrac{1}{\theta} e^{-\frac{x}{\theta}}, & x > 0, \\ 0, & 其他, \end{cases}$$

其中 $\theta > 0$ 为未知参数,现得样本值为

$$139 \quad 177 \quad 178 \quad 152 \quad 183 \quad 207 \quad 117 \quad 221 \quad 261$$

试估计未知参数 θ.

解　因为 $\mu_1 = E(X) = \theta$, $A_1 = \dfrac{1}{n} \sum\limits_{i=1}^{n} X_i = \overline{X}$,由矩估计法,用样本的一阶原点矩代替总体的一阶原点矩,得到 θ 的矩估计量 $\hat{\theta} = \overline{X}$,则

$$\hat{\theta} = \bar{x} = \frac{1}{9}(139 + 177 + \cdots + 261) = 181.7,$$

所以 θ 的矩估计值为 181.7.

例 3　设总体 X 的概率密度为 $f(x) = \begin{cases} \theta x^{\theta-1}, & 0 < x < 1, \\ 0, & 其他, \end{cases}$

其中 $\theta > 0$ 是未知参数,$X_1, X_2, \cdots, X_n$ 是来自总体 X 的一个样本,求参数 θ 的矩估计量.

解　因为 $\mu_1 = E(X) = \displaystyle\int_0^1 x \cdot \theta x^{\theta-1} dx = \theta \int_0^1 x^\theta dx = \dfrac{\theta}{\theta+1}$,所以 $\theta = \dfrac{E(X)}{1 - E(X)}$. 由矩估计法,令样本的一阶原点矩 $A_1 = \overline{X}$ 代替总体的数学期望 $E(X)$,代入得 $\hat{\theta} = \dfrac{\overline{X}}{\overline{X} - 1}$,即为 θ 的矩估计量.

例 4　设 $X_1, X_2, \cdots, X_n$ 是从区间 $[0, \theta]$ 上均匀分布的总体中抽出的样本,求 θ 的矩估计量.

解 由于 $\mu_1 = E(X) = \dfrac{\theta}{2}$,因此 $\theta = 2E(X)$.以 A_1 代替 μ_1 得 θ 的矩估计量

$$\hat{\theta} = 2\overline{X}.$$

例5 设总体 X 的均值 μ 及方差 σ^2 都存在,但均未知,且有 $\sigma^2 > 0$,又设 $X_1, X_2, \cdots, X_n$ 是来自总体 X 的一个样本,试求 μ, σ^2 的矩估计量.

解 因为

$$\begin{cases} \mu_1 = E(X) = \mu, \\ \mu_2 = E(X^2) = D(X) + [E(X)]^2 = \sigma^2 + \mu^2, \end{cases}$$

分别以 A_1, A_2 代替 μ_1, μ_2 得

$$\begin{cases} \hat{\mu} = A_1, \\ \hat{\sigma}^2 + \hat{\mu}^2 = A_2, \end{cases} \quad 即 \quad \begin{cases} \hat{\mu} = A_1, \\ \hat{\sigma}^2 = A_2 - A_1^2, \end{cases}$$

所以得

$$\begin{cases} \hat{\mu} = \overline{X}, \\ \hat{\sigma}^2 = \dfrac{1}{n}\sum_{i=1}^{n}(X_i^2) - \overline{X}^2 = \dfrac{1}{n}\sum_{i=1}^{n}(X_i - \overline{X})^2. \end{cases}$$

注 上述结果表明,不论总体服从什么分布,其总体均值的矩估计量都是样本均值 $\overline{X} = \dfrac{1}{n}\sum_{i=1}^{n}X_i$,总体方差的矩估计量都是二阶样本中心矩,即 $B_2 = \dfrac{1}{n}\sum_{i=1}^{n}(X_i - \overline{X})^2$.

例如,设 $X_1, X_2, \cdots, X_n$ 是从正态总体 $N(\mu, \sigma^2)$ 中抽出的样本,即得 μ 和 σ^2 的矩估计量为 $\hat{\mu} = \overline{X}, \hat{\sigma}^2 = \dfrac{1}{n}\sum_{i=1}^{n}(X_i - \overline{X})^2$.

矩估计法的优点是比较直观,计算也比较简便易行.但是,矩估计法对于那些原点距不存在的总体是不适用的.

三、最大似然估计法

当总体分布类型已知时,最大似然估计法(maximum likehood estimate,MLE)是一种常用的点估计方法.这种方法最早是由德国数学家高斯(C. F. Gauss)在 1821 年提出的,后来由费希尔(R. A. Fisher)在 1912 年重新提出,并且证明了这种方法的一些性质,最大似然估计法这一名称也是费希尔给出的.最大似然估计法是建立在最大似然原理基础上的一个统计方法,最大似然原理的直观想法是:一个随机试验如有若干个可能结果 $A, B, C, \cdots$,若在一次试验中结果 A 出现,则一般认为试验条件对 A 的出现有利,也即 A 出现的概率比较大.

最大似然估计法的基本思想和方法如下.

若总体 X 是离散型,其分布律 $P\{X = x\} = p(x; \theta)(\theta \in \Theta)$ 的形式为已知,Θ 是 θ 可能取值的范围.设 $X_1, X_2, \cdots, X_n$ 是来自 X 的样本,则 $X_1, X_2, \cdots, X_n$ 的联合分布律为

$$P\{X_1 = x_1, X_2 = x_2, \cdots, X_n = x_n\} = \prod_{i=1}^{n}p(x_i; \theta).$$ 当给定 $x_1, x_2, \cdots, x_n$ 后,这一概率随着 θ 的不同取值而变化,它是 θ 的函数,简记为 $L(\theta)$,即

$$L(\theta) = L(x_1, x_2, \cdots, x_n; \theta) = \prod_{i=1}^{n} p(x_i, \theta), \theta \in \Theta.$$

函数 $L(\theta)$ 称为样本的**似然函数**(likehood function). 注意,这里 $x_1, x_2, \cdots, x_n$ 是已知的样本值,它们都是常数.

现在已经取到样本值 $x_1, x_2, \cdots, x_n$ 了,这表明这一样本值出现的概率 $L(\theta)$ 比较大. 我们当然不会考虑那些不能使样本 $x_1, x_2, \cdots, x_n$ 出现的 $\theta \in \Theta$ 作为 θ 的估计,再者,如果已知当 $\theta = \theta_0 \in \Theta$ 时使 $L(\theta)$ 取很大值,而 Θ 中的其他 θ 值使 $L(\theta)$ 取很小值,我们自然认为取 θ_0 为未知参数 θ 的估计值较为合理. 最大似然估计法,就是固定样本观测值 $x_1, x_2, \cdots, x_n$,在 θ 的可能取值范围 Θ 内挑选使似然函数 $L(x_1, x_2, \cdots, x_n; \theta)$ 达到最大的参数值 $\hat{\theta}$,作为参数 θ 的估计值,即取 $\hat{\theta}$ 使

$$L(x_1, x_2, \cdots, x_n; \hat{\theta}) = \max_{\theta \in \Theta} L(x_1, x_2, \cdots, x_n; \theta).$$

通过最大似然估计法的求解过程,直接得到的是参数的最大似然估计值,而非参数的最大似然估计量.要求参数的最大似然估计量,只要将参数的最大似然估计值的样本观测值用对应样本代替即可.这一点与参数的矩估计过程所得结果的表达形式不同.

这样得到的 $\hat{\theta}$ 与样本值 $x_1, x_2, \cdots, x_n$ 有关,常记为 $\hat{\theta}(x_1, x_2, \cdots, x_n)$,称为参数 θ 的**最大似然估计值**(maximun likelihood estimate value),而相应的统计量 $\hat{\theta}(X_1, X_2, \cdots, X_n)$ 称为参数 θ 的**最大似然估计量**(maximun likelihood estimator).

若总体 X 是连续型,其概率密度 $f(x; \theta)$ $(\theta \in \Theta)$ 的形式已知,θ 为待估参数,Θ 是 θ 可能取值的范围.设 $X_1, X_2, \cdots, X_n$ 是来自 X 的样本,则 $X_1, X_2, \cdots, X_n$ 的联合密度为 $f(x_1, x_2, \cdots, x_n) = \prod_{i=1}^{n} f(x_i; \theta)$. 设 $x_1, x_2, \cdots, x_n$ 是相应于样本 $X_1, X_2, \cdots, X_n$ 的一个样本值,则随机点 $(X_1, X_2, \cdots, X_n)$ 落在点 $(x_1, x_2, \cdots, x_n)$ 的邻域(边长分别为 $dx_1, dx_2, \cdots, dx_n$ 的 n 维立方体)内的概率近似为

$$\prod_{i=1}^{n} f(x_i; \theta) dx_i.$$

其值随着 θ 的不同取值而变化.与离散型的情况类似,取 θ 的估计值 $\hat{\theta}$,使概率取到最大值,由于因子 $\prod_{i=1}^{n} dx_i$ 不随 θ 而变,故只需考虑函数

$$L(\theta) = L(x_1, x_2, \cdots, x_n; \theta) = \prod_{i=1}^{n} f(x_i; \theta) \tag{7.1.1}$$

的最大值,这里 $L(\theta)$ 称为样本的**似然函数**. 若

$$L(x_1, x_2, \cdots, x_n; \hat{\theta}) = \max_{\theta \in \Theta} L(x_1, x_2, \cdots, x_n; \theta),$$

则称 $\hat{\theta}(x_1, x_2, \cdots, x_n)$ 为 θ 的**最大似然估计值**,称 $\hat{\theta}(X_1, X_2, \cdots, X_n)$ 为 θ 的**最大似然估计量**.

这样,确定最大似然估计量的问题就归结为求似然函数 $L(\theta)$ 的最大值问题. 当 $p(x, \theta)$ 和 $f(x, \theta)$ 关于 θ 可微,这时 $\hat{\theta}$ 常可从方程

$$\frac{d}{d\theta} L(\theta) = 0 \tag{7.1.2}$$

解得. 这个方程叫做**似然方程**.

因为 $\ln L(\theta)$ 是 $L(\theta)$ 的增函数, 所以使 $L(\theta)$ 达到最大值的 $\hat\theta$ 与使 $\ln L(\theta)$ 达到最大值的 $\hat\theta$ 是相同的, 因此, θ 的最大似然估计 $\hat\theta$ 也可以从方程

$$\frac{\mathrm{d}}{\mathrm{d}\theta}\ln L(\theta) = 0 \tag{7.1.3}$$

求得, 而从后一方程求解往往比较方便. 式(7.1.3)称为**对数似然方程**(logarithmic likehood equation).

例 6　设 $X\sim B(1,p)$, p 为未知参数, $x_1,x_2,\cdots,x_n$ 是一个样本值, 求参数 p 的最大似然估计值.

解　因为总体 X 的分布律为: $P\{X=x\}=p^x(1-p)^{1-x}$, $x=0,1$, 故似然函数为

$$L(p) = \prod_{i=1}^{n} p^{x_i}(1-p)^{1-x_i} = p^{\sum\limits_{i=1}^{n}x_i}(1-p)^{n-\sum\limits_{i=1}^{n}x_i}, \quad x_i=0,1, i=1,2,\cdots n.$$

而

$$\ln L(p) = \left(\sum_{i=1}^{n}x_i\right)\ln p + \left(n-\sum_{i=1}^{n}x_i\right)\ln(1-p),$$

令

$$[\ln L(p)]' = \frac{\sum\limits_{i=1}^{n}x_i}{p} + \frac{n-\sum\limits_{i=1}^{n}x_i}{p-1} = 0,$$

解得 p 的最大似然估计值为 $\hat p = \frac{1}{n}\sum\limits_{i=1}^{n}x_i = \bar x$.

最大似然估计法也适用于分布中含有多个未知参数 $\theta_1,\theta_2,\cdots,\theta_k$ 的情况, 这时似然函数 $L(\theta)$ 变为 $L(\theta_1,\theta_2,\cdots,\theta_k)$. 分别令

$$\frac{\partial}{\partial\theta_i}L(\theta) = 0, \quad i=1,2,\cdots,k,$$

或令

$$\frac{\partial}{\partial\theta_i}\ln L(\theta) = 0, \quad i=1,2,\cdots,k. \tag{7.1.4}$$

解上述 k 个方程组成的方程组, 即得各未知参数 θ_i 的最大似然估计值 $\hat\theta_i$, $(i=1,2,\cdots,k)$. 称 (7.1.4)为**对数似然方程组**.

例 7　设 $X\sim N(\mu,\sigma^2)$, μ,σ^2 未知, $X_1,X_2,\cdots,X_n$ 为 X 的一个样本, $x_1,x_2,\cdots,x_n$ 是 $X_1,X_2,\cdots,X_n$ 的一个样本值, 求 μ,σ^2 的最大似然估计值.

解　总体概率密度

$$f(x;\mu,\sigma^2) = \frac{1}{\sqrt{2\pi}\sigma}\mathrm{e}^{-\frac{(x-\mu)^2}{2\sigma^2}},$$

所以似然函数为

$$L(\mu,\sigma^2) = \prod_{i=1}^{n}\frac{1}{\sqrt{2\pi}\sigma}\mathrm{e}^{-\frac{(x_i-\mu)^2}{2\sigma^2}} = (2\pi\sigma^2)^{-\frac{n}{2}}\mathrm{e}^{-\frac{1}{2\sigma^2}\sum\limits_{i=1}^{n}(x_i-\mu)^2}.$$

取对数, 得 $\ln L(\mu,\sigma^2) = -\frac{n}{2}(\ln 2\pi + \ln\sigma^2) - \frac{1}{2\sigma^2}\sum\limits_{i=1}^{n}(x_i-\mu)^2$.

令

$$\begin{cases} \dfrac{\partial}{\partial \mu}(\ln L) = \dfrac{1}{\sigma^2}\sum_{i=1}^{n}(x_i - \mu) = 0, & ① \\[3mm] \dfrac{\partial}{\partial \sigma^2}(\ln L) = -\dfrac{n}{2\sigma^2} + \dfrac{1}{2\sigma^4}\sum_{i=1}^{n}(x_i - \mu)^2 = 0. & ② \end{cases}$$

由式①得 $\mu = \dfrac{1}{n}\sum_{i=1}^{n}x_i = \bar{x}$,代入式②得 $\hat{\sigma}^2 = \dfrac{1}{n}\sum_{i=1}^{n}(x_i - \mu)^2 = \dfrac{1}{n}\sum_{i=1}^{n}(x_i - \bar{x})^2$.

所以 μ, σ^2 的最大似然估计值分别为：$\hat{\mu} = \dfrac{1}{n}\sum_{i=1}^{n}x_i = \bar{x}$；$\hat{\sigma}^2 = \dfrac{1}{n}\sum_{i=1}^{n}(x_i - \bar{x})^2$.

注　它们与相应的矩估计量相同.

有时最大似然估计不能用似然方程来表达,而必须用定义来求,如下面的例8.

例8　设 $X_1, X_2, \cdots, X_n$ 是从区间 $[0, \theta]$ 上均匀分布的总体中抽出的样本,求 θ 的最大似然估计值.

解　X 的概率密度为 $f(x; \theta) = \begin{cases} \dfrac{1}{\theta}, & 0 \leqslant x \leqslant \theta, \\[2mm] 0, & \text{其他}, \end{cases}$

似然函数为 $L(\theta) = \begin{cases} \dfrac{1}{(\theta)^n}, & 0 \leqslant x_1, x_2, \cdots, x_n \leqslant \theta, \\[2mm] 0, & \text{其他}, \end{cases}$

由此式可见,要 L 最大,只要 θ 最小,而由 L 的表达式知,当 $\hat{\theta} = \max(x_1, x_2 \cdots, x_n)$ 时,θ 为最小,此时 L 最大. 故 θ 的最大似然估计值为

$$\hat{\theta} = \max(x_1, x_2, \cdots, x_n).$$

由例4和例8可知最大似然估计与矩估计得到的统计量不一定相同.

通过上述问题可以发现,最大似然估计法是在总体分布类型已知下进行的. 此外,最大似然估计具有不变性,即设 $\hat{\theta}$ 是 θ 的最大似然估计,函数 $u = u(\theta)[\theta \in \Theta]$ 具有单值反函数 $\theta = \theta(u)$,则 $\hat{u} = u(\hat{\theta})$ 是 $u(\theta)$ 的最大似然估计,而矩估计不具有此性质.

例如,在例7中得到 σ^2 的最大似然估计量为

$$\hat{\sigma}^2 = \dfrac{1}{n}\sum_{i=1}^{n}(X_i - \bar{X})^2,$$

据上述性质有：标准差 σ 的最大似然估计量为

$$\hat{\sigma} = \sqrt{\hat{\sigma}^2} = \sqrt{\dfrac{1}{n}\sum_{i=1}^{n}(X_i - \bar{X})^2}.$$

皮尔逊简介

皮尔逊(Karl Pearson)英国数学家、哲学家、现代统计学的创始人之一、生物统计学家.

1879 年毕业于剑桥大学,随后去德国留学,1882 年获文学硕士学位,接着又获博

士学位.历任伦敦大学应用数学系主任、优生学教授、哥尔登实验室主任,并长期兼任《生物统计学杂志》和《优生学年刊》的编辑,英国皇家学会会员.建立皮尔逊曲线族,用数学方法描述自然现象,对发展数理统计理论及其应用有重要贡献.他是生物统计学的奠基人.主要著作有《科学的基本原理》、《进化论的数学研讨》等.

　　皮尔逊在数学上的主要贡献是在数理统计学方面.他首先提出了频率曲线的理论.1895 年,他又由经验得出了频率分布的一般性质,选定常微分方程来描述频率曲线.通过解这个微分方程可导出 13 种曲线形式.1900 年皮尔逊提出了 χ^2 检验.这是一种很有用的方法,在现代数理统计理论中占有重要地位.他在 1896 年发表的题为《回归、遗传和随机交配》的论文中,导出了乘积动差相关系数公式和其他两种等价的公式,提出了计算方法,还以三个变量为例,阐述了一般相关理论.他还进一步发展了回归与相关的理论,成功地创建了生物统计学,提出了样本总体概念.皮尔逊对个体变异性、统计量的概率误差进行了深入的研究.特别应当指出的是,皮尔逊于 1900 年创办的《生物计量学杂志》,对推动数理统计学科的发展产生了十分深远的影响.

习题 7-1

1. 对某种布进行强力试验,共试验 25 块布,试验结果如下(单位:kg):

$$20 \quad 24 \quad 20 \quad 23 \quad 21 \quad 19 \quad 22 \quad 23 \quad 22 \quad 20 \quad 22 \quad 23$$
$$25 \quad 21 \quad 21 \quad 22 \quad 24 \quad 23 \quad 22 \quad 23 \quad 21 \quad 22 \quad 21 \quad 23$$

以 X 表示强力,试求总体均值 μ 及方差 σ^2 的矩估计值.

2. 设总体 X 的密度函数

$$f(x) = \begin{cases} \dfrac{2}{\theta^3}, & 0 < x < \theta, \\ 0, & \text{其他}, \end{cases}$$

其中 $\theta > 0$ 未知,$X_1, X_2, \cdots, X_n$ 为其样本,试求 θ 的矩估计值.

3. 随机地取 8 只活塞环,测得它们的直径为(mm)

$$74.001 \quad 74.005 \quad 74.003 \quad 74.001 \quad 74.000 \quad 73.993 \quad 74.006 \quad 74.002$$

试求总体均值 μ 及方差 σ^2 的矩估计值.

4. 设总体 X 的概率密度为 $f(x) = \begin{cases} (\theta+1)x^\theta, & 0 < x < 1, \\ 0, & \text{其他}, \end{cases}$ 其中 $\theta > -1$ 是未知参数,$X_1, X_2, \cdots, X_n$ 是来自总体 X 的一个样本,求参数 θ 的矩估计量和最大似然估计量.

5. 设 $X_1, X_2, \cdots, X_n$ 是来自总体 X 的一个样本,总体 X 的概率密度为

$$f(x) = \begin{cases} \dfrac{2}{a^2}(a-x), & 0 \leqslant x \leqslant a, \\ 0, & \text{其他}, \end{cases}$$

求未知参数 a 的矩估计量.

6. 设总体 $X \sim \pi(\lambda)$ 为泊松分布,$\lambda > 0$ 未知,$X_1, X_2, \cdots, X_n$ 为来自总体的一个样本,求参数 λ 的矩估计量和最大似然估计量.

7. 设总体 $X \sim b(100, p)$ 为二项分布,$0 < p < 1$ 未知,$X_1, X_2, \cdots, X_n$ 为来自总体的一个样本.求参数 p 的矩估计量和最大似然估计量.

8. 已知某产品的寿命 X 服从正态分布,在某星期生产的该种产品中随机抽取 10 只,测得其寿命(以 h 计)为

$$1051, 1023, 925, 845, 958, 1084, 1166, 1048, 789, 1021,$$

试用最大似然法估计这个星期生产的产品能使用 1000h 以上的概率.

7.2 估计量的评选标准

从 7.1 节得到:对于同一参数,用不同的估计方法求出的估计量可能不相同,如上节的例 4 和例 8.也就是说,同一参数可能具有多种估计量,而且,原则上讲,其中任何统计量都可以作为未知参数的估计量,那么采用哪一个估计量为好呢? 这就涉及估计量的评价问题,而判断估计量好坏的标准是:有无系统偏差;波动性的大小;伴随样本容量的增大是否是越来越精确,这就是估计的无偏性,有效性(最小方差性)和相合性(一致性).

一、无偏性

设 $X_1, X_2, \cdots, X_n$ 是来自总体 X 的一个样本,$\theta \in \Theta$ 是包含在总体 X 的分布中的待估参数,这里 Θ 是 θ 的取值范围.

定义 1 若估计量 $\hat{\theta} = \hat{\theta}(X_1, X_2, \cdots, X_n)$ 的数学期望 $E(\hat{\theta})$ 存在,且有

$$E(\hat{\theta}) = \theta,$$

则称 $\hat{\theta}$ 是 θ 的**无偏估计量**(unbiased estimator).

在科学技术中,$E(\hat{\theta}) - \theta$ 称为以 $\hat{\theta}$ 作为 θ 的估计的系统误差,无偏估计的实际意义就是无系统误差.例如,设总体 X 的均值 μ 及方差 σ^2 都存在但均未知,由第 6 章知 $E(\bar{X}) = \mu$,$E(S^2) = \sigma^2$,这就是说不论总体服从什么分布,其样本均值是总体均值的无偏估计,样本方差是总体方差的无偏估计.若 $\lim_{n \to \infty} E(\hat{\theta}) = \theta$,则称 $\hat{\theta}$ 是 θ 的**渐近无偏估计量**(asymptotically unbiased estimator).

例 1 设总体 X 的 k 阶中心矩 $\mu_k = E(X^k)(k \geqslant 1)$ 存在,$X_1, X_2, \cdots, X_n$ 是 X 的一个样本,证明:不论 X 服从什么分布,$A_k = \dfrac{1}{n} \sum_{i=1}^{n} X_i^k$ 是 μ_k 的无偏估计量.

证明 因为 $X_1, X_2, \cdots, X_n$ 与 X 同分布,所以 $E(X_i^k) = E(X^k) = \mu_k$,$i = 1, 2, \cdots, n$,

$$E(A_k) = \frac{1}{n} \sum_{i=1}^{n} E(X_i^k) = \mu_k.$$

特别地,不论 X 服从什么分布,只要 $E(X)$ 存在,$\bar{X}$ 总是 $E(X)$ 的无偏估计.

例 2 对于总体 X,设 $E(X) = \mu$,$D(X) = \sigma^2$ 都存在,且 $\sigma^2 > 0$,若 μ, σ^2 均为未知,则 σ^2 的估计量 $\hat{\sigma}^2 = B_2 = \dfrac{1}{n} \sum_{i=1}^{n} (X_i - \bar{X})^2$ 是有偏的.

证明 因为 $\hat{\sigma}^2 = \dfrac{1}{n} \sum_{i=1}^{n} (X_i - \bar{X})^2$,而

$$\sum_{i=1}^{n}(X_i-\overline{X})^2 = \sum_{i=1}^{n}(X_i^2 - 2X_i\overline{X}+\overline{X}^2)$$

$$= \sum_{i=1}^{n}X_i^2 - 2\overline{X}\sum_{i=1}^{n}X_i + n\overline{X}^2 = \sum_{i=1}^{n}X_i^2 - n\overline{X}^2,$$

故

$$E(\hat{\sigma}^2) = \frac{1}{n}\sum_{i=1}^{n}E(X_i^2) - E(\overline{X}^2) = \frac{1}{n}\sum_{i=1}^{n}E(X^2) - (D(\overline{X})+(E(\overline{X}))^2)$$

$$= (\sigma^2+\mu^2) - \left(\frac{\sigma^2}{n}+\mu^2\right) = \frac{n-1}{n}\sigma^2,$$

所以 $\dfrac{1}{n}\displaystyle\sum_{i=1}^{n}(X_i-\overline{X})^2$ 是 σ^2 的有偏估计.

另一方面, $\lim\limits_{n\to\infty}E(\hat{\sigma}^2)=\sigma^2$, 所以 $\hat{\sigma}^2$ 是 σ^2 的渐近无偏估计量.

若在 $\hat{\sigma}^2$ 的两边同乘以 $\dfrac{n}{n-1}$, 即

$$E\left(\frac{n}{n-1}\hat{\sigma}^2\right) = \frac{n}{n-1}E(\hat{\sigma}^2) = \sigma^2,$$

而

$$\frac{n}{n-1}\hat{\sigma}^2 = S^2 = \frac{1}{n-1}\sum_{i=1}^{n}(X_i-\overline{X})^2.$$

可见, S^2 可以作为 σ^2 的估计, 而且是无偏估计. 因此, 常用 S^2 作为方差 σ^2 的估计量. 从无偏的角度考虑, S^2 比二阶中心矩 B_2 作为 $\hat{\sigma}^2$ 的估计好.

在实际应用中, 对整个系统(整个实验)而言无系统偏差, 就一次实验来讲, $\hat{\theta}$ 可能偏大也可能偏小, 实质上并说明不了什么问题, 只是平均来说它没有偏差, 所以无偏性只有在大量的重复实验中才能体现出来; 另一方面, 无偏估计只涉及一阶矩(均值), 虽然计算简便, 但是往往会出现一个参数的无偏估计有多个, 而无法确定哪个估计量好.

例 3 设总体 $X\sim E(\theta)$, 概率密度为

$$f(x;\theta) = \begin{cases} \dfrac{1}{\theta}e^{-\frac{x}{\theta}}, & x>0, \\ 0, & \text{其他}, \end{cases}$$

其中 $\theta>0$ 为未知, 又 $X_1,X_2,\cdots,X_n$ 是 X 的一样本, 则 $\overline{X}$ 和 $nZ=n[\min\{X_1,X_2,\cdots,X_n\}]$ 都是 θ 的无偏估计.

证明 显然 $E(\overline{X})=E(X)=\theta$, 所以 $\overline{X}$ 是 θ 的无偏估计量.

而 $Z=\min\{X_1,X_2,\cdots,X_n\}$ 则服从参数为 $\dfrac{\theta}{n}$ 的指数分布, 其概率密度为

$$f_{\min}(x;\theta) = \begin{cases} \dfrac{n}{\theta}e^{-\frac{nx}{\theta}}, & x>0, \\ 0, & \text{其他}, \end{cases}$$

所以 $E(Z)=\dfrac{\theta}{n}$, 则 $E(nZ)=\theta$, 即 nZ 是 θ 的无偏估计量.

事实上, $X_1,X_2,\cdots,X_n$ 中的每一个均可作为 θ 的无偏估计量. 那么, 究竟哪个无偏估计

量更好、更合理,这就看哪个估计量的观察值更接近真实值的附近,即估计量的观察值更密集地分布在真实值的附近. 我们知道,方差能够反映随机变量取值的分散程度,所以无偏估计以方差最小者为最好、最合理. 为此引入了估计量的有效性概念.

二、有效性

定义 2 设 $\hat{\theta}_1 = \hat{\theta}_1(X_1, X_2, \cdots, X_n)$ 与 $\hat{\theta}_2 = \hat{\theta}_2(X_1, X_2, \cdots, X_n)$ 都是 θ 的无偏估计量,若有不等式

$$D(\hat{\theta}_1) < D(\hat{\theta}_2)$$

成立,则称 $\hat{\theta}_1$ 较 $\hat{\theta}_2$ **有效**,$\hat{\theta}_1$ 称为**有效估计量**(efficiency estimator).

例 4 设 $X_1, X_2, \cdots, X_n$ 是来自总体 X 的样本,则当 $D(X) \neq 0$ 时,问 X_i 与 $\overline{X}$ 作为总体均值 μ 的无偏估计量哪个更有效?

解 因为 $D(X_i) = D(X)$,$D(\overline{X}) = \dfrac{1}{n} D(X)$,$D(\overline{X}) < D(X_i)$,$n \geqslant 2 (i = 1, 2, \cdots, n)$. 故 $\overline{X}$ 作为总体均值 μ 的估计量较 X_i 更有效.

n 越大,$D(\overline{X})$ 越小,$\overline{X}$ 对总体均值 μ 的估计就越好.

注 在数理统计中常用到最小方差无偏估计,其定义如下: 设 $\hat{\theta}_0 = \hat{\theta}_0(X_1, X_2, \cdots, X_n)$ 是 θ 的无偏估计量,若对于 θ 的任意无偏估计量 $\hat{\theta} = \hat{\theta}(X_1, X_2, \cdots, X_n)$ 有

$$D(\hat{\theta}_0) \leqslant D(\hat{\theta}),$$

则称 $\hat{\theta}_0$ 为 θ 的**最小方差无偏估计**(minimum variance unbiased estimator),也称**最佳方差无偏估计**(best variance unbiased estimator).

三、相合性(一致性)

无偏性与有效性都是在样本容量一定时对估计量评价的标准,还要考查一个估计量 $\hat{\theta}(X_1, X_2, \cdots, X_n)$. 当样本容量 n 增大时,其取值是否与真值 θ 能任意接近,于是,对估计量又有下述相合性的要求.

设 $\hat{\theta}(X_1, X_2, \cdots, X_n)$ 为参数 θ 的估计量,若对于任意 $\theta \in \Theta$,当 $n \to \infty$ 时,$\hat{\theta}(X_1, X_2, \cdots, X_n)$ 依概率收敛于 θ,则称 $\hat{\theta}$ 为 θ 的相合估计量.

即,若对于任意 $\theta \in \Theta$ 都满足: 对于任意 $\varepsilon > 0$,有

$$\lim_{n \to \infty} P\{|\hat{\theta} - \theta| < \varepsilon\} = 1 \quad \text{或} \quad \lim_{n \to \infty} P\{|\hat{\theta} - \theta| \geqslant \varepsilon\} = 0,$$

则称 $\hat{\theta}$ 为 θ 的**相合估计量**(consistence estimator).

例 5 试证: 样本均值 $\overline{X} = \dfrac{1}{n} \sum_{i=1}^{n} X_i$ 是总体均值 μ 的相合估计量.

证明 由大数定律知,样本的算术平均值是依概率收敛于总体均值的,即对于任意 $\varepsilon > 0$,有

$$\lim_{n \to \infty} P(|\overline{X} - \mu| < \varepsilon) = 1,$$

因此，$\overline{X}$ 是 μ 的相合估计量.

不过，一致性只有在 n 相当大时，才能显示其优越性，而在实际中，往往很难达到，因此，在实际工作中，关于估计量的选择要视具体问题而定.

习题 7-2

1. 设总体 $X \sim N(\mu, 2^2)$，X_1, X_2, X_3 为一个样本.试证 $\hat{\mu}_1 = \dfrac{1}{4}(X_1 + 2X_2 + X_3)$ 和 $\hat{\mu}_2 = \dfrac{1}{3}(X_1 + X_2 + X_3)$ 都是总体期望的无偏估计，并比较哪一个更有效.

2. 设 $X_1, X_2, \cdots, X_n$ 是总体 $N(\mu, \sigma^2)$ 的一个样本，试适当选择常数 c，使 $c \sum\limits_{i=1}^{n-1} (X_i - \overline{X})^2$ 为 σ^2 的无偏估计量.

3. 设总体 $X \sim N(\mu_1, 1)$，$X_1, X_2, \cdots, X_n$ 为其样本，又设总体 $Y \sim N(\mu_2, 2)$，$Y_1, Y_2, \cdots, Y_n$ 为其样本，并且这两样本独立，求 $\mu = \mu_1 - \mu_2$ 的无偏估计量 $\hat{\mu}$.

4. 设 $\hat{\theta} = T(\xi_1, \xi_2, \cdots, \xi_n)$ 的期望为 θ，且 $D(\hat{\theta}) > 0$，求证 $\hat{\theta}^2$ 不是 θ^2 的无偏估计量.

5. 设分别自总体 $N(\mu_1, \sigma^2)$ 和 $N(\mu_2, \sigma^2)$ 中抽取容量为 m 和 n 的两独立样本，其样本方差为 S_1^2 和 S_2^2.试证：对任意常数 $a, b\,(a+b=1)$，$z = aS_1^2 + bS_2^2$ 是 σ^2 的无偏估计量，并确定常数 a, b 使 $D(z)$ 达到最小.

6. 设 $\hat{\theta}$ 是参数 θ 的无偏估计量，且有 $\lim\limits_{n \to +\infty} D(\hat{\theta}) = 0$，证明：$\hat{\theta}$ 是 θ 的相合估计量.

7.3 置信区间

从点估计中，若只是对总体的某个未知参数 θ 的值进行统计推断，那么点估计是一种很有用的形式，即只要得到样本观测值 $(x_1, x_2, \cdots, x_n)$，点估计值 $\hat{\theta}(x_1, x_2, \cdots, x_n)$ 能使我们对 θ 有一个明确的数量概念.但是 $\hat{\theta}(x_1, x_2, \cdots, x_n)$ 仅仅是 θ 的一个近似值，它并没有反映出这个近似值的误差范围，本节将引入的区间估计弥补了点估计的这个缺陷.**区间估计**（interval estimate）是指由两个取值于 Θ 的统计量 $\hat{\theta}_1, \hat{\theta}_2$ 组成一个区间，对于一个具体问题得到样本值之后，便给出了一个具体的区间 $(\hat{\theta}_1, \hat{\theta}_2)$，使参数 θ 尽可能地落在该区间内.

事实上，由于 $\hat{\theta}_1, \hat{\theta}_2$ 是两个统计量，所以 $(\hat{\theta}_1, \hat{\theta}_2)$ 实际上是一个随机区间，而 $P\{\theta \in (\hat{\theta}_1, \hat{\theta}_2)\}$ 就反映了这个区间估计的**可信程度**；另一方面，区间长度 $\hat{\theta}_2 - \hat{\theta}_1$ 也是一个随机变量，$E(\hat{\theta}_2 - \hat{\theta}_1)$ 反映了区间估计的**精确程度**.人们自然希望可信程度越大越好，区间长度越小越好.但在实际问题中，二者常常不能兼顾.为此，引入置信区间的概念，它是由奈曼（Neymann）于 1934 年提出的，并给出在一定可信程度的前提下求置信区间的方法，使区间的平均长度最短.

一、置信区间的概念

设总体 X 的分布函数 $F(x; \theta)$ 含有一个未知参数 θ，$\theta \in \Theta$（Θ 是 θ 的取值范围），对于给

定值 $\alpha(0<\alpha<1)$,若由来自 X 的样本 $X_1,X_2,\cdots,X_n$ 所确定的两个统计量 $\hat{\theta}_1=\theta_1(X_1,$ $X_2,\cdots,X_n)$ 和 $\hat{\theta}_2=\theta_2(X_1,X_2,\cdots,X_n)(\hat{\theta}_1<\hat{\theta}_2)$,对于任意 $\theta\in\Theta$ 满足

$$P\{\theta_1(X_1,X_2,\cdots,X_n)<\theta<\theta_2(X_1,X_2,\cdots,X_n)\}\geqslant 1-\alpha, \qquad (7.3.1)$$

则称随机区间 $(\hat{\theta}_1,\hat{\theta}_2)$ 是 θ 的置信水平为 $1-\alpha$ 的**置信区间**(confidence interval),$1-\alpha$ 称为**置信水平**或**置信度**(degree of confidence or confidence level),$\hat{\theta}_1$ 和 $\hat{\theta}_2$ 分别称为置信水平为 $1-\alpha$ 的双侧置信区间的**置信下限**(confidence lower limit)和**置信上限**(confidence upper limit).对于具体的样本值 $x_1,x_2,\cdots,x_n$,$(\hat{\theta}_1,\hat{\theta}_2)$ 是直线上一个普通的区间.

定义中,式(7.3.1)的意义在于:若反复抽样多次,每个样本值确定一个区间 $(\hat{\theta}_1,\hat{\theta}_2)$,每个这样的区间要么包含 θ 的真值,要么不包含 θ 的真值(图 7-1),据 Bernoulli 大数定律,在这样多的区间中,包含 θ 真值的约占 $1-\alpha$,不包含 θ 真值的约仅占 α.比如,$\alpha=0.005$,反复抽样 1000 次,则得到的 1000 个区间中不包含 θ 真值的区间仅为 5 个.

图 7-1

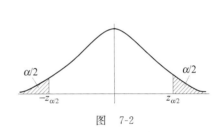

图 7-2

例 1 设总体 $X\sim N(\mu,\sigma^2)$,σ^2 为已知,μ 为未知,$X_1,X_2,\cdots,X_n$ 是来自 X 的一个样本,求 μ 的置信水平为 $1-\alpha$ 的置信区间.

解 我们知道 $\overline{X}$ 是 μ 的无偏估计,且有 $Z=\dfrac{\overline{X}-\mu}{\sigma/\sqrt{n}}\sim N(0,1)$,据标准正态分布的上 α 分位点的定义,有(图 7-2)

$$P\{|Z|<z_{\alpha/2}\}=1-\alpha,$$

即

$$P\left\{\overline{X}-\frac{\sigma}{\sqrt{n}}z_{\alpha/2}<\mu<\overline{X}+\frac{\sigma}{\sqrt{n}}z_{\alpha/2}\right\}=1-\alpha.$$

所以 μ 的置信水平为 $1-\alpha$ 的置信区间为

$$\left(\overline{X}-\frac{\sigma}{\sqrt{n}}z_{\alpha/2},\quad \overline{X}+\frac{\sigma}{\sqrt{n}}z_{\alpha/2}\right),$$

简记成:$\left(\overline{X}\pm\dfrac{\sigma}{\sqrt{n}}z_{\alpha/2}\right)$.

比如,当 $\alpha=0.05$ 时,$1-\alpha=0.95$,查表得:$z_{\alpha/2}=z_{0.975}=1.96$,又若 $\sigma=1,n=16,\overline{x}=5.4$,则得到一个置信水平为 0.95 的置信区间为 $\left(5.4\pm\dfrac{1}{\sqrt{16}}\times1.96\right)$,即 $(4.91,5.89)$.

注:此时,该区间已不再是随机区间了,但我们可称它为置信水平为 0.95 的置信区间,

其含义是指"该区间包含 μ"这一陈述的可信程度为 95%. 若写成 $P\{4.91 \leqslant \mu \leqslant 5.89\} = 0.95$ 是错误的,因为此时该区间要么包含 μ,要么不包含 μ.

若记 L 为置信区间的长度,则 $L = \dfrac{2\sigma}{\sqrt{n}} z_{\alpha/2}$. 故可得 $n = \left[\dfrac{2\sigma}{L} z_{\alpha/2}\right]^2$,从中得知:若 α 给定,由此可以确定样本容量 n,使置信区间具有预先给出的长度.

例 2 设总体 $X \sim N(\mu, 8)$,μ 为未知,$X_1, X_2, \cdots, X_{36}$ 是来自 X 的一个样本,如果以区间 $(\overline{X} - 1, \overline{X} + 1)$ 作为 μ 的置信区间. 那么置信水平是多少?

解 因为 $X \sim N(\mu, \sigma^2)$,$\overline{X} \sim N\left(\mu, \dfrac{\sigma^2}{n}\right)$,即 $\overline{X} \sim N\left(\mu, \dfrac{2}{9}\right)$,所以 $\dfrac{\overline{X} - \mu}{\sqrt{2}/3} \sim N(0, 1)$. 依题意

$$P\{\overline{X} - 1 < \mu < \overline{X} + 1\} = 1 - \alpha,$$

故

$$P\{\mu - 1 < \overline{X} < \mu + 1\} = P\left\{-\dfrac{3}{\sqrt{2}} < \dfrac{\overline{X} - \mu}{\sqrt{2}/3} < \dfrac{3}{\sqrt{2}}\right\} = 2\Phi\left(\dfrac{3}{\sqrt{2}}\right) - 1$$
$$= 2\Phi(2.121) - 1 = 0.966 = 1 - \alpha,$$

所求置信水平为 96.6%.

二、置信区间的求法

通过上述例子,可以得到寻求未知参数 θ 的置信区间的一般步骤如下.

(1) 明确问题,求什么参数的置信区间? 置信水平有多大?

如例 1 中求参数期望的置信区间,置信水平是 95%.

(2) 寻求一个样本 $X_1, X_2, \cdots, X_n$ 的函数 $W = W(X_1, X_2, \cdots, X_n; \theta)$,它包含待估参数 θ,而不含其他未知参数,并且 W 的分布已知,且不依赖于任何未知参数(当然不依赖于待估参数 θ).

在例 1 中就是 $Z = \dfrac{\overline{X} - \mu}{\sigma/\sqrt{n}} \sim N(0, 1)$.

(3) 对于给定的置信水平 $1 - \alpha$,定出两个常数 a, b,使 $P\{a < W < b\} = 1 - \alpha$.

如例 1 中 $-z_{\alpha/2}, z_{\alpha/2}$.

(4) 从 $a < W < b$ 中得到等价不等式 $\hat{\theta}_1 < \theta < \hat{\theta}_2$,其中 $\hat{\theta}_1 = \theta_1(X_1, X_2, \cdots, X_n)$,$\hat{\theta}_2 = \theta_2(X_1, X_2, \cdots, X_n)$ 都是统计量,则 $(\hat{\theta}_1, \hat{\theta}_2)$ 就是 θ 的一个置信水平为 $1 - \alpha$ 的置信区间.

如例 1 中 $\left(\overline{X} - \dfrac{\sigma}{\sqrt{n}} z_{\alpha/2}, \quad \overline{X} + \dfrac{\sigma}{\sqrt{n}} z_{\alpha/2}\right)$.

例 3 设男大学生身高的总体 $X \sim N(\mu, 16)$(单位:cm),若要使其平均身高置信水平为 0.95 的置信区间长度小于 1.2,问至少应抽查多少名学生的身高?

分析 本题是方差已知,求均值的置信区间问题.已经知道了区间长度,求样本容量 n 至少为多少?仍从区间估计出发.

解 由已知 $\sigma^2 = 16$,且

$$Z = \dfrac{\overline{X} - \mu}{\sigma/\sqrt{n}} \sim N(0, 1).$$

令 $1 - \alpha = 0.95$,故有 $P\{|Z| < z_{\alpha/2}\} = 1 - \alpha$,即 $P\{|Z| < z_{0.025}\} = 0.95$.

查表得 $z_{a/2} = z_{0.975} = 1.96$,置信区间为 $\left(\bar{x} - \dfrac{\sigma}{\sqrt{n}}z_{a/2}, \bar{x} + \dfrac{\sigma}{\sqrt{n}}z_{a/2}\right)$,置信区间长度 $L = \dfrac{2\sigma}{\sqrt{n}}z_{a/2}$.

由 $L < 1.2$,得 $2 \times 1.96 \times \dfrac{\sigma}{\sqrt{n}} < 1.2$,所以

$$n \geqslant \left(\frac{2 \times 1.96 \times \sigma}{1.2}\right)^2 = \frac{2^2 \times 1.96^2 \times 16}{1.2^2} = 170.74.$$

故至少应抽查 171 名男生的身高.

习题 7-3

1. 什么是区间估计?

2. 请写出置信水平为 $1-\alpha$ 的置信区间的一般步骤.

3. 设某车间生产的螺杆直径服从正态分布 $N(\mu, \sigma^2)$,随机抽取五只测得直径(单位:mm)为 $22.3, 21.5, 22.0, 21.8, 21.4$,求直径均值 μ 的置信水平为 0.95 的置信区间,其中总体标准差 $\sigma = 0.3$.

4. 某总体的标准差 $\sigma = 3$cm,从中抽取 36 个个体,其样本平均数 $\bar{x} = 640$cm,求总体均值 μ 的置信水平为 0.95 的置信区间.

5. 某化纤强力长期以来标准差稳定在 $\sigma = 1.19$.先抽取了一个容量 $n = 100$ 的样本,求得样本均值 $\bar{x} = 6.35$,试求该化纤强力均值 μ 的置信水平为 0.95 的置信区间.

6. 设随机变量 $X \sim N(\mu, 2.8^2)$,现有 X 的 10 个观察值 $x_1, x_2, \cdots, x_{10}$,已知 $\bar{x} = 1500$.

(1) 求 μ 的置信水平为 0.95 的置信区间;

(2) 要使置信水平为 0.95 的置信区间的长度小于 1,观察值的个数 n 最小应取多少?

(3) 若样本容量 $n = 100$,则区间 $(\bar{X} - 1, \bar{X} + 1)$ 作为 μ 的置信区间. 那么置信水平是多少?

7.4 正态总体的置信区间

本节就正态总体的期望和方差,给出其置信区间.

一、单个正态总体均值与方差的区间估计

设总体 $X \sim N(\mu, \sigma^2)$,$X_1, X_2, \cdots, X_n$ 为来自 X 的一个样本,已给定置信度(水平)为 $1-\alpha$,求 μ 和 σ^2 的置信区间.

1. 总体均值 μ 的置信区间

(1) 当 σ^2 已知时,由 7.3 节的例 1 可得,μ 置信水平为 $1-\alpha$ 的置信区间为

$$\left(\bar{X} \pm \frac{\sigma}{\sqrt{n}}z_{a/2}\right). \tag{7.4.1}$$

例 1 已知幼儿身高服从正态分布,现从 $5 \sim 6$ 岁的幼儿中随机地抽查了 9 人,其高度(单位:cm)分别为 $115, 120, 131, 115, 109, 115, 115, 105, 110$,假设标准差 $\sigma = 7$,置信水平为 95%,试求总体均值 μ 的置信区间.

解 由式(7.4.1)可得 μ 的置信水平为 $1-\alpha$ 的置信区间为：$\left(\overline{X}\pm\dfrac{\sigma}{\sqrt{n}}z_{\alpha/2}\right)$. 已知 $\sigma=7$,

$n=9,1-\alpha=0.95$,由样本值得 $\overline{x}=\dfrac{1}{9}(115+120+\cdots+110)=115$.

查表得 $z_{\alpha/2}=z_{0.025}=1.96$,由此得置信区间为

$$(115-1.96\times 7/\sqrt{9},115+1.96\times 7/\sqrt{9})=(110.43,119.57).$$

(2) 当 σ^2 未知时,不能使用样本函数 $\dfrac{\overline{X}-\mu}{\sigma/\sqrt{n}}$ 来寻找所要的置信区间,因其中含有未知参

数 σ. 由 7.2 节知,样本方差 $S^2=\dfrac{1}{n-1}\sum\limits_{i=1}^{n}(X_i-\overline{X})^2$ 是 σ^2 的无偏估计.

由 6.2 节定理 3(5),$T=\dfrac{\overline{X}-\mu}{S/\sqrt{n}}\sim t(n-1)$,由自由度为 $n-1$ 的 t 分布的上 α 分位数的定

义有(图 7-3):

$$P\{|T|<t_{\alpha/2}(n-1)\}=1-\alpha,$$

即

$$P\left\{\overline{X}-\dfrac{S}{\sqrt{n}}t_{\alpha/2}(n-1)<\mu<\overline{X}+\dfrac{S}{\sqrt{n}}t_{\alpha/2}(n-1)\right\}=1-\alpha,$$

所以 μ 的置信水平为 $1-\alpha$ 的置信区间为

$$\left(\overline{X}\pm\dfrac{S}{\sqrt{n}}t_{\alpha/2}(n-1)\right). \tag{7.4.2}$$

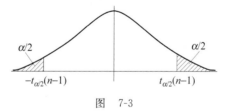

图 7-3

例2 某工厂生产滚珠,从某日生产的产品中随机抽取 9 个,测得直径(单位:mm)

如下:

$$14.6,14.7,15.1,14.9,14.8,15.0,15.1,15.2,14.8,$$

设滚珠直径服从正态分布,若:

(1) 已知滚珠直径的标准差 $\sigma=0.15$mm;

(2) 未知标准差 σ.

求直径的均值 μ 的置信水平为 0.95 的置信区间.

解 (1) 由式(7.4.1)可知 μ 的置信水平为 $1-\alpha$ 的置信区间为：$\left(\overline{X}\pm\dfrac{\sigma}{\sqrt{n}}z_{\alpha/2}\right)$.

由题设可得 $\overline{x}=14.911,1-\alpha=0.95,z_{\alpha/2}=z_{0.025}=1.96,n=9$,于是得到 μ 的置信水平

为 0.95 的置信区间为

$$(14.911-1.96\times 0.15/\sqrt{9},\quad 14.911+1.96\times 0.15/\sqrt{9})=(14.813,15.009).$$

(2) 由式(7.4.2)可知 μ 的置信水平为 $1-\alpha$ 的置信区间为 $\left(\overline{X}\pm\dfrac{S}{\sqrt{n}}t_{\alpha/2}(n-1)\right)$. 由于

$\bar{x}=14.911, s=0.203, \alpha=0.05, n=9, t_{\alpha/2}(n-1)=t_{0.025}(8)=2.306$, 于是得到 μ 的置信水平为0.95的置信区间为

$$(14.911-2.306\times0.203/\sqrt{9}, 14.911+2.306\times0.203/\sqrt{9})=(14.755, 15.067).$$

2. 总体方差 σ^2 的置信区间

根据实际问题的需要, 这里仅讨论 μ 未知的情况.

设总体 $X\sim N(\mu,\sigma^2)$, $(X_1,X_2,\cdots,X_n)$ 为来自 X 的一个样本. 由于 $S^2=\dfrac{1}{n-1}\sum_{i=1}^{n}(X_i-\bar{X})^2$ 是 σ^2 的一个点估计, 由 6.2 节定理 3(3)知,

$$\chi^2=\frac{(n-1)S^2}{\sigma^2}\sim\chi^2(n-1).$$

对于给定的置信水平 $1-\alpha$, 查 χ^2 分布表, 可选择 $\chi_{\alpha/2}^2(n-1)$ 和 $\chi_{1-\alpha/2}^2(n-1)$ 满足 (图 7-4)

$$P\left\{\chi_{1-\alpha/2}^2(n-1)<\frac{(n-1)S^2}{\sigma^2}<\chi_{\alpha/2}^2(n-1)\right\}=1-\alpha,$$

即

$$P\left\{\frac{(n-1)S^2}{\chi_{\alpha/2}^2(n-1)}<\sigma^2<\frac{(n-1)S^2}{\chi_{1-\alpha/2}^2(n-1)}\right\}=1-\alpha.$$

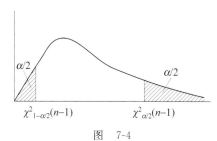

图 7-4

此式表明, 方差 σ^2 的一个置信水平为 $1-\alpha$ 的置信区间为

$$\left(\frac{(n-1)S^2}{\chi_{\alpha/2}^2(n-1)}, \frac{(n-1)S^2}{\chi_{1-\alpha/2}^2(n-1)}\right). \tag{7.4.3}$$

进一步还可以得到标准差 σ 的置信水平为 $1-\alpha$ 的置信区间为

$$\left(\frac{\sqrt{n-1}S}{\sqrt{\chi_{\alpha/2}^2(n-1)}}, \frac{\sqrt{n-1}S}{\sqrt{\chi_{1-\alpha/2}^2(n-1)}}\right).$$

注 在概率密度函数不对称时, 如 χ^2 分布和 F 分布, 习惯上仍是取对称的分位点来确定置信区间, 但所得区间不是最短的.

例3 设某机床加工的零件长度 $X\sim N(\mu,\sigma^2)$, 今抽查 16 个零件, 测得长度(单位: mm)如下: 12.15, 12.12, 12.01, 12.08, 12.09, 12.16, 12.03, 12.01, 12.06, 12.13, 12.07, 12.11, 12.08, 12.01, 12.03, 12.06. 在置信水平为95%时, 试求总体方差 σ^2 的置信区间.

解 由式 (7.4.3) 可知方差 σ^2 的置信水平为 $1-\alpha$ 的置信区间为: $\left(\dfrac{(n-1)S^2}{\chi_{\alpha/2}^2(n-1)}, \dfrac{(n-1)S^2}{\chi_{1-\alpha/2}^2(n-1)}\right)$. 已知 $n=16, 1-\alpha=0.95$, 由样本值得 $s^2=0.00244$, 查表得 $\chi_{0.025}^2(15)=27.5, \chi_{0.975}^2(15)=6.26$, 于是得到 σ^2 的一个置信水平为 0.95 的置信区间为

$$\left(\frac{15 \times 0.00244}{27.5}, \frac{15 \times 0.00244}{6.26}\right) = (0.0013, 0.0058).$$

例 4 已知某种木材的横纹抗压力(单位:kg)$X \sim N(\mu, \sigma^2)$,对 10 个试件作横纹抗压力试验,得样本均值与样本标准差分别为:$\bar{x} = 475.5, s = 35.22$,试求 μ 的置信水平为 0.95 的置信区间及 σ 的置信水平为 0.90 的置信区间.

解 由 σ 未知,所以 μ 的置信水平为 0.95 的置信区间是:

$$\left(\bar{X} - \frac{S}{\sqrt{n}} t_{\frac{\alpha}{2}}(n-1), \quad \bar{X} + \frac{S}{\sqrt{n}} t_{\frac{\alpha}{2}}(n-1)\right),$$

由 $n = 10, \alpha = 0.05$ 查表得 $t_{0.025}(9) = 2.2622$,代入数据计算得 μ 的置信水平为 0.95 的置信区间是:$(432.3, 482.7)$.

在求 σ 的置信区间时,$\alpha = 0.10$,查表得 $\chi^2_{0.95}(9) = 3.325$,$\chi^2_{0.05}(9) = 16.919$,$\sigma$ 的置信水平为 0.90 的置信区间 $\left(\frac{\sqrt{n-1}S}{\sqrt{\chi^2_{\frac{\alpha}{2}}(n-1)}}, \frac{\sqrt{n-1}S}{\sqrt{\chi^2_{1-\frac{\alpha}{2}}(n-1)}}\right) = (25.69, 57.94)$.

从上面的讨论可以看出,单个正态总体的两个参数 μ 和 σ^2 的区间估计步骤大致相同,所不同的只是所采用的样本函数各不相同.将所讨论的结果列于表 7-1 中.

表 7-1 单个正态总体的参数 μ 和 σ^2 的 $1 - \alpha$ 置信区间

待 估 参 数		样 本 函 数	置信水平为 $1-\alpha$ 的置信区间
μ	σ^2 已知	$Z = \dfrac{\bar{X} - \mu}{\sigma / \sqrt{n}} \sim N(0,1)$	$\left(\bar{X} \pm \dfrac{\sigma}{\sqrt{n}} z_{\alpha/2}\right)$
	σ^2 未知	$T = \dfrac{\bar{X} - \mu}{S / \sqrt{n}} \sim t(n-1)$	$\left(\bar{X} \pm \dfrac{S}{\sqrt{n}} t_{\alpha/2}(n-1)\right)$
$\sigma^2 (\mu$ 未知$)$		$\chi^2 = \dfrac{(n-1)S^2}{\sigma^2} \sim \chi^2(n-1)$	$\left(\dfrac{(n-1)S^2}{\chi^2_{\alpha/2}(n-1)}, \dfrac{(n-1)S^2}{\chi^2_{1-\alpha/2}(n-1)}\right)$

二、两个正态总体均值差与方差比的区间估计

在实际中常遇到下面的问题:已知产品的某一质量指标服从正态分布,但由于原料、设备条件、操作人员不同,或工艺过程的改变等因素,引起总体均值、总体方差有所改变.我们需要知道这些变化有多大,以便对生产条件优劣做出客观评价.这就需要考虑两个正态总体均值差或方差比的估计问题.

设 $X \sim N(\mu_1, \sigma_1^2)$,$Y \sim N(\mu_2, \sigma_2^2)$.已给定置信水平为 $1-\alpha$,并设 $X_1, X_2, \cdots, X_{n_1}$ 是来自总体 X 的样本;$Y_1, Y_2, \cdots, Y_{n_2}$ 是来自总体 Y 的样本,这两个样本相互独立.且设 $\bar{X}, \bar{Y}$ 分别为两个总体的样本均值,S_1^2, S_2^2 分别是两个总体的样本方差.

1. 两个总体均值差 $\mu_1 - \mu_2$ 的置信区间

(1) σ_1^2, σ_2^2 已知

因为 $\bar{X}, \bar{Y}$ 分别为 μ_1, μ_2 的无偏估计,故 $\bar{X} - \bar{Y}$ 是 $\mu_1 - \mu_2$ 的无偏估计,由 $\bar{X}, \bar{Y}$ 的独立性及 $\bar{X} \sim N(\mu_1, \sigma_1^2/n_1)$,$\bar{Y} \sim N(\mu_2, \sigma_2^2/n_2)$,得

$$\bar{X} - \bar{Y} \sim N\left(\mu_1 - \mu_2, \frac{\sigma_1^2}{n_1} + \frac{\sigma_2^2}{n_2}\right),$$

或
$$\frac{(\overline{X} - \overline{Y}) - (\mu_1 - \mu_2)}{\sqrt{\dfrac{\sigma_1^2}{n_1} + \dfrac{\sigma_2^2}{n_2}}} \sim N(0, 1).$$

所以可得 $\mu_1 - \mu_2$ 的置信水平为 $1-\alpha$ 的置信区间为
$$\left(\overline{X} - \overline{Y} \pm z_{\alpha/2} \sqrt{\frac{\sigma_1^2}{n_1} + \frac{\sigma_2^2}{n_2}} \right).$$

（2）$\sigma_1^2 = \sigma_2^2 = \sigma^2$，且 σ^2 未知

由 6.2 节定理 4 知，$T = \dfrac{(\overline{X} - \overline{Y}) - (\mu_1 - \mu_2)}{\sqrt{\dfrac{1}{n_1} + \dfrac{1}{n_2}} \cdot S_\omega} \sim t(n_1 + n_2 - 2)$，其中
$$S_\omega^2 = \frac{(n_1 - 1)S_1^2 + (n_2 - 1)S_2^2}{n_1 + n_2 - 2}, \quad S_\omega = \sqrt{S_\omega^2}.$$

由 t 分布上 α 分位数的定义有：$P\{|T| < t_{\alpha/2}(n_1 + n_2 - 2)\} = 1 - \alpha$，从而可得 $\mu_1 - \mu_2$ 的置信水平为 $1-\alpha$ 的置信区间为
$$\left(\overline{X} - \overline{Y} \pm t_{\alpha/2}(n_1 + n_2 - 2) S_\omega \sqrt{\frac{1}{n_1} + \frac{1}{n_2}} \right).$$

若置信下限大于零，则可认为 $\mu_1 > \mu_2$，若置信上限小于零，则可认为 $\mu_1 < \mu_2$，若置信下限等于零，则可认为 μ_1 和 μ_2 没有显著区别。

例 5 为比较 Ⅰ，Ⅱ 两种型号步枪子弹的枪口速度，随机地取 Ⅰ 型子弹 10 发，得到枪口平均速度为 $\overline{x_1} = 500 (\text{m/s})$，标准差 $s_1 = 1.10 (\text{m/s})$；取 Ⅱ 型子弹 20 发，得到枪口平均速度为 $\overline{x_2} = 496 (\text{m/s})$，标准差 $s_2 = 1.20 (\text{m/s})$．假设两总体都可认为近似地服从正态分布，且由生产过程可认为它们的方差相等，求两总体均值差 $\mu_1 - \mu_2$ 的置信水平为 0.95 的置信区间．

解 由于两总体的方差相等，却未知，置信区间为
$$\left(\overline{X} - \overline{Y} \pm t_{\alpha/2}(n_1 + n_2 - 2) S_\omega \sqrt{\frac{1}{n_1} + \frac{1}{n_2}} \right).$$

由于 $1 - \alpha = 0.95, \alpha/2 = 0.025, n_1 = 10, n_2 = 20, n_1 + n_2 - 2 = 28, t_{0.025}(28) = 2.0484, s_\omega^2 = \dfrac{9 \times 1.1^2 + 19 \times 1.2^2}{28}$，所以 $s_\omega = \sqrt{s_\omega^2} = 1.1688$，故所求置信区间为
$$\left(\overline{x_1} - \overline{x_2} \pm t_{0.025}(28) s_\omega \sqrt{\frac{1}{10} + \frac{1}{20}} \right) = (4 \pm 0.93) = (3.07, 4.93).$$

2. 求 σ_1^2 / σ_2^2 的置信区间（μ_1, μ_2 均未知）

由 6.2 节定理 5
$$F = \frac{S_1^2 / S_2^2}{\sigma_1^2 / \sigma_2^2} \sim F(n_1 - 1, n_2 - 1),$$

由 F 分布的上 α 分位数的定义得
$$P\{F_{1-\alpha/2}(n_1 - 1, n_2 - 1) < F < F_{\alpha/2}(n_1 - 1, n_2 - 1)\} = 1 - \alpha,$$

即

$$P\left\{\frac{S_1^2}{S_2^2}\frac{1}{F_{\alpha/2}(n_1-1,n_2-1)}<\frac{\sigma_1^2}{\sigma_2^2}<\frac{S_1^2}{S_2^2}\frac{1}{F_{1-\alpha/2}(n_1-1,n_2-1)}\right\}=1-\alpha.$$

可得 σ_1^2/σ_2^2 的置信水平为 $1-\alpha$ 的置信区间为

$$\left(\frac{S_1^2}{S_2^2}\frac{1}{F_{\alpha/2}(n_1-1,n_2-1)},\frac{S_1^2}{S_2^2}\frac{1}{F_{1-\alpha/2}(n_1-1,n_2-1)}\right).$$

例 6　从甲、乙两厂生产的蓄电池产品中,分别抽取一些样品,测蓄电池的电容量(单位：h)如下：

甲厂：144,141,138,142,141,143,138,137；

乙厂：142,143,139,140,138,141,140,138,142,136.

设两个工厂生产的蓄电池的电容量分别服从正态分布 $N(\mu_1,\sigma_1^2)$ 及 $N(\mu_2,\sigma_2^2)$,求：

(1) 电容量的方差比 σ_1^2/σ_2^2 的置信水平为 95% 的置信区间；

(2) 电容量的均值差 $\mu_1-\mu_2$ 的置信水平为 95% 的置信区间(假定 $\sigma_1^2=\sigma_2^2$).

解　设甲、乙两厂产品的总体各为 X,Y.

(1) σ_1^2/σ_2^2 的置信水平为 $1-\alpha$ 的置信区间为

$$\left(\frac{S_1^2}{S_2^2}\frac{1}{F_{\alpha/2}(n_1-1,n_2-1)},\frac{S_1^2}{S_2^2}\frac{1}{F_{1-\alpha/2}(n_1-1,n_2-1)}\right).$$

由已知计算可得 $\bar{x}=140.5,s_1=2.563,\bar{y}=139.9,s_2=2.183$,

$n_1=8,n_2=10,1-\alpha=0.95,F_{0.025}(7,9)=4.20,F_{0.025}(9,7)=4.82,\dfrac{s_1^2}{s_2^2}=1.378$,

故 σ_1^2/σ_2^2 的置信水平为 95% 的置信区间为

$$\left(\frac{s_1^2}{s_2^2}\cdot\frac{1}{4.20},\frac{s_1^2}{s_2^2}\cdot 4.82\right)=(0.328,6.642).$$

(2) $\mu_1-\mu_2$ 的置信水平为 $1-\alpha$ 的置信区间为

$$\left(\bar{X}-\bar{Y}\pm t_{\alpha/2}(n_1+n_2-2)S_\omega\sqrt{\frac{1}{n_1}+\frac{1}{n_2}}\right).$$

由已知计算可得

$$s_\omega=\sqrt{\frac{7\times 2.563^2+9\times 2.183^2}{16}}=2.357,\sqrt{\frac{1}{n_1}+\frac{1}{n_2}}=0.474,t_{0.025}(16)=2.1199,$$

故 $\mu_1-\mu_2$ 的置信水平为 95% 的置信区间为

$$\left(\bar{x}-\bar{y}\pm t_{\alpha/2}(n_1+n_2-2)s_\omega\sqrt{\frac{1}{n_1}+\frac{1}{n_2}}\right)=(0.6\pm 2.1199\times 0.474\times 2.375)$$
$$=(0.6\pm 2.368)=(-1.768,2.968).$$

注　在 σ_1^2/σ_2^2 的区间估计中,常要用到 $F_{1-\alpha/2}(n_1-1,n_2-1)=\dfrac{1}{F_{\alpha/2}(n_2-1,n_1-1)}$,而 $F_{\alpha/2}(n_2-1,n_1-1)$ 可查表.区间估计中要假定 $\sigma_1^2=\sigma_2^2$,这实际上需要进行假设检验：$H_0:\sigma_1^2=\sigma_2^2$(第 8 章做介绍).两个正态总体的均值差 $\mu_1-\mu_2$ 和方差比 σ_1^2/σ_2^2 的 $1-\alpha$ 置信区间见表 7-2.

表 7-2 两个正态总体的均值差 $\mu_1-\mu_2$ 和方差比 σ_1^2/σ_2^2 的 $1-\alpha$ 置信区间

待 估 参 数		样 本 函 数	置信水平为 $1-\alpha$ 的置信区间
$\mu_1-\mu_2$	σ_1^2,σ_2^2 已知	$\dfrac{(\overline{X}-\overline{Y})-(\mu_1-\mu_2)}{\sqrt{\dfrac{\sigma_1^2}{n_1}+\dfrac{\sigma_2^2}{n_2}}}$ $\sim N(0,1)$	$\left(\overline{X}-\overline{Y}\pm z_{\alpha/2}\sqrt{\dfrac{\sigma_1^2}{n_1}+\dfrac{\sigma_2^2}{n_2}}\right)$
	σ_1^2,σ_2^2 未知 $\sigma_1^2=\sigma_2^2$	$\dfrac{(\overline{X}-\overline{Y})-(\mu_1-\mu_2)}{\sqrt{\dfrac{1}{n_1}+\dfrac{1}{n_2}}\cdot S_w}$ $\sim t(n_1+n_2-2)$	$\left(\overline{X}-Y\pm t_{\alpha/2}(n_1+n_2-2)S_w\sqrt{\dfrac{1}{n_1}+\dfrac{1}{n_2}}\right)$
σ_1^2/σ_2^2 (μ_1,μ_2 未知)		$\dfrac{S_1^2/S_2^2}{\sigma_1^2/\sigma_2^2}\sim F(n_1-1,n_2-1)$	$\left(\dfrac{S_1^2}{S_2^2}\dfrac{1}{F_{\alpha/2}(n_1-1,n_2-1)},\dfrac{S_1^2}{S_2^2}\dfrac{1}{F_{1-\alpha/2}(n_1-1,n_2-1)}\right)$

三、单侧置信区间

前面讨论的置信区间 $(\hat{\theta}_1,\hat{\theta}_2)$ 称为双侧置信区间,但在实际问题中,对有些量的估计往往只需要考虑它的上限或下限. 例如,对产品设备的平均寿命人们关心的是置信下限,而讨论产品的废品率时,感兴趣的是其置信上限,于是,我们引入单侧置信区间.

定义 设总体 X 的分布函数 $F(x;\theta)$ 含有一个未知参数 $\theta,\theta\in\Theta$(Θ 是 θ 的取值范围),对于给定值 $\alpha(0<\alpha<1)$,若由来自 X 的样本 $X_1,X_2,\cdots,X_n$ 所确定的统计量 $\hat{\theta}=\theta(X_1,X_2,\cdots,X_n)$,对于任意 $\theta\in\Theta$ 满足

$$P\{\theta>\hat{\theta}\}\geqslant 1-\alpha,$$

则称随机区间 $(\hat{\theta},\infty)$ 是 θ 的置信水平为 $1-\alpha$ 的**单侧置信区间**(one-sided confidence interval),$\hat{\theta}$ 称为置信水平为 $1-\alpha$ 的**单侧置信下限**.

又若统计量 $\hat{\theta}=\theta(X_1,X_2,\cdots,X_n)$,对于任意 $\theta\in\Theta$ 满足

$$P\{\theta<\hat{\theta}\}\geqslant 1-\alpha,$$

则称随机区间 $(-\infty,\hat{\theta})$ 是 θ 的置信水平为 $1-\alpha$ 的**单侧置信区间**,$\hat{\theta}$ 称为置信水平为 $1-\alpha$ 的**单侧置信上限**.

注 求单侧置信区间的方法与双侧置信区间一样,只是需要将双侧置信区间(表 7-1 和表 7-2)中的 $\alpha/2$ 改写为 α;另外单侧置信区间的上限或下限可以是一个确定的常数,如产品使用寿命置信区间的下限一般为 0.

例 7 制造某种产品的单件平均工时服从正态分布,先抽取五件,记录它们的制造工时(单位:h)为 6.6,6.3,7.1,6.9,6.2. 给定置信水平为 0.95,试求单件平均工时的单侧置信上限.

分析 这是单个正态总体,在 σ^2 未知的条件下,求均值的置信区间的问题.

解 选用估计量

$$T=\frac{\overline{X}-\mu}{S/\sqrt{n}}\sim t(n-1).$$

因为 $n=5, \bar{x}=6.62, s^2=0.147, t_{0.05}(4)=2.132$，所以

$$\bar{x}+\frac{s}{\sqrt{n}}t_\alpha(n-1)=6.62+2.132\times\frac{\sqrt{0.147}}{\sqrt{5}}=6.99.$$

故所求单件平均工时的置信水平为 0.95 的单侧置信上限为 6.99.

例 8　设某种钢材的强度（单位：$\mathrm{N/mm^2}$）服从 $N(\mu, \sigma^2)$，先从中获得容量为 10 的样本，求得样本均值 $\bar{x}=41.3$，样本标准差 $s=1.05$. 求：

（1）μ 的置信水平为 0.95 的置信下限；

（2）σ 的置信水平为 0.90 的置信上限.

解　（1）选用估计量

$$T=\frac{\overline{X}-\mu}{S/\sqrt{n}}\sim t(n-1).$$

因为 $n=10, \bar{x}=41.3, s=1.05, t_{0.05}(9)=1.8331$，所以

$$\bar{x}-\frac{s}{\sqrt{n}}t_\alpha(n-1)=41.3-1.8331\times\frac{1.05}{3}=40.66.$$

故所求 μ 的置信水平为 0.95 的单侧置信下限为 40.66.

（2）**分析**　这是单个正态总体，在 μ 未知的条件下，求 σ 的置信区间的问题.

选用估计量 $\chi^2=\frac{(n-1)S^2}{\sigma^2}\sim\chi^2(n-1)$. 因为 $n=10, s=1.05, \chi_{0.90}^2(9)=4.168$，所以

$$\frac{\sqrt{n-1}\cdot s}{\sqrt{\chi_{1-\alpha}^2(n-1)}}=\frac{3\times1.05}{\sqrt{4.168}}=1.543.$$

故所求 σ 的置信水平为 0.90 的单侧置信上限为 1.543.

四、大样本下的区间估计

以上的讨论都是基于总体为正态分布情形，而事实上，大多数总体不属于正态总体，那么上面的结论就不可以使用. 但由中心极限定理，当样本的容量很大（$\geqslant 50$）时，样本的均值近似服从正态分布. 即设总体的数学期望和方差分别为 μ, σ^2（已知）时，样本的均值 $\overline{X}$ 标准化后近似服从标准正态分布，即

$$Z=\frac{\overline{X}-\mu}{\sigma/\sqrt{n}}\overset{近似}{\sim}N(0,1).$$

对于置信度 $1-\alpha$，总体均值 μ 的置信区间近似为

$$\left(\overline{X}-z_{\alpha/2}\frac{\sigma}{\sqrt{n}},\overline{X}+z_{\alpha/2}\frac{\sigma}{\sqrt{n}}\right).$$

若总体方差 σ^2 未知时，以样本方差 S^2 代替总体的方差，则总体均值 μ 的置信区间近似为

$$\left(\overline{X}-z_{\alpha/2}\frac{S}{\sqrt{n}},\overline{X}+z_{\alpha/2}\frac{S}{\sqrt{n}}\right).$$

例 9　设总体 $X\sim B(1,p)$（即（0-1）分布），其中 p 未知，$0<p<1$. $X_1,X_2,\cdots,X_n$ 是来自 X 的一个样本，求 n 很大时，p 的置信水平为 $1-\alpha$ 的一个近似置信区间.

解　已知 $B(1,p)$ 的均值和方差分别为 $\mu=p, \sigma^2=p(1-p)$，当 n 很大时，$\overline{X}$ 近似服从

$N\left(p,\dfrac{1}{n}p(1-p)\right)$,所以

$$\frac{\overline{X}-\mu}{\sigma/\sqrt{n}}=\frac{\overline{X}-p}{\sqrt{p(1-p)/n}}=\frac{n\overline{X}-np}{\sqrt{np(1-p)}}\overset{近似}{\sim}N(0,1),$$

于是有

$$P\left\{\left|\frac{n\overline{X}-np}{\sqrt{np(1-p)}}\right|<z_{\alpha/2}\right\}\approx 1-\alpha,$$

等价于

$$P\{ap^2+bp+c<0\}\approx 1-\alpha,$$

其中

$$a=n+(z_{\alpha/2})^2,\quad b=-2n\overline{x}-(z_{\alpha/2})^2,\quad c=n(\overline{x})^2.$$

解不等式得

$$P\{p_1<p<p_2\}\approx 1-\alpha,$$

其中

$$p_1=\frac{1}{2a}\left(-b-\sqrt{b^2-4ac}\right),\quad p_2=\frac{1}{2a}\left(-b+\sqrt{b^2-4ac}\right),$$

于是得 p 的置信水平为 $1-\alpha$ 的一个近似置信区间为

$$(p_1,p_2). \tag{7.4.4}$$

注 若用 $\sqrt{\dfrac{\overline{x}(1-\overline{x})}{n}}$ 来代替 $\sqrt{\dfrac{p(1-p)}{n}}$(n 较大时),则可得到 p 的另一种形式的近似置信区间:

$$\left(\overline{X}\pm z_{\alpha/2}\sqrt{\frac{X(1-X)}{n}}\right). \tag{7.4.5}$$

例 10 某精纺车间从 100 个样品中检出一级品 60 个,求这批产品的一级品率 p 的置信水平为 0.95 的一个置信区间.

分析 检查产品是否是一级品可以用(0-1)分布的随机变量来描述.

解 一级品率 p 是(0-1)分布的参数,此时

$$n=100,\quad \overline{x}=60/100=0.6,\quad 1-\alpha=0.95,\quad \alpha/2=0.025,\quad z_{\alpha/2}=1.96.$$

方法 1 按式(7.4.4)方法来求 p 的置信区间,其中

$$a=n+(z_{\alpha/2})^2=103.84,\quad b=-2n\overline{x}-(z_{\alpha/2})^2=-123.84,\quad c=n(\overline{x})^2=36.$$

于是 $p_1=0.50$, $p_2=0.69$,故得 p 的一个置信水平为 0.95 的近似置信区间为(0.50,0.69).

方法 2 按式(7.4.5)方法来求 p 的置信区间.

由 $\left(\overline{x}\pm z_{\alpha/2}\sqrt{\dfrac{\overline{x}(1-\overline{x})}{n}}\right)=(0.6\pm 0.098)$,得 p 的一个置信水平为 0.95 的近似置信区间为(0.502,0.698).

习题 7-4

1. 某商店每天每百元投资的利润率 X 服从正态分布 $N(\mu,0.4)$. 现随机抽取的 5 天的利润率为:$-0.2,0.1,0.8,-0.6,0.9$,试求 μ 的置信水平为 0.95 的置信区间.

2. 某车间生产的滚珠,其直径 X 服从正态分布 $N(\mu,0.05)$. 先从某天生产的产品中随机抽取 6 个,测得直径如下(单位：mm)：14.6,15.1,14.8,14.9,15.2,15.4. 试在 $\alpha=0.05$ 下求滚珠平均直径 μ 的置信区间.

3. 从一台机床加工的轴承中随机抽取 25 根,测量其椭圆度,由测量值计算得平均值 $\bar{x}=0.81$mm,标准差 $s=0.025$mm,给定置信水平为 0.95,求此机床加工的轴承平均椭圆度的置信区间(假定加工的轴承的椭圆度服从正态分布).

4. 设灯泡厂生产的一大批灯泡的使用寿命 X 服从正态分布 $N(\mu,\sigma^2)$,其中 μ,σ^2 未知,今随机地抽取 16 只灯泡进行寿命试验,测得寿命数据如下(单位：h)：1502,1480,1485,1511,1514,1527,1603,1480,1532,1508,1490,1470,1520,1505,1485,1540. 求该批灯泡平均寿命 μ 的置信水平为 0.95 的置信区间.

5. 设某自动车床加工的零件尺寸与规定尺寸的偏差 X 服从正态分布 $N(\mu,\sigma^2)$,先从加工的一批零件中随机抽取 11 个,其偏差分别为(单位：μm)：
$$1,2,3,-2,2,4,5,-2,5,3,4,$$
试求 μ,σ^2,σ 的置信水平为 0.95 的置信区间.

6. 随机地取某种炮弹 9 发做试验,测得炮口速度的样本标准差 $s=11$(m/s). 设炮口速度 X 服从正态分布,即 $X\sim N(\mu,\sigma^2)$,求这种炮弹的炮口速度的标准差 σ 的置信水平为 95％ 的置信区间.

7. 设从两个正态分布总体 $N(\mu_1,\sigma^2)$,$N(\mu_2,\sigma^2)$ 中分别抽取容量为 10 和 12 的样本,算得 $\bar{x}=20,\bar{y}=24$,又两样本标准差 $s_1=5,s_2=6$,求 $\mu_1-\mu_2$ 的置信水平为 0.95 的置信区间.

8. 为了估计磷肥对农作物增产的作用,现选 20 块条件大致相同的土壤,其中 10 块不施磷肥,另外 10 块施磷肥,得亩产量(单位：kg)如下：

不施磷肥的：560,590,560,570,580,570,600,550,570,550;

施磷肥的：620,570,650,600,630,580,570,600,600,580.

设不施磷肥的亩产和施磷肥的亩产均服从正态分布,且方差相同,试对施磷肥的平均亩产与不施磷肥的平均亩产之差作区间估计($\alpha=0.05$).

9. 有甲、乙两位化验员,独立地对某种聚合物的含氯量用相同的方法作 10 次和 11 次测定,测定的方差分别为 $s_1^2=0.5419$,$s_2^2=0.606$. 设甲、乙两位化验员的测定值均服从正态分布,其总体方差分别为 σ_1^2、σ_2^2,求方差比 σ_1^2/σ_2^2 的置信水平为 0.90 的置信区间.

10. 某钢铁公司的管理人员为比较新旧两个电炉的温度状况,分别抽取了 31 个新电炉的温度数据和 25 个旧电炉的温度数据,并计算得样本方差分别为 $s_1^2=75$,$s_2^2=100$. 设新电炉的温度 $X\sim N(\mu_1,\sigma_1^2)$,旧电炉的温度 $X\sim N(\mu_2,\sigma_2^2)$,求两总体方差比 σ_1^2/σ_2^2 的置信水平为 0.95 的置信区间.

11. 为估计制造某种产品所需的单件平均工时(单位：h),现抽查 5 件,记录每件所需工时如下：10.5,11,11.2,12.5,12.8. 设制造单件产品所需工时服从正态分布,给定置信水平为 0.95,试求平均工时的单侧置信上限.

12. 抽查了 400 名在校男中学生的身高,求得该 400 名同学的平均身高为 166(单位：cm),假定由经验知道全体男中学生身高总体的方差为 16,则中学生的平均身高的置信水平为 0.99 的置信区间近似为多少?

13. 某城镇抽样调查的 500 名应就业的人中,有 13 名待业者,试求该城镇的待业率 p

的置信水平为 0.95 的置信区间.

小结

统计推断,就是由样本推断总体,是数理统计的核心内容,其两个基本问题是参数估计和假设检验.本章研究参数估计.

参数估计,就是根据样本来估计总体的未知参数,分为点估计和区间估计.点估计是适当地选择一个统计量作为未知参数的估计(称为估计量),若已取得一样本,将样本值代入估计量,得到估计量的值,以估计量的值作为未知参数的近似值(称为估计值).

本章介绍了两种求点估计的方法:矩估计法和最大似然估计法(或极大似然估计法).

矩估计法的思想是,以样本矩作为总体矩的估计量,而以样本矩的连续函数作为相应总体矩的连续函数的估计量,从而得到总体未知参数的估计.

最大似然估计的基本思想是,若已观察到样本 $(X_1, X_2, \cdots, X_n)$ 的样本值 $(x_1, x_2, \cdots, x_n)$,而取到这一样本值的概率为 p(在离散型的情况下),或 $(X_1, X_2, \cdots, X_n)$ 落在这一样本值 $(x_1, x_2, \cdots, x_n)$ 的邻域内的概率为 p(在连续的情况下),而 p 与未知参数有关,就取 θ 的估计值使概率 p 取到最大.

对于一个未知参数可以给出不同的 n 个估计量,这就需要给出评定估计量优劣的标准.本章介绍了三个标准:无偏性、有效性和相合性.相合性是估计量的一个基本要求,不具备相合性的估计量,没有考虑的必要.

点估计不能反映估计的精度,于是引入了区间估计.置信区间是一个随机区间 $(\hat{\theta}_1, \hat{\theta}_2)$,它覆盖未知参数具有预先给定的高概率(置信水平),即令 $\hat{\theta}_1 = \theta_1(X_1, X_2, \cdots, X_n)$ 和 $\hat{\theta}_2 = \theta_2(X_1, X_2, \cdots, X_n)(\hat{\theta}_1 < \hat{\theta}_2)$,对于任意 $\theta \in \Theta$ 满足

$$P\{\theta_1(X_1, X_2, \cdots, X_n) < \theta < \theta_2(X_1, X_2, \cdots, X_n)\} \geqslant 1 - \alpha.$$

$\hat{\theta}_1$ 和 $\hat{\theta}_2$ 分别称为置信水平为 $1 - \alpha$ 的双侧置信区间的置信下限和置信上限.上式的意义在于:若反复抽样多次,每个样本值确定一个区间 $(\hat{\theta}_1, \hat{\theta}_2)$,每个这样的区间要么包含 θ 的真值,要么不包含 θ 的真值,在这样多的区间中,包含 θ 真值的约占 $1 - \alpha$,不包含 θ 真值的约占 α.

在实际问题中,对有些量的估计往往只需要考虑它的上限或下限,于是引入单侧置信区间.求单侧置信区间的方法与双侧置信区间一样,只是需要将双侧置信区间中的 $\alpha/2$ 改写为 α,就得到相应的单侧置信上下限了.

本章要求读者能够理解参数估计的概念,熟练掌握点估计的矩估计法和最大似然估计法;了解估计量好坏的三个评选标准,并会验证;理解区间估计的概念,熟练掌握单个正态总体的均值和方差的置信区间;会求两个正态总体的均值差和方差比的区间估计,了解非正态总体的区间估计及置信区间.

知识结构脉络图

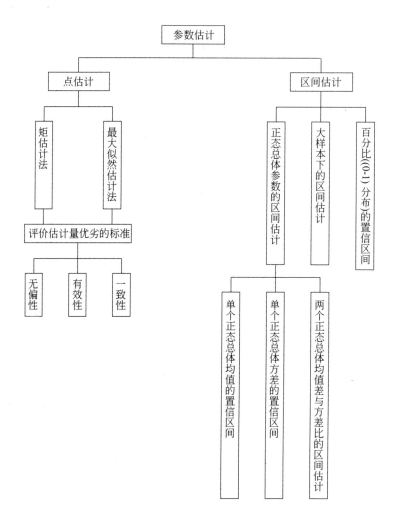

总习题 7

1. 设某炸药厂一天中发生着火现象的次数 X 服从参数为 λ 的泊松分布,λ 未知. 有以下样本值:

着火的次数 k	0	1	2	3	4	5	6	
发生 k 次着火天数 n_k	75	90	54	22	6	2	1	$\sum = 250$

试用矩估计法估计参数 λ.

2. 设总体 X 的概率密度为

$$f(x) = \begin{cases} 1, & x \in \left[\theta - \dfrac{1}{2}, \theta + \dfrac{1}{2}\right], \\ 0, & \text{其他.} \end{cases}$$

求 θ 的矩估计与最大似然估计.

3. 设总体 X 的概率密度为

$$f(x;a,b) = \begin{cases} \dfrac{1}{b}\mathrm{e}^{-\frac{x-a}{b}}, & x \geqslant a, b > 0, \\ 0, & \text{其他.} \end{cases}$$

求 a,b 的矩估计和最大似然估计.

4. (1) 设 $X_1, X_2, \cdots, X_n$ 是取自总体 $N(\mu, \sigma^2)$ 的样本, 试求 $P\{X < t\}$ 的最大似然估计.

(2) 已知某种白炽灯泡的寿命服从正态分布, 在某星期生产的灯泡中随机抽取 10 个, 测得寿命(单位: h)为 1067, 919, 1196, 785, 1126, 936, 918, 1156, 920, 948, 总体参数未知, 试用最大似然估计这批灯泡能使用 1300h 以上的概率.

5. 设湖中有 N 条鱼, 现捕出 r 条, 做上记号后放回. 一段时间后, 再从湖中捕起 n 条鱼, 其中有标记的有 k 条, 试据此信息估计湖中鱼的条数 N.

6. 设总体 $X \sim N(\mu, \sigma^2)$, X_1, X_2, X_3 是来自 X 的简单随机样本,

$$\overline{X_1} = \frac{1}{3}(X_1 + X_2 + X_3),$$

$$\overline{X_2} = \frac{3}{5}X_1 + \frac{2}{5}X_3,$$

$$\overline{X_3} = \frac{1}{2}X_1 + \frac{2}{3}X_2 + \frac{1}{6}X_3.$$

(1) 证明 $\overline{X_1}, \overline{X_2}, \overline{X_3}$ 都是 μ 的无偏估计量.

(2) 比较三个估计量 $\overline{X_1}, \overline{X_2}, \overline{X_3}$ 的方差.

7. 某旅行社为调查当地旅游者的平均消费额, 随机调查了 100 名旅游者, 得知平均消费额 $\bar{x} = 80$ 元. 根据经验可知旅游者消费额 $X \sim N(\mu, 12^2)$, 求该地旅游者的平均消费额 μ 的置信水平为 0.95 的置信区间.

8. 设总体 $X \sim N(\mu, 4)$, 由来自 X 的简单随机样本建立数学期望 μ 的置信水平为 0.95 的置信区间.

(1) 设样本容量为 25, 求置信区间的长度 L.

(2) 估计使置信区间的长度不大于 0.5 的样本容量 n.

9. 设灯泡厂生产的一大批灯泡的寿命 X 服从正态分布 $N(\mu, \sigma^2)$, 其中 σ^2, μ 未知, 今随机地抽取 16 只灯泡进行寿命检测, 数据如下(单位: h): 1502, 1480, 1485, 1511, 1514, 1527, 1603, 1480, 1532, 1508, 1490, 1470, 1520, 1505, 1485, 1540. 求灯泡寿命方差 σ^2 的置信水平为 0.95 的置信区间.

10. 某厂生产一批金属材料, 其抗弯强度服从正态分布, 今从这批金属材料中随机抽取 11 个试件, 测得它们的抗弯强度为(单位: Pa): 42.5, 42.7, 43.0, 42.3, 43.4, 44.5, 44.0, 43.8, 44.1, 43.9, 43.7.

(1) 求平均抗弯强度 μ 的置信水平为 0.95 的置信区间;

(2) 求抗弯强度标准差 σ 的置信水平为 0.90 的置信区间.

11. 设某种清漆的 9 个样品, 其干燥时间(单位: h)分别为 6.0, 5.7, 5.8, 6.5, 7.0, 6.3, 5.6, 6.1, 5.0. 设干燥时间总体服从正态分布 $N(\mu, \sigma^2)$, 求 μ 的置信水平为 0.95 的置信区间(方差 σ^2 未知).

12. 某厂生产的电子元件,其电阻值服从正态分布 $N(\mu,\sigma^2)$,μ,σ^2 均未知,现从中抽查了 20 个电阻,测得其样本电阻均值为 3.0Ω,样本标准差 $s=0.11\Omega$,试求电阻标准差的置信水平为 0.95 的置信区间.

13. 为了估计钾肥对花生增产的作用,现选 20 块条件大致相同的土壤,其中 10 块不施钾肥,另外 10 块施钾肥,得产量(单位:kg)如下:

不施钾肥的:62,57,65,60,63,58,57,60,60,58;

施钾肥的:56,59,56,57,58,57,60,55,57,55.

设花生产量服从正态分布,且不施钾肥的亩产和施钾肥的均方差相同,试对两总体均值差作区间估计($\alpha=0.05$).

14. 对某种作物的种子进行两种不同的药物处理测量单穗增重,得到如下数据:

药物甲:6.0,5.7,5.6,1.2,2.5,2.4,2.4,5.2,1.4,3.5;

药物乙:9.8,2.9,1.4,0.2,4.4,2.2,5.0,6.2.

设经甲、乙两种药物处理后单穗增重分别服从正态分布 $N(\mu_1,\sigma_1^2)$,$N(\mu_2,\sigma_2^2)$,求两总体方差比 σ_1^2/σ_2^2 的置信水平为 0.90 的置信区间.

15. 从一批灯泡中随机取 5 只,测得其寿命(单位:h)为 1050,1100,1120,1280,1250.设灯泡寿命 $X\sim N(\mu,\sigma^2)$,σ^2 未知,求 X 的均值 μ 的置信水平为 0.95 的单侧置信下限.

16. 设总体 X 的方差 $\sigma^2=1$,根据来自 X 的容量为 100 的简单随机样本,测得样本均值为 5,求总体 X 的均值 μ 的置信水平为 0.95 的近似置信区间.

17. 用某种药物作毒杀害虫试验,在 2000 条虫子中杀死了 780 条,试求该种杀虫剂的效果:害虫死亡率 p 的置信水平为 0.95 的置信区间.

18. 在一批容量为 100 的货物的样本中,经检验发现 16 个次品,试求这批货物次品率 p 的置信水平为 0.95 的置信区间.

自测题 7

一、填空题(每小题 4 分,5 小题,共 20 分)

1. 若一个样本的观察值为 1,0,1,0,0,1,则总体均值的矩估计值为_____,总体方差的矩估计值为_____.

2. 若随机变量 $X\sim U(0,\theta)$,$x_1,x_2,\cdots,x_n$ 是 $X_1,X_2,\cdots,X_n$ 的一组观测值,则 θ 的矩估计量为_____,最大似然估计量为_____.

3. 设 θ_1,θ_2 都是 θ 的估计量,则"θ_1,θ_2 是 θ 的无偏估计量"是"θ_1 较 θ_2 有效"的_____条件.

4. 设总体 $X\sim N(\mu,\sigma^2)$,若 σ^2 已知,总体均值 μ 的置信水平为 $1-\alpha$ 的置信区间为_____.

5. 设总体 $X\sim N(\mu,\sigma^2)$,$X_1,X_2,\cdots,X_n$ 为来自 X 的样本,若 μ 未知,则 σ^2 置信水平为 $1-\alpha$ 的置信区间为_____.

二、选择题(每小题 4 分,5 小题,共 20 分)

1. 设 $\hat{\theta}=\hat{\theta}(X_1,X_2,\cdots,X_n)$ 是 θ 的最大似然估计量,则下列正确的是(   ).

A. $\hat{\theta}$ 是似然方程的解　　　　　　　　B. $\hat{\theta}$ 是唯一的

C. $\hat{\theta}$ 存在时不一定唯一　　　　　　　D. A 和 B 同时成立

2. 设 $1,0,0,1,1,1$ 为来自两点分布 $B(1,p)$ 的样本观察值,则 p 的矩估计值为(　　).

A. $\dfrac{1}{6}$　　　　　　B. $\dfrac{1}{3}$　　　　　　C. $\dfrac{1}{2}$　　　　　　D. $\dfrac{2}{3}$

3. 设 $X_1,X_2,\cdots,X_n$ 为总体 X 的一个样本,$a_i(i=1,2,\cdots,n)$ 满足 $\displaystyle\sum_{i=1}^{n}a_i=1$,则(　　)是总体均值的无偏估计量.

A. $\dfrac{1}{n}\displaystyle\sum_{i=1}^{n}a_iX_i$　　　B. $\dfrac{1}{n}\overline{X}$　　　C. $\displaystyle\sum_{i=1}^{n}X_i$　　　D. $\displaystyle\sum_{i=1}^{n}a_iX_i$

4. 设随机变量 X 服从正态分布 $N(1,3^2)$,$X_1,X_2,\cdots,X_9$ 为总体 X 的一个样本,则(　　).

A. $\dfrac{\overline{X}-1}{3}\sim N(0,1)$　　　　　　　　B. $\dfrac{\overline{X}-1}{1}\sim N(0,1)$

C. $\dfrac{\overline{X}-1}{9}\sim N(0,1)$　　　　　　　　D. $\dfrac{\overline{X}-1}{\sqrt{3}}\sim N(0,1)$

5. 设总体 $X\sim\pi(\lambda)$,λ 未知,且 λ 的最大似然估计量为样本均值 $\overline{X}$,则 $P\{X=0\}$ 的最大似然估计量为(　　).

A. $e^{-\overline{X}}$　　　　　B. $e^{\overline{X}}$　　　　　C. 无法确定　　　　　D. $\overline{X}$

三、解答题(每小题 15 分,4 小题,共 60 分)

1. 总体 X 的概率密度为

$$f(x)=\begin{cases} \theta c^{\theta}x^{-\theta-1}, & x>c, \\ 0, & x\leqslant c, \end{cases}$$

其中 $c>0$ 为已知数,$\theta>1$ 为未知参数,$X_1,X_2,\cdots,X_n$ 为其样本,求 θ 的矩估计量和最大似然估计量.

2. 设总体 $X\sim N(\mu,\sigma^2)$,X_1,X_2,X_3 为一个样本.试证 $\hat{\mu}_1=\dfrac{2}{5}X_1+\dfrac{3}{5}X_2$ 和 $\hat{\mu}_2=\dfrac{1}{3}(X_1+X_2+X_3)$ 都是总体期望的无偏估计量,并比较哪一个更有效?

3. 为估计灯泡使用时数的均值 μ 和标准差 σ,检验 10 个灯泡得到 $\overline{x}=1500\text{h}$,$s=21.1\text{h}$,设灯泡使用时数服从正态分布,求参数 μ 和 σ 的置信水平为 0.95 的置信区间.

4. 在一批全部染病的苗木上喷洒某种药剂后,抽取其中的 100 株进行试验,结果有 90 株治愈,试求该药剂的效果——苗木治愈率 p 的置信水平为 0.95 的一个置信区间.

第8章

假 设 检 验

假设检验是利用样本的实际资料,来检验事先对总体某些数字特征所作的假设是否可信的一种统计分析方法.它通常用样本统计量和总体参数假设值之间差异的显著性来说明.差异小,假设值的真实性就大;差异大,假设值的真实性就小.因此假设检验又称为显著性检验.

假设检验分两部分,一部分是参数检验,另一部分是非参数检验,参数检验是在总体的分布类型已知,检验一个总体的均值或方差是否来自已知总体,检验两个总体的均值是否有显著的差异,检验两个总体的方差比是否在允许范围内.非参数检验是总体的分布类型未知,根据给出的样本检验其总体是否为我们熟知的分布.这里主要介绍参数检验.

8.1　假设检验的基本概念

一、假设检验的思想方法

定义　对总体参数的数值提出某种假设,然后利用样本所提供的信息来判断假设是否成立的过程,称为**假设检验**(Hypothesis testing).

例 1　某车间用一台包装机包装糖果,在正常情况下,袋装糖的重量(单位:kg)服从 $N(0.5,0,015^2)$,某天随机抽取 9 袋糖,算得平均重量为 $\bar{x}=0.511$,问这天机器工作是否正常?

分析　为什么会有这个问题? 因为有差异! 如果机器正常,由已知条件可知,袋装糖的平均重量为 0.5,如今抽取 9 袋糖平均重量为 $\bar{x}=0.511$,于是产生差异

$$0.511-0.5=0.011.$$

差异的来源有两种可能:一是由偶然因素导致,偶然因素又称为随机因素,其出现是由于抽样误差造成的;二是由必然因素导致,必然因素又称为系统性因素,是由于机器出现异常所导致.如何判断差异的来源?

可以采用反证法的思想来解决问题.所谓反证法,即当一件事情的发生只有两种可能 A 和 B,为了肯定其中的一种情况 A,但又不能直接证实 A,这时否定另一种可能 B,则间接肯定了 A.

下面首先转化为一个统计问题.

设总体 X 表示这天袋装糖的重量,则 $X \sim N(\mu, 0.015^2)$,其中 μ 未知.为验证这天机器是否正常,不妨提出两种假设:

$H_0 : \mu = \mu_0 = 0.5$,认为机器正常,差异是由偶然因素所致;

$H_1 : \mu \neq \mu_0 = 0.5$,认为机器不正常,差异是由必然因素所致.

显然这是两种相互对立的结论,若接受 H_0,则必然拒绝 H_1,相反,若拒绝 H_0,则必然接受 H_1.如何做决定? 利用手中唯一的资料——样本值来决定.

根据反证法的思想,关键是制定一个拒绝 H_0 的法则,由于样本均值 $\bar{x}$ 是 μ 的一个良好估计,如果 H_0 为真,则 $|\bar{x} - 0.5|$ 应该比较小,如果 $|\bar{x} - 0.5|$ 过分大,就怀疑 H_0 的正确性.问题是 $|\bar{x} - 0.5|$ 的值是多少才过分大呢? 考虑统计量

$$U = \frac{\bar{X} - \mu_0}{\sigma / \sqrt{n}},$$

如果 H_0 为真,则 $U \sim N(0,1)$.可以把衡量 $|\bar{x} - 0.5|$ 的大小转化为衡量 $\frac{|\bar{x} - 0.5|}{\sigma / \sqrt{n}}$ 的大小.

那么只要考虑什么情况下,$\frac{|\bar{x} - 0.5|}{\sigma / \sqrt{n}}$ 过分大.可以适当选定一正数 k,使得

$$\frac{|\bar{x} - 0.5|}{\sigma / \sqrt{n}} \geqslant k$$

是一小概率事件.根据实际推断原理,概率很小的事件在一次试验中是几乎不可能发生的,从而找到拒绝 H_0 的法则.为此选择一个较小的数 α,满足 $0 < \alpha < 1$,使得

$$P\left\{\frac{|\bar{X} - \mu_0|}{\sigma / \sqrt{n}} \geqslant k\right\} = \alpha.$$

由标准正态分布的上 α 分位点的定义可得

$$k = z_{\alpha/2},$$

因而若样本值满足

$$\frac{|\bar{X} - \mu_0|}{\sigma / \sqrt{n}} \geqslant z_{\alpha/2},$$

则拒绝 H_0,认为机器工作不正常,否则接受 H_0,认为其工作正常.数 α 称为**显著性水平**(level of significance).

统计量 $U = \dfrac{\bar{X} - \mu_0}{\sigma / \sqrt{n}}$ 称为**检验统计量**(test statistic).H_0 是检验参数是否为真的假设,称为**原假设或零假设**(null hypothesis);与 H_0 对立的假设 H_1 称为**备择假设**(alternative hypothesis).当检验统计量取某个区域 C 中的值时,拒绝原假设 H_0,则称区域 C 为**拒绝域**(rejection region),拒绝域的边界点称为**临界点**(proximate point).如例 1 中拒绝域 C 为:$|U| \geqslant z_{\alpha/2}$,而 $x = -z_{\alpha/2}, x = z_{\alpha/2}$ 为临界点.

通过以上分析,下面给出求解过程.

解 总体 X 表示这天袋装糖的重量,则 $X \sim N(\mu, 0.015^2)$.检验假设

$$H_0 : \mu = \mu_0 = 0.5, \quad H_1 : \mu \neq \mu_0,$$

检验统计量

$$U = \frac{\overline{X} - \mu_0}{\sigma / \sqrt{n}},$$

若 H_0 为真,则

$$U \sim N(0,1),$$

H_0 的拒绝域

$$|U| \geqslant z_{\alpha/2}.$$

取 $\alpha = 0.05$,故 $\frac{\alpha}{2} = 0.025, z_{\alpha/2} = z_{0.025} = 1.96.$

又因为

$$\overline{x} = 0.511, \quad \mu_0 = 0.5, \quad \sigma = 0.015, \quad n = 9,$$

代入检验统计量可得

$$u = 2.2 > 1.96.$$

故拒绝 H_0,接受 H_1,认为这天机器工作不正常.

二、检验的依据

从例 1 中的假设检验来看,好像很自然地使不等式成立,其实不然,若把原始数据中 $\overline{x} = 0.511$ 改为 $\overline{x} = 0.505$,这时把 $\overline{x}$ 代入 $\frac{\overline{x} - \mu_0}{\sigma / \sqrt{n}}$ 中,得

$$u = 1 < 1.96,$$

所以接受 H_0,认为机器工作正常.

怎样理解这两种不同的结论呢？首先说明前一种情形,检验的水平 α 一般给得很小,当 H_0 成立时,即 $\mu = \mu_0$ 时,$\frac{|\overline{x} - \mu_0|}{\sigma / \sqrt{n}} \geqslant z_{\alpha/2}$ 是一个小概率事件,由一次试验得到的观察值 $\overline{x}$,满足不等式 $\frac{|\overline{x} - \mu_0|}{\sigma / \sqrt{n}} \geqslant z_{\alpha/2}$,几乎是不会发生的.现在一次观察中竟然出现满足不等式的 $\overline{x}$,则我们有理由怀疑原来假设的真实性,因而拒绝 H_0,接受 H_1,后一种情形,在一次抽样得到的 $\overline{x}$,代入到检验统计量中满足 $\frac{|\overline{x} - \mu_0|}{\sigma / \sqrt{n}} < z_{\alpha/2}$,$\overline{x}$ 没有使统计量落在拒绝域中,也即小概率事件没有发生,因此没有理由拒绝 H_0,不得不接受 H_0.

三、两类错误

由于检验法则是根据样本制定的,总有可能做出错误的判断.如例 1,在假设 H_0 为真时,我们可能犯了拒绝 H_0 的错误,这是因为小概率事件虽然在一次试验中几乎不可能发生,但是碰巧它发生了.称这类"弃真"的错误为**第一类错误**(error of the first kind).犯这类错误的概率为显著性水平 α,即

$$P\{拒绝 \ H_0 \mid H_0 \ 为真\} = \alpha.$$

又当 H_0 实际上不真时,检验统计量恰巧落在接受域内,我们也有可能接受 H_0,称这类"取伪"的错误为**第二类错误**(error of the second kind).犯这类错误的概率记为 β,即

$$P\{接受 \ H_0 \mid H_0 \ 为假\} = \beta.$$

例2 已知总体 X 的概率密度只有两种可能,设

$$H_0: f(x) = \begin{cases} \dfrac{1}{2}, & 0 \leqslant x \leqslant 2, \\ 0, & \text{其他}, \end{cases} \qquad H_1: f(x) = \begin{cases} \dfrac{1}{2}x, & 0 \leqslant x \leqslant 2, \\ 0, & \text{其他}, \end{cases}$$

对 X 进行一次观测,得样本 X_1,规定当 $X_1 \geqslant \dfrac{3}{2}$ 时拒绝 H_0,否则就接受 H_0,则此检验犯第一、二类错误的概率 α 和 β 分别为_____.

解 由以上两类错误概率 α 和 β 的意义,知

$$\alpha = P\left\{X_1 \geqslant \frac{3}{2} \mid H_0\right\} = \int_{\frac{3}{2}}^{2} \frac{1}{2}\,\mathrm{d}x = \frac{1}{4}, \qquad \beta = P\left\{X_1 < \frac{3}{2} \mid H_1\right\} = \int_{0}^{\frac{3}{2}} \frac{x}{2}\,\mathrm{d}x = \frac{9}{16}.$$

在确定检验法则时,应尽可能使犯两类错误的概率都较小.但是,一般说来,当样本容量给定以后,若减少犯某一类错误的概率,则犯另一类错误的概率往往会增大,要使犯两类错误的概率都减小,只好增大样本容量.

在样本容量一定时不能同时使犯两类错误的概率都减小.如何处理呢? 设有两个总体,一个是成绩合格的高三学生,另一个总体是成绩不合格的高三学生,在高考一次性考试中,有这样一部分学生本来是属于合格总体,但因发挥失误不达录取线而被淘汰,这部分学生的数目占全体合格学生的 $100\alpha\%$,称这部分为弃真部分,称 α 为弃真概率.另有一部分学生本来属于不合格总体,但因为高考超常发挥达到录取分数线,而被录取,这部分学生占不合格总体的 $100\beta\%$,称这部分为存伪部分,称 β 为存伪概率,α、β 不能同时缩小或扩大,只能根据问题的实际意义调整它们,高考录取宁可放大 β 值,使不合格的学生混进来也不能把合格的学生抛弃了.而作为药品的合格率,宁可放大 α 使弃真的部分多一些,也不能让假药混进来.

在给定样本容量的情况下,我们总是控制犯第一类错误的概率,让它小于或等于 α,而不考虑犯第二类错误的概率.这种检验问题称为显著性假设检验.

四、原假设提出的依据

原假设 H_0 和备择假设 H_1 是相对立的,怎样确定 H_0 和 H_1 呢? 根据问题的提出是否有倾向性,或问题陈述中关心的是被检验对象的最高要求还是最低要求,建立两个相对立的假设.一般来说,选择 H_0 和 H_1 有三条原则:一是想保护谁,设它为 H_0;二是想说明谁,设它为 H_1;三是尽量使后果严重的错误成为第一类错误.

五、假设检验和区间估计的关系

在假设检验中接受 H_0,相当于区间估计中 μ 落在置信区间内,如

$$H_0: \mu = \mu_0, \qquad H_1: \mu \neq \mu_0.$$

在显著性水平 α 下,$\dfrac{\bar{x} - \mu_0}{\sigma/\sqrt{n}} \sim N(0,1)$,当 $\dfrac{|\bar{x} - \mu_0|}{\sigma/\sqrt{n}} < z_{\alpha/2}$ 时接受 H_0,相当于

$$\mu \in \left(\bar{x} - \frac{\sigma_0}{\sqrt{n}}u_{\alpha/2}, \bar{x} + \frac{\sigma_0}{\sqrt{n}}u_{\alpha/2}\right).$$

六、假设检验解题步骤

(1) 对总体提出假设.H_0:原假设,H_1:备择假设.

(2) 寻找适合当前问题的检验统计量,满足:它的观察值可量化样本值与 H_0 的差异,H_0 为真时,它有确定分布.

(3) 由给定的显著性水平 α,确定 H_0 的拒绝域.

(4) 取样判断,根据检验统计量是否落入拒绝域,给出结论:接受 H_0,还是拒绝 H_0.

例 3　某种机械零件的直径 X(单位:mm)服从正态分布,方差 $\sigma^2 = 0.5^2$,今对一批零件抽查 9 件,得直径数据为:10.5,10.4,10.1,10,10.5,10.4,10.2,10.6,10.问能否认为这批零件直径的均值是 $10.5(\alpha = 0.01)$?

解　由题意可知,总体 $X \sim N(\mu, 0.5^2)$.检验假设
$$H_0: \mu = \mu_0 = 10.5, \quad H_1: \mu \neq \mu_0.$$
检验统计量
$$U = \frac{\overline{X} - \mu_0}{\sigma / \sqrt{n}},$$
若 H_0 为真,则
$$U \sim N(0, 1),$$
H_0 的拒绝域
$$|U| \geqslant z_{\alpha/2}.$$
对于显著性水平 $\alpha = 0.01$,故 $\frac{\alpha}{2} = 0.005, z_{\alpha/2} = z_{0.005} = 2.345$.

又因为
$$\overline{x} = 10.3, \quad \mu_0 = 10.5, \quad \sigma = 0.5, \quad n = 9,$$
代入检验统计量可得
$$u = -1.2 > -2.345,$$
故接受 H_0,认为这批零件直径的均值是 10.5.

例 4　已知 $x_1, x_2, \cdots, x_{10}$ 是取自正态总体 $N(\mu, 1)$ 的 10 个观测值,检验假设为
$$H_0: \mu = \mu_0 = 0, \quad H_1: \mu \neq 0.$$
(1) 如果检验的显著性水平 $\alpha = 0.05$,且拒绝域 $R = \{|\overline{X}| \geqslant k\}$,求 k 的值.

(2) 若已知 $\overline{x} = 1$,是否可以推断 $\mu = 0 (\alpha = 0.05)$?

(3) 若 $H_0: \mu = 0$ 的拒绝域为 $R = \{|\overline{X}| \geqslant 0.8\}$,求检验的显著性水平 α.

解　(1) 对于 $H_0: \mu = \mu_0 = 0, H_1: \mu \neq 0$,当 H_0 成立时,检验统计量 $U = \frac{\overline{X} - \mu_0}{\sigma / \sqrt{n}} = \sqrt{10}\overline{X} \sim N(0, 1)$.

根据 $\alpha = 0.05$,所以 $P\{|U| \geqslant u_{\alpha/2} = 1.96\} = 0.05$,该检验的拒绝域为
$$R = \{|U| \geqslant 1.96\} = \{|\sqrt{10}\ \overline{X}| \geqslant 1.96\} = \left\{|\overline{X}| \geqslant \frac{1.96}{\sqrt{10}}\right\},$$
于是 $k = \frac{1.96}{\sqrt{10}} \approx 0.62$.

(2) 由(1)可知拒绝域 $R = \{|\overline{X}| \geqslant 0.62\}$,如果 $\overline{x} = 1$,则 $\overline{x} > 0.62$,因此应拒绝 H_0,既不能据此样本推断 $\mu = 0$.

(3) 显著性水平 α 是在 H_0 成立时拒绝 H_0 的概率,即

$$\alpha = P\{(x_1, x_2, \cdots, x_{10}) \in R \mid H_0 \text{ 成立}\} = P\{(x_1, x_2, \cdots, x_{10}) \in R \mid \mu = 0\}$$
$$= P\{|\overline{X}| \geqslant 0.8 \mid \mu = 0\}.$$

由于 $\mu = 0$ 时，$\sqrt{10}\overline{X} \sim N(0, 1)$，所以有

$$\alpha = P\{|\overline{X}| \geqslant 0.8\} = P\{|\sqrt{10}\overline{X}| \geqslant 0.8\sqrt{10}\} = 1 - P\{|\sqrt{10}\overline{X}| < 0.8\sqrt{10}\}$$
$$= 2[1 - \phi(2.53)] = 0.0114.$$

习题 8-1

1. 在假设检验中，H_0 表示原假设，H_1 表示备择假设，则犯第一类错误的情况为（　　）.

    A. H_1 真，接受 H_1 B. H_1 不真，接受 H_1

    C. H_0 真，拒绝 H_0 D. H_0 不真，拒绝 H_0

2. 在假设检验中，H_0 表示原假设，H_1 表示备择假设，则犯第二类错误的情况为（　　）.

    A. H_1 真，接受 H_1 B. H_1 不真，拒绝 H_1

    C. H_0 真，拒绝 H_0 D. H_0 不真，接受 H_0

3. 设 $X_1, X_2, \cdots, X_{25}$ 是取自正态总体 $N(\mu, 9)$ 的样本，其中 μ 未知，$\bar{x}$ 是样本均值，如对检验问题 $H_0: \mu = \mu_0$，$H_1: \mu \neq \mu_0$，取拒绝域：$c = \{(x_1, x_2, \cdots, x_{25}): |\bar{x} - \mu_0| \geqslant c\}$，试决定常数 c，使检验的显著性水平为 $\alpha = 0.05$.

4. 从过去资料知，某厂生产的干电池平均寿命为 200（单位：h），标准差为 5，现改变部分生产工艺后，抽查 9 个样品，得数据如下：202，209，213，198，206，210，195，208，204. 假定标准差不变，问新工艺下干电池之平均寿命是否还是 200（$\alpha = 0.01$）？

5. 某企业生产一种零件，以往的资料显示零件平均长度为 4cm，标准差为 0.1cm. 工艺改革后，抽查 100 个零件发现其平均长度为 3.94cm. 问工艺改革后零件长度是否发生了显著变化？

6. 设某产品寿命指标服从正态分布，它的标准差 σ 为 150h. 今由一批产品中随机抽取了 25 个，测得指标的平均值为 1637h，问在 5% 的显著性水平下，能否认为该批产品指标为 1600h（$\alpha = 0.01$）？

8.2　双侧假设检验

一、σ^2 已知时，单个正态总体 $N(\mu, \sigma^2)$ 的均值 μ 的检验（U 检验法）

在 8.1 节中已经讨论了正态总体 $X \sim N(\mu, \sigma^2)$，当 σ^2 已知时，关于 $\mu = \mu_0$ 的假设检验，利用 H_0 为真时，检验统计量 $U = \dfrac{\overline{X} - \mu_0}{\sigma/\sqrt{n}} \sim N(0, 1)$，确定出拒绝域 $|U| \geqslant z_{\alpha/2}$，这种方法称为 U 检验法.

二、σ^2 未知时，单个正态总体 $N(\mu, \sigma^2)$ 的均值 μ 的检验（t 检验法）

设正态总体 $X \sim N(\mu, \sigma^2)$，μ, σ^2 都是未知常数，$x_1, x_2, \cdots, x_n$ 是来自总体 X 的样本值，

下面检验问题：

$$H_0 : \mu = \mu_0 , \quad H_1 : \mu \neq \mu_0 .$$

当 σ^2 未知时, U 检验法不能用. 可以 S 代替 σ, 选用检验统计量

$$t = \frac{\overline{X} - \mu_0}{S / \sqrt{n}} .$$

如果假设 H_0 为真, 则 $t \sim t(n-1)$. 对于显著性水平 α, 有

$$P \left\{ \frac{|\overline{X} - \mu_0|}{S / \sqrt{n}} \geqslant t_{\alpha/2}(n-1) \right\} = \alpha .$$

H_0 的拒绝域 $|t| \geqslant t_{\alpha/2}(n-1)$.

这种检验方法称为 **t 检验法**.

例 1　设某次考试成绩服从正态分布. 现从中抽取 36 位考生成绩, 算得平均成绩为 66.5 分, 标准差为 15 分. 问能否认为这次考试的平均成绩为 70 分 ($\alpha = 0.05$)?

解　设总体 X 表示这次考试成绩. 由题意可知, 总体 $X \sim N(\mu, \sigma^2)$, μ, σ^2 都是未知常数. 检验假设

$$H_0 : \mu = \mu_0 = 70 , \quad H_1 : \mu \neq \mu_0 ,$$

检验统计量

$$t = \frac{\overline{X} - \mu_0}{S / \sqrt{n}} ,$$

若 H_0 为真, 则

$$t \sim t(n-1) ,$$

H_0 的拒绝域

$$|t| \geqslant t_{\alpha/2}(n-1) .$$

对于显著性水平 $\alpha = 0.05$, 故 $\frac{\alpha}{2} = 0.025$, $t_{\alpha/2}(n-1) = t_{0.025}(35) = 2.0301$.

又因为

$$\overline{x} = 66.5 , \quad s = 15 , \quad \mu_0 = 70 , \quad n = 36 ,$$

代入检验统计量可得

$$t = 1.4 < 2.0301 ,$$

故接受 H_0, 认为这次考试的平均成绩为 70 分.

例 2　进行 5 次试验, 测得锰的熔化点(℃)如下: 1269, 1271, 1256, 1265, 1254. 已知锰的熔化点服从正态分布, 是否可以认为锰的熔化点均值为 1260℃ (取 $\alpha = 0.05$)?

解　设总体 X 表示锰的熔化点. 由题意可知, 总体 $X \sim N(\mu, \sigma^2)$, μ, σ^2 都是未知常数. 检验假设

$$H_0 : \mu = \mu_0 = 1260 , \quad H_1 : \mu \neq \mu_0 = 1260 ,$$

检验统计量

$$t = \frac{\overline{X} - \mu_0}{S / \sqrt{n}} ,$$

若 H_0 为真, 则

$$t \sim t(n-1) ,$$

H_0 的拒绝域

$$|t| \geqslant t_{\alpha/2}(n-1).$$

对于显著性水平 $\alpha = 0.05$, 故 $\dfrac{\alpha}{2} = 0.025, t_{\alpha/2}(n-1) = t_{0.025}(4) = 2.7764.$

又由计算得

$$\bar{x} = 1263, s = 7.6485, n = 5,$$

代入检验统计量可得

$$t = 0.8771 < 2.7764,$$

故接受 H_0, 可以认为锰的熔化点为 1260℃.

三、μ 未知时,单个正态总体 $N(\mu, \sigma^2)$ 的方差 σ^2 的检验(χ^2 检验法)

设正态总体 $X \sim N(\mu, \sigma^2)$, μ, σ^2 都是未知常数, $x_1, x_2, \cdots, x_n$ 是来自总体 X 的样本值, 下面检验问题:

$$H_0 : \sigma^2 = \sigma_0^2, \quad H_1 : \sigma^2 \neq \sigma_0^2.$$

由于 σ^2 的估计量为 S^2, 选用检验统计量

$$\chi^2 = \frac{(n-1)S^2}{\sigma_0^2}.$$

如果假设 H_0 为真, 则 $\chi^2 \sim \chi^2(n-1)$. 对于显著性水平 α, 有

$$P\left\{ \left(\frac{(n-1)S^2}{\sigma_0^2} \leqslant \chi_{1-\alpha/2}^2(n-1) \right) \bigcup \left(\frac{(n-1)S^2}{\sigma_0^2} \geqslant \chi_{\alpha/2}^2(n-1) \right) \right\} = \alpha,$$

H_0 的拒绝域为 $\left(\dfrac{(n-1)S^2}{\sigma_0^2} \leqslant \chi_{1-\alpha/2}^2(n-1) \right) \bigcup \left(\dfrac{(n-1)S^2}{\sigma_0^2} \geqslant \chi_{\alpha/2}^2(n-1) \right).$

这种检验方法称为 **χ^2 检验法**.

例 3 某种导线的电阻服从正态分布 $N(\mu, 0.005^2)$, 今从新生产的导线中抽取 9 根, 测其电阻的标准差为 $s = 0.008\Omega$, 在显著性水平 $\alpha = 0.05$ 下能否认为这批导线电阻的标准差仍为 0.005?

解 设总体 X 表示这批导线的电阻. 由题意可知, 总体 $X \sim N(\mu, \sigma^2)$, μ, σ^2 都是未知常数. 检验假设

$$H_0 : \sigma = \sigma_0 = 0.005, \quad H_1 : \sigma \neq \sigma_0 = 0.005,$$

检验统计量

$$\chi^2 = \frac{(n-1)S^2}{\sigma_0^2},$$

若 H_0 为真, 则

$$\chi^2 \sim \chi^2(n-1),$$

H_0 的拒绝域

$$\left(\frac{(n-1)S^2}{\sigma_0^2} \leqslant \chi_{1-\alpha/2}^2(n-1) \right) \bigcup \left(\frac{(n-1)S^2}{\sigma_0^2} \geqslant \chi_{\alpha/2}^2(n-1) \right).$$

对于显著性水平 $\alpha = 0.05$, 故 $\dfrac{\alpha}{2} = 0.025, \chi_{\frac{\alpha}{2}}^2(n-1) = \chi_{0.025}^2(8) = 17.535,$

$$\chi_{1-\alpha/2}^2(n-1) = \chi_{0.975}^2(8) = 2.18.$$

又因为

$$s^2 = 0.008^2, \quad \sigma_0 = 0.005^2, \quad n = 9,$$

代入检验统计量可得

$$\chi^2 = 20.48 > 17.535,$$

故拒绝 H_0 接受 H_1，认定这批导线电阻的标准差不是 0.005.

例 4 某厂生产的尼龙纤维的纤度在正常情况下服从正态分布，其标准差 $\sigma = 0.048$，某日抽取 5 根纤维，测得它们的纤度为 $1.32, 1.36, 1.55, 1.44, 1.40$. 试问能否认为这一天尼龙纤维的纤度标准差 $\sigma = 0.048 (\alpha = 0.1)$？

解 设总体 X 表示这一天生产的尼龙纤维的纤度. 由题意可知，总体 $X \sim N(\mu, \sigma^2)$，μ，σ^2 都是未知常数. 检验假设

$$H_0 : \sigma = \sigma_0 = 0.048, \quad H_1 : \sigma \neq \sigma_0 = 0.048,$$

检验统计量

$$\chi^2 = \frac{(n-1)S^2}{\sigma_0^2},$$

若 H_0 为真时，则

$$\chi^2 \sim \chi^2(n-1),$$

H_0 的拒绝域

$$\left(\frac{(n-1)S^2}{\sigma_0^2} \leqslant \chi_{1-\alpha/2}^2(n-1) \right) \bigcup \left(\frac{(n-1)S^2}{\sigma_0^2} \geqslant \chi_{\alpha/2}^2(n-1) \right).$$

对于显著性水平 $\alpha = 0.1$，故 $\frac{\alpha}{2} = 0.05$，$\chi_{\alpha/2}^2(n-1) = \chi_{0.05}^2(4) = 9.488$，

$$\chi_{1-\alpha/2}^2(n-1) = \chi_{0.95}^2(4) = 0.711.$$

又因为

$$\bar{x} = 1.414, \quad s^2 = 0.007829, \quad \sigma_0 = 0.048^2, \quad n = 5,$$

代入检验统计量可得

$$\chi^2 = 13.59 > 9.488,$$

故拒绝 H_0 接受 H_1，认为这一天尼龙纤维的纤度的标准差 σ 不是 0.048.

四、方差已知时，两个正态总体均值差的假设检验（U 检验法）

设总体 X 与 Y 相互独立，$X \sim N(\mu_1, \sigma_1^2)$，$Y \sim N(\mu_2, \sigma_2^2)$，$\sigma_1^2$ 和 σ_2^2 已知，$(X_1, X_2, \cdots, X_{n_1})$ 和 $(Y_1, Y_2, \cdots, Y_{n_2})$ 分别为来自总体 X 与 Y 的相互独立的样本. 检验问题：

$$H_0 : \mu_1 = \mu_2, \quad H_1 : \mu_1 \neq \mu_2.$$

由于 $\mu_1 - \mu_2$ 的估计量为 $\bar{X} - \bar{Y}$，选用检验统计量

$$U = \frac{\bar{X} - \bar{Y}}{\sqrt{\dfrac{\sigma_1^2}{n_1} + \dfrac{\sigma_2^2}{n_2}}}.$$

如果假设 H_0 为真，则

$$U \sim N(0, 1).$$

对于显著性水平 α，有

$$P\{|U| \geqslant z_{\alpha/2}\} = \alpha,$$

H_0 的拒绝域为

$$|U| \geqslant z_{\alpha/2}.$$

这种检验方法称为 **U 检验法**.

例 5 在甲、乙两个工厂生产的蓄电池中,分别取 5 个测量电容量,数据如下:

甲厂:143,141,138,142,140;

乙厂:141,143,139,144,141.

设甲、乙两厂生产的蓄电池的电容量 X 与 Y 分别服从 $X \sim N(\mu_1, 0.2)$ 和 $Y \sim N(\mu_2, 0.6)$,问两厂的电容量有无显著差异($\alpha = 0.05$)?

解 检验假设

$$H_0: \mu_1 = \mu_2, \quad H_1: \mu_1 \neq \mu_2,$$

检验统计量为

$$U = \frac{\overline{X} - \overline{Y}}{\sqrt{\dfrac{\sigma_1^2}{n_1} + \dfrac{\sigma_2^2}{n_2}}}.$$

如果假设 H_0 为真,则

$$U \sim N(0, 1),$$

H_0 的拒绝域

$$|U| \geqslant z_{\alpha/2}.$$

对于显著性水平 $\alpha = 0.05, z_{\alpha/2} = z_{0.025} = 1.96$.

又因为

$$\bar{x} = 140.8, \quad \bar{y} = 141.6, \quad n_1 = n_2 = 5,$$

代入检验统计量得

$$u = -2 < -1.96,$$

故拒绝 H_0 接受 H_1,认为两厂的电容量有显著差异.

五、方差未知时,两个正态总体均值差的假设检验(t 检验法)

设总体 X 与 Y 相互独立,$X \sim N(\mu_1, \sigma^2)$,$Y \sim N(\mu_2, \sigma^2)$,两总体的方差相等,但 σ^2 未知,$(X_1, X_2, \cdots, X_{n_1})$ 和 $(Y_1, Y_2, \cdots, Y_{n_2})$ 分别为来自总体 X 与 Y 的相互独立的样本. 检验问题:

$$H_0: \mu_1 = \mu_2, \quad H_1: \mu_1 \neq \mu_2.$$

由于 σ^2 未知,不能选用

$$U = \frac{\overline{X} - \overline{Y}}{\sqrt{\dfrac{\sigma_1^2}{n_1} + \dfrac{\sigma_2^2}{n_2}}}$$

作为检验统计量. 考虑

$$t = \frac{\overline{X} - \overline{Y}}{\sqrt{\dfrac{(n_1-1)S_1^2 + (n_2-1)S_2^2}{n_1 + n_2 - 2}}\sqrt{\dfrac{1}{n_1} + \dfrac{1}{n_2}}},$$

如果假设 H_0 为真,则

$$t \sim t(n_1 + n_2 - 2).$$

对于显著性水平 α,有

$$P\{|t| \geqslant t_{\alpha/2}(n_1 + n_2 - 2)\} = \alpha,$$

H_0 的拒绝域

$$|t| \geqslant t_{\alpha/2}(n_1 + n_2 - 2).$$

这种检验方法称为 **t 检验法**.

例 6 两台车床生产同一种滚珠,滚珠直径(单位:mm)服从正态分布,且方差相等. 现分别从中抽取 8 个和 9 个产品,比较两台车床生产的滚珠直径是否有明显差异($\alpha = 0.05$)?

甲车床:15.0,14.5,15.2,15.5,14.8,15.1,15.2,14.8;

乙车床:15.2,15.0,14.8,15.2,15.0,14.8,15.1,14.8,15.0.

解 检验假设

$$H_0: \mu_1 = \mu_2, \quad H_1: \mu_1 \neq \mu_2,$$

检验统计量为

$$t = \frac{\overline{X} - \overline{Y}}{\sqrt{\dfrac{(n_1-1)S_1^2 + (n_2-1)S_2^2}{n_1 + n_2 - 2}}\sqrt{\dfrac{1}{n_1} + \dfrac{1}{n_2}}}.$$

若 H_0 为真,

$$t \sim t(n_1 + n_2 - 2).$$

对于显著性水平 $\alpha = 0.05, \dfrac{\alpha}{2} = 0.025, t_{\alpha/2}(n_1 + n_2 - 2) = t_{0.025}(15) = 2.1315.$

又因为

$$\overline{x} = 15.0125, \quad s_1 = 0.3091, \quad n_1 = 8,$$
$$\overline{y} = 14.9889, \quad s_2 = 0.1616, \quad n_2 = 9,$$

代入检验统计量得

$$s_\omega = \sqrt{\frac{(n_1-1)s_1^2 + (n_2-1)s_2^2}{n_1 + n_2 - 2}} = \sqrt{\frac{0.6688 + 0.2089}{15}} = 0.2419,$$

$$t = \frac{|\overline{x} - \overline{y}|}{s_\omega\sqrt{\dfrac{1}{n_1} + \dfrac{1}{n_2}}} = \frac{0.0236}{0.2419 \times 0.4859} = 0.2008.$$

H_0 的拒绝域

$$|t| \geqslant t_{\alpha/2}(n_1 + n_2 - 2).$$

显然

$$t = 0.2008 < 2.1315,$$

故接受 H_0,认为两台车床的滚珠直径无明显差异.

例 7 为比较两种农药残留时间(单位:d)的长短,现分别取 12 块地施甲种农药,10 块地施乙种农药,经一段时间后,分别测得结果为:

甲:$\overline{x} = 12.35, s_1^2 = 3.52$;乙:$\overline{y} = 10.75, s_1^2 = 2.88$.

假设两药的残留时间均服从正态分布且方差相等,在显著性水平 $\alpha = 0.05$ 下,试问两种农药的残留时间有无显著差异?

解 检验假设

$$H_0: \mu_1 = \mu_2, \quad H_1: \mu_1 \neq \mu_2,$$

检验统计量为

$$t = \frac{\overline{X} - \overline{Y}}{\sqrt{\dfrac{(n_1-1)S_1^2 + (n_2-1)S_2^2}{n_1+n_2-2}}\sqrt{\dfrac{1}{n_1}+\dfrac{1}{n_2}}}.$$

若 H_0 为真,则

$$t \sim t(n_1+n_2-2),$$

对于显著性水平 $\alpha=0.05$, $\dfrac{\alpha}{2}=0.025$, $t_{\alpha/2}(n_1+n_2-2)=t_{0.025}(20)=2.086$.

又因为

$$\overline{x}=12.35, \quad s_1^2=3.52, \quad n_1=12,$$
$$\overline{y}=10.25, \quad s_2^2=2.88, \quad n_2=10,$$

H_0 的拒绝域

$$|t| \geqslant t_{\alpha/2}(n_1+n_2-2).$$

代入检验统计量得

$$t = 2.728 > 2.086,$$

故拒绝 H_0,接受 H_1,认为两种农药的残留时间有显著差异.

六、期望未知时,两个正态总体方差比的假设检验(F 检验法)

设总体 X 与 Y 相互独立,$X \sim N(\mu_1, \sigma_1^2)$,$Y \sim N(\mu_2, \sigma_2^2)$,其中 $\mu_1, \mu_2, \sigma_1^2, \sigma_2^2$ 都未知,$(X_1, X_2, \cdots, X_{n_1})$ 和 $(Y_1, Y_2, \cdots, Y_{n_2})$ 分别为来自总体 X 与 Y 的相互独立的样本. 检验问题:

$$H_0: \sigma_1^2 = \sigma_2^2, \quad H_1: \sigma_1^2 \neq \sigma_2^2,$$

考虑统计量

$$F = \frac{S_1^2}{S_2^2}.$$

如果 H_0 为真,则

$$F \sim F(n_1-1, n_2-1).$$

对于显著性水平 α,有

$$P\left\{\left(\frac{S_1^2}{S_2^2} \leqslant F_{1-\alpha/2}(n_1-1, n_2-1)\right) \bigcup \left(\frac{S_1^2}{S_2^2} \geqslant F_{\alpha/2}(n_1-1, n_2-1)\right)\right\} = \alpha,$$

H_0 的拒绝域为

$$\left(\frac{S_1^2}{S_2^2} \leqslant F_{1-\alpha/2}(n_1-1, n_2-1)\right) \bigcup \left(\frac{S_1^2}{S_2^2} \geqslant F_{\alpha/2}(n_1-1, n_2-1)\right).$$

这种检验方法称为 **F 检验法**.

例 8 有甲、乙两台机床,加工同样产品,从这两台机床加工的产品中随机地抽取若干产品,测得产品直径为(单位:mm):

甲:20.5,19.8,19.7,20.4,20.1,20.0,19.6,19.9;

乙:19.7,20.8,20.5,19.8,19.4,20.6,19.2.

假设甲、乙两台机床加工的产品直径都服从正态分布,试比较甲、乙两台机床加工的精度有无显著差异?显著性水平为 $\alpha=0.05$.

解 设甲产品直径 X 服从 $N(\mu_1, \sigma_1^2)$,由样本值计算得

$$\overline{x}=20.00, \quad s_1^2=0.1029,$$

乙产品直径 Y 服从 $N(\mu_2,\sigma_2^2)$，由样本值计算得

$$\bar{y}=20.00, \quad s_2^2=0.3967.$$

要比较两台机床加工的精度，即要检验

$$H_0:\sigma_1^2=\sigma_2^2, \quad H_1:\sigma_1^2\neq\sigma_2^2.$$

选取检验统计量

$$F=\frac{S_1^2}{S_2^2}.$$

如果 H_0 为真，则

$$F\sim F(n_1-1,n_2-1).$$

对于显著性水平 $\alpha=0.05$，$F_{\alpha/2}(n_1-1,n_2-1)=F_{0.025}(7,6)=5.7$，

$$F_{1-\alpha/2}(n_1-1,n_2-1)=F_{0.975}(7,6)=\frac{1}{F_{0.975}(6,7)}=\frac{1}{5.12}=0.1953.$$

代入数据计算得

$$F=\frac{S_1^2}{S_2^2}=\frac{0.1029}{0.3967}=0.2594.$$

由于

$$F_{0.025}(7.6)<F<F_{0.975}(7.6),$$

所以接受 H_0，即认为两台机床的加工精度无显著差异.

例 9 为了提高振动板强度，热处理车间选择两种淬火温度 T_1 及 T_2 进行试验，测得振动板的硬度数据如下：

T_1：85.6，85.9，85.7，85.8，85.7，86.0，85.5，85.4；

T_2：86.2，85.7，86.5，85.7，85.8，86.3，86.0，85.8.

设这两种淬火温度下振动板的硬度都服从正态分布。检验：

(1) 两种淬火温度下振动板的硬度的方差是否有显著差异(取 $\alpha=0.05$)？

(2) 淬火对振动板的硬度是否有显著影响(取 $\alpha=0.05$)？

解 (1) 由题意有 T_1 服从 $N(\mu_1,\sigma_1^2)$，T_2 服从 $N(\mu_2,\sigma_2^2)$，要检验的假设为

$$H_0:\sigma_1^2=\sigma_2^2, \quad H_1:\sigma_1^2\neq\sigma_2^2.$$

拒绝域形式取为

$$\left(\frac{S_1^2}{S_2^2}\leqslant F_{1-\alpha/2}(n_1-1,n_2-1)\right)\bigcup\left(\frac{S_1^2}{S_2^2}\geqslant F_{\alpha/2}(n_1-1,n_2-1)\right).$$

代入数据计算得 $F=2.34<4.99=F_{0.25}(7,7)$，从而接受 H_0，即认为两种淬火温度下振动板的硬度的方差无显著差异.

(2) 由(1)知 $\sigma_1^2=\sigma_2^2=\sigma^2$ 未知，故要检验假设：

$$H_0:\mu_1=\mu_0, \quad H_1:\mu_1\neq\mu_2.$$

拒绝域形式取为

$$\left\{|t|=\left|\frac{\bar{x}-\bar{y}-(\mu_1-\mu_2)}{S_w}\sqrt{\frac{n_1\times n_2}{n_1+n_2}}\right|>t_{\alpha/2}(n_1+n_2-2)\right\},$$

其中

$$S_w^2=\frac{(n_1-1)S_1^2+(n_2-1)S_2^2}{n_1+n_2-2}.$$

代入数据计算得 $|t|=2.34>2.1448=t_{0.025}(14)$，故接受 H_1，即认为淬火温度对振动板硬度有明显影响.

习题 8-2

1. 某种零件的尺寸方差为 $\sigma^2=1.21$，对一批这类零件检验 9 件得尺寸数据（单位：mm）为：32.56，29.66，31.64，30.00，31.87，31.03，29.48，30.70，31.52. 设零件尺寸服从正态分布，取 $\alpha=0.05$ 时，问这批零件的平均尺寸能否认为是 30.50mm？

2. 一种元件，要求其使用寿命为 1000h，现从一批这种元件中随机抽取 25 件测得其寿命平均值为 950h，已知该种元件寿命服从标准差 $\sigma=100$h 的正态分布，试在显著性水平 $\alpha=0.05$ 时，确定这批元件是否合格.

3. 某电器厂生产一种云母片，根据长期正常生产积累的资料知道云母片厚度服从正态分布，厚度的数学期望为 0.13mm. 如果在某日的产品中，随机抽查 9 片，算得样本均值为 0.146mm，均方差为 0.015mm. 问该日生产的云母片厚度的数学期望与往日是否有显著差异（显著水平 $\alpha=0.05$）？

4. 某厂用自动包装机装箱，在正常情况下，每箱重量服从正态分布 $N(100,\sigma^2)$. 某日开工后，随机抽查 4 箱，重量如下（单位：斤）：99.3，98.9，100.5，100.1. 问包装机工作是否正常（$\alpha=0.05$）？

5. 某维尼龙厂根据长期正常生产积累的资料知道所生产的维尼龙纤度服从正态分布，它的标准差为 0.048. 某日随机抽取 5 根纤维，测得其纤度为 1.32，1.50，1.36，1.40，1.42. 问该日所生产的维尼龙纤度的标准差是否有显著变化（显著水平 $\alpha=0.1$）？

6. 某项考试要求成绩的标准差为 12，先从考试成绩单中任意抽出 15 份，计算样本标准差为 16，设成绩服从正态分布，问此次考试的标准差是否符合要求（$\alpha=0.05$）？

7. 某香烟厂生产两种香烟，独立地随机抽取容量大小相同的烟叶标本测其尼古丁含量，分别做了 6 次试验测定，数据记录如下（单位：mg）：

27	28	23	26	30	22
20	20	25	25	21	21

假定两种香烟尼古丁含量分别服从正态分布 $N(\mu_1,15)$ 和 $N(\mu_2,9)$，试问这两种尼古丁含量有无显著差异？已知 $\alpha=0.05$.

8. 某纺织厂有两种类型的织布机，根据长期正常生产的累积资料，知道两种单台织布机的经纱断头率（每小时平均断经根数）都服从正态分布，且方差相等，从第一种类型的织布机中抽取 20 台进行试验，得平均断头率为 9.7，方差为 1.60. 抽取 10 台第二种类型织布机进行试验，结果平均断头率为 10，方差为 1.80. 问两种类型的织布机的经纱断头率是否有显著差异（显著水平 $\alpha=0.05$）？

9. 分别在 10 块土地上试种甲、乙两种作物，所得产量分别为 $(x_1,x_2,\cdots,x_{10})$，$(y_1,y_2,\cdots,y_{10})$，假设甲、乙两种作物产量都服从正态分布，并计算得 $\bar{x}=30.97$，$\bar{y}=21.79$，$s_1=26.7$，$s_2=12.1$，取显著性水平 0.01，问是否可认为两种作物产量的方差和期望没有显著性差别?

10. 某工厂生产的甲、乙两种电子仪表的寿命（单位：h）都服从正态分布,甲电子仪表的寿命 $X \sim N(\mu_1, \sigma_1^2)$,乙电子仪表的寿命 $Y \sim N(\mu_2, \sigma_2^2)$,其中 $\mu_1, \mu_2, \sigma_1^2, \sigma_2^2$ 都未知,从甲种电子仪表中抽取 9 个,测得平均寿命 $\bar{x} = 1100$,样本方差 $s_1^2 = 12$. 从乙种电子仪表中抽出 10 个,测得平均寿命 $\bar{x} = 1250$,样本方差 $s_1^2 = 10$,两种仪表寿命的方差和期望是否有显著不同（显著性水平 $\alpha = 0.05$）?

8.3　单侧假设检验

在备择假设：$H_1 : \mu \neq \mu_0$ 中,μ 可能大于 μ_0,μ 也可能小于 μ_0,称 H_1 为**双边备择假设**（Two-sided alternative hypothesis）,相应的检验称为**双侧假设检验**（Two-sided hypothesis testing）.

有时,人们只关心总体均值是否增大,例如试验新工艺是否能够提高材料的强度. 这时,所考虑的总体的均值应该越大越好. 如果能判断在新的工艺条件下,总体均值较以往正常生产时大,则可以考虑采用新工艺. 此时我们需要检验假设

$$H_0 : \mu = \mu_0, \quad H_1 : \mu > \mu_0,$$

称为**右侧检验**（Right hypothesis testing）.

类似地,有时我们需要检验假设

$$H_0 : \mu = \mu_0, \quad H_1 : \mu < \mu_0,$$

称为**左侧检验**（Left hypothesis testing）.

右侧检验和左侧检验统称为**单侧检验**（One-sided hypothesis testing）.

设总体 $X \sim N(\mu, \sigma^2)$,当 σ^2 已知时,$(X_1, X_2, \cdots, X_n)$ 是来自总体 X 的样本. 给定显著性水平 α,求右侧检验问题

$$H_0 : \mu = \mu_0, \quad H_1 : \mu > \mu_0$$

的拒绝域.

仍然考虑统计量

$$U = \frac{\bar{X} - \mu_0}{\sigma / \sqrt{n}}.$$

如果 H_1 为真,则 $\bar{X}$ 有偏大的趋势,$\dfrac{\bar{X} - \mu_0}{\sigma / \sqrt{n}}$ 也有偏大的趋势.

假设 H_0 为真时,$U \sim N(0, 1)$. 可以适当选定一正数 k,对于显著性水平 α,使得

$$P\left\{ \frac{\bar{X} - \mu_0}{\sigma / \sqrt{n}} \geqslant k \right\} = \alpha.$$

由标准正态分布的上 α 分位点的定义可得

$$k = z_\alpha,$$

因而找到了拒绝域

$$U = \frac{\bar{X} - \mu_0}{\sigma / \sqrt{n}} \geqslant z_\alpha.$$

类似可以得到左侧检验问题

$$H_0 : \mu = \mu_0, \quad H_1 : \mu < \mu_0$$

的拒绝域为

$$U = \frac{\overline{X} - \mu_0}{\sigma / \sqrt{n}} \leqslant - z_a.$$

例1 一种元件,要求其平均寿命不小于1000h,现从一批这种元件中随机抽取25件,测得平均寿命为950h,已知这种元件寿命服从 $\sigma = 100$h 的正态分布,试在显著性水平 $\alpha = 0.05$ 条件下确定这批元件是否合格?

解 $H_0 : \mu = \mu_0 = 1000, H_1 : \mu < 1000.$

检验统计量为

$$U = \frac{\overline{X} - \mu_0}{\sigma / \sqrt{n}}.$$

H_0 为真时,

$$U \sim N(0,1),$$

拒绝域为

$$U \leqslant - z_a.$$

对于显著性水平 $\alpha = 0.05$,有

$$z_a = z_{0.05} = 1.645.$$

由已知条件可知

$$\overline{x} = 950, \quad \sigma = 100, \quad n = 25,$$

代入数据得

$$u = -2.5 < -1.645,$$

故拒绝 H_0,接受 H_1,认为这批元件不合格.

例2 微波炉在使用中炉门关闭时的辐射量是一项重要的质量指标.已知某厂生产的微波炉的这项指标 $X \sim N(\mu, \sigma^2)$,且 $\mu \leqslant 0.12, \sigma = 0.03$ 都符合质量要求,为了检查产品的质量,某日抽查了25台微波炉,测得这项指标的样本均值 $\overline{x} = 0.13$.若标准差 σ 不变,该日生产的微波炉的这项指标均值 μ 是否提高(取 $\alpha = 0.05$)?

解 由该日生产的微波炉这项指标 $X \sim N(\mu, \sigma^2)$,已知 $\sigma = 0.03$,要检验的假设是:$H_0 : \mu \leqslant 0.12, H_1 : \mu > 0.12.$

拒绝域可以选取为:$\left\{ u = \dfrac{\overline{x} - \mu_0}{\sigma / \sqrt{n}} > u_a \right\}.$

代入数据 $\mu_0 = 0.12, \sigma = 0.03, n = 25, \overline{x} = 0.13$ 得

$$u = 1.667 > 1.645 = u_{0.05},$$

从而落在拒绝域中,所以接受备择假设 H_1,即认为该日生产的微波炉的这项指标的均值显著偏高.

在8.2节中各种检验都有单侧检验,即左侧检验和右侧检验,它和双侧检验的不同,表现在两者的备择假设和拒绝域不同,表8-1~表8-6给出了不同情况下的假设检验.

1. 单个正态总体关于 μ 的假设检验

表 8-1　σ^2 已知

原假设 H_0	备择假设 H_1	检验统计量	H_0 拒绝域
$\mu=\mu_0$	$\mu\neq\mu_0$	$U=\dfrac{\overline{X}-\mu_0}{\sigma/\sqrt{n}}\sim N(0,1)$ H_0 为真时	$|U|\geqslant z_{\alpha/2}$
$\mu=\mu_0$	$\mu>\mu_0$		$U\geqslant z_\alpha$
$\mu=\mu_0$	$\mu<\mu_0$		$U\leqslant -z_\alpha$

表 8-2　σ^2 未知

原假设 H_0	备择假设 H_1	检验统计量	H_0 拒绝域
$\mu=\mu_0$	$\mu\neq\mu_0$	$T=\dfrac{\overline{X}-\mu_0}{S/\sqrt{n}}\sim t(n-1)$ H_0 为真时	$|T|\geqslant t_{\alpha/2}(n-1)$
$\mu=\mu_0$	$\mu>\mu_0$		$T\geqslant t_\alpha(n-1)$
$\mu=\mu_0$	$\mu<\mu_0$		$T\leqslant -t_\alpha(n-1)$

2. 单个正态总体关于 σ^2 的假设检验

表 8-3　μ 未知

原假设 H_0	备择假设 H_1	检验统计量	H_0 拒绝域
$\sigma^2=\sigma_0^2$	$\sigma^2\neq\sigma_0^2$	$\chi^2=\dfrac{(n-1)S^2}{\sigma_0}\sim\chi^2(n-1)$ H_0 为真时	$\chi^2\leqslant\chi^2_{1-\alpha/2}(n-1)$ 或 $\chi^2\geqslant\chi^2_{\alpha/2}(n-1)$
$\sigma^2=\sigma_0^2$	$\sigma^2>\sigma_0^2$		$\chi^2\geqslant\chi^2_\alpha(n-1)$
$\sigma^2=\sigma_0^2$	$\sigma^2<\sigma_0^2$		$\chi^2\leqslant\chi^2_{1-\alpha}(n-1)$

3. 两个正态总体关于 $\mu_1=\mu_2$ 的假设检验

表 8-4　σ_1^2,σ_2^2 已知

原假设 H_0	备择假设 H_1	检验统计量	H_0 拒绝域
$\mu_1=\mu_2$	$\mu_1\neq\mu_2$	$U=\dfrac{\overline{X}-\overline{Y}}{\sqrt{\dfrac{\sigma_1^2}{n_1}+\dfrac{\sigma_2^2}{n_2}}}\sim N(0,1)$ H_0 为真时	$|U|\geqslant z_{\alpha/2}$
$\mu_1=\mu_2$	$\mu_1>\mu_2$		$U\geqslant z_\alpha$
$\mu_1=\mu_2$	$\mu_1<\mu_2$		$U\leqslant -z_\alpha$

表 8-5　σ_1^2,σ_2^2 未知，但 $\sigma_1^2=\sigma_2^2$

原假设 H_0	备择假设 H_1	检验统计量	H_0 拒绝域
$\mu_1=\mu_2$	$\mu_1\neq\mu_2$	$t=\dfrac{\overline{X}-\overline{Y}}{S_w\sqrt{\dfrac{1}{n_1}+\dfrac{1}{n_2}}}\sim t(n_1+n_2-2)$	$|t|\geqslant t_{\alpha/2}(n_1+n_2-2)$
$\mu_1\leqslant\mu_2$	$\mu_1>\mu_2$	$S_w^2=\dfrac{(n_1-1)S_1^2+(n_2-1)S_2^2}{n_1+n_2-2}$ H_0 为真时	$t\geqslant t_\alpha(n_1+n_2-2)$
$\mu_1\geqslant\mu_2$	$\mu_1<\mu_2$		$t\leqslant -t_\alpha(n_1+n_2-2)$

4. 两个正态总体关于 σ_1^2/σ_2^2 的假设检验

表 8-6 μ_1,μ_2 未知

原假设 H_0	备择假设 H_1	检验统计量	H_0 拒绝域
$\sigma_1^2=\sigma_2^2$	$\sigma_1^2\neq\sigma_2^2$	$F=\dfrac{S_1^2}{S_2^2}\sim F(n_1-1,n_2-1)$ H_0 为真时	$F\leqslant F_{1-\alpha/2}(n_1-1,n_2-1)$ 或 $F\geqslant F_{\alpha/2}(n_1-1,n_2-1)$
$\sigma_1^2=\sigma_2^2$	$\sigma_1^2>\sigma_2^2$		$F\geqslant F_\alpha(n_1-1,n_2-1)$
$\sigma_1^2=\sigma_2^2$	$\sigma_1^2<\sigma_2^2$		$F\leqslant F_{1-\alpha}(n_1-1,n_2-1)$

例 3 某种内服药有使病人血压增高的副作用,已知血压的增高服从均值为 $\mu_0=22$ 的正态分布.现研制出一种新药品,测试了 10 名服用新药病人的血压,记录血压增高数据如下:18,27,23,15,18,15,18,20,17,8.问这组数据能否支持"新药副作用小"这一结论($\alpha=0.05$)?

解 设 X 表示新药血压的增高,故 $X\sim N(\mu,\sigma^2)$,其中 μ,σ^2 都未知.

$$H_0:\mu=\mu_0=22,\quad H_1:\mu<22.$$

由于 σ^2 未知,故选取检验统计量

$$t=\frac{\overline{X}-\mu_0}{S/\sqrt{n}}.$$

拒绝域为

$$t<-t_\alpha(n-1).$$

由已知条件可知

$$\overline{x}=17.9,\quad n=10,\quad s=5.04,\quad \alpha=0.05,$$

代入数据计算得

$$t=\frac{\overline{x}-\mu_0}{S/\sqrt{n}}=\frac{17.9-22}{5.04/\sqrt{10}}=-2.57.$$

查表得

$$-t_{0.05}(9)=-1.83,$$

显然有

$$-2.57<-1.83,$$

故拒绝 H_0,接受 H_1,认为新药副作用小.

例 4 某钢厂生产的钢筋的抗拉强度服从正态分布,长期以来,其抗拉强度的总体均值为 $10560(\mathrm{kg/cm^2})$. 现在革新工艺后生产了一批钢筋,随机取 10 根作抗拉试验,测得其抗拉强度(单位:$\mathrm{kg/cm^2}$)为 10512,10623,10688,10554,10776,10707,10557,10581,10666,10670.检验这批钢筋的抗拉强度是否有所提高($\alpha=0.05$)?

解 设 X 表示这批钢筋的抗拉强度,故 $X\sim N(\mu,\sigma^2)$,其中 μ,σ^2 都未知.检验假设

$$H_0:\mu=\mu_0=10560,\quad H_1:\mu>\mu_0.$$

由于 σ^2 未知,故选取检验统计量

$$t=\frac{\overline{X}-\mu_0}{S/\sqrt{n}}.$$

当 H_0 为真时,

$$t \sim t(n-1).$$

对于显著性水平 α，由于

$$P\left\{ \frac{\overline{X}-\mu_0}{S/\sqrt{n}} > t_\alpha(n-1) \right\} = \alpha,$$

故 H_0 的拒绝域为

$$t > t_\alpha(n-1).$$

由已知条件 $n=10, \bar{x}=10631.4, s=80.9968, \alpha=0.05$，故

$$\frac{\bar{x}-\mu_0}{s/\sqrt{n}} = \frac{10631.4-10560}{80.9968/\sqrt{10}} = 2.7876.$$

查表

$$t_{0.05}(9) = 1.831,$$

显然

$$2.7876 > 1.8331,$$

故拒绝 H_0，接受 H_1，认为这批钢筋的抗拉强度较以往有提高.

例 5 某工厂采用新方法处理废水，对处理后的水测量所含某种有毒物质的浓度，得到 10 个数据：22,14,17,13,21,16,15,16,19,18.以往用老方法处理后，该种有毒物质的平均浓度为 19，问新方法是否比老方法效果好（$\alpha=0.1$）？

解 检验假设

$$H_0: \mu = \mu_0 = 19, \quad H_1: \mu < \mu_0.$$

选取检验统计量

$$t = \frac{\overline{X}-\mu_0}{S/\sqrt{n}}.$$

拒绝域为

$$t < -t_\alpha(n-1).$$

由已知条件可知

$$\bar{x} = 17.1, \quad n = 10, \quad s = 2.9231, \quad \alpha = 0.1,$$

代入数据计算得

$$t = \frac{\bar{x}-\mu_0}{S/\sqrt{n}} = \frac{17.1-19}{2.9231/\sqrt{10}} = -2.0555.$$

查表得

$$-t_{0.1}(9) = -1.382,$$

显然有

$$-2.0555 < -1.382,$$

故拒绝 H_0，接受 H_1，认为新方法比老方法效果好.

例 6 机器包装盐，假设每袋食盐的净重服从正态分布，规定每袋标准重为 1 斤，标准差不能超过 0.02 斤，某天开工后，为检查某机器工作是否正常，从装好的食盐中随机抽取 9 袋，测其净重（单位：斤）为：0.944,1.014,1.02,0.95,0.968,0.976,1.048,1.03,0.982.问这天包装机工作是否正常（$\alpha=0.05$）？

解 检验假设

$$H_0 : \sigma^2 = \sigma_0^2 = 0.02^2, \quad H_1 : \sigma^2 > \sigma_0^2 = 0.02^2.$$

选取检验统计量

$$\chi^2 = \frac{(n-1)S^2}{\sigma_0^2}.$$

拒绝域

$$\chi^2 > \chi_\alpha^2(n-1).$$

由已知条件可知

$$\overline{x} = 0.998, \quad s = 0.032, \quad n = 9, \quad \alpha = 0.05,$$

代入数据计算得

$$\chi^2 = \frac{(n-1)s^2}{\sigma_0^2} = \frac{8 \times 0.032^2}{0.022} = 20.56.$$

对于显著性水平 $\alpha = 0.05$ 有

$$\chi_\alpha^2(n-1) = \chi_{0.05}^2(8) = 15.5,$$
$$20.56 > 15.5,$$

故拒绝 H_0 ,接受 H_1 ,认为这天包装机工作不正常.

例 7　妇女酗酒是否影响下一代的健康?

美国的一位医生于 1974 年观测了 6 名 7 岁儿童的智商(甲组),他们的母亲在妊娠时曾经酗过酒,同时为了比较,以母亲的年龄、文化程度及婚姻状况与前 6 名儿童的母亲相同或相近但不饮酒的 41 名 7 岁儿童为对照组(乙组)同样测其智商,结果如表 8-7.

表　8-7

智商组别	智商均值 $\overline{X}$	样本方差 S^2	人数 n
甲组	78	19	6
乙组	99	16	41

若假设两组儿童的智商均服从正态分布 $N(\mu_1, \sigma^2)$, $N(\mu_2, \sigma^2)$,由此结果可否推断出妇女酗酒影响了下一代的智力? 若有影响,推断其影响的程度有多大($\alpha = 0.01$)?

分析　本问题实际是检验甲组总体的均值 μ_1 是否比乙组总体的均值 μ_2 显著偏小,如果是偏小的话,这个差异的范围有多大? 前一个问题属假设检验,后一个问题属区间估计问题.

解　依题意,即检验假设

$$H_0 : \mu_1 = \mu_2, \quad H_1 : \mu_1 < \mu_2.$$

H_0 为真时,检验统计量

$$t = \frac{\overline{X} - \overline{Y}}{S_w \sqrt{\dfrac{1}{n_1} + \dfrac{1}{n_2}}} \sim t(n_1 + n_2 - 2),$$

其中

$$S_w^2 = \frac{(n_1 - 1)S_1^2 + (n_2 - 1)S_2^2}{n_1 + n_2 - 2}.$$

拒绝域为

$$t \leqslant -t_a(n-1).$$

对于显著性水平 $\alpha = 0.01, t_a(n_1 + n_2 - 2) = t_{0.01}(45) = 2.4121.$

由已知条件可知

$$\bar{x} = 78, \quad s_1^2 = 19, \quad n_1 = 6;$$
$$\bar{y} = 99, \quad s_2^2 = 16, \quad n_2 = 41.$$

代入数据可求得

$$s_w = 8.17, \quad t = -13.46.$$

由于

$$t = -13.46 < -2.4121,$$

故拒绝 H_0,接受 H_1,认为甲组儿童的智商比乙组儿童的智商显著偏小,即认为母亲酗酒会对儿童的智力发育产生不良影响.

为估计影响程度的大小,需要计算 $\mu_1 - \mu_2$ 的置信区间.

置信水平为 α 的置信区间为

$$\left(\bar{X} - \bar{Y} \pm t_{a/2}(n_1 + n_2 - 2)S_w \sqrt{\frac{1}{n_1} + \frac{1}{n_2}} \right).$$

取 $\alpha = 0.01$,则 $t_{a/2}(n_1 + n_2 - 2) = t_{0.005}(45) = 2.6806$,并代入相应数据可得

$$\left(78 - 99 \pm 2.6806 \times 8.17 \times \sqrt{\frac{1}{6} + \frac{1}{41}} \right) = (-23.092, -18.908),$$

故得其置信水平为 99% 的置信区间为

$$(-23.092, -18.908).$$

根据所给的数据我们可以断言,在 99% 的置信水平下,母亲酗酒者所生的孩子在 7 岁时的智商比正常妇女所生孩子在 7 岁时的智商平均要低 18.908 到 23.092.

例 8 研究由机器 A 和机器 B 生产的钢管的直径,随机抽取机器 A 生产的钢管 18 只,测得样本方差 $s_1^2 = 0.34\text{mm}^2$,抽取机器 B 生产的钢管 13 只,测得样本方差 $s_2^2 = 0.29\text{mm}^2$.设两样本相互独立,且设两总体分别服从 $N(\mu_1, \sigma_1^2), N(\mu_2, \sigma_2^2)$.这里 $\mu_1, \mu_2, \sigma_1^2, \sigma_2^2$ 均未知,试确定机器 A 生产的钢管方差显著偏大吗($\alpha = 0.1$)?

解 检验假设

$$H_0: \sigma_1^2 = \sigma_2^2, \quad H_1: \sigma_1^2 > \sigma_2^2.$$

H_0 为真时,检验统计量

$$F = \frac{S_1^2}{S_2^2} \sim F(n_1 - 1, n_2 - 1).$$

拒绝域

$$F = \frac{S_1^2}{S_2^2} \geqslant F_a(n_1 - 1, n_2 - 1).$$

由已知条件可知 $s_1^2 = 0.34, s_2^2 = 0.29, n_1 = 18, n_2 = 13, \alpha = 0.1$,代入数据计算得

$$F = \frac{s_1^2}{s_2^2} = \frac{0.34}{0.29} = 1.17.$$

查表得

$$F_{0.1}(17,12) = 1.96,$$

显然

$$1.17 < 1.96,$$

故接受 H_0,认为机器 A 生产的钢管方差没有显著偏大.

习题 8-3

1. 某校毕业班历年语文毕业成绩接近 $N(78.5,7.6^2)$,今年毕业 49 名学生,平均分数 76.4 分,有人说这届学生的语文水平不如以往历届学生,这个说法能接受吗(显著性水平 $\alpha = 0.05$)?

2. 据往年统计,某杏园中一棵树产杏量(单位：kg)服从 $N(54,0.752)$,1993 年整枝施肥后,收获时任取 9 棵杏树,算得平均每棵产量为 56.22kg. 如果方差不变,问 1993 年每棵杏树的产量是否有显著提高($\alpha = 0.05$)?

3. 某运动设备制造厂生产一种新的人造钓鱼线,其平均切断力为 8kg,标准差 $\sigma = 0.5$kg,现生产一批新的钓鱼线,随机抽查 50 条钓鱼线进行检验,测得其平均切断力为 7.8kg,问这批新的钓鱼线的平均切断力有无显著降低($\alpha = 0.01$)?

4. 已知某炼铁厂的铁水含碳量(%)在正常情况下服从正态分布 $N(4.55,0.112)$,今测得 5 炉铁水含碳量如下：

$$4.28,4.40,4.42,4.35,4.37.$$

若标准差不变,问铁水的含碳量是否有明显的降低($\alpha = 0.05$)?

5. 一般情况下每亩小麦产量服从正态分布.某县在秋收时随机抽查了 20 个村的小麦产量(单位：kg),平均亩产量为 981,标准差 $s = 50$,问该县已达到每亩小麦产量 1 吨的结论是否成立($\alpha = 0.05$)?

6. 某果园苹果树剪枝前平均每株产苹果 52(单位：kg),剪枝后任取 50 株单独采收,经核算平均株产量为 54,标准差 $s = 8$,试问剪枝是否提高了株产量? 分别取显著性水平 $\alpha = 0.05,\alpha = 0.025$.

7. 甲、乙两种作物分别在两地种植,设管理条件相同,收获时得以下结果：

甲：$n_1 = 400$,平均产量 $\bar{x} = 5030$kg,$s_1 = 510$kg;

乙：$n_1 = 550$,平均产量 $\bar{x} = 5100$kg,$s_1 = 500$kg.

问甲的产量是否比乙的低($\alpha = 0.05$)?

8. 某厂生产的电子元件,其电阻值服从正态分布,其平均电阻值 $\mu = 2.6\Omega$,今该厂换了一种材料生产同类产品,从中抽查了 20 个,测得样本均值为 3.0Ω,样本标准差 $s = 0.11\Omega$,问新材料生产的元件其平均电阻较原来的元件的平均电阻是否有明显的提高($\alpha = 0.05$)?

9. 某项实验比较两种不同塑料材料的耐磨程度,对各块的磨损深度进行观察,取材料 1,样本容量 $n_1 = 12$,平均磨损深度 $\bar{x}_1 = 85$ 个单位,标准差 $s_1 = 4$;取材料 2,样本容量 $n_2 = 10$,平均磨损深度 $\bar{x}_2 = 81$ 个单位,标准差 $s_1 = 5$;在 $\alpha = 0.05$ 下,是否能推断材料 1 比材料 2 的磨损值超过 2 个单位? 假定两总体是方差相同的正态总体.

8.4　样本容量的选取

在许多科学试验中经常遇到确定样本容量的问题,样本容量确定的准确程度,不仅影响正确答案的得出,而且还能节省人力和物力,容量的确定与犯第一类错误——弃真错误 α 有关,也与犯第二类错误——存伪错误 β 有关,下面我们推导单个正态总体中关于 μ 的 U 检验法的样本容量的公式.

假设总体 X 服从 $N(\mu,\sigma_0^2)$,其中 μ 为未知参数,σ_0 已知,提出假设检验问题:

$$H_0:\mu=\mu_0, \quad H_1:\mu=\mu_1>\mu_0.$$

给定犯两类错误的概率 α 及 β,用最佳检验法判断这个假设,试问样本容量 n 应多大?

当上述检验假设 H_0 为真时,$\overline{X}\sim N\left(\mu_0,\dfrac{\sigma_0^2}{n}\right)$;当 H_1 为真时,$\overline{X}\sim N\left(\mu_1,\dfrac{\sigma_0^2}{n}\right)$,其临界限设为 A,则有

$$\int_A^{+\infty}\frac{1}{\sqrt{2\pi}(\sigma_0/\sqrt{n})}\mathrm{e}^{-\frac{(\overline{x}-\mu_0)^2}{2\sigma_0^2/n}}\,\mathrm{d}\overline{x}=\alpha, \tag{8.4.1}$$

$$\int_{-\infty}^A\frac{1}{\sqrt{2\pi}(\sigma_0/\sqrt{n})}\mathrm{e}^{-\frac{(\overline{x}-\mu_1)^2}{2\sigma_0^2/n}}\,\mathrm{d}\overline{x}=\beta. \tag{8.4.2}$$

如图 8-1 所示.

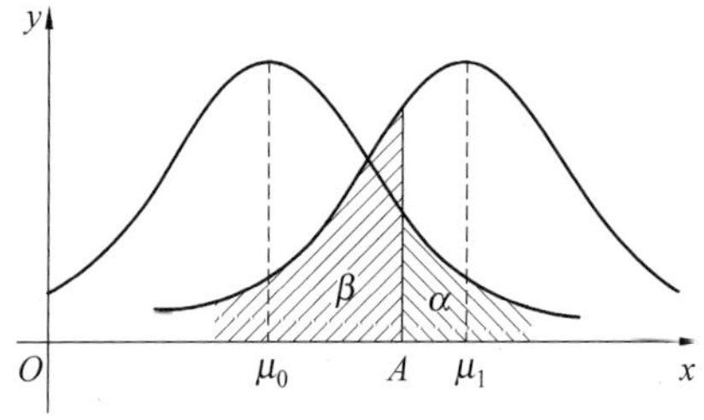

将样本均值 $\overline{X}$ 标准化,得

$$\frac{\overline{X}-\mu}{\sigma_0/\sqrt{n}}\sim N(0,1).$$

于是若 H_0 为真时,则

$$\frac{\overline{X}-\mu_0}{\sigma_0/\sqrt{n}}\sim N(0,1),$$

若 H_1 为真时,则

$$\frac{\overline{X}-\mu_1}{\sigma_0/\sqrt{n}}\sim N(0,1).$$

图　8-1

这时上述方程(8.4.1)、方程(8.4.2)可化为

$$\int_{\frac{A-\mu_0}{\sigma_0/\sqrt{n}}}^{\infty}\frac{1}{\sqrt{2\pi}}\mathrm{e}^{-\frac{u^2}{2}}\,\mathrm{d}u=1-\Phi\left(\frac{A-\mu_0}{\sigma_0/\sqrt{n}}\right)=\alpha,$$

$$\int_{-\infty}^{\frac{A-\mu_0}{\sigma_0/\sqrt{n}}}\frac{1}{\sqrt{2\pi}}\mathrm{e}^{-\frac{u^2}{2}}\,\mathrm{d}u=\Phi\left(\frac{A-\mu_0}{\sigma_0/\sqrt{n}}\right)=\beta.$$

在标准正态分布中由给定的 α,查得 $-z_\alpha=\dfrac{A-\mu_0}{\sigma_0/\sqrt{n}}$,由给定的 β,查出 $z_\beta=\dfrac{A-\mu_1}{\sigma_0/\sqrt{n}}$,于是

$$\mu_0-z_\alpha\frac{\sigma_0}{\sqrt{n}}=\mu_1+z_\beta\frac{\sigma_0}{\sqrt{n}},$$

解出

$$n=\frac{(z_\alpha+z_\beta)^2\sigma_0^2}{(\mu_1-\mu_0)^2},$$

$$A = \frac{\mu_0 z_\beta - \mu_1 z_\alpha + 2\mu_0 z_\alpha}{z_\alpha + z_\beta}.$$

同理,假设总体 X 服从 $N(\mu, \sigma_0^2)$,其中 μ 为未知参数,σ_0 已知,提出假设检验问题:

$$H_0 : \mu = \mu_0, \quad H_1 : \mu = \mu_1 < \mu_0.$$

在给定犯两类错误的概率 α 及 β 中,确定样本容量 n 的取值.

若 H_0 为真,则 $\overline{X} \sim N\left(\mu_0, \dfrac{\sigma_0^2}{n}\right)$;若 H_1 为真,则 $\overline{X} \sim N\left(\mu_1, \dfrac{\sigma_0^2}{n}\right)$,其临界限设为 A,则有

$$\int_{-\infty}^{A} \frac{1}{\sqrt{2\pi}(\sigma_0/\sqrt{n})} e^{-\frac{(\overline{x}-\mu_0)^2}{2\sigma_0^2/n}} \mathrm{d}\overline{x} = \alpha, \tag{8.4.3}$$

$$\int_{A}^{+\infty} \frac{1}{\sqrt{2\pi}(\sigma_0/\sqrt{n})} e^{-\frac{(\overline{x}-\mu_1)^2}{2\sigma_0^2/n}} \mathrm{d}\overline{x} = \beta. \tag{8.4.4}$$

将样本均值 $\overline{X}$ 标准化,得

$$\frac{\overline{X} - \mu}{\sigma_0/\sqrt{n}} \sim N(0,1).$$

于是若 H_0 为真,则

$$\frac{\overline{X} - \mu_0}{\sigma_0/\sqrt{n}} \sim N(0,1);$$

若 H_1 为真,则

$$\frac{\overline{X} - \mu_1}{\sigma_0/\sqrt{n}} \sim N(0,1).$$

这时方程(8.4.3)、方程(8.4.4)可化成

$$\int_{-\infty}^{\frac{A-\mu_0}{\sigma_0/\sqrt{n}}} \frac{1}{\sqrt{2\pi}} e^{-\frac{u^2}{2}} \mathrm{d}u = \Phi\left(\frac{A-\mu_0}{\sigma_0/\sqrt{n}}\right) = \alpha,$$

$$\int_{\frac{A-\mu_1}{\sigma_0/\sqrt{n}}}^{+\infty} \frac{1}{\sqrt{2\pi}} e^{-\frac{u^2}{2}} \mathrm{d}u = 1 - \Phi\left(\frac{A-\mu_1}{\sigma_0/\sqrt{n}}\right) = \beta.$$

在标准正态分布中由给定的 α,查得 $z_\alpha = \dfrac{A-\mu_0}{\sigma_0/\sqrt{n}}$,由给定的 β,查出 $-z_\beta = \dfrac{A-\mu_1}{\sigma_0/\sqrt{n}}$,于是

$$\mu_0 + z_\alpha \frac{\sigma_0}{\sqrt{n}} = \mu_1 - z_\beta \frac{\sigma_0}{\sqrt{n}},$$

解出

$$n = \frac{(z_\alpha + z_\beta)^2 \sigma_0^2}{(\mu_1 - \mu_0)^2},$$

$$A = \frac{\mu_0 z_\beta + \mu_1 z_\alpha}{z_\alpha + z_\beta}.$$

假设总体 X 服从 $N(\mu, \sigma_0^2)$,其中 μ 为未知参数,σ_0 已知,提出假设检验问题:

$$H_0 : \mu = \mu_0, \quad H_1 : \mu = \mu_1 \neq \mu_0,$$

给定犯两类错误的概率 α 及 β,同理可以证明:样本容量 n 最小为

$$n = \frac{(z_{\alpha/2} + z_\beta)^2 \sigma_0^2}{(\mu_1 - \mu_0)^2}.$$

类似地,假设总体 X 服从 $N(\mu, \sigma^2)$,其中 μ 为未知参数,σ 未知,若给定犯两类错误的概

率 α, β 以及 $\delta > 0$, 可以查附表 7 得均值 μ 的 t 检验的样本容量 n. 使当 $\frac{\mu - \mu_0}{\sigma} \geqslant \delta$ 时, 犯第二类错误的概率不超过 β.

设总体 X 与 Y 相互独立, $X \sim N(\mu_1, \sigma^2)$, $Y \sim N(\mu_2, \sigma^2)$, 两总体的方差相等, 但 σ^2 未知, 若给定犯两类错误的概率 α, β 以及 $\delta = \frac{|\mu_1 - \mu_2|}{\sigma}$, 可以查附表 8 得均值差 $\mu_1 - \mu_2$ 的 t 检验的样本容量 n. 使当 $\frac{|\mu_1 - \mu_2|}{\sigma} \geqslant \delta$ 时, 犯第二类错误的概率不超过 β.

例 1　电池在货架上滞留的时间不能太长, 下面给出某商店随机选取的 9 只电池的货架滞留时间 (以 d 计): 108, 124, 124, 106, 138, 163, 159, 134, 132. 设数据来自正态总体 $N(\mu, 36)$, μ 未知.

(1) 试检验假设 $H_0 : \mu = \mu_0 = 125$, $H_1 : \mu > 125$, 取 $\alpha = 0.05$.

(2) 若要求在上述 H_1 中 $(\mu - 125)/\sigma \leqslant 1.4$ 时, 犯第二类错误的概率不超过 $\beta = 0.1$, 求所需的样本容量.

解　(1) 检验假设

$$H_0 : \mu = \mu_0 = 125, \quad H_1 : \mu > 125.$$

当 H_0 为真时, 检验统计量为

$$U = \frac{\overline{X} - \mu_0}{\sigma / \sqrt{n}} \sim N(0, 1).$$

拒绝域

$$u > z_\alpha.$$

由已知条件可知

$$\bar{x} = 132, \quad n = 9, \quad \sigma = 3,$$

代入检验统计量得

$$\frac{\bar{x} - \mu_0}{\sigma / \sqrt{n}} = \frac{132 - 125}{6 / \sqrt{9}} = 3.5.$$

显著性水平 $\alpha = 0.05$, 有

$$z_\alpha = z_{0.05} = 1.645,$$

显然

$$3.5 > 1.645,$$

故拒绝 H_0, 认为电池在货架上滞留时间超出允许范围.

(2) 若要 H_1 满足　$\dfrac{\mu - 125}{\sigma} \leqslant 1.4$, 即在假设检验

$$H_0 : \mu = \mu_0 = 125, \quad H_1 : \mu = \mu_1$$

中, 使得

$$\mu_1 - \mu_0 \leqslant 1.4 \sigma.$$

又因为

$$z_\alpha = 1.645, \quad z_\beta = z_{0.1} = 1.28,$$

代入样本容量的计算公式, 得

$$n = \frac{(z_\alpha + z_\beta)^2 \sigma^2}{(\mu_1 - \mu_0)^2} = \frac{(1.645 + 1.28)^2}{1.4^2} = 4.365,$$

所需的样本容量取 $n = 5$ 为好.

例 2 设需要对某一正态总体的均值进行假设检验 $H_0 : \mu = 15, H_1 : \mu < 15$,已知 $\sigma^2 = 2.5$,取 $\alpha = 0.05$,若要求当 H_1 中 $\mu = 13$ 时犯第二类错误概率不超过 $\beta = 0.05$,求所需的样本容量和临界限.

解 由已知条件可知 $\mu_0 = 15, \mu_1 = 13, z_\alpha = 1.645, z_\beta = 1.645, \sigma_0^2 = 2.5$. 代入公式,得

$$n = \frac{(z_\alpha + z_\beta)^2 \sigma_0^2}{(\mu_1 - \mu_0)^2} = \frac{10.821 \times 2.5}{4} = 6.7651,$$

临界限的计算公式为

$$A = \frac{\mu_0 z_\beta - \mu_1 z_\alpha + 2\mu_0 z_\alpha}{z_\alpha + z_\beta} = \frac{15 \times 1.645 - 13 \times 1.645 + 2 \times 15 \times 1.645}{1.645 + 1.645} = 16,$$

故所需的样本容量 $n = 7$,临界限 $A = 16$.

例 3 考虑在显著性水平 $\alpha = 0.05$ 下进行 t 检验

$$H_0 : \mu \leqslant 68, \quad H_1 : \mu > 68.$$

(1) 要求在 H_1 中 $\mu \geqslant \mu_1 = 68 + \sigma$ 时,犯第二类错误概率不超过 $\beta = 0.05$,求所需的样本容量.

(2) 若样本容量为 $n = 30$,问在 H_1 中 $\mu = \mu_1 = 68 + 0.75\sigma$ 时犯第二类错误概率是多少?

解 (1) 此处 $\alpha = \beta = 0.05, \mu_0 = 68, \delta = \frac{\mu_1 - \mu_0}{\sigma} = \frac{(68 + \sigma) - 68}{\sigma} = 1$,查附表 7 得 $n = 13$.

(2) 由 $\alpha = 0.05, n = 30, \delta = \frac{\mu_1 - \mu_0}{\sigma} = \frac{(68 + 0.75\sigma) - 68}{\sigma} = 0.75$,查附表 7 得 $\beta = 0.01$.

例 4 设 $(X_1, X_2, \cdots, X_n)$ 是取自正态总体 $N(\mu, \sigma_0^2)$ 的样本,σ_0^2 已知,对假设检验 $H_0 : \mu = \mu_0, H_1 : \mu > \mu_0$,取拒绝域 $c = \{(x_1, x_2, \cdots, x_n) \mid \bar{x} \geqslant c_0\}$.

(1) 求此检验犯第一类错误概率为 α 时,犯第二类错误的概率 β,并讨论它们之间的关系;

(2) 设 $\mu_0 = 0.5, \sigma_0^2 = 0.04, \alpha = 0.05, n = 9$,求 $\mu = 0.65$ 时不犯第二类错误的概率.

解 (1) 在 H_0 成立的条件下,$\bar{X} \sim N\left(\mu_0, \frac{\sigma_0^2}{n}\right)$,标准化后,$\frac{\bar{X} - \mu_0}{\sigma_0 / \sqrt{n}} \sim N(0, 1)$. 此时

$$\alpha = P\{\bar{X} \geqslant c_0\} = P\left\{\frac{\bar{X} - \mu_0}{\sigma_0 / \sqrt{n}} \geqslant \frac{c_0 - \mu_0}{\sigma_0 / \sqrt{n}}\right\}.$$

所以,$\frac{c_0 - \mu_0}{\sigma_0 / \sqrt{n}} = z_\alpha$,由此式解出 $c_0 = \frac{\sigma_0}{\sqrt{n}} z_\alpha + \mu_0$.

在 H_1 成立的条件下,$\bar{X} \sim N\left(\mu, \frac{\sigma_0^2}{n}\right)$,此时

$$\beta = P\{\bar{X} < c_0\} = P\left\{\frac{\bar{X} - \mu}{\sigma_0 / \sqrt{n}} < \frac{c_0 - \mu}{\sigma_0 / \sqrt{n}}\right\} = \Phi\left(\frac{c_0 - \mu}{\sigma_0 / \sqrt{n}}\right)$$

$$= \Phi\left(\frac{\frac{\sigma_0}{\sqrt{n}} z_\alpha + \mu_0 - \mu}{\sigma_0 / \sqrt{n}}\right) = \Phi\left(z_\alpha - \frac{\mu - \mu_0}{\sigma_0} \sqrt{n}\right).$$

由此可知,当 α 增加时, z_α 减小,从而 β 减小;反之当 α 减少时,则 β 增加.

(2) 不犯第二类错误的概率为

$$1-\beta=1-\Phi\left(z_\alpha-\frac{\mu-\mu_0}{\sigma_0}\sqrt{n}\right)=1-\Phi\left(z_{0.05}-\frac{0.65-0.5}{0.2}\times 3\right)$$

$$=1-\Phi(-0.605)=\Phi(0.605)=0.7274,$$

故 $\mu=0.65$ 时不犯第二类错误的概率为 0.7274.

习题 8-4

1. 设需要对某一正态总体的均值进行假设检验

$$H_0:\mu=\mu_0=100,\quad H_1:\mu>100.$$

已知 $\sigma=25$,取 $\alpha=0.05$,若要求当 H_1 中的 $\mu=120$ 时犯第二类错误的概率不超过 $\beta=0.01$,求所需的样本容量 n 和临界值 A.

2. 设 $X_1,X_2,\cdots,X_n$ 是取自正态总体 $N(\mu,4)$ 的样本,对假设检验 $H_0:\mu=\mu_0=1,H_1:\mu\neq 1,\alpha=0.05,n=9$,求 $\mu=0.5$ 时犯第二类错误的概率.

3. 设 $X_1,X_2,\cdots,X_n$ 是取自正态总体 $N(\mu,\sigma_0^2)$ 的样本, σ_0^2 已知,对假设检验 $H_0:\mu=\mu_0$, $H_1:\mu<\mu_0$,取拒绝域 $c=\{(x_1,x_2,\cdots,x_n)\,|\,\bar{x}\leqslant c_0\}$,求此检验犯第一类错误的概率为 α 时,犯第二类错误的概率 β,并讨论它们之间的关系.

4. 某工厂生产一种螺钉,要求标准长度是 68mm,实际生产的产品其长度服从正态分布 $N(\mu,3.6^2)$,考虑假设检验问题

$$H_0:\mu=68,\quad H_1:\mu\neq 68.$$

记 $\bar{X}$ 为样本均值,按下列方式进行假设:当 $|\bar{X}-68|>1$ 时,拒绝假设 H_0;当 $|\bar{X}-68|\leqslant 1$ 时,接受假设 H_0.当样本容量 $n=64$ 时,求:

(1) 犯第一类错误的概率 α;

(2) 犯第二类错误的概率 β(设 $\mu=70$).

小结

对总体参数的数值提出某种假设,然后利用样本所提供的信息来判断假设是否成立的过程,称为假设检验.它一般分为参数假设检验和非参数假设检验,这里我们只介绍参数假设检验.

通常将研究者想要收集证据予以反对的假设称为原假设或零假设,用 H_0 表示.原假设是正待检验的假设.相反的一种情况用 H_1 表示,称为备择假设.

由于"抽样"样本的随机性和局部性,它所提供的关于总体特征的信息必然存在缺陷,它的缺陷同样也将传递到假设检验的最终决策中,这就潜伏了"犯错"的可能.第一类错误(弃真错误):当原假设为真时拒绝原假设,犯第一类错误的概率一般记为 α,第二类错误(取伪错误):当原假设为假时接受原假设,犯第二类错误的概率通常记为 β.

假设检验中犯第一类错误的概率,称为显著性水平,即指当零假设实际上是正确时,检验统计量落在拒绝域内的概率.它体现了对原假设的"保护"程度,显著性水平 α 越小,拒绝原假设要求的理由就越充分,对原假设的保护越严密. α 的取值一般有 0.01、0.05、0.1.这种

只对犯第一类错误的概率加以控制,而不考虑犯第二类错误的概率的检验,称为显著性检验. 当样本容量 n 固定时,α 减少,则 β 增大;反之,β 减少,则 α 增大,在给定 α 的条件下,要减小 β 的办法是增大样本容量 n.

本章主要研究来自正态总体的样本均值和样本方差的假设检验,根据拒绝域的选取,假设检验分为双侧假设检验和单侧假设检验,根据总体的个数,我们又可以将假设检验分为单个正态总体的假设检验和两个正态总体的假设检验,根据检验统计量的不同选取方式,检验的方法又分为 U 检验法、t 检验法、χ^2 检验法、F 检验法. 希望读者熟练掌握每一种检验法的检验统计量和拒绝域.

知识结构脉络图

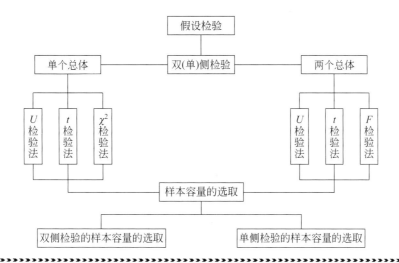

零假设与备择假设是否处于对等的地位

在假设检验中,首先要针对具体问题提出零假设 H_0 和备择假设 H_1,由于零假设是作为检验的前提而提出来的,因此,零假设通常应受到保护,没有充足的证据是不能被拒绝的,而备择假设只有当零假设被拒绝后,才能被接受,这就决定了零假设与备择假设不是处于对等的地位.

下面举例说明交换零假设与备择假设可能会得出截然相反的检验结论.

问题:某厂方断言,本厂生产的小型电动机在正常负载条件下平均电流不会超过 0.8A,随机抽取该型号电动机 16 台,发现其平均电流为 0.92A,而由该样本求出的标准差是 0.32A,假定这种电动机的工作电流 X 服从正态分布,问根据这一抽样结果,能否否定厂方断言(取显著性水平 $\alpha = 0.05$)?

解 假定 $X \sim N(\mu, \sigma^2)$,以厂方断言作为零假设,则假设检验问题:
$$H_0: \mu \leqslant 0.8, \quad H_1: \mu > 0.8.$$

由于 σ^2 未知,故选取检验统计量

$$t = \frac{\overline{X} - \mu_0}{S/\sqrt{n}}.$$

当 H_0 为真时,有

$$t \sim t(n-1).$$

对于显著性水平 α,由于

$$P\left\{\frac{\overline{X} - \mu_0}{S/\sqrt{n}} > t_\alpha(n-1)\right\} = \alpha,$$

故 H_0 的拒绝域为

$$t > t_\alpha(n-1).$$

由已知条件 $n=16, \bar{x}=0.92, s=0.32, \alpha=0.05$,故

$$t = \frac{\bar{x} - \mu_0}{s/\sqrt{n}} = \frac{0.92 - 0.8}{0.32/\sqrt{16}} = 1.5.$$

查表 $t_{0.05}(15) = 1.7531$,显然 $1.5 < 1.7531$,故接受 H_0,认为在正常负载条件下平均电流不会超过 $0.8\mathrm{A}$,即没有充分理由否定厂方的断言.现在若把厂方断言的对立面作为零假设,则得假设检验问题:

$$H_0: \mu > 0.8, \quad H_1: \mu \leqslant 0.8.$$

同理可得 H_0 的拒绝域为

$$t < -t_\alpha(n-1).$$

而由前面已知

$$t = 1.5, \quad t_{0.05}(15) = 1.7531,$$

显然 $1.5 > -1.7531$,所以应接受零假设 H_0,认为在正常负载条件下平均电流超过 $0.8\mathrm{A}$,即否定厂方断言.

由此可见,随着问题提法的不同,得出了截然相反的结论,这一点会使初学者感到迷惑不解,实际上,这里有个着眼点不同的问题,当把"厂方断言正确"作为零假设时,我们根据该厂以往的表现和信誉,对其断言已有了较大的信任,只有很不利于它的观察结果才能改变我们的看法,因而一般难以拒绝这个断言,反之,当把"厂方断言不正确"作为零假设时,我们一开始就对该厂产品抱怀疑态度,只有很有利于该厂的观察结果,才能改变我们的看法,因此,在所得观察数据并非决定性地偏于一方时,我们的着眼点(即最初立场)决定了所得的结论.

打一个通俗的比喻:某人是嫌疑犯,有些不利于他的证据,但并非是起决定性作用的,若要求"只有决定性的不利于他的证据才能判他有罪",则他将被判为无罪;反之,若要"只有决定性的有利于他的证据才能判他无罪",则他将被判有罪,在这里,也是着眼点的不同决定了看法,这类事件在日常生活中并不少见,原本不足为奇.

总习题 8

1. 设总体 $X \sim N(\mu, 1)$，$(x_1, x_2, \cdots, x_{10})$ 是来自总体的样本值，若在显著性水平 $\alpha = 0.05$ 下检验 $H_0 : \mu = 0, H_1 : \mu \neq 0$，拒绝域 $c = \{|\bar{x}| \geqslant c_0\}$.

(1) 求 c_0 的值；

(2) 当取 $c_0 = 1.15$ 时，求显著性水平 α.

2. 已知某车间生产铜丝，其折断力服从正态分布 $N(580, 64)$，今换了一批原材料，折断力的方差不变，但不知折断力的大小有无差别，从新生产的铜丝中抽取 9 个样本，测得折断力为：572, 580, 568, 572, 571, 570, 572, 595, 575. 问在显著性水平 0.05 下，铜丝折断力与原先有无差异？给出检验过程.

3. 根据统计报表的资料显示某地区人均月收入 $X \sim N(880, 6400)$，现做了 49 人的抽样调查，人均月收入为 920 元，问能否认为人均月收入增加了（$\alpha = 0.01$）？

4. 抽查 10 瓶罐头食品的净重，得如下数据（单位：g）：

$$495, 510, 505, 498, 503, 492, 502, 512, 496, 506.$$

问能否认为该批罐头食品的平均净重为 500g（$\alpha = 0.05$）？

5. 某工厂欲引入一台新机器，由于价格较高，故工程师认为只有在引入该机器能使产品的生产时间平均缩短大于 5.5% 时方可采用，现随机进行 16 次试验，测得平均节约时间 5.74%，样本标准差为 0.32%，设新机器能使生产时间缩短的时数服从正态分布，问该厂是否引进这台新机器（$\alpha = 0.05$）？

6. 4 名学生彼此独立地测量同一块土地，分别测量的面积为（单位：km²）：1.27, 1.24, 1.21, 1.28. 设测定值服从正态分布，试根据这些数据检验这块土地的面积是否不小于 1.23（$\alpha = 0.05$）？

7. 某厂生产的灯管，其寿命 X（单位：h）服从正态分布，均值为 1500，今改用新工艺后，取 25 只灯管进行测试，得平均寿命为 1 585，标准差 185，问新工艺是否提高了产品的平均寿命（$\alpha = 0.05$）？

8. 某研究员为证实知识分子家庭的平均子女数低于工人家庭的平均子女数（2.5 人），随机抽取了 36 户知识分子家庭进行调查，发现平均子女数为 2.1 人，标准差为 1.1 人，上述看法能否得以证实（$\alpha = 0.05$）？

9. 已知某种溶液中水分含量 $X \sim N(\mu, \sigma^2)$，要求平均水分含量 μ 不低于 0.5%，今检测该溶液 9 个样本，得到平均水分含量为 0.451%，样本标准差 $s = 0.039\%$，试在显著性水平 $\alpha = 0.05$ 下，检验溶液水分含量是否合格.

10. 在某机床上加工的一种零件的内径尺寸（单位：m），据以往经验服从正态分布，标准差为 $\sigma = 0.033$，某日开工后，抽取 15 个零件测量内径，样本标准差 $s = 0.025$，问这天加工的零件方差与以往有无显著减小（$\alpha = 0.05$）？

11. 某车间生产铜丝，其中一个主要质量指标是折断力大小，用 X 表示该车间生产的铜丝的折断力，根据过去资料来看，可以认为 X 服从 $N(\mu, \sigma^2)$，$\mu_0 = 285$kg，$\sigma = 4$kg，今换了一批原材料，从性能上看，估计折断力的方差不会有什么大变化，从现今产品中任取 10 根，测得折断力数据如下（单位：kg）：289, 286, 285, 284, 285, 285, 286, 286, 298, 292. 试推断折断力的大小与原先有无差别?

12. 为了降低成本,想变更机件的材质,原来材质的零件外径标准差为 0.3mm,材质变更后,随机抽取 9 个零件,得外径尺寸的数据如下(单位:mm):32.5,35.8,34.8,35.7,33.9,34.6,35.1,35.2,34.7.试研究材质变化后,零件外径的方差是否增大了($\alpha=0.05$)?

13. 某种导线,要求其电阻的标准差不大于 0.005Ω,今在生产的一批导线中取样品 9 根,测得 $s=0.003\Omega$,设该种导线的电阻服从正态分布,问在显著性水平 $\alpha=0.05$ 下能否认为这批导线的电阻的标准差与额定标准差相比有显著的减小?

14. 用两种工艺生产的某种电子元件的抗击穿强度 X 和 Y 为随机变量,分别服从正态分布 $N(\mu_1,\sigma_1^2)$ 和 $N(\mu_2,\sigma_2^2)$(单位:V).某日分别抽取 9 只和 6 只样品,测得抗击穿强度数据分别为 $x_1,x_2,\cdots,x_9$ 和 $y_1,y_2,\cdots,y_6$,并算得

$$\sum_{i=1}^{9} x_i = 370.80, \sum_{i=1}^{9} x_i^2 = 15280.17, \quad \sum_{i=1}^{6} y_i = 204.60, \sum_{i=1}^{6} y_i^2 = 6978.93.$$

(1) 检验 X 和 Y 的方差有无明显差异(取 $\alpha=0.05$);

(2) 利用(1)的结果,求 $\mu_1-\mu_2$ 的置信度为 0.95 的置信区间.

15. 需要比较两种汽车用的燃料的辛烷值,得数据:

燃料 A	80	84	79	76	82	83	84	80	79	82	81	79
燃料 B	76	74	78	79	80	79	82	76	81	79	82	78

燃料的辛烷值越高,燃料质量越好,因燃料 B 较燃料 A 总体价格便宜,因此,如果两种辛烷值相同时,则使用燃料 B.设两总体均服从正态分布,而且两样本相互独立,问应采用哪种燃料(取 $\alpha=0.1$)?

16. 某卷烟厂生产甲、乙两种香烟,分别对它们的尼古丁含量(单位:mg)作了 6 次检测,得样本值为:

甲:25,28,23,26,29,25;

乙:20,23,28,25,21,27.

假定这两种烟的尼古丁含量都服从正态分布,且方差相等,试问甲种香烟的尼古丁平均含量是否显著高于乙种(显著水平 $\alpha=0.05$)?

17. 为检验两架光测高温计所确定的温度读数之间有无显著差异,设计了一个试验,用两架仪器同时对一组热炽灯丝作观察,从第一架高温计测得 6 个温度读数的样本标准差 $s_1=42$,从第二架高温计测得 9 个温度读数的样本标准差 $s_2=36$,假设第一架和第二架高温计观察的结果都服从正态分布,试确定这两只高温计所确定的温度读数的方差有无显著差异($\alpha=0.05$)?

18. 由累积资料知道甲、乙两煤矿的含灰率分别服从 $N(\mu_1,\sigma_1^2)$ 及 $N(\mu_2,\sigma_2^2)$.现从两矿各抽几个试件,分析其含灰率(%)为:

甲矿:24.3,20.8,23.7,21.3,17.4;

乙矿:18.2,16.9,20.2,16.7.

问甲、乙两矿所采煤的平均含灰率是否有显著差异($\alpha=0.05$)?

19. 同一种圆筒,由两厂生产,各抽 10 个,检查其内径(单位:mm),得结果如下:

甲厂:$\bar{x}=33.85,s_1=0.1$;

乙厂：$\bar{y}=34.05,s_2=0.15.$

判断两厂产品内径的方差和均值有无显著差异($\alpha=0.05$)?

自测题 8

一、填空题(每小题 5 分,4 小题,共 20 分)

1. 设 $X_1,X_2,\cdots,X_{16}$ 是来自正态总体 $N(\mu,2^2)$ 的样本,样本均值为 $\bar{X}$,则在显著水平 $\alpha=0.05$ 下,检验假设 $H_0:\mu=5;H_1\neq 5$ 的拒绝域为_____.

2. 设 $X_1,X_2,\cdots,X_n$ 是来自正态总体 $N(\mu,\sigma^2)$ 的样本,其中参数 μ 和 σ^2 均未知,记 $\bar{X}=\frac{1}{n}\sum_{i=1}^{n}X_i,Q^2=\frac{1}{n}\sum_{i=1}^{n}(X_i-\bar{X})^2$,则假设检验 $H_0:\mu=0$ 使用的统计量 $T=$ _____.

3. 设总体 $X\sim N(\mu_0,\sigma^2)$,μ_0 为已知常数,$(X_1,X_2,\cdots,X_n)$ 为来自总体 X 的样本,则检验假设 $H_0:\sigma^2=\sigma_0^2;H_1:\sigma^2\neq\sigma_0^2$ 的统计量是_____;当 H_0 成立时,服从分布_____.

4. 设总体 $X\sim N(\mu_1,\sigma_1^2)$,$Y\sim N(\mu_2,\sigma_2^2)$,$\mu_1,\mu_2$ 未知,$(X_1,X_2,\cdots,X_{n_1})$ 与 $(Y_1,Y_2,\cdots,Y_{n_2})$ 分别是来自总体 X 与 Y 的样本,且两样本独立,则检验假设 $H_0:\sigma_1^2=\sigma_2^2;H_1:\sigma_1^2\neq\sigma_2^2$ 的检验统计量 $F=$ _____,其拒绝域 $W=$ _____.

二、选择题(每小题 5 分,4 小题,共 20 分)

1. 在假设检验中,如果待检验的原假设为 H_0,那么犯第二类错误是指(   ).

  A. H_0 成立,接受 H_0 B. H_0 不成立,接受 H_0
  C. H_0 成立,拒绝 H_0 D. H_0 不成立,拒绝 H_0

2. 设总体 $X\sim N(0,\sigma^2)$,σ^2 未知,$(x_1,x_2,\cdots,x_n)$ 为来自 X 的样本值,现对 μ 进行假设检验. 若在显著性水平 $\alpha=0.05$ 下拒绝了 $H_0:\mu=0$,则当显著性水平 $\alpha=0.01$ 时,下列结论正确的是(   ).

  A. 必拒绝 H_0 B. 必接受 H_0
  C. 第一类错误的概率更大   D. 可能接受,也可能拒绝 H_0

3. 设总体 $X\sim N(\mu,\sigma^2)$,μ 未知,$(x_1,x_2,\cdots,x_n)$ 为来自总体 X 样本值,记 $\bar{x}$ 为样本均值,s^2 为样本方差,对假设检验 $H_0:\sigma\geq 2;H_1:\sigma<2$ 应取检验统计量 χ^2 为(   ).

  A. $\frac{(n-1)s^2}{8}$ B. $\frac{(n-1)s^2}{6}$ C. $\frac{(n-1)s^2}{4}$ D. $\frac{(n-1)s^2}{2}$

4. 设总体 $X\sim N(\mu,\sigma^2)$,σ^2 未知,$(x_1,x_2,\cdots,x_n)$ 为来自总体 X 样本值,记 $\bar{x}$ 为样本均值,s 为样本标准差,对假设检验 $H_0:\mu\geq\mu_0;H_1:\mu<\mu_0$,取检验统计量 $t=\frac{\bar{x}-\mu}{s/\sqrt{n}}$,则在显著性水平 α 下拒绝域为(   ).

  A. $\{|t|>t_{\alpha/2}(n-1)\}$ B. $\{|t|\leq t_{\alpha/2}(n-1)\}$
  C. $\{t>t_{\alpha}(n-1)\}$ D. $\{t<-t_{\alpha}(n-1)\}$

三、解答题(每小题 15 分,4 小题,共 60 分)

1. 某电器零件的电阻服从正态分布,平均电阻一直保持在 2.64Ω,标准差保持在 0.06Ω,改变加工工艺后,测得 100 个零件的平均电阻为 2.62Ω,标准差不变,问新工艺对此零件的电阻有无显著影响? 显著性水平 $\alpha=0.01$.

2. 某一指标服从正态分布,今对该指标测量 8 次,得数据为:$68,43,70,65,55,56,60,$ $72.$ 设总体均值 μ 未知,检验 $H_0 : \sigma^2 = 64$(显著性水平 $\alpha = 0.05$).

3. 设 $(X_1, X_2, \cdots, X_n)$ 是来自总体 $X \sim N(\mu, \sigma^2)$ 的样本,其中 $\mu = \mu_0$ 已知,试证当 $H_0 :$ $\sigma^2 = \sigma_0^2$ 成立时,有

$$\frac{1}{\sigma_0^2} \sum_{i=1}^{n} (X_i - \mu_0)^2 \sim \chi^2(n).$$

并由此得出检验 H_0 的规则.

4. 用两种不同的热处理方法加工金属材料,测量其抗拉强度(单位:$\mathrm{kg/cm^2}$),各测 12 次,得数据如下:

方法 A:$31,34,29,26,32,35,38,34,30,29,32,31$;

方法 B:$26,24,28,29,30,29,32,26,31,29,32,38.$

假定两总体都服从正态分布,且方差相等,问两总体的抗拉强度有无显著差异($\alpha = 0.05$)?

第9章

概率统计实验

9.1 实验一 MATLAB 的基本操作

一、实验目的

掌握 MATLAB 的基本操作.

二、实验内容

MATLAB 是以矩阵计算为基础的、交互式的科学和工程数据计算软件. MATLAB 的特点是编程效率高, 计算功能强, 使用简便, 易于扩充. 它所含的"工具箱"的功能非常丰富, 使用方便, 人机界面直观, 输出结果可视化, 深受用户欢迎, 应用范围十分广泛. 本章内容基于 MATLAB R2015a 版本.

1. MATLAB 界面简介

MATLAB R2015a 启动后的主窗口如图 9-1 所示. 菜单栏取消了传统的菜单和工具条,

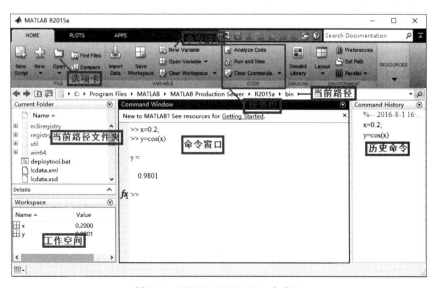

图 9-1 MATLAB R2015a 主窗口

采用了类似 Office 2007 之后的 Ribbon 风格,包含了主菜单(HOME),绘图菜单(PLOTS),应用菜单(APPS),通过单击选项卡下的命令按钮或直接单击命令按钮可执行相应命令.命令窗口(Command Window)直接输入命令或执行编写的程序,从符号"＞＞"后面输入.程序的编写需要在专门的"Editor"窗口中进行.工作空间(Workspace)显示当前存在变量的名称和赋值.历史命令(Command History)记录运行过的程序,方便以后查找或再次使用.当前目录(Current Folder)是当前工作路径下存储的文件夹及文件,可通过单击 🗀 选择新的文件夹为当前工作路径.

2. 向量和矩阵的基本运算

(1) 基本的算术运算

例 1　计算表达式 $[20 \div 3 + (12-4) \times 4] - 3^2$ 的值.

解　在命令窗口输入

```
>> (20/3+ (12-4) * 4)-3^2
```

然后按回车键得到结果:

```
ans=
    29.6667
```

(2) 向量和矩阵的生成

在 MATLAB 中,标量可以看作是具有一行一列的矩阵,向量可以看作是只有一行或一列的矩阵.矩阵是一个二维数组,它可以通过直接输入或者使用函数生成.

例 2　生成矩阵 $\boldsymbol{A} = \begin{bmatrix} 1 & 2 & 3 \\ 4 & 5 & 6 \\ 7 & 8 & 9 \end{bmatrix}$.

解　方法 1　在命令窗口输入

```
>>A=[1,2,3;4,5,6;7,8,9]
```

结果:

```
A=
   1 2 3
   4 5 6
   7 8 9
```

方法 2　在命令窗口输入

```
>>A=[1,2,3
     4 5 6
     7,8,9]
```

结果:

```
A=
   1 2 3
   4 5 6
   7 8 9
```

说明：直接输入矩阵时注意的问题：

① 矩阵每一行的元素必须用空格或逗号分开；

② 在矩阵中，采用分号或回车表明每一行的结束；

③ 整个输入矩阵必须包含在方括号中.

例 3 生成向量 $x=[1,2,3,4,5,6]$.

解 在命令窗口输入

```
>>x=1:6
```

结果：

```
x=
   1    2    3    4    5    6
```

说明：冒号运算符可以生成向量，其格式有两种：

① 向量名＝区间初始端点：区间终止端点；

② 向量名＝区间初始端点：区间步长：区间终止端点.

除冒号运算符外，函数 linspace(起点，终点，元素个数)也可用于生成等分间隔的向量.

例 4 用函数 ones 生成全 1 矩阵.

解 在命令窗口输入

```
>>Y=ones(2,4)      %生成 2×4 全 1 矩阵
```

结果：

```
Y=
   1    1    1    1
   1    1    1    1
```

说明：除函数 ones（全 1 矩阵）外，函数 zeros 可以生成全 0 矩阵，函数 eye 可以生成单位矩阵，还有 diag（对角阵）、compan（伴随阵）、hilb（Hilbert 阵）、magic（魔方阵）等函数生成特殊矩阵.

（3）矩阵元素的引用

可以引用矩阵的第 m 行 n 列的元素，也可以引用矩阵的某一行或某一列的元素. 以矩阵 $A=\begin{bmatrix} 1 & 2 & 3 \\ 4 & 5 & 6 \\ 7 & 8 & 9 \end{bmatrix}$ 为例.

例 5 引用矩阵 A 的第 2 行 3 列的元素.

解 在命令窗口输入

```
>>A(2,3)
```

结果：

```
ans=
    6
```

例 6 引用矩阵 **A** 的第 1 行和第 3 列的元素,第 2 列的第 2 行到第 3 行的元素,第 1 行、第 3 行的第 2 列的元素.

解 在命令窗口输入

```
>>A(1,:)              %引用 A 的第 1 行的元素
```

结果:

```
ans=
    1    2    3
```

输入:

```
>>A(:,3)              %引用 A 的第 3 列的元素
```

结果:

```
ans=
    3
    6
    9
```

输入:

```
>>A(2:3,2)            %引用 A 的第 2 列的第 2 行到第 3 行的元素
```

结果:

```
ans=
    5
    8
```

输入:

```
>>A([1,3],2)          %引用 A 的第 1 行、第 3 行的第 2 列的元素
```

结果:

```
ans=
    2
    8
```

说明:还可以使用函数 diag 引用矩阵的对角线元素,使用函数 tril、triu 提取矩阵的上、下三角矩阵.

(4) 数组运算

数组运算是按元素逐个执行的,以例子给出.

例 7 $A=\begin{bmatrix} 1 & 2 \\ 3 & 4 \end{bmatrix}, B=\begin{bmatrix} 5 & 6 \\ 7 & 8 \end{bmatrix}$.

解 在命令窗口输入

```
>>A=[1,2;3,4];
```

```
>>B=[5,6;7,8];
>>A.*B                    %数组A和B的对应元素相乘
```

结果:

```
ans=
     5    12
    21    32
```

输入:

```
>>A.*3                    %数组A的每个元素乘以3
```

结果:

```
ans=
    3     6
    9    12
```

输入:

```
>>A.\B                    %数组A和B的对应元素相除,即(B(i,j)/A(i,j))
```

结果:

```
ans=
    5.0000    3.0000
    2.3333    2.0000
```

输入:

```
>>A./B                    %数组A和B的对应元素相除,即(A(i,j)/B(i,j))
```

结果:

```
ans=
    0.2000    0.3333
    0.4286    0.5000
```

输入:

```
>>A.^B                    %数组A和B的对应元素的乘方,即(A(i,j)^{B(i,j)})
```

结果:

```
ans=
       1      64
    2187   65536
```

输入:

```
>>A.^3                    %数组A的每个元素的3次方,即(A(i,j)^3)
```

结果:

```
ans=
    1   8
   27  64
```

输入:

```
>>3.^A                     %3 的 A(i,j)次方组成的矩阵,元素为(3^A(i,j))
```

结果:

```
ans=
    3   9
   27  81
```

(5) 矩阵运算

矩阵运算操作是按照线性代数中矩阵运算法则定义的,以例子给出.

例 8　$A = \begin{bmatrix} 1 & 2 \\ 3 & 4 \end{bmatrix}$, $B = \begin{bmatrix} 5 & 6 \\ 7 & 8 \end{bmatrix}$, 计算 $A^T, A+B, A-B, AB, A^2, A^{-1}B, AB^{-1}, B^{-1}$.

解　输入:

```
>>A'                       %计算矩阵转置 A^T
```

结果:

```
ans=
    1   3
    2   4
```

输入:

```
>>A+B                      %计算矩阵加法 A+B
```

结果:

```
ans=
    6   8
   10  12
```

输入:

```
>>A-B                      %计算矩阵减法 A-B
```

结果:

```
ans=
   -4  -4
   -4  -4
```

输入:

```
>>A*B                      %计算矩阵乘法 AB
```

结果：

```
ans=
    19  22
    43  50
```

输入：

```
>>A^2                    %计算矩阵乘方 A²=AA
```

结果：

```
ans=
    7   10
    15  22
```

输入：

```
>>A\B                    %左除,计算 A⁻¹B
```

结果：

```
ans=
    -3.0000   -4.0000
     4.0000    5.0000
```

输入：

```
>>A/B                    %右除,计算 AB⁻¹
```

结果：

```
ans=
    3.0000   -2.0000
    2.0000   -1.0000
```

输入：

```
>>inv(B)                 %计算矩阵的逆 B⁻¹
```

结果：

```
ans=
    -4.0000    3.0000
     3.5000   -2.5000
```

说明：$A\backslash B$ 为矩阵左除，A/B 为矩阵右除. 如果 A 为方阵，B 为方阵，$A\backslash B = A^{-1}B$ 和 $A/B = AB^{-1}$；如果 A 为 n 阶方阵，B 为 n 维列向量，$A\backslash B$ 就是采用高斯消去法得到的方程组 $AX = B$ 的解 X. 如果 A 是 $m \times n$ 矩阵，B 是 m 维列向量，则 $X = A/B$ 是不定或超定方程组 $AX = B$ 的最小二乘解.

3. 常量

MATLAB 给出了一些预定义的变量，称为常量，如表 9-1 所示. 这些变量不允许重新赋值.

表 9-1　预定义变量

常量名	表示的意义	常量名	表示的意义
ans	临时变量名,输出定义、运算结果时,用它代表未定义名称的变量	nan(或 NaN)	不定值,如 $0/0,0\cdot\infty,\infty/\infty$ 等
eps	相对浮点运算误差限	inf(或 INF)	无穷大
pi	圆周率	realmax	最大的正实数
i(或 j)	虚数单位,定义为 $\sqrt{-1}$	realmin	最小的正实数

4. 绘图

在 MATLAB R2015a 中绘图时,一方面可以单击图 9-1 所示主窗口菜单栏处的绘图菜单(PLOTS),就会出现图 9-2 所示的绘图菜单. 这样只需要选择绘图变量,点击相应的命令按钮就可以画出图形了. 另一方面,可以在命令窗口输入相应的命令绘图.

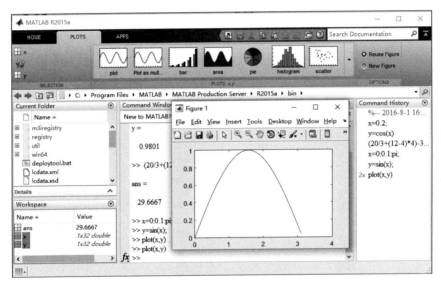

图 9-2　MATLAB R2015a 绘图菜单

(1)二维图形

基本命令是 plot(x,y,S),其中 x,y 是向量,代表点的横坐标和纵坐标. S 是字符串,可以对线型和颜色设置,如表 9-2 所示.

表 9-2　图形参数设置

颜　　色				点　标　注				线　　型	
y	黄色	w	白色	.	点	<	左三角	─	连线
m	洋红	k	黑色	o	圈	v	下三角	:	短虚线
c	蓝绿色	g	绿色	*	星号	square	方形	─.	长短线
r	红色	b	蓝色	+	加号	diamond	菱形	──	长虚线

例9　画出正弦函数在$[0,2\pi]$上的图形.

解　在命令窗口输入以下命令,结果如图9-3(a)所示.

```
>>x=0:0.01:2*pi;
>>y=sin(x);
>>plot(x,y,'r-');
>>xlabel('x');
>>ylabel('y');
>>title('sin(x)的图像');
```

多条曲线命令 plot(x1,y1,S1,x2,y2,S2,…,xn,yn,Sn),其中 x1,y1,S1 是绘制一条曲线的一组参数,x2,y2,S2 也是绘制一条曲线的一组参数.依次类推,就可以把多条曲线绘制在一个图形中.

如例9所示,xlabel、ylabel、title 命令分别给图形加上了坐标轴的标注和图像的图例.常用的还有 grid on(off)、axis、legend、text 等命令,可以设置图形网格、坐标轴、图注、字符串等.当然这些命令也可以通过图形窗口的菜单进行操作.

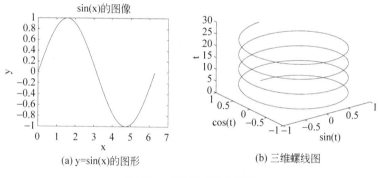

(a) y=sin(x)的图形　　　　(b) 三维螺线图

图9-3　二维和三维曲线图

（2）三维图形

三维曲线的命令 plot3(x,y,z),其中 x,y,z 分别为 x 轴、y 轴和 z 轴的数据,可以是向量也可以是矩阵,但必须尺寸相同.

例10　绘制一个经典的三维螺旋线$\begin{cases} x=\sin t \\ y=\cos t, t\in[0,8\pi]. \\ z=t, \end{cases}$

解　在命令窗口输入以下命令,结果如图9-3(b)所示.

```
>>t=0:0.1:8*pi;
>>plot3(sin(t),cos(t),t)
>>xlabel('sin(t)');ylabel('cos(t)');zlabel('t');
```

三维曲面图有网格图、表面图等形式.所谓网格图,是指把相邻的数据点连接起来形成网状曲面.建立网格图的常用命令 mesh,meshc 和 meshz.所谓表面图,是指把网格图表面的网格围成的小片区域用不同的颜色填充形成的彩色表面.建立表面图的常用命令 surf,surfc,surfl 和 surface.在绘制曲面图之前,往往需要使用 meshgrid 命令产生 xy 平面上的一个网格,然后求出此网格点上各点的 z 值,从而进行描点绘制.

例 11 绘制 $z = \dfrac{\sin(\sqrt{x^2 + y^2})}{\sqrt{x^2 + y^2}}$ 曲面图.

解 在命令窗口输入以下命令,结果如图 9-4 所示.

```
>>[X,Y]=meshgrid(-8:0.5:8);        %产生 xy 平面上的网格
>>R=sqrt(X.^2+Y.^2)+eps; Z=sin(R)./R;
>>mesh(X,Y,Z)
>>surf(X,Y,Z)
```

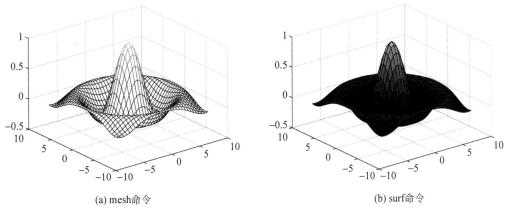

(a) mesh命令　　　　　　　　　　　　(b) surf命令

图 9-4　草帽图

说明:① 在 MATLAB 中还可以绘制特殊图形,表 9-3 中列出常用的几种命令名称,其具体调用格式请使用帮助文件.也可以直接单击图 9-2 所示的绘图菜单中的相应的命令按钮.

② MATLAB 中符号运算功能的引入加强了其绘图功能,可以使用符号作图,其命令有 ezplot、ezplot3、ezmesh、ezsurf 等,其具体操作可查阅帮助文件.

表 9-3　特殊图形绘制命令

图　形	命　令	图　形	命　令
条形图	bar,bar3,barh,bar3h	直方图	hist,rose
极坐标曲线图	polar	扇形图	pie,pie3
面域图	aera	填色图	fill,fill3
散点图	scatter,scatter3	射线图	compass
羽毛图	feather	离散杆图	stem,stem3
柱面图	cylinder	球面图	sphere

5. 帮助

MATLAB 为用户提供了非常详尽的多种帮助信息,例如 MATLAB 的在线帮助、帮助窗口、帮助提示,还有 HTML 和 PDF 格式的帮助文件等.常用的帮助命令:help,helpwin, demo,helpdesk,lookfor 等.

例 12　用 help 命令查询函数 log10 的用法.

解　在命令窗口输入

```
>>help log10
```

结果：

```
log10   Common (base 10) logarithm.
log10(X) is the base 10 logarithm of the elements of X.
    Complex results are produced if X is not positive.
See also log,log2,exp,logm.
    Other functions named log10
Reference page in Help browser
        doc log10
```

说明：这段文字就解释了函数 log10 是用来求以 10 为底的对数函数,其调用方式为 log10(X),而且如果 X 非正会得到复数结果. 还有类似的函数如 log、log2、exp、logm. 这样就可以了解函数 log10 的功能了. 也可以使用 doc log10 命令在 Help 浏览器中查找 log10 的帮助.

例 13　用 Help 浏览器查找 plot 命令的使用方法.

解　在图 9-5 所示的 Help 浏览器窗口,然后依次单击左侧的"MATLAB"——"Graphics"——"2-D and 3-D plots" ——"Line Plots" ——"Functions" ——"Plot",在右侧就会出现 plot 命令的使用方法,单击相应的"example"就可以出现示例,如图 9-6 所示.

图 9-5　Help 浏览器窗口

6. 程序设计

当单击图 9-1 主窗口中"New Script"命令按钮,或者是"New"、"Open"选项卡中某一

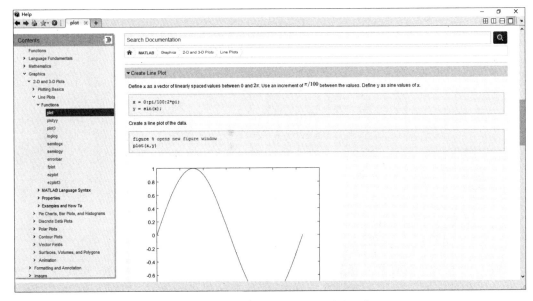

图 9-6　Help 浏览器窗口中 plot 命令示例

命令按钮时,都可以打开如图 9-7 所示的"Editor"窗口,进行程序设计. MATLAB R2015a 中程序设计窗口的菜单栏与主窗口菜单栏完全类似,包括 EDITOR 菜单、PUBLISH 菜单 和 VIEW 菜单,这些菜单上的命令按钮可以方便地进行程序编写、运行、调试、发布等.

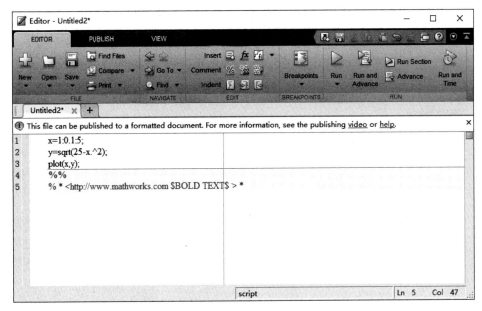

图 9-7　MATLAB R2015a 程序设计窗口

（1）命令 M 文件

命令 M 文件,用于存储若干命令语句. 调用此文件将执行所有命令.

例 14　建立一个命令文件 ff. m,画出 $x^2 + y^2 = 25$ 在区间[1,5]上的图形.

解　在"Editor"窗口中输入以下命令,并将该文件存储为 ff. m.

```
x=1:0.1:5;
y=sqrt(25-x.^2);
plot(x,y);
```

在 MATLAB 命令窗口中,将当前目录改为 ff. m 所在目录,然后输入

```
>>ff
```

即可调用 ff. m 文件得到图 9-8.

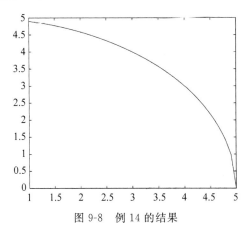

图 9-8 例 14 的结果

（2）函数 M 文件

函数 M 文件,用于用户编写自己需要的函数,这类文件的第一行格式为

function 因变量名=函数名(自变量名)

函数值通过具体的运算获得并赋值给因变量,而且文件名与函数名必须相同.

例 15 建立一个函数文件 fg. m,求 $y=\sqrt{25-x^2}$ 的值.

解 在"Editor"窗口中输入以下命令,并将文件存储为 fg. m.

```
function y=fg(x)
y=sqrt(25-x^2);
end
```

在 MATLAB 命令窗口调用 fg. m 文件求 x＝2 时的值:

```
>>y_x_2=fg(2)
```

结果为

```
y_x_2=
    4.5826
```

（3）关系和逻辑运算

除了传统的数学运算,MATLAB 支持关系和逻辑运算,如表 9-4 所示.当结果为 1 时表示关系或者逻辑表达式为真,当结果为 0 时表示关系或者逻辑表达式为假.

例 16   关系和逻辑运算符的使用.

解   在命令窗口输入

>>x=3;

>>x>1   %判断 x>1 是否成立

结果：

ans=

        1   %说明 x>1 成立

输入：

>>x<0   %判断 x<0 是否成立

结果：

ans=

        0   %说明 x<0 不成立

输入：

>>x==4   %判断 x 等于 4 吗

结果：

ans=

        0   %说明 x 不等于 4

输入：

>>x~ =4   %判断 x 是否不等于 4

结果：

ans=

        1   %说明 x 不等于 4

输入：

>>A=[1,2,3,4,5,6];

输入：

>>y=~ (A>3)   %判断 A 中小于等于 3 的元素在什么位置

结果：

y=

    1   1   1   0   0   0   %说明 A 中第 1 第 2 第 3 个元素小于等于 3

输入：

>>z=(A>2)&(A<5)   %判断 A 中大于 2 且小于 5 的元素在什么位置

结果：

```
z=
    0   0   1   1   0   0        %说明 A 中第 3 第 4 个元素大于 2 且小于 5
```

表 9-4　关系和逻辑操作符

关系操作符	说　明	逻辑操作符	说　明
<	小于	&	与
<=	小于等于	|	或
>	大于	~	非
>=	大于等于	xor	逻辑异或
==	等于	any	当向量中存在非零元素时为真
~=	不等于	all	当向量中所有非零元素时为真

（4）循环结构和选择结构

在上面两例中我们采用了顺序结构的语句，除此之外 MATLAB 还提供了循环结构和选择结构的语句，主要包含 for 循环、while 循环、if-else-end 选择语句.

① for 循环语句

一般形式：

```
for  变量=变化范围
    循环语句；
end
```

说明：当变量在变化范围内变化时，执行循环语句.

例 17　用 for 循环求 $S=1+2+\cdots+100$ 的值.

解　在命令窗口输入

```
>>sum=0;
>>for i=1:100    %变量 i 从 1 变到 100,每次步长为 1,即 1,2,3,…,100
        sum=sum+i;
    end
>>sum
```

结果：

```
sum=
    5050
```

② while 循环语句

一般形式：

```
while 表达式
    循环语句；
end
```

说明：当表达式为真时，执行循环语句.

例 18　用 while 循环求 S＝1＋2＋…＋100 的值.

解　在命令窗口输入

```
>>k=1;sum=0;
>>while k<=100
        sum=sum+k;    k=k+1;
    end
>>sum
```

结果：

```
sum=
    5050
```

③ if-else-end 选择语句

单分支语句形式：

```
if  表达式
    语句;
end
```

说明：如果表达式为真,就执行语句.

双分支语句形式：

```
if  表达式
    语句 1;
else
    语句 2;
end
```

说明：如果表达式为真,就执行语句 1;否则执行语句 2.

多分支语句形式：

```
if     表达式 1
    语句 1;
elseif  表达式 2
    语句 2;
elseif  表达式 3
    语句 3;
     ……
else
    语句 n;
end
```

说明：如果表达式 1 为真,就执行语句 1;否则若表达式 2 为真,就执行语句 2;否则若表达式 3 为真,就执行语句 3;……;否则执行语句 n.

例 19　建立一个函数文件,求分段函数 $y=\begin{cases} x, & x<1, \\ x^2, & 2>x\geqslant 1, \\ x+2, & x>2 \end{cases}$ 的值.

解 在"Editor"窗口输入以下命令,并存储为 fif.m.

```
function  y=fif(x)
if x<1
    y=x;
elseif x>=1&x<2
    y=x^2;
else
    y=x+2;
end
```

在 MATLAB 命令窗口调用 fif.m 文件求 x=1.5 时的值.

输入:

```
>>y_x=fif(1.5)
```

结果:

```
y_x=
    2.2500
```

习题 9-1

1. 生成以下矩阵 $\boldsymbol{A}=\begin{bmatrix} 1 & -1 & 2 \\ 3 & 2 & 8 \end{bmatrix}$, $\boldsymbol{B}=\begin{bmatrix} 1 & -2 & 0 \\ 3 & 2 & 4 \\ 6 & -3 & 5 \end{bmatrix}$, 计算 $\boldsymbol{A}^{\mathrm{T}}, \boldsymbol{AB}, \boldsymbol{B}^2, \boldsymbol{B}^{-1}$.

2. 画出 $y=t\cos(t)$ $(t\in[0,2\pi])$ 的曲线.

3. 画出 $z=\dfrac{y}{1+x^2+y^2}$, $x\in[-5,5]$, $y\in[-2\pi,2\pi]$ 的曲面.

4. 分别用 for 和 while 语句编程计算 $s=3^1+3^2+\cdots+3^{15}$ 的值.

5. 编程实现分段函数 $y=f(x)=\begin{cases} -x+2, & x>1, \\ x, & 0<x\leqslant 1, \\ x^2, & x\leqslant 0, \end{cases}$ 计算 $x=0.5$ 时的函数值.

9.2 实验二 常用概率分布的函数

一、实验目的

学会使用 MATLAB 中常用概率分布的各种函数,从而对每种概率分布有更一步的认识和理解.

二、实验内容

MATLAB 统计工具箱中有 20 种概率分布,常用的有二项分布(bino)、均匀分布(unif)、泊松分布(poiss)、指数分布(exp)、正态分布(norm)、χ^2 分布(chi2)、t 分布(t)、F 分布(f)等,括号内为各种分布的命令字符.对每一种分布工具箱提供五类函数,分别为随机数生成函数(rnd)、概率密度函数(pdf)、概率分布函数(cdf)、逆概率分布函数(inv)和均值与方差函数(stat).下面以随机数生成函数和概率分布函数为例,介绍这些函数的具体用法.

1. 生成随机数

在 MATLAB 中,可以直接产生满足各种分布的随机数,常用的分布命令如表 9-5 所示.

表 9-5　生成随机数的命令

命　　　令	说　　　明
rand(m,n)	生成 $m \times n$ 阶服从均匀分布 $U[0,1]$ 的随机数矩阵
unifrnd(a,b,m,n)	生成 $m \times n$ 阶服从均匀分布 $U[a,b]$ 的随机数矩阵
exprnd(mu,m,n)	生成 $m \times n$ 阶服从指数分布 $E(mu)$ 的随机数矩阵
poissrnd(lambda,m,n)	生成 $m \times n$ 阶服从泊松分布 $P(lambda)$ 的随机数矩阵
binornd(N,p,m,n)	生成 $m \times n$ 阶服从二项分布 $B(N,p)$ 的随机数矩阵
geornd(p,m,n)	生成 $m \times n$ 阶服从参数为 p 的几何分布的随机数矩阵
randn(m,n)	生成 $m \times n$ 阶服从标准正态分布 $N(0,1)$ 的随机数矩阵
normrnd(mu,sigma,m,n)	生成 $m \times n$ 阶服从正态分布 $N(mu,sigma^2)$ 的随机数矩阵

例 1　某商店的顾客到达规律符合泊松流,平均达到 5 位/秒.试模拟顾客在 6 秒内到达商店的数量及到达时间,以及在 6 秒内到达几位顾客.

解　由题意知,每位顾客到达商店的时间间隔服从参数为 $\dfrac{1}{5}$ 的指数分布,故输入下列命令

```
>>t=0;n=0;                      %给时间 t,人数 n 赋初值
>>while t<6
      n=n+1;
      t=t+exprnd(1/5);          %生成阶服从指数分布 E(1/5)的随机数
   end
>>n
>>t
```

某次执行的结果为 $n=34, t=5.7778$ 秒.

由题意知,每分钟到达的顾客人数服从参数为 5 的泊松分布,故输入以下命令

```
>>clear all;
>>n=0;
>>for i=1:6
      n=n+poissrnd(5);          %生成服从泊松分布 P(5)的随机数
   end
>>n
```

某次执行的结果为在 6 秒内到达 28 位顾客.

说明：因为命令生成的是随机数,所以每次执行的结果是不一样的.

2. 概率分布函数 $y=F(x)$ 的计算

在 MATLAB 中,可以直接计算各种分布的分布函数,常用的分布命令如表 9-6 所示.

表 9-6　计算概率分布函数的命令

命　　令	说　　明
unifcdf(x,a,b)	均匀分布 $U[a,b]$ 的分布函数 $F(x)$
expcdf(x,mu)	指数分布 $E(mu)$ 的分布函数 $F(x)$
poisscdf(x,lambda)	泊松分布 $P(lambda)$ 的分布函数 $F(x)$
binocdf(x,n,p)	二项分布 $B(n,p)$ 的分布函数 $F(x)$
geocdf(x,p)	参数为 p 的几何分布的分布函数 $F(x)$
normcdf(x,mu,sigma)	正态分布 $N(mu,sigma^2)$ 的分布函数 $F(x)$
tcdf(x,n)	$t(n)$ 分布的分布函数 $F(x)$
fcdf(x,n1,n2)	$F(n1,n2)$ 分布的分布函数 $F(x)$
chi2cdf(x,n)	$\chi^2(n)$ 分布的分布函数 $F(x)$

说明：对于其他三类函数,将分布命令字符与函数命令字符连接起来,其用法与上面两类函数相似.比如命令 normpdf、normstat 和 norminv 就是用于计算正态分布的概率密度函数、均值与方差和逆概率分布函数.

例 2　将一温度调节器放置在储存着某种液体的容器内.调节器整定在 $80℃$,液体的温度 X(单位℃)是一个随机变量,且 $X \sim N(80,0.5^2)$.求：

(1)画出 X 的概率密度函数图形,并计算 $x=80$ 时的概率密度？(2)$X<79$ 的概率？(3)温度 X 小于多少度时的概率为 0.08？(4)计算 X 的期望和方差.

解　(1)计算 X 的概率密度函数 $f(x)=\dfrac{1}{0.5 \cdot \sqrt{2\pi}} e^{-\frac{(x-80)^2}{2 \cdot 0.5^2}}$ 在 $x=80$ 的值.

输入：

```
>>x=70:0.01:90;
>>y=normpdf(x,80,0.5);
>>plot(x,y)
>>y1=normpdf(80,80,0.5)
```

结果：

```
y1=0.7979,
```

概率密度函数图形如图 9-9 所示.

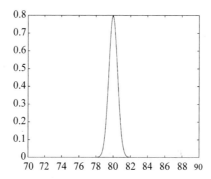

图 9-9　正态分布 $N(80,0.5^2)$ 的概率密度函数

（2）计算 $F(X) = P(X < 79)$ 的值.

输入：

```
>>y2=normcdf(79,80,0.5)
```

结果：

```
y2=0.0228
```

（3）求 $y3$ 使得 $0.08 = F(y3) = P(X \leqslant y3) = \int_{-\infty}^{y3} f(x)\mathrm{d}x$.

输入：

```
>>y3=norminv(0.08,80,0.5)
```

结果：

```
y3=79.2975
```

（4）计算 X 的期望和方差.

输入：

```
>>[m,v]=normstat(80,0.5)
```

结果：

```
m=80,v=0.2500
```

习题 9-2

1. 生成一个长度为 6 的行向量，其每个分量为服从均匀分布 $U[2,3]$ 的随机数.

2. 某工人每天生产 200 个零件，如果零件的次品率为 1%，一天内工人生产的零件中没有次品的概率为多少？工人生产的零件中次品个数最有可能为多少？

3. 由某商店过去的销售记录知道，某种商品每月的销售数服从参数为 25 的泊松分布，为了有 95% 以上的把握不使该商品脱销，问商店在每月月底应该进该种商品多少件？

4. 已知机床加工得到的某零件的尺寸服从正态分布 $N(30,2)$,求:

(1) 任意抽取一个零件,它的尺寸在[29,31]之间的概率;

(2) 若规定尺寸不小于某一标注值的零件为合格品,要使合格品的概率为 0.95,如何确定这个标准值?

9.3 实验三 频率与概率

一、实验目的

通过模拟随机试验,验证频率的稳定性,加深对频率和概率概念的认识和理解.

二、实验内容

利用 MATLAB 编写计算机程序来模拟掷硬币和生日问题的随机试验,观察频率的变化规律,发现频率与概率的区别和联系.并编写程序进行随机模拟来估计 π 的值.

1. 掷硬币试验

例 1 设计一个程序来模拟随机投掷均匀硬币的试验,计算正面与反面出现的频率.当投掷次数增加时,验证其是否具有频率稳定性?

解 将以下语句存入文件 test1.m.

```
n=input('请输入试验次数');
m1=0;m2=0;
for i=1:n
    x=randperm(2);          %函数 randperm(m)生成一个 1~m 的随机整数排列
                            %此处生成[1,2]或者[2,1]
                            %用 1 代表正面朝上,用 2 代表反面朝上
    y=x(1);                 %记 x 的第一个元素为朝上,第二个元素为朝下
    if y==1
        m1=m1+1;            %正面朝上的次数增加
    else
        m2=m2+1;            %反面朝上的次数增加
    end
end
display('正面朝上的频率');m1/n
display('反面朝上的频率');m2/n
```

执行一次此文件结果:

请输入试验次数 100
正面朝上的频率为 0.5100
反面朝上的频率为 0.4900

多次试验的结果见表 9-7,可见正反面朝上的频率在 $\frac{1}{2}$ 附近波动,而这正是正反面朝上的概率值.

表 9-7　掷硬币试验结果

试验次数	1000	5000	10000	20000	30000	50000	100000
正面朝上的频率	0.5090	0.5078	0.4994	0.4932	0.5027	0.5015	0.4999
反面朝上的频率	0.4910	0.4922	0.5006	0.5068	0.4973	0.4985	0.5001

说明：因为在程序中有产生随机数的命令,所以即使试验次数相同,结果也是随机的.因而表 9-7 只是一次的试验结果,并不唯一.后面的表 9-8 和表 9-9 类似.

2. 生日问题

例 2　设每人的生日在一年 365 天中的每一天都是等可能的,现随机选取 $m(m \leqslant 365)$ 个人进行测试,根据古典概型,他们的生日各不相同的概率为 $p = \dfrac{365!}{(365-m)! \times 365^m}$,那么至少有两个人生日相同的概率为 $1-p$.设计一个程序来模拟此试验.

解　将以下语句存入文件 test2.m.

```
n=input('请输入试验次数');
m=input('请输入测试人数');
p=0;                          %记录有两人生日相同的次数
for i=1:n
    a=[ ];                    %用 a 存储 m 个人的生日
    for k=1:m
        b=randperm(365);      %产生一个 1~365 的随机整数排列
        a=[a,b(1)];           %b(1)为第 k 个人的生日
    end
    c=unique(a);              %合并 a 中相同的项
    if length(a)~=length(c)
        p=p+1;
    end
end
display('至少有两人生日相同的频率为'); p/n
```

执行一次此文件结果:

请输入试验次数 40
请输入班级人数 50
至少有两人生日相同的频率为 0.9600

多次试验的结果见表 9-8,随着试验次数的增加,频率在理论值附近波动.

表 9-8　生日试验结果

测试人数	至少有两人生日相同的概率理论值	试验次数	1000	5000	10000	50000	100000
20	0.4114	模拟频率	0.4430	0.4190	0.4037	0.4135	0.4154
30	0.7063	模拟频率	0.7170	0.7146	0.6976	0.7057	0.7055
50	0.9704	模拟频率	0.9810	0.9736	0.9741	0.9699	0.9699

3. 用随机模拟来估计 π 的值

例 3 在一个边长为 L 的正方形内随机投点,该点落在此正方形的内切圆中的概率为内切圆与正方形的面积之比,即 $p=\dfrac{\dfrac{L^2}{4}\pi}{L^2}=\dfrac{\pi}{4}$. 设计一个程序来模拟此试验,从而估计 π 的值.

解 将以下语句存入文件 test3. m.

```
n=input('请输入试验次数');
L=input('请输入正方形边长');
m=0;                              %记录落在内切圆内的次数
for i=1:n
    x=rand(1)*L/2;y=rand(1)*L/2;  %随机产生一个点的 x 和 y 的坐标
    if (x^2+y^2)<=(L/2)^2          %判断此点是否落在正切圆内
        m=m+1;
    end
end
display('点落在正切圆内的频率为'); m/n
display('估计到的 pi 值为');4*m/n
```

执行一次此文件的结果:

```
请输入试验次数 1000
请输入正方形边长 3
点落在正切圆内的频率为
ans=
    0.7900
估计到的 pi 值为
ans=
    3.1600
```

多次试验的结果见表 9-9,可以得到圆周率 π 的近似值.

表 9-9 估计 π 的值

试验次数 n	边长 $L=5$			边长 $L=20$		
	5000	10000	100000	5000	10000	100000
点落在正切圆内的频率	0.7830	0.7848	0.7871	0.7794	0.7869	0.7857
π 的近似值	3.1320	3.1392	3.1484	3.1176	3.1476	3.1427

习题 9-3

1. 编制程序来模拟随机投掷均匀骰子试验,验证各点出现的概率是否为 $\dfrac{1}{6}$?

2. 编制程序来模拟摸球试验:某盒子内有 m 个球,其中只有一个白球,其余为红球,m 个人依次去盒子里摸球.问第 $k(k\leqslant m)$ 个人摸到白球的频率是多少?与理论值作比较.

3. 编制程序用随机模拟来估计 e 的值(提示:利用匹配问题计算 e).

9.4　实验四　常用统计命令

一、实验目的

熟悉 MATLAB 中常用的统计命令,学会对已知数据的统计分析.

二、实验内容

学习 MATLAB 中常用的统计命令的使用方法.

1. 数据的排序与最值

MATLAB 中有关数据排序、最大值、最小值等命令列于表 9-10 中.

表 9-10　数据的排序与最值命令

命　　令	说　　明
sort(x)	将向量 x 的元素按递增顺序排列. 如果是复数,按元素的模排序
sort(A,dim)	对矩阵 A 中的各列按递增顺序排列. 如果有参数 dim,则在参数指定的维数内排序
max(x)	求向量 x 中最大的元素值. 如果是复数,求最大模
max(A)	求矩阵 A 中每一列中最大值组成的行向量
min(x)	求向量 x 中最小的元素值. 如果是复数,求最小模
min(A)	求矩阵 A 中每一列中最小值组成的行向量

表 9-10 中函数的其他调用格式可以使用 MATLAB 的帮助功能来了解,在此不再详细叙述.

2. 求和与乘积

MATLAB 中有关矩阵求和与乘积的命令列于表 9-11 中.

表 9-11　求和与乘积命令

命　　令	说　　明
sum(x)	求向量 x 的所有元素的和
sum(A)	求矩阵 A 中的各列元素的和向量
cumsum(x)	求向量 x 的元素累计的和向量
cumsum(A)	求矩阵 A 中的各列元素累计的和矩阵
prod(x)	求向量 x 的所有元素的积
prod(A)	求矩阵 A 中的各列元素的积向量
cumprod(x)	求向量 x 的元素累计的积向量
cumprod(A)	求矩阵 A 中的各列元素累计的积矩阵

例 1　求向量 $x=[1,2,3,4,5,6]$ 的元素最大值、最小值、元素和、元素积、累计元素和向量、累计元素积向量.

解 在命令窗口输入以下命令

```
>>x=[1:6];
>>[max(x),min(x)]          %最大值、最小值
```

结果:

```
6    1
```

输入:

```
>>[sum(x),prod(x)]          %元素和、元素积
```

结果:

```
21    720
```

输入:

```
>>cumsum(x)                %累计元素和向量
```

结果:

```
1    3    6    10    15    21
```

输入:

```
>>cumprod(x)               %累计元素积向量
```

结果:

```
1    2    6    24    120    720
```

3. 均值、中值、标准差、方差和协方差

MATLAB 中有关均值、中值、标准差、方差和协方差的命令列于表 9-12 中.

表 9-12 均值、中值、标准差、方差和协方差命令

命　　令	说　　　　明
mean(x)	求向量 x 中的元素的算术平均数
mean(A,dim)	dim=1 计算矩阵 A 中的各列的算术平均数;dim=2 计算行平均数
median(x)	求向量 x 中的元素的中位数
median(A,dim)	dim=1 计算矩阵 A 中的各列的中位数;dim=2 计算行中位数
std(x)	求向量 x 中的元素的标准差
std(A,dim)	dim=1 计算矩阵 A 中的各列的标准差;dim=2 计算行标准差
var(x)	求向量 x 中的元素的方差
var(A,dim)	dim=1 计算矩阵 A 中的各列的方差;dim=2 计算行方差

续表

命　　令	说　　明
cov(x)	求向量 x 中的元素的协方差
cov(A)	计算矩阵 A 的协方差矩阵,对角线元素是 A 各列的方差
cov(x,y)	求向量 x,y 的协方差
corrcoef(A)	计算矩阵 A 的相关系数矩阵
corrcoef(x,y)	求向量 x,y 的相关系数

4. 统计图

MATLAB 中有关统计图的命令列于表 9-13 中.

表 9-13　统计图命令

命　　令	说　　明
bar(x)	作数据 x 的条形图
bar(x,y)	作数据 y 相对于数据 x 的条形图
hist(x,k)	将数据 x 中的数据等分为 k 组,作其频数直方图,k 缺省值为 10
[N,X]=hist(x,k)	不作图,输出数据 x 的频数表,N 返回各组数据频数,X 返回其中心位置

5. 数据的读入和存储

统计中的数据量往往很大,在对这些数据进行统计分析时,一方面需要将数据从文件中读入 MATLAB 工作空间中,然后才能进行处理;另一方面需要将数据存入文件中,以备进一步的使用. 完成数据读入和存储的命令分别是 load 和 save,其使用方法举例说明.

例 2　在 20 块土地上的单位面积产量为(单位：kg)

$$23,35,29,42,39,29,37,34,35,28,$$
$$26,39,35,40,38,24,36,27,41,27.$$

请将这组数据存入文件,然后读入文件中的数据,计算其平均值.

解　在命令窗口输入以下命令

```
>>x=[23 35 29 42 39 29 37 34 35 28 26 39 35 40 38 24 36 27 41 27];
>>save 'data.mat' x        %将 x 存入文件 data.mat
>>load 'data.mat'          %调入文件 data.mat
>>mean(x)                  %求 x 的平均值
```

结果：

```
33.2000
```

说明：数据文件可以是纯数据的文本文件. 如果将其读入,则需使用格式 x＝load('文件名'),这样将数据赋值给变量 x.

例3 对电池寿命进行测试试验,得到 15 只电池的寿命为(小时)(单位：h)

115,119,131,138,142,147,148,155,158,159,163,166,167,170,172.

求样本均值、中位数,样本方差、样本标准差.将数据分成 5 组,作频率直方图.

解 在命令窗口输入

```
>>x=[115 119 131 138 142 147 148 155 158 159 163 166 167 170 172];
>>[mean(x),median(x)]     %样本均值、中位数
```

结果：

```
150    155
```

输入：

```
>>[var(x),std(x)]          %样本方差、样本标准差
```

结果：

```
324    18
```

输入：

```
>>hist(x,5)                %频率直方图
```

结果：

如图 9-10 所示.

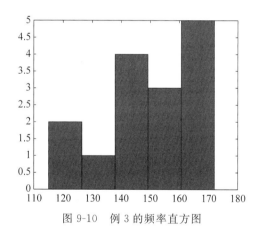

图 9-10 例 3 的频率直方图

输入：

```
>>[N,X]=hist(x,5)
```

结果：

```
N=2    1    4    3    5
X=   120.7000   132.1000   143.5000   154.9000   166.3000
```

习题 9-4

1. 已知矩阵 $A = \begin{bmatrix} 2 & 3 & 5 & 6 \\ 8 & 7 & 9 & 4 \\ 7 & 2 & 6 & 5 \\ 9 & 4 & 18 & 1 \end{bmatrix}$，求它的各列元素和向量、各列元素累计和矩阵、各列

（行）元素积向量、各列（行）元素累计积矩阵.

2. 下面是某班共 50 名学生在一次数学测验中取得的成绩：

```
88  74  67  49  69  38  86  77  66  75
94  67  78  69  84  50  39  58  79  70
90  79  97  75  98  77  64  69  82  71
65  68  84  73  58  78  75  89  91  62
72  74  81  79  81  86  78  90  81  62
```

求：(1)样本最大值，最小值，并排序；(2)样本均值、中位数；(3)样本方差、样本标准差；(4)将数据分成 7 组，作频率直方图和各组频数表.

9.5　实验五　参数估计

一、实验目的

掌握 MATLAB 中参数估计的方法.

二、实验内容

学习 MATLAB 中参数估计命令的使用方法.

在 MATLAB 中，一般采用最大似然估计法进行点估计和区间估计，其命令格式见表 9-14，使用方法举例说明.

表 9-14　参数估计的命令

命　　令	说　　明
服从正态分布 $N(\mu, \sigma^2)$ 的数据的参数估计 [muhat, sigmahat, muci, sigmaci] = normfit (x, alpha)	x 是数据，alpha 是显著性水平（默认值为 0.05），返回值 muhat 是 x 的均值 μ 的点估计值，sigmahat 是标准差 σ 的点估计值，muci、sigmaci 是相应的区间估计
服从指数分布 $E(\lambda)$ 的数据的参数估计 [parmhat, parmci] = expfit(x, alpha)	x 是数据，alpha 是显著性水平（默认值为 0.05），返回值 parmhat 是 x 的均值 λ 的点估计值，parmci 是相应的区间估计
服从泊松分布 $\pi(\lambda)$ 的数据的参数估计 [parmhat, parmci] = poissfit(x, alpha)	x 是数据，alpha 是显著性水平（默认值为 0.05），返回值 parmhat 是参数 λ 的点估计，parmci 是参数 λ 的区间估计
服从二项分布 $B(n, p)$ 的数据的参数估计 [phat, pci] = binofit(x, n, alpha)	x 是数据，n 是次数，alpha 是显著性水平（默认值为 0.05），返回值 phat 是参数 p 的点估计值，parmci 是参数 p 的区间估计

续表

命　令	说　明
服从均匀分布 $U(a,b)$ 的数据的参数估计 [ahat,bhat,aci,bci]＝unifit(x,alpha)	x 是数据,alpha 是显著性水平(默认值为 0.05),返回值 ahat,bhat 是参数 a,b 的点估计值,aci,bci 是相应的区间估计
通用的求极大似然估计值的函数 [phat,pci]＝mle(x,'distribution',dist)	x 是数据,返回由 dist 设定分布的极大似然估计和 95％ 置信区间

例 1　设某种清漆的 9 个样品,其干燥时间(单位：h)分别为

$$6.0,5.7,5.8,6.5,7.0,6.3,5.6,6.1,5.0.$$

设干燥时间总体服从正态分布 $N(\mu,\sigma^2)$,求 μ,σ 的置信水平为 0.95 的置信区间.

解　在命令窗口输入以下命令

```
>>x=[6.0 5.7 5.8 6.5 7.0 6.3 5.6 6.1 5.0];
>>[mu,sig,muci,sigci]=normfit(x)
```

结果：

```
mu=6,sig=0.5745,muci=5.5584   6.4416,sigci=0.3880   1.1005
```

结果表明 μ 的点估计为 6,μ 的置信水平为 0.95 的区间估计为 (5.5584,6.4416);σ 的点估计为 0.5745,σ 的置信水平为 0.95 的区间估计为 (0.3880,1.1005).

例 2　泊松分布参数估计示例.

解　在命令窗口输入以下命令

```
>>x=poissrnd(2.0,100,1);     %产生 100×1 的服从参数为 2 的泊松分布的随机数矩阵 x
>>[lm,lmci]=poissfit(x)      %对数据 x 进行泊松分布的 λ 的点估计和区间估计
```

结果：

```
lm=2,lmci=1.7228   2.2772
```

结果表明 λ 的点估计为 2,λ 的置信水平为 0.95 的区间估计为 (1.7288,2.2722).

也可使用通用函数 mle.

```
>>[phat,pci]=mle(x,'distribution','poisson')
```

结果为 phat＝2,pci＝1.7228　2.2772,两者是一致的.

习题 9-5

1. 从自动机床加工的同类零件中抽取 16 件,测得其长度(单位：m)为

$$12.15 \quad 12.12 \quad 12.01 \quad 12.08 \quad 12.09 \quad 12.16 \quad 12.13$$
$$12.07 \quad 12.11 \quad 12.08 \quad 12.01 \quad 12.03 \quad 12.03 \quad 12.06$$

已知零件长度总体服从正态分布 $N(\mu,\sigma^2)$,求 μ,σ 的置信水平为 0.99 的置信区间.

2. 某班某次语文测验的成绩如下：

98	55	70	95	85	53	62	90	77	95
67	64	72	51	90	52	52	93	62	72
83	82	62	97	77	95	73	89	95	72
50	80	83	98	79	65	87	85	78	77
70	79	87	51	95	86	69	95	83	76

假设其服从均匀分布 $U[a,b]$,求 a,b 的点估计和置信水平为 0.95 的置信区间.

9.6　实验六　假设检验

一、实验目的

掌握 MATLAB 中假设检验的方法.

二、实验内容

学习 MATLAB 中假设检验命令的使用方法.

1. 总体方差已知时,单个正态总体均值的检验(Z 检验)

Z 检验的命令为

```
[h,p,ci]=ztest(x,m,sigma,alpha,tail),
```

其中参数 x 是数据,m 是给定的均值,sigma 是已知的方差,alpha 是显著性水平(默认值是 0.05),tail 有三种取值,默认值是'both'. tail 为'both'时检验假设"x 的均值等于 m",tail 为'right'时检验假设"x 的均值大于 m",tail 为'left'时检验假设"x 的均值小于 m".

返回值 h 为 0 或 1,h=0 表示在显著性水平为 alpha 时接受假设,h=1 表示在显著性水平为 alpha 时拒绝假设. 返回值 p 为假设成立的概率. 返回值 ci 为均值的 1-alpha 的置信区间.

2. 总体方差未知时,单个正态总体均值的检验(t 检验)

t 检验的命令为

```
[h,p,ci]=ttest(x,m,alpha,tail),
```

其中参数 x 是数据,m 是给定的均值,alpha 是显著性水平(默认值是 0.05),tail 有三种取值,默认值是'both'. tail 取值同 ztest 函数. 返回值 h,p,ci 的含义同 ztest 函数.

例 1　某种组件的寿命 x(单位:h)服从正态分布 $N(\mu,\sigma^2)$,其中 μ,σ^2 未知,现测得 16 只组件的寿命如下:

$$159,280,101,212,224,379,179,264,$$
$$222,362,168,250,149,260,485,170.$$

问是否有理由认为组件的平均寿命大于 225h?

解　检验假设 $H_0:\mu>225\mathrm{h},H_1:\mu\leqslant225\mathrm{h}$.

在命令窗口键入

```
>>x=[159 280 101 212 224 379 179 264 222 362 168 250 149 260 485 170];
>>[h,p,ci]=ttest(x,225,0.05,'right')
```

结果为：

```
h=
    0
p=
    0.2570
ci=
    198.2321     Inf
```

结果分析：

① h＝0，表示不拒绝"平均寿命大于 225h"的假设.

② 95%的置信区间为[198.2321,∞]，它包含 225.

③ p＝0.2570，大于 0.05.

结论：有理由认为组件的平均寿命大于 225h.

3. 总体均值未知时，单个正态总体方差的检验（χ^2 检验）

χ^2 检验的命令为

```
[h,p,ci]=vartest(x,V,alpha,tail),
```

其中参数 x 是数据，V 是给定的方差，alpha 是显著性水平（默认值是 0.05），tail 有三种取值，默认值是'both'. tail 取值同 ztest 函数. 返回值 h,p,ci 的含义同 ztest 函数.

例 2　某工厂长期稳定的生产螺丝钉，螺丝钉的直径服从方差为 0.0002cm² 的正态分布. 现从产品中随机抽取 10 只进行测量，得到螺丝钉的直径数据（单位：cm）如下：

1.19,1.21,1.21,1.17,1.18,1.20,1.20,1.19,1.18,1.17.

取显著性水平 $\alpha=0.05$，问是否可以认为该厂生产的螺丝钉直径的方差为 0.0002cm²？

解　检验假设 $H_0: \sigma^2=0.0002, H_1: \sigma^2 \neq 0.0002$.

在命令窗口输入

```
>>x=[1.19  1.21  1.21  1.17  1.18  1.20  1.20  1.19  1.18  1.17];
>>[h,p,ci]=vartest(x,0.0002,0.05,'both')
```

结果为

```
h=
    0
p=
    0.7010
ci=
    1.0e-03 *
    0.1051    0.7406
```

结果分析：

① h＝0，表示不拒绝"螺丝钉直径的方差为 0.0002cm²"的假设.

② 95%的置信区间为[0.0001051,0.0007406]，它包含 0.0002.

③ p＝0.7010，大于 0.05.

结论：有理由认为该厂生产的螺丝钉直径的方差为 0.0002cm².

4. 两个正态总体均值差的检验（t 检验）

t 检验的命令为

```
[h,p,ci]=ttest2(x,y,alpha,tail),
```

其中参数 x,y 是数据,alpha 是显著性水平（默认值是 0.05）,tail 有三种取值,默认值是'both'. tail 为'both'时检验假设"x 的均值等于 y 的均值",tail 为'right'时检验假设"x 的均值大于 y 的均值",tail 为'left'时检验假设"x 的均值小于 y 的均值". 返回值 h,p,ci 的含义同 ztest 函数.

例 3　用两种方法（A 和 B）测定冰自 $-0.62℃$ 转变为 $0℃$ 的水的融化热（单位 cal/g）,测得以下数据:

方法 A：78.1,72.4,76.2,74.3,77.4,78.4,76.0,75.6,76.7,77.3,
方法 B：79.1,81.0,77.3,79.1,80.0,79.1,79.1,77.3,80.2,82.1.

假设这两个样本相互独立,且分别来自正态总体 $N(\mu_1,\sigma^2)$ 和 $N(\mu_2,\sigma^2)$,其中 μ_1,μ_2,σ^2 未知,试检验假设（取显著性水平 0.05）$H_0:\mu_1-\mu_2\leqslant 0$.

解　检验假设 $H_0:\mu_1-\mu_2\leqslant 0,H_1:\mu_1-\mu_2>0$.

在命令窗口输入

```
>>x=[78.1 72.4 76.2 74.3 77.4 78.4 76.0 75.6 76.7 77.3];
>>y=[79.1 81.0 77.3 79.1 80.0 79.1 79.1 77.3 80.2 82.1];
>>[h,p,ci]=ttest2(x,y,0.05,'left')
```

结果:

```
h=
   1
p=
   2.2126e-004
ci=
   -Inf  -1.9000
```

结果分析:

① h＝1,表示拒绝"$H_0:\mu_1-\mu_2\leqslant 0$"的假设.

② 95％的置信区间为 $[-\infty,-1.900]$,它不包含 0.

③ p＝2.2126×10^{-4},接近于 0.

结论：拒绝假设 $H:\mu_1-\mu_2\leqslant 0$,认为方法 A 比方法 B 测得的融化热要大.

5. 两个正态总体方差差的检验（F 检验）

F 检验的命令为

```
[h,p,ci]=vartes2(x,y,alpha,tail),
```

其中参数 x,y 是数据,alpha 是显著性水平（默认值是 0.05）,tail 有三种取值,同 ttest2 函数. 返回值 h,p,ci 的含义同 ztest 函数.

习题 9-6

1. 下面列出的是某工厂随机选取的 20 只部件的装配时间（单位：min）:

9.8,10.4,10.6,9.6,9.7,9.9,10.9,11.1,9.6,10.2,

10.3,9.6,9.9,11.2,10.6,9.8,10.5,10.1,10.5,9.7.

设装配时间的总体服从正态分布 $N(\mu,\sigma^2)$,其中 μ,σ^2 未知.是否可以认为装配时间的均值显著大于 10(取显著性水平 0.05)?

2. 下面分别列出两位文学家马克·吐温(Mark Twain)的 8 篇小品文以及斯诺特格拉斯(Snodgrass)的 10 篇小品文中由 3 个字母组成的单字的比例.

马克·吐温:0.225,0.262,0.217,0.240,0.230,0.229,0.235,0.217,

斯诺特格拉斯:0.209,0.205,0.196,0.210,0.202,0.207,0.224,0.223,0.220,0.201.

假设这两个样本相互独立,且分别来自正态总体 $N(\mu_1,\sigma^2)$ 和 $N(\mu_2,\sigma^2)$,其中 μ_1,μ_2,σ^2 未知.问两位作家所写的小品文中包含由 3 个字母组成的单字的比例是否有显著差异(取显著性水平 0.05)?

3. 有两台机床加工同一零件,这两台机床生产的零件尺寸服从正态分布.今从两台机床生产的零件中分别抽取 11 个和 9 个零件进行测量,数据(单位:mm)如下.

甲机床:6.2,5.7,6.5,6.0,6.3,5.8,5.7,6.0,6.0,5.8,6.0,

乙机床:5.6,5.9,5.6,5.7,5.8,6.0,5.5,5.7,5.5.

问甲机床的加工精度是否比乙机床的加工精度差(取显著性水平 0.05)?

9.7 实验七 方差分析

一、实验目的

掌握利用 MATLAB 进行方差分析的方法.

二、实验内容

学习 MATLAB 中方差分析命令的使用方法.

1. 单因素方差分析

单因素方差分析的命令是 anova1,其主要调用格式为

```
[p,table,stats]=anova1(X,group,displayopt),
```

其中参数 X 为 $m \times n$ 的矩阵,每一列为相互独立的样本观察值.返回值 p 为样本 X 中取自同一群体的零假设成立的概率.如果接近于 0,则认为零假设可疑并认为列均值存在差异.参数 group 中的每一行包含 X 中对应列中的数据的标签,其长度等于 X 的列数.参数 displayopt 设置为'on'时显示方差分析表图和箱形图,为'off'时不显示.返回值 p 表示检验的概率值,table 为方差分析表,stats 表示各水平下的样本个数,各水平均值的极大似然法点估计值以及误差标准差的点估计值、自由度等.此命令中 group、displayopt 可省去不列出,返回值 table、stats 也常省去不列出.

例 1 有甲乙丙三个工厂生产同一型号的电池,电池的质量用电池的平均寿命来衡量.为评定电池质量,今从各厂的产品中随机抽取 5 只,测得其寿命(单位:h)如下:

甲工厂:51,45,56,48,48,

乙工厂:26,28,34,32,30,

丙工厂:64,72,65,57,54.

试在显著性水平 0.05 下检验各工厂生产的电池的平均寿命有无显著的差异?

解　在命令窗口输入命令

```
>>X=[51 45 56 48 48; 26 28 34 32 30;64 72 65 57 54]';
>>[p,table,stats]=anova1(X)
```

结果

```
p=
   1.2944e-006
table=
```

'Source'	'SS'	'df'	'MS'	'F'	'Prob>F'
'Columns'	[2.6629e+003]	[2]	[1.3315e+003]	[51.4742]	[1.2944e-006]
'Error'	[310.4000]	[12]	[25.8667]	[]	[]
'Total'	[2.9733e+003]	[14]	[]	[]	[]

```
stats=
    gnames: [3x1 char]
         n: [5 5 5]
    source: 'anova1'
     means: [49.6000 30 62.4000]
        df: 12
         s: 5.0859
```

结果分析:总的平方和为 2973.3,模型引起的平方和为 2662.9,误差平方和为 310.4. 统计量 F 的观察值为 51.4742,F 的 p 值为 $1.2944e-006<0.05$,否定了原假设. 即三个工厂生产的电池的平均寿命有显著差异,它们所生产电池的平均寿命为 $49.6,30$ 和 62.4h. 其方差分析表图和箱形图如图 9-11 所示.

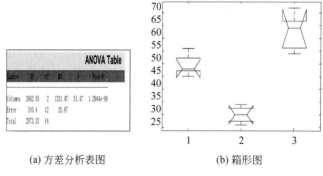

(a) 方差分析表图　　　　　(b) 箱形图

图 9-11　例 1 图

2. 双因素方差分析

双因素方差分析的命令是 anova2,其主要调用格式为

```
[p,table,stats]=anova2(X,reps,displayopt),
```

其中参数 X 为 $m \times n$ 的矩阵,不同列中的数据代表因素 B 的变化,不同行中的数据代表因素 A 的变化. 若在每一个行-列匹配点上有一个以上的观测值,则参数 reps 表示每一个单元中观测值的个数. 如下面的矩阵表示一个列有两个水平,行有三个水平的构造格式,并且每个单元中有两个观测值,即 reps=2. 当 reps=1 时,返回值 p 有两个分量,分别是样本为源于因素 A 取自同一群体的零假设成立的概率和样本为源于因素 B 取自同一群体的零假设成立的概率. 当 reps>1 时,返回值 p 有第三个分量:源于因素 A 和因素 B 之间没有交互效应的假设成立的概率. 参数 displayopt、返回值 table、返回值 stats 的含义同命令 anova1.

$$
\begin{array}{cc}
\boldsymbol{B}_1 & \boldsymbol{B}_2
\end{array}
$$

$$
\begin{bmatrix}
x_{111} & x_{112} \\
x_{121} & x_{122} \\
x_{211} & x_{212} \\
x_{221} & x_{222} \\
x_{311} & x_{312} \\
x_{321} & x_{322}
\end{bmatrix}
\begin{array}{l}
\Big\} \boldsymbol{A}_1 \\
\Big\} \boldsymbol{A}_2 \\
\Big\} \boldsymbol{A}_3
\end{array}.
$$

例 2 一火箭使用了 4 种燃料,3 种推进器作射程试验(单位:海里),每种燃料与每种推进器的组合各发射火箭 2 次,得到如下结果:

燃 料	推进器 1	推进器 2	推进器 3
1	58.2	56.2	65.3
	52.6	41.2	60.8
2	49.1	54.1	51.6
	42.8	50.5	48.4
3	60.1	70.9	39.2
	58.3	73.2	40.7
4	75.8	58.2	48.7
	71.5	51.0	41.4

要求分析燃料和推进器的不同是否对火箭的射程有显著影响?

解 在命令窗口输入

```
>>X=[58.2 56.2 65.3; 52.6 41.2 60.8; 49.1 54.1 51.6; 42.8 50.5 48.4; …
    60.1 70.9 39.2; 58.3 73.2 40.7; 75.8 58.2 48.7; 71.5 51.0 41.4];
>>[p table stats]=anova2(X,2)
```

结果:

```
p=
    0.0035    0.0260    0.0001
table=
```

```
    'Source'       'SS'           'df'  'MS'         'F'        'Prob>F'
    'Columns'      [   370.9808]  [ 2]  [185.4904]   [ 9.3939]  [     0.0035]
    'Rows'         [   261.6750]  [ 3]  [ 87.2250]   [ 4.4174]  [     0.0260]
    'Interaction'  [1.7687e+003]  [ 6]  [294.7821]   [14.9288]  [6.1511e-005]
    'Error'        [   236.9500]  [12]  [ 19.7458]          []           []
    'Total'        [2.6383e+003]  [23]          []          []           []
stats=
      source: 'anova2'
     sigmasq: 19.7458
    colmeans: [58.5500 56.9125 49.5125]
        coln: 8
    rowmeans: [55.7167 49.4167 57.0667 57.7667]
        rown: 6
       inter: 1
        pval: 6.1511e-005
          df: 12
```

结果分析：源于燃料的所有样本取自相同的总体的零假设成立的概率为 0.0035，源于推进器的所有样本取自相同的总体的零假设成立的概率为 0.0260，燃料和推进器之间没有交互效应的假设成立的概率为 0.0001. 这就表明燃料、推进器对射程的影响均显著，且燃料和推进器的交互作用显著. 方差分析表图见图 9-12.

ANOVA Table

Source	SS	df	MS	F	Prob>F
Columns	370.98	2	185.49	9.39	0.0035
Rows	261.68	3	87.225	4.42	0.026
Interaction	1768.69	6	294.782	14.93	0.0001
Error	236.95	12	19.746		
Total	2638.3	23			

图 9-12 例 2 的标准方差分析表图

习题 9-7

1. 将 3 种不同农药 A、B、C 在相同条件下分别进行杀虫试验，结果如下：

试验号	杀虫率		
	A	B	C
1	90	56	75
2	88	62	72
3	87	55	81
4	94	48	80

试问不同农药的杀虫率有显著差异吗？

2. 3 名工人分别在 4 台不同的机器上操作 3 天的日产量(单位：件)如下表所示：

日产量	工人 A			工人 B			工人 C		
机器 1	15	14	16	19	19	16	16	18	21
机器 2	17	17	17	15	15	15	19	22	22
机器 3	15	17	16	18	17	16	18	18	18
机器 4	18	20	22	15	16	17	18	17	16

假设不同的操作工人在不同机器上的日产量服从等方差的正态分布,试问操作工人和机器对日产量是否存在显著影响? 交互作用是否显著?

9.8　实验八　回归分析

一、实验目的

掌握利用 MATLAB 进行回归分析的方法.

二、实验内容

学习 MATLAB 中常用的回归分析命令的使用方法.

MATLAB 中用于一元或多元线性回归的命令是 regress,其调用格式为

```
[b,bint,r,rint,stats]=regress(Y,X,alpha),
```

其中参数 $X = \begin{bmatrix} 1 & x_{11} & x_{12} & \cdots & x_{1p} \\ 1 & x_{21} & x_{22} & \cdots & x_{2p} \\ \vdots & \vdots & \vdots & & \vdots \\ 1 & x_{n1} & x_{n2} & \cdots & x_{np} \end{bmatrix}, Y = \begin{bmatrix} y_1 \\ y_2 \\ \vdots \\ y_n \end{bmatrix}$ 来源于观测值 $(x_{i1}, x_{i2}, \cdots x_{ip}, y_i)(i=1,$

$2, \cdots n)$. 对于多元线性回归的数学模型

$$Y = X\boldsymbol{\beta} + \boldsymbol{\varepsilon}, \quad \boldsymbol{\varepsilon} \sim N(0, \sigma^2 \boldsymbol{E}),$$

$\boldsymbol{\varepsilon} = \begin{bmatrix} \varepsilon_1 & \varepsilon_2 & \cdots & \varepsilon_n \end{bmatrix}^{\mathrm{T}}, \boldsymbol{\beta} = \begin{bmatrix} \beta_1 & \beta_2 & \cdots & \beta_n \end{bmatrix}^{\mathrm{T}}$ 为参数. 记 $\hat{y}_i = \hat{\beta}_0 + \hat{\beta}_1 x_{i1} + \cdots + \hat{\beta}_p x_{ip}$,残差的每一分量定义为 $r_i = y_i - \hat{y}_i (i=1, 2, \cdots, n)$. 残差平方和为 $S = \sum_{i=1}^{n} r_i^2$,最小二乘估计就是选择参数 $\boldsymbol{\beta} = \begin{bmatrix} \beta_1 & \beta_2 & \cdots & \beta_n \end{bmatrix}^{\mathrm{T}}$ 使得残差的平方和最小. 返回值 b 为由最小二乘估计得到的 $\boldsymbol{\beta} = \begin{bmatrix} \beta_1 & \beta_2 & \cdots & \beta_n \end{bmatrix}^{\mathrm{T}}$. 参数 alpha 为显著性水平,缺省值为 0.05. 返回值 bint$((p+1) \times 2)$ 为 $\boldsymbol{\beta}$ 的置信水平为 100(1-alpha)% 的置信区间. 返回值 r 为残差,返回值 rint$(n \times 2)$ 为每个残差的置信水平为 (1-alpha)% 的置信区间. 向量 stats 给出回归的 R^2 统计量和 F 统计量以及临界概率的值.

说明：MATLAB 中有关多项式回归的命令 polyfit,rstool 和非线性回归的命令 nlinfit,nlintool,nlpredic 的内容在此不再详细叙述,可参阅 MATLAB 的相关帮助文件.

例1 为研究某一化学反应过程中，温度 x 对产品得率 y 的影响，测得以下数据：

温度	100	110	120	130	140	150	160	170	180	190
得率	45	51	54	61	66	70	74	78	85	89

（1）画出散点图；

（2）求 y 关于 x 的线性回归方程，作回归分析.

解 （1）输入命令，画出散点图，如图 9-13(a)所示.

```
>>x=[100 110 120 130 140 150 160 170 180 190]';
>>y=[45 51 54 61 66 70 74 78 85 89]';
>>plot(x,y,'r*')
```

（2）输入命令，求回归方程

```
>>n=length(y);
>>X=[ones(n,1),x];
>>[b bint r rint stats]=regress(y,X);
>>b,bint,stats
>>rcoplot(r,rint)              %残差及其置信区间作图
```

结果：

```
b=
  -2.7394
   0.4830
bint=
     -6.3056    0.8268
      0.4589    0.5072
stats=
     1.0e+003 *
     0.0010    2.1316    0.0000    0.0009
```

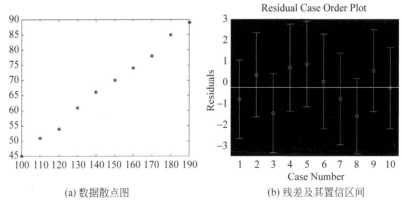

(a) 数据散点图   (b) 残差及其置信区间

图 9-13 例 1 图

结果分析：b 为最小二乘估计参数，即回归结果为

$$y = -2.7394 + 0.4830x.$$

bint 为各个参数的置信区间. r 和 rint 为残差和其置信区间，如图 9-13（b）所示. Stats 向量的值分别为相关系数的平方 R^2，F 值和显著性概率 P. $R^2 = 1$，说明模型拟合程度相当高. 显著性概率为 0.0000，小于 0.05. 故拒绝零假设，认为回归方程中至少有一个自变量的系数不为 0，回归方程有意义.

例 2　某种水泥在凝固时放出的热量 y（单位：卡/克）与水泥中的四种化学成分 x_1：$3CaO \cdot Al_2O_3$，x_2：$3CaO \cdot SiO_2$，x_3：$4CaO \cdot Al_2O_3 \cdot Fe_2O_3$，$x_4$：$2CaO \cdot SiO_2$ 所占的百分比有关. 现测得 13 组数据，如下表所示，要求建立热量与水泥化学成分之间的经验回归关系式.

编号	1	2	3	4	5	6	7	8	9	10	11	12	13
x_1	7	1	11	11	7	11	3	1	2	21	1	11	10
x_2	26	29	56	31	52	55	71	31	54	47	40	66	68
x_3	6	15	8	8	6	9	17	22	18	4	23	9	8
x_4	60	52	20	47	33	22	6	44	22	26	34	12	12
y	78.5	74.3	104.3	87.6	95.9	109.2	102.7	72.5	93.1	115.9	83.8	113.3	109.4

解　在命令窗口输入命令

```
>>X=[  7    26     6    60;1    29    15    52;11    56     8    20;  …
       11    31     8    47;7    52     6    33;11    55     9    22;  …
        3    71    17     6;1    31    22    44;2    54    18    22;  …
       21    47     4    26;1    40    23    34;11    66     9    12;  …
       10    68     8    12];
>>Y=[78.5 74.3 104.3 87.6 95.9 109.2 102.7 72.5 93.1 115.9 83.8 113.3 109.4]';
>>X=[ones(13,1),X];
>>[b bint r rint stats]=regress(Y,X);
>>b bint stats
>>rcoplot(r,rint)          %残差及其置信区间作图
```

结果：

```
b=
  62.4054
   1.5511
   0.5102
   0.1019
  -0.1441
bint=
       -99.1786   223.9893
        -0.1663     3.2685
        -1.1589     2.1792
        -1.6385     1.8423
```

```
        -1.7791    1.4910
stats=
        0.9824   111.4792    0.0000    5.9830
```

结果分析：b 为最小二乘估计参数，即回归结果为

$$y=62.4054+1.5511x_1+0.5102x_2+0.1019x_3-0.1441x_4.$$

bint 为各个参数的置信区间，r 和 rint 为残差和其置信区间，如图 9-14 所示. Stats 向量的值分别为相关系数的平方 R^2，F 值和显著性概率 P. $R^2=0.9824$，说明模型拟合程度相当高. 显著性概率为 0.0000，小于 0.05. 故拒绝零假设，认为回归方程中至少有一个自变量的系数不为 0，回归方程有意义.

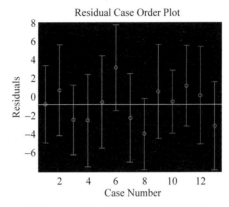

图 9-14　例 2 的残差及其置信区间

习题 9-8

1. 某厂产品的年销售额 x 与所获纯利润 y 从 1989 年至 1999 年的数据如下（单位：百万元）：

年度	89	90	91	92	93	94	95	96	97	98	99
x	6.1	7.5	9.4	10.7	14.6	17.4	21.1	24.4	29.8	32.9	34.3
y	4.5	6.4	8.3	8.4	9.7	11.5	13.7	15.4	17.7	20.5	22.3

试求 y 关于 x 的经验回归直线方程，并作回归分析.

2. 根据研究发现，在人的身高相等的情况下，血压的收缩压（y）与体重 x_1、年龄 x_2 有关. 现收集了 13 个男子的数据，如下表所示：

编号	1	2	3	4	5	6	7	8	9	10	11	12	13
x_1	76.0	91.5	85.5	82.5	79.0	80.5	74.5	79.0	85.0	76.5	82.0	95.0	92.5
x_2	50	20	20	30	30	50	60	50	40	55	40	40	20
y	120	141	124	126	117	125	123	125	132	123	132	155	147

试建立 y 关于 x_1、x_2 的线性回归方程.

习 题 答 案

习题 1-1

1. (1) A B C D；(2) B D.

2. (1) A 发生；(2) B 与 C 都不发生；(3) A 发生且 B 与 C 都不发生；(4) A,B,C 都不发生；(5) A，B，C 中至少有一个发生；(6) A,B,C 中至少有一个不发生.

3. (1) $A_1 A_2 A_3$；(2) $\overline{A_1} \cup \overline{A_2} \cup \overline{A_3}$；(3) $\overline{A_1} A_2 A_3 \cup A_1 \overline{A_2} A_3 \cup A_1 A_2 \overline{A_3}$；
(4) $\overline{A_1}\,\overline{A_2} \cup \overline{A_2}\,\overline{A_3} \cup \overline{A_1}\,\overline{A_3}$.

4. 270.   5. 125.   6. 0,1,2,3,4,5,6,7,8.   7. 1,2,3,4.

习题 1-2

1. (1) A D；(2) B；(3) C.   2. 0.2.   3. 11/12.   4. 0.7,0.8.

习题 1-3

1. 0.25,0.375.   2. $\dfrac{3}{11}$.   3. $\dfrac{C_2^1 C_{18}^9}{C_{20}^{10}}$.   4. $\dfrac{8}{15}$.

5. (1) $\dfrac{9}{64}$；(2) $\dfrac{1}{16}$.   6. $\dfrac{13}{21}$.   7. (1) $\dfrac{50}{203}$；(2) $\dfrac{18}{203}$.   8. $\dfrac{3}{4}$.

9. $\dfrac{41}{90},\dfrac{4}{9},\dfrac{1}{10}$.

习题 1-4

1. (1) A B C；(2) A B C.   2. 0.75.   3. 0.875.

4. $\dfrac{(m+n)N+n}{(m+n)(N+M+1)}$.   5. $\dfrac{3}{200}$.   6. $\dfrac{3}{70}$.   7. $\dfrac{1}{5}$.

8. (1) $\dfrac{3}{10}$；(2) $\dfrac{5}{16}$.   9. 6.6%.

习题 1-5

1. (1) C D；(2) A B C.   2. $\dfrac{2}{3}$.   3. (1) 0.14；(2) 0.94.   4. 略.   5. 略.

6. 0.458.   7. $3p^2(1-p)^2$.

总习题 1

1. (1) $\dfrac{7}{55}$；(2) $\dfrac{3}{220}$.   2. $\dfrac{3}{7}$.   3. 0.18.   4. 0.93.   5. 0.388.

6. (1) 0.072；(2) 0.00856；(3) 0.99954.

习题 2-2

1.

X	0	1	2
p_k	$\dfrac{1}{10}$	$\dfrac{6}{10}$	$\dfrac{3}{10}$

2. 0.2.

3.

X	$-3l$	$-l$	l	$3l$
p_k	P^3	$3p^2q$	$3pq^2$	q^3

4. $\dfrac{7}{8}$.

5.

X	0	1	2
p_k	$\dfrac{19}{34}$	$\dfrac{13}{34}$	$\dfrac{1}{17}$

6. 0.029701.　　7. $\dfrac{11}{16}$.　　8. 0.936.　　9. $\dfrac{19}{27}$.

10. 0.959572.　　11. (1) 0.146525；(2) 0.981684.　　12. 0.100819.

习题 2-3

1. $A=\dfrac{1}{2}, B=-\dfrac{1}{\pi}$.　　2. 1,0.6.

3. $F(x)=\begin{cases} 0, & x<-2 \\ \dfrac{1}{8}, & -2\leqslant x<-1 \\ \dfrac{5}{8}, & -1\leqslant x<1, \\ \dfrac{3}{4}, & 1\leqslant x<2, \\ 1, & x\geqslant 2, \end{cases}$ $\dfrac{5}{8}, \dfrac{1}{2}, \dfrac{1}{8}, \dfrac{7}{8}.$

4.

X	0	1	2	3
p_k	$\dfrac{1}{2}$	$\dfrac{1}{6}$	$\dfrac{1}{4}$	$\dfrac{1}{12}$

$\dfrac{11}{12}, \dfrac{1}{2}, \dfrac{5}{12}.$

5. $F(x)=\begin{cases} 0, & x<0, \\ \dfrac{x}{a}, & 0\leqslant x\leqslant a, \\ 1, & x>a. \end{cases}$

6. $F(x)=\begin{cases} 0, & x<0, \\ \dfrac{1}{4}, & 0\leqslant x<1, \\ \dfrac{3}{4}, & 1\leqslant x<2, \\ 1, & x\geqslant 2. \end{cases}$

习题 2-4

1. (1) $\dfrac{1}{2}$；(2) $f(x)=\begin{cases} \dfrac{1}{2}, & 0\leqslant x\leqslant 1, \\ \dfrac{1}{2x}, & 1<x\leqslant \mathrm{e}, \\ 0, & \text{其他}; \end{cases}$ (3) $\dfrac{1}{2}$.

2. (1) 2；(2) $F(x)=\begin{cases} 0, & x\leqslant 0, \\ x^2, & 0<x\leqslant 1, \\ 1, & x>1; \end{cases}$ (3) 0.16.

3. (1) $\dfrac{1}{6}$；(2) $F(x)=\begin{cases} 0, & x\leqslant 0, \\ \dfrac{x^2}{12}, & 0<x\leqslant 3, \\ 2x-\dfrac{x^2}{4}-3, & 3<x<4, \\ 1, & x\geqslant 4; \end{cases}$ (3) $\dfrac{41}{48}$.

4. $1 \leqslant k \leqslant 3$.　　5. $\dfrac{1}{2}$.　　6. $\dfrac{3}{4}$.　　7. $\dfrac{1}{2}$.　　8. e^{-2}.

9. $1-e^{-2}$.　　10. $1-e^{-1}$.

11. (1) 0.4706；(2) 0.0456；(3) 0.7486；(4) 2.

12. 0.4931.　　13. 0.0456.　　14. $p_1 > p_2 > p_3$.　　15. (1) 2.33；(2) 2.75.

习题 2-5

1.

Y	0	1
p_k	0.1	0.9

Y	$-\dfrac{\pi}{2}$	0	$\dfrac{\pi}{2}$
p_k	0.5	0.1	0.4

2. 周长及面积的分布律分别为

C	19π	20π	21π	22π
p_k	0.06	0.5	0.4	0.04

S	90.25π	100π	110.25π	121π
p_k	0.06	0.5	0.4	0.04

3. $f_Y(y) = \begin{cases} \dfrac{1}{2}, & 19 < y < 21, \\ 0, & \text{其他.} \end{cases}$

4. $f_Y(y) = \begin{cases} \dfrac{3\sqrt{2y}}{64}, & 0 < y < 4, \\ 0, & \text{其他.} \end{cases}$

5. $f_Y(y) = \begin{cases} \dfrac{3}{2\pi}\left[\left(\dfrac{3y}{4\pi}\right)^{-\frac{1}{3}} - 1\right], & 0 < y < \dfrac{4}{3}\pi, \\ 0, & \text{其他.} \end{cases}$

6. $f_Y(y) = \begin{cases} \dfrac{1}{2\sqrt{\pi y}}, & \pi < y < 4\pi, \\ 0, & \text{其他.} \end{cases}$

7. $f_Y(y) = \begin{cases} \dfrac{1}{\sqrt{2\pi y}} e^{-\frac{y}{2}}, & y > 0, \\ 0, & \text{其他.} \end{cases}$

8. $f_W(w) = \begin{cases} \dfrac{1}{4\sqrt{2w}}, & 162 < w < 242, \\ 0, & \text{其他.} \end{cases}$

总习题 2

1. 1.　　2. $P\{X=k\} = \dfrac{C_{10}^k C_{90}^{5-k}}{C_{100}^5}, k = 0, 1, \cdots, 5$.

3.

X	1	2	3
p_k	$\dfrac{6}{10}$	$\dfrac{3}{10}$	$\dfrac{1}{10}$

4. $P\{X=k\} = (1-p)^{k-1} p, k = 1, 2, \cdots$.

5. $P\{X=k\}=\dfrac{3}{4^k}, k=1,2,\cdots; \dfrac{3}{5}.$

6. $P\{X=k\}=C_{50}^k\left(\dfrac{2}{3}\right)^k\left(\dfrac{1}{3}\right)^{50-k}, k=0,1,2,\cdots,50.$

7. (1) 0.0729; (2) 0.0082; (3)0.9999; (4)0.40951.

8. e^{-16}.

9. (1) 0.2; (2) $F(x)=\begin{cases}0, & x<-1, \\ 0.2, & -1\leqslant x<0, \\ 0.6, & 0\leqslant x<1, \\ 0.8, & 1\leqslant x<3, \\ 1, & x\geqslant 3.\end{cases}$

10.

X	-2	1	3
p_k	0.2	0.5	0.3

11. (1) $\dfrac{5}{2}, \dfrac{3}{8}$; (2) 0.4; (3) $f(x)=\begin{cases}2, & 0\leqslant x<0.3, \\ 5x, & 0.3\leqslant x<0.5, \\ 0, & \text{其他}.\end{cases}$

12. (1) $a=\dfrac{1}{6}, b=\dfrac{5}{6}$;

(2)

X	-1	1	3
p_k	$\dfrac{1}{6}$	$\dfrac{1}{3}$	$\dfrac{1}{2}$

13. (1) $\dfrac{1}{2}$; (2) $F(x)=\begin{cases}0, & x<-\dfrac{\pi}{2}, \\ \dfrac{1}{2}\sin x+\dfrac{1}{2}, & -\dfrac{\pi}{2}\leqslant x\leqslant\dfrac{\pi}{2}, \\ 1, & x>\dfrac{\pi}{2};\end{cases}$ (3) $\dfrac{\sqrt{2}}{4}$.

14. $\dfrac{3}{5}$;   15. (1) 是; (2) 否; (3)否.   16. $\dfrac{3}{5}$.

17. (1) 0.9861; (2) 0.0392; (3)0.2177; (4)0.8788; (5)0.0124.

18. (1) 0.5328; (2) 0.9710; (3)3.

19. 0.044.   20. 0.4931.

21.

X	2	5	6
p_k	$\dfrac{1}{12}$	$\dfrac{7}{12}$	$\dfrac{1}{3}$

22. $f(x)=\begin{cases}\dfrac{1}{3}, & 1<x<4, \\ 0, & \text{其他}.\end{cases}$

23. $f_Y(y)=\begin{cases}\dfrac{1}{2\sqrt{\pi y}}, & \pi<y<4\pi, \\ 0, & \text{其他}.\end{cases}$

24. $\dfrac{2}{\pi(1+e^{2y})}, y\in(-\infty,+\infty)$.

25. (1) $F_Y(y) = \begin{cases} 0, & y < 1, \\ \dfrac{2}{3} + \dfrac{1}{27}y^3, & 1 \leqslant y < 2, \\ 1, & y \geqslant 2; \end{cases}$ (2) $\dfrac{8}{27}$.

习题 3-1

1. (1) $P\{a \leqslant X \leqslant b, Y < c\} = F(b,c) - F(a,c)$;

(2) $P\{0 < Y \leqslant a\} = F(+\infty, a) - F(+\infty, 0)$;

(3) $P\{X \geqslant a, Y > b\} = 1 + F(a,b) - F(+\infty, b) - F(a, +\infty)$.

2. (1) $c = \dfrac{1}{6}$; (2) $P\{X = 0, Y \leqslant 1\} = \dfrac{7}{24}$; (3) $F(1,2) = \dfrac{17}{24}$.

3. (1) 无放回.

X＼Y	1	2	3
1	0	$\dfrac{1}{12}$	$\dfrac{1}{6}$
2	$\dfrac{1}{12}$	0	$\dfrac{1}{6}$
3	$\dfrac{1}{6}$	$\dfrac{1}{6}$	$\dfrac{1}{6}$

(2) 有放回.

X＼Y	1	2	3
1	$\dfrac{1}{16}$	$\dfrac{1}{16}$	$\dfrac{1}{8}$
2	$\dfrac{1}{16}$	$\dfrac{1}{16}$	$\dfrac{1}{8}$
3	$\dfrac{1}{8}$	$\dfrac{1}{8}$	$\dfrac{1}{4}$

4. 分布律表格为

X＼Y	0	1
0	$\dfrac{2}{15}$	$\dfrac{4}{15}$
1	$\dfrac{4}{15}$	$\dfrac{1}{3}$

5. (1) $A = \dfrac{1}{3}$; (2) $\dfrac{7}{72}$.

6. $f(x,y) = \begin{cases} \dfrac{1}{(b-a)(d-c)}, & a \leqslant x \leqslant b, c \leqslant y \leqslant d; \\ 0, & 其他. \end{cases}$

7. (1) $k = 12$; (2) $1 - \mathrm{e}^{-3} - \mathrm{e}^{-8} + \mathrm{e}^{-11}$.

习题 3-2

1. (1) 联合分布律为

X＼Y	0	1
0	$\dfrac{1}{4}$	$\dfrac{1}{4}$
1	$\dfrac{1}{4}$	$\dfrac{1}{4}$

(2)

X	0	1
$p_{i\cdot}$	$\dfrac{1}{2}$	$\dfrac{1}{2}$

Y	0	1
$p_{\cdot j}$	$\dfrac{1}{2}$	$\dfrac{1}{2}$

2.

X	0	1	2
$p_{i\cdot}$	$\dfrac{7}{24}$	$\dfrac{5}{12}$	$\dfrac{7}{24}$

Y	0	1
$p_{\cdot j}$	$\dfrac{1}{2}$	$\dfrac{1}{2}$

3. (1) 无放回

X	1	2	3
$p_{i\cdot}$	$\dfrac{1}{4}$	$\dfrac{1}{4}$	$\dfrac{1}{2}$

Y	1	2	3
$p_{\cdot j}$	$\dfrac{1}{4}$	$\dfrac{1}{4}$	$\dfrac{1}{2}$

(2) 有放回

X	1	2	3
$p_{i\cdot}$	$\dfrac{1}{4}$	$\dfrac{1}{4}$	$\dfrac{1}{2}$

Y	1	2	3
$p_{\cdot j}$	$\dfrac{1}{4}$	$\dfrac{1}{4}$	$\dfrac{1}{2}$

4.

X	0	1
$p_{i\cdot}$	$\dfrac{2}{5}$	$\dfrac{3}{5}$

Y	0	1
$p_{\cdot j}$	$\dfrac{2}{5}$	$\dfrac{3}{5}$

5. $f_X(x)=\begin{cases} 2x^2+\dfrac{2}{3}x, & 0\leqslant x\leqslant 1;\\ 0, & \text{其他}. \end{cases}$ $\qquad$ $f_Y(y)=\begin{cases} \dfrac{y+2}{6}, & 0\leqslant y\leqslant 2;\\ 0, & \text{其他}. \end{cases}$

6. $f_X(x)=\begin{cases} \dfrac{1}{b-a}, & a\leqslant x\leqslant b;\\ 0, & \text{其他}. \end{cases}$ $\qquad$ $f_Y(y)=\begin{cases} \dfrac{1}{d-c}, & c\leqslant y\leqslant d;\\ 0, & \text{其他}. \end{cases}$

7. $f_X(x)=\begin{cases} 3e^{-3x}, & x>0;\\ 0, & \text{其他}. \end{cases}$ $\qquad$ $f_Y(y)=\begin{cases} 4e^{-4y}, & y>0;\\ 0, & \text{其他}. \end{cases}$

8. (1) $k=4$; (2) $\dfrac{3}{16}$;

(3) $f_X(x)=\begin{cases} 2x, & 0\leqslant x\leqslant 1,\\ 0, & \text{其他}; \end{cases}$ $\qquad$ $f_Y(y)=\begin{cases} 2y, & 0\leqslant y\leqslant 1,\\ 0, & \text{其他}. \end{cases}$

习题 3-3

1. $P\{Y=m\mid X=n\}=C_n^m\left(\dfrac{7.14}{14}\right)^m\left(\dfrac{6.86}{14}\right)^{n-m}.$

2. 对于 $0<y<1$ 有 $f(y\mid x)=\dfrac{f(x,y)}{f_X(x)}=\begin{cases} \dfrac{1}{x}, & 0<y<x,\\ 0, & \text{其他}. \end{cases}$

3. $P\{Y\geqslant 0.75\mid X=0.5\}=\dfrac{7}{15}.$

习题 3-4

1. (1) 边缘分布律为

X	11	12	13	14	15
$p_i.$	0.18	0.15	0.35	0.12	0.20

Y	11	12	13	14	15
$p._j$	0.28	0.28	0.22	0.09	0.13

(2) 不独立.

2. 不独立.

3. (1) 不独立；(2) 独立.　　4. 不独立.　　5. 独立.　　6. 不独立.　　7. 独立.　　8. 独立.

9. 独立.

10. (1) $k = \dfrac{3}{8}$；(2) $\dfrac{1}{64}, \dfrac{47}{128}$；

(3) $f_X(x) = \begin{cases} \dfrac{3}{64}x^2, & 0 \leqslant x \leqslant 4, \\ 0, & \text{其他；} \end{cases}$　　　　$f_Y(y) = \begin{cases} \dfrac{3}{4}y - \dfrac{3}{64}y^5, & 0 \leqslant y \leqslant 2, \\ 0, & \text{其他；} \end{cases}$

(4) 不独立.

习题 3-5

1.

Z	-2	0	1	3	4
p_k	0.1	0.2	0.5	0.1	0.1

2.

Z	-2	-1	1	2	4
p_k	0.5	0.2	0.1	0.1	0.1

3.

Z	-2	-1	$-\dfrac{1}{2}$	1	2
p_k	0.2	0.2	0.3	0.2	0.1

4.

Z	-1	1	2
p_k	0.1	0.2	0.7

5.

M	0	1
p_k	$\dfrac{1}{4}$	$\dfrac{3}{4}$

N	0	1
p_k	$\dfrac{3}{4}$	$\dfrac{1}{4}$

6. $f_Z(z) = \begin{cases} z\mathrm{e}^{-z}, & z \geqslant 0, \\ 0, & \text{其他.} \end{cases}$

7. $f_M(z) = \begin{cases} 3\mathrm{e}^{-z}(1 - \mathrm{e}^{-z})^2, & z \geqslant 0, \\ 0, & z < 0. \end{cases}$

8. $\dfrac{5}{7}, \dfrac{4}{7}.$

总习题 3

1. $p_{ij} = \begin{cases} \dfrac{5!}{i!\,j!\,(5-i-j)!} \cdot 0.3^i \cdot 0.5^j \cdot 0.2^{(5-i-j)}, & i+j \leqslant 5, \\ 0, & \text{其他.} \end{cases}$

2.

X \ Y	0	1	2	3	$p_i.$
0	$\frac{1}{8}$	$\frac{1}{8}$	0	0	$\frac{1}{4}$
1	0	$\frac{2}{8}$	$\frac{2}{8}$	0	$\frac{1}{2}$
2	0	0	$\frac{1}{8}$	$\frac{1}{8}$	$\frac{1}{4}$
$p._j$	$\frac{1}{8}$	$\frac{3}{8}$	$\frac{3}{8}$	$\frac{1}{8}$	

3. (1) 1; (2) $\frac{3}{8}$; (3) $\frac{2}{3}$.

4. (1) $c=1$; (2) $f(x,y)=\begin{cases}2e^{-2x}e^{-y}, & x,y>0, \\ 0, & 其他;\end{cases}$ (3) $(1-e^{-1})^2$.

5. 0.96.

6.

Y \ X	0	1	2	3	$p._j$
0	$\frac{1}{27}$	$\frac{1}{9}$	$\frac{1}{9}$	$\frac{1}{27}$	$\frac{8}{27}$
1	$\frac{1}{9}$	$\frac{2}{9}$	$\frac{1}{9}$	0	$\frac{4}{9}$
2	$\frac{1}{9}$	$\frac{1}{9}$	0	0	$\frac{2}{9}$
3	$\frac{1}{27}$	0	0	0	$\frac{1}{27}$
$p_i.$	$\frac{8}{27}$	$\frac{4}{9}$	$\frac{2}{9}$	$\frac{1}{27}$	

7. $f_X(x)=\begin{cases}\dfrac{2}{x^3}, & x>1, \\ 0, & 其他.\end{cases}$ $\qquad$ $f_Y(y)=\begin{cases}e^{-y+1}, & y>1, \\ 0, & 其他.\end{cases}$

8. $f_X(x)=\begin{cases}2.4x^2(2-x), & 0\leqslant x\leqslant 1, \\ 0, & 其他.\end{cases}$ $\qquad$ $f_Y(y)=\begin{cases}2.4y(3-4y+y^2), & 0\leqslant y\leqslant 1, \\ 0, & 其他.\end{cases}$

9. $f_X(x)=\begin{cases}\dfrac{21}{8}x^2(1-x^4), & -1\leqslant x\leqslant 1, \\ 0, & 其他.\end{cases}$ $\qquad$ $f_Y(y)=\begin{cases}\dfrac{7}{2}y^{\frac{5}{2}}, & 0\leqslant y\leqslant 1, \\ 0, & 其他.\end{cases}$

10. 第7题中, X 与 Y 独立; 第2,6,8题中, X 与 Y 不独立.

11. 对于 $0<y<1$ 有 $f(x|y)=\dfrac{f(x,y)}{f_Y(y)}=\begin{cases}\dfrac{1}{1-y}, & y<x<1, \\ 0, & 其他.\end{cases}$

12. $\dfrac{1}{12}$.

13. $f(x,y)=\dfrac{1}{2\pi}e^{-\frac{x^2+y^2}{2}}$, $(x,y)\in\mathbb{R}^2$, Z 的分布律为

Z	0	2	5
p_k	$e^{-\frac{9}{2}}$	$e^{-\frac{1}{2}}-e^{-\frac{9}{2}}$	$1-e^{-\frac{1}{2}}$

14. 0.8.

15. (1) 不独立；(2) $f_Z(z)=\begin{cases}\dfrac{1}{2}z^2\mathrm{e}^{-z}, & z\geq0,\\ 0, & z<0.\end{cases}$

16. (1) $c=\dfrac{\mathrm{e}}{\mathrm{e}-1}$；

(2) $f_X(x)=\begin{cases}\dfrac{1}{\mathrm{e}-1}\mathrm{e}^{1-x}, & 0<x<1,\\ 0, & 其他;\end{cases}$　　　　$f_Y(y)=\begin{cases}\mathrm{e}^{-y}, & y>0,\\ 0, & 其他;\end{cases}$

(3) $F_M(z)=\begin{cases}0, & z<0,\\ \dfrac{(1-\mathrm{e}^{-z})^2}{1-\mathrm{e}^{-1}}, & 0\leq z<1,\\ 1-\mathrm{e}^{-z}, & z\geq1;\end{cases}$　　　$F_N(z)=\begin{cases}0, & z<0,\\ 1-\dfrac{\mathrm{e}^{1-2z}-\mathrm{e}^{-z}}{\mathrm{e}-1}, & 0\leq z<1,\\ 1, & z\geq1.\end{cases}$

17. 0.0006343.

18. $f_\xi(z)=\begin{cases}-z, & -1\leq z\leq0,\\ 2-z, & -1<z\leq-2,\\ 0, & 其他.\end{cases}$　　　$f_\eta(z)=\begin{cases}-\dfrac{1}{2}\ln(-z), & -1\leq z\leq0,\\ -\dfrac{1}{2}\ln(z), & 0<z\leq1\\ 0, & 其他.\end{cases}$

19. 略.　　20. 略.　　21. 略.

习题 4-1

1. $\dfrac{1}{p}$.　　2. 1.　　3. $-0.2, 2.8, 13.4$.　　4. $\dfrac{2}{5}$.

5. $\dfrac{\pi}{12}(a^2+ab+b^2)$.　　6. (1) 2,4.9; (2) 3.0667; (3)9.7.

7. $\dfrac{4}{5}, \dfrac{3}{5}, \dfrac{1}{2}, \dfrac{16}{15}$.

习题 4-2

1. 甲.　　2. $\dfrac{3}{10}, \dfrac{351}{1100}$.　　3. $\dfrac{1}{6}$.　　4. $a=12, b=-12, c=3$.

5. $\lambda=1$.

习题 4-3

1. $E(Y)=4, D(Y)=18, \mathrm{Cov}(X,Y)=6, \rho_{XY}=1$.

2. $D(X+Y)=61, D(X-Y)=21$.

3. $E(Z)=\dfrac{1}{3}, D(Z)=3, \rho_{XZ}=0$.

4. $E(X)=\dfrac{7}{12}, E(Y)=\dfrac{7}{12}, \mathrm{Cov}(X,Y)=-\dfrac{1}{144}, \rho_{XY}=-\dfrac{125}{13572}, D(X+Y)=\dfrac{13627}{13752}$.

5. (1) $f_X(x)=\begin{cases}-\dfrac{1}{4}x, & -2<x<0,\\ \dfrac{1}{4}x, & 0<x<2,\\ 0, & 其他;\end{cases}$　　　$f_Y(y)=\begin{cases}\dfrac{1}{2}y, & 0<y<2,\\ 0, & 其他;\end{cases}$

(2) $E(X)=\dfrac{4}{3}, E(Y)=\dfrac{4}{3}, D(X)=\dfrac{34}{9}, D(Y)=\dfrac{2}{9}, \mathrm{Cov}(X,Y)=-\dfrac{16}{9}$.

6. 略.

总习题 4

一、1. 5,5.　　2. 3,9.　　3. 15　　4. 3.5,0.75.　　5. $a\mu+b, a^2\sigma^2$.

二、1. B.   2. D.   3. C.   4. C.   5. B.

三、1. $\dfrac{7}{4}$.   2. 2.   3. $2p+1$.   4. $\dfrac{3}{4},\dfrac{3}{80}$.   5. 2,2,5,8.   6. $-\dfrac{\sqrt{15}}{69}$.

7.（1）

X \ Y	0	1	2	$p_{\cdot j}$
0	$\dfrac{3}{15}$	$\dfrac{6}{15}$	$\dfrac{1}{15}$	$\dfrac{2}{3}$
1	$\dfrac{3}{15}$	$\dfrac{2}{15}$	0	$\dfrac{1}{3}$
$p_{i\cdot}$	$\dfrac{6}{15}$	$\dfrac{8}{15}$	$\dfrac{1}{15}$	

（2） $-\dfrac{4}{45}$.

习题 5-1

1. $p\geqslant 0.975$.   2. $p\geqslant 0.7289$.   3. $p\leqslant 0.25, p\leqslant 0.0625$.   4. 服从.

习题 5-2

1. 0.1802.   2. （1） $2\Phi(\sqrt{3n}\varepsilon)-1$; （2） 0.9164; (3)47.

3. 12655.   4. （1） 0; （2） 0.9952, 0.5, 0.0048.   5. 103.   6. 0.00135.

总习题 5

1. $p\leqslant \dfrac{4}{9}$.   2. $p\geqslant \dfrac{2}{3}$.   3. $p\geqslant 0.505$.   4. 27778.

5. 可以.   6. 服从.   7. $\dfrac{1}{2}$.   8. 0.0141.

9. 0.9270.   10. 0.0019.   11. 0.9966.   12. 0.5.

13. 643.   14. 12655.   15. 0.0062.   16. 9488.

习题 6-1

1. 1,20.

2. $P\{X_1=x_1,\cdots,X_n=x_n\}=p^{\sum\limits_{i=1}^{n}x_i}(1-p)^{n-\sum\limits_{i=1}^{n}x_i}, x_i=0,1, i=1,2,\cdots,n.$

3.

X_2 \ X	0	1	2
0	0.04	0.06	0.1
1	0.06	0.09	0.15
2	0.1	0.15	0.25

4. 0.016.

5. $f(x_1,\cdots,x_n)=\begin{cases}\dfrac{1}{\theta^n}\mathrm{e}^{-\frac{1}{\theta}\sum\limits_{i=1}^{n}x_i}, & x_1>0, x_2>0,\cdots,x_n>0,\\ 0, & \text{其他}.\end{cases}$

6. $f(x_1,\cdots,x_n)=\begin{cases}\theta^n\left(\prod\limits_{i=1}^{n}x_i\right)^{\theta-1}, & 0<x_1<1, 0<x_2<1,\cdots,0<x_n<1,\\ 0, & \text{其他}.\end{cases}$

习题 6-2

1. (1) $n \geqslant 40$；(2) $n \geqslant 255$；(3) $n \geqslant 16$.

2. (1) 0.2628；(2) 0.2923；(3)0.5785.

3. (1) λ；(2) $\dfrac{\lambda}{n}$；(3) λ.

4. (1) 12.592；(2) 3.325.　　5. -1.8331.　　6. 3.39.　　7. 略.　　8. 略.

总习题 6

1. 0.08.

2. $f(x_1, x_2, \cdots, x_n) = \begin{cases} \dfrac{1}{(b-a)^n}, & a < x_1 < b, a < x_2 < b, \cdots, a < x_n < b, \\ 0, & \text{其他.} \end{cases}$

3. $f(x_1, x_2, \cdots, x_n) = \begin{cases} 3^n \left(\prod\limits_{i=1}^{n} x_i \right)^2, & 0 < x_1 < 1, 0 < x_2 < 1, \cdots, 0 < x_n < 1, \\ 0, & \text{其他.} \end{cases}$

4. 20，0.2975.　　5. 18.45，10.7754　　6. 0.9544.　　7. 0.05.

8. 0.5.　　9. 1.8125.　　10. 4.06.

习题 7-1

1. $\hat{\mu} = \bar{x} = \dfrac{1}{25}\sum\limits_{i=1}^{25} x_i = 21.88$,　　$\hat{\sigma}^2 = \dfrac{1}{25}\sum\limits_{i=1}^{25} (x_i - \bar{x})^2 = 2.1056$.

2. $\hat{\theta} = \dfrac{1}{\bar{X}}$.

3. $\hat{\mu} = \bar{x} = 74.002$,　　$\hat{\sigma}^2 = \dfrac{1}{n}\sum\limits_{i=1}^{n} x_i^2 - \hat{\mu}^2 = 1.4 \times 10^{-6}$.

4. θ 的矩估计为 $\hat{\theta} = \dfrac{1 - 2\bar{X}}{\bar{X} - 1}$，$\theta$ 的最大似然估计为 $\hat{\theta} = -1 - \dfrac{n}{\sum\limits_{i=1}^{n} \ln X_i}$.

5. $\hat{a} = 3\bar{X}$.　　6. (1) $\hat{\lambda} = \bar{X}$；(2) $\hat{\lambda} = \bar{X}$.

7. (1) $\hat{p} = \dfrac{\bar{X}}{100}$；(2) $\hat{p} = \dfrac{\bar{X}}{100}$.　　8. 0.4681.

习题 7-2

1. $\hat{\mu}_2$ 比 $\hat{\mu}_1$ 更有效.　　2. $c = \dfrac{1}{2(n-1)}$.

3. $\hat{\mu} = \bar{X} - \bar{Y}$.　　4. 略.　　5. $a = \dfrac{m-1}{m+n-1}, b = \dfrac{n-1}{m+n-1}$.　　6. 略.

习题 7-3

1. 略.　　2. 略.　　3. (21.537, 22.063).　　4. (639.02, 640.98).

5. (6.117, 6.583).

6. (1) (1498.256, 1501.735)；(2) 观察值的个数 n 最小应取 121；(3) 0.9996.

习题 7-4

1. $(-0.354, 0.754)$.　　2. (14.8, 15.2).　　3. (0.8, 0.82).　　4. (1492.33, 1526.67).

5. (0.6066, 3.3934), (3.0735, 15.6391), (1.7531, 3.9546).　　6. (7.4, 21.1).

7. $(-8.975, 0.975)$.　　8. (9.236, 50.764).　　9. (0.296, 2.806).

10. $(0.34,1.61)$.　　11. 12.55h.　　12. $(165.486,166.514)$.　　13. $(0.015,0.044)$.

习题 7

1. $\hat{\lambda}=1.22$.

2. (1) $\hat{\theta}=\overline{X}$；(2) 令 $x_n^*=\min\{x_1,x_2,\cdots,x_n\}$，$x_1^*=\max\{x_1,x_2,\cdots,x_n\}$，则介于 $x_n^*-\dfrac{1}{2}$ 与 $x_1^*+\dfrac{1}{2}$

之间的任何点均为 θ 的极大似然估计.

3. (1) $\begin{cases}\hat{a}=\sqrt{A_2-2\overline{X}},\\[2mm]\hat{b}=\overline{X}-\sqrt{A_2-2\overline{X}};\end{cases}$　　(2) $\hat{a}=\min\{X_1,X_2,\cdots,X_n\}=X_1^*$，$\hat{b}=\overline{X}-X_1^*$.

4. (1) $\hat{P}\{X<t\}=\hat{F}(t;\mu,\sigma^2)=F(t;\hat{\mu},\hat{\sigma})=\Phi\left[\dfrac{t-\hat{\mu}}{\hat{\sigma}}\right]$；

(2) $\hat{\mu}=997.1$，$\hat{\sigma}=124.797$，根据(1) 的结论，于是得

$$\hat{P}\{X>1300\}=1-\Phi(2.427)=1-0.9924=0.0076.$$

5. $N=\left[\dfrac{rn}{k}\right]$.　　6. (1) 略；(2) $D(\overline{X_1})<D(\overline{X_2})<D(\overline{X_3})$.　　7. $(77.6,82.4)$.

8. (1) 1.568；(2) $n\geqslant246$.　　9. $(566.71,2487.66)$.

10. $(42.217,44.673)$；$(1.091,5.499)$.　　11. $(5.56,6.64)$.

12. $(0.084,0.161)$.　　13. $(0.92,5.8)$.　　14. $(0.078,1.572)$.　　15. 1065.

16. $(4.804,5.196)$.　　17. $(0.369,0.411)$　　18. $(0.101,0.244)$.

习题 8-1

1. C.　　2. D.　　3. 1.176.

4. 新工艺下干电池之平均寿命不是 200h.

5. 工艺改革后零件长度发生显著变化.

6. 该批产品指标为 1600h.

习题 8-2

1. 这批零件的平均尺寸是 30.50mm.

2. 这批元件不合格.

3. 该日生产的云母片厚度的数学期望与往日没有显著差异.

4. 该日每箱重量的数学期望与 100 没有显著差异.

5. 该日所生产的维尼龙纤度的标准差没有显著变化.

6. 此次考试的标准差符合要求.

7. 这两种尼古丁含量有显著差异.

8. 两种类型的织布机的断头率没有显著差异.

9. 两个品种产量的方差和期望没有显著性差别.

10. 两种仪表寿命的方差没有显著性差别，两种仪表寿命的期望显著不同.

习题 8-3

1. 这届学生的语文水平不如以往历届学生.

2. 每棵的产量是有显著提高.

3. 这批新的钓鱼线的平均切断力有显著降低.

4. 铁水的含碳量有显著下降.

5. 该县已达到了每亩小麦产量 1t 的标准.

6. $\alpha=0.05$ 时,剪枝提高了株产量;$\alpha=0.025$ 时,剪枝没有提高株产量.

7. 作物甲的产量比作物乙的低.

8. 换材料后电阻平均值有明显提高.

9. 接受 H_0,认为材料 1 比材料 2 的磨损深度并未超过 2 个单位.

习题 8-4

1. $n=25$,$A=91.723$.   2. 0.8835.

3. $\beta=\Phi\left(z_\alpha+\dfrac{\mu-\mu_0}{\sigma_0}\sqrt{n}\right)$,当 α 增加时,z_α 减小,从而 β 减小;反之当 α 减少时,则 β 增加.

4. (1) 0.0264;(2) 0.0132.

习题 8

1. (1) 0.62;(2) 0.0003.

2. 铜丝折断力与原先无差异.

3. 人均月收入增加了.

4. 该批罐头食品的平均净重为 500g.

5. 该厂应该引进这台新机器.

6. 这块土地的面积不大于 1.23.

7. 新工艺没有提高产品的平均寿命.

8. 上述看法能得以证实.

9. 溶液水分含量不合格.

10. 这天加工的零件方差与以往无显著减小.

11. 认为方差无变化,认为铜丝折断力大小与原先有显著性差异.

12. 零件外径的方差增大了.

13. 这批导线的标准差没有显著的减小.

14. (1) X 和 Y 的方差无明显差异;(2) $(6.37,7.83)$.

15. 两种燃料总体的方差相等. 采用燃料 B.

16. 甲种香烟的尼古丁平均含量没有显著高于乙种.

17. 这两只高温计所确定的温度读数的方差无显著差异.

18. 甲、乙两矿所采煤的平均含灰率没有显著差异.

19. 两厂产品内径方差无显著差异,均值有显著差异.

习题 9-1

1. $\boldsymbol{A}^{\mathrm{T}}=\begin{bmatrix}1 & 3\\-1 & 2\\2 & 8\end{bmatrix}$,$\boldsymbol{AB}=\begin{bmatrix}10 & -10 & 6\\57 & -26 & 48\end{bmatrix}$,$\boldsymbol{B}^2=\begin{bmatrix}-5 & -6 & -8\\33 & -14 & 28\\27 & -33 & 13\end{bmatrix}$,

$\boldsymbol{B}^{-1}=\begin{bmatrix}5.5 & 2.5 & -2\\2.25 & 1.25 & -1\\-5.25 & -2.25 & 2\end{bmatrix}$.

2. 使用 plot 函数.

3. 使用 meshgrid,mesh 函数.

4. 21523359.

5. 使用 if-else-end 语句,$f(0.5)=0.5$.

习题 9-2

1. 使用 unifrnd 函数.

2. 使用 binopdf(k,n,p) 函数,没有次品的概率为 0.1340,次品个数最有可能为 2 个.

3. 使用 poissinv(p,lamda) 函数,商品 33 件.

4. (1) 使用 normcdf 函数,0.5205;(2) 使用 norminv 函数,27.6738.

习题 9-3

1. 仿照掷硬币实验,x＝randperm(6);y＝x(1);y 就是掷骰子的点数.

2. 仿照掷硬币实验,x＝randperm(m);y＝x(1);y 就是摸到白球的人.

3. 匹配问题:某人写了 m 封不同的信,又写了 m 个不同地址的信封,然后将 m 封信随机地放入 m 个信封内,记事件 $A=\{没有一封信装对地址\}$.若将匹配试验独立地重复 n 次,若事件 A 发生 k 次,那么 e 的估计公式为 $e \approx \dfrac{n}{k}$. x＝[1:m]; y＝randperm(m);使用 all 函数检查 x-y 中是否全部不为 0,如果是说明事件 A 发生了,否则没有发生.重复 n 次试验,记录发生的次数 k,从而估计 e 的值.

习题 9-4

1. 各列元素和向量$[26,16,38,16]$,各列元素累计和矩阵 $A=\begin{bmatrix} 2 & 3 & 5 & 6 \\ 10 & 10 & 14 & 10 \\ 17 & 12 & 20 & 15 \\ 26 & 16 & 38 & 16 \end{bmatrix}$.

各列元素积向量$[1008,168,4860,120]$,各行元素积向量$[180,2016,420,648]^{\mathrm{T}}$.

各列元素累计积矩阵 $\begin{bmatrix} 2 & 3 & 5 & 6 \\ 16 & 21 & 45 & 24 \\ 112 & 42 & 270 & 120 \\ 1008 & 168 & 4860 & 120 \end{bmatrix}$.

各行元素累计积矩阵 $\begin{bmatrix} 2 & 6 & 30 & 180 \\ 8 & 56 & 504 & 2016 \\ 7 & 14 & 84 & 420 \\ 9 & 36 & 648 & 648 \end{bmatrix}$.

2. (1) 样本最大值 98,最小值 38,排序 38,39,49,50,58,58,62,62,64,65,66,67,67,68,69,69,69,70,71,72,73,74,74,75,75,75,77,77,78,78,78,79,79,79,81,81,81,82,84,84,86,86,88,89,90,90,91,94,97,98;

(2) 样本均值 74.12、中位数 75;

(3) 样本方差 175.0057、样本标准差 13.2290;

(4) 使用 hist 函数.

习题 9-5

1. μ 的$[12.0410,12.1205]$,σ 的$[0.0326,0.0943]$.

2. a,b 的点估计为 50,98,置信水平为 0.95 的置信区间为$[-862,50]$和$[98,1010]$.

习题 9-6

1. 使用 ttest 函数,拒绝假设"装配时间的均值显著大于 10",假设成立的概率为 0.0478.

2. 使用 ttest2 函数,拒绝假设"两位作家所写的小品文中包含由 3 个字母组成的单字的比例有显著差异",假设成立的概率为 0.0013.

3. 使用 vartest2 函数,接收假设,认为"甲机床的加工精度与乙机床的加工精度相当".

习题 9-7

1. 使用 anova1 函数.　　2. 使用 anova2 函数.

习题 9-8

1. $y=1.9096+0.5639x$.　　2. $y=-62.9634+2.1366x_1+0.4002x_2$.

自测题答案

自测题 1

一、1. 0.4.　　2. 0.6.　　3. 0.42.　　4. 0.6.

二、1. C.　　2. B.　　3. B.　　4. B.　　5. C.

三、1. 设 $A=\{3$ 名优秀教师中至少有 1 名女教师$\}$，$A_i=\{3$ 名优秀教师中恰有 i 名女教师$\}(i=1,2,3)$. 则 $A=A_1\bigcup A_2\bigcup A_3$，且 A_1,A_2,A_3 互不相容. 由加法公式得

$$P(A)=P(A_1)+P(A_2)+P(A_3)=\frac{C_3^1 C_7^2}{C_{10}^3}+\frac{C_3^2 C_7^1}{C_{10}^3}+\frac{C_3^3 C_7^0}{C_{10}^3}=0.71.$$

2. 设 $A=\{$机器调整良好$\}$，$B=\{$产品合格$\}$.

由题设可知 $P(B|A)=0.98$，$P(B|\overline{A})=0.55$，$P(A)=0.95$，$P(\overline{A})=0.05$，由贝叶斯公式得

$$P(A\mid B)=\frac{P(A)P(B\mid A)}{P(A)P(B\mid A)+P(\overline{A})P(B\mid \overline{A})}=\frac{0.98\times 0.95}{0.98\times 0.95+0.55\times 0.05}=0.97.$$

3. 若 A 不利于 B，即 $P(B|A)<P(B)$，显然 $P(B)>0$. 由乘法公式 $P(AB)=P(A)\cdot P(B|A)$，则

$$P(AB)<P(A)\cdot P(B),$$

故 $\dfrac{P(AB)}{P(B)}<P(A)$，即 $P(A/B)<P(A)$，B 也不利于 A.

4. 设 $A_1=\{$他知道正确答案$\}$，$A_2=\{$他不知道正确答案乱猜$\}$，$B=\{$他答对了$\}$. 则

$$P(A_1)=0.5,P(A_2)=0.5,P(B|A_2)=0.25,$$

显然 $P(B|A_1)=1$.

由贝叶斯公式得

$$P(A_1\mid B)=\frac{P(A_1)P(B\mid A_1)}{P(B)}=\frac{0.5\times 1}{P(A_1)P(B\mid A_1)+P(A_2)P(B\mid A_2)}$$

$$=\frac{0.5}{0.5+0.5\times 0.25}=0.8.$$

5. 设 $A_1=\{$甲命中目标$\}$，$A_2=\{$乙命中目标$\}$，则 $P(A_1)=\dfrac{1}{3}$，$P(A_2)=0.5$.

(1) 设 $B=\{$目标被命中$\}$则

$$\overline{B}=\overline{A_1}\,\overline{A_2},$$

故 $P(B)=1-P(\overline{B})=1-P(\overline{A_1}\,\overline{A_2})=1-P(\overline{A_1})P(\overline{A_2})=1-\left(1-\dfrac{1}{3}\right)\left(1-\dfrac{1}{2}\right)=\dfrac{2}{3}.$

(2) $P(A_1|B)=\dfrac{P(A_1 B)}{P(B)}=\dfrac{P(A_1)}{P(B)}=\dfrac{\dfrac{1}{3}}{\dfrac{2}{3}}=\dfrac{1}{2}.$

6. (1) 设 $A_i=\{$被选到的班是第 i 班$\}(i=1,2)$，$B_j=\{$第 j 次选出的是女生$\}(j=1,2)$. 由题意可得

$$P(A_1)=\frac{1}{2},\quad P(A_2)=\frac{1}{2},\quad P(B_1|A_1)=\frac{10}{50}=\frac{1}{5},\quad P(B_1|A_2)=\frac{18}{30}=\frac{3}{5}.$$

由全概率公式得

$$P(B_1)=P(A_1)P(B_1|A_1)+P(A_2)P(B_1|A_2)=\frac{1}{2}\times\frac{1}{5}+\frac{1}{2}\times\frac{3}{5}=\frac{2}{5}.$$

(2) 由条件概率的定义有

$$P(B_2\mid B_1)=\frac{P(B_1 B_2)}{P(B_1)}.$$

又根据全概率公式，有

$$P(B_1 B_2)=P(A_1)P(B_1 B_2\mid A_1)+P(A_2)P(B_1 B_2\mid A_2)=\frac{1}{2}\times\frac{10\times 9}{50\times 49}+\frac{1}{2}\times\frac{18\times 17}{30\times 29}\approx 0.1942.$$

所以 $P(B_2 \mid B_1) = \dfrac{P(B_1 B_2)}{P(B_1)} = \dfrac{0.1942}{0.4} \approx 0.486.$

自测题 2

一、1. $0.256.$　　2. $0.7.$　　3. $\dfrac{1}{2}.$　　4. $\dfrac{3}{2R^3}.$

二、1. C.　　2. B.　　3. D.　　4. B.

三、1. (1) 由于连续型随机变量的分布函数是连续函数,故

$$F(0+0)=0,$$

即
$$A+B=0.$$

又根据分布函数的性质 $F(+\infty)=1$,即

$$A=1.$$

所以
$$B=-1.$$

故分布函数为

$$F(x) = \begin{cases} 1-\mathrm{e}^{-\frac{x^2}{2}}, & x>0, \\ 0, & x\leqslant 0. \end{cases}$$

(2) 利用 $F'(x)=f(x)$,故 X 的概率密度为

$$f(x) = \begin{cases} x\mathrm{e}^{-\frac{x^2}{2}}, & x>0, \\ 0, & x\leqslant 0. \end{cases}$$

(3) $P\{1<X<2\}=F(2)-F(1)=1-\mathrm{e}^{-2}-(1-\mathrm{e}^{-\frac{1}{2}})=\mathrm{e}^{-\frac{1}{2}}-\mathrm{e}^{-2}.$

2. 首先求一次愤然离去的概率,据题意

$$p=P\{X>15\}=\int_{15}^{+\infty}\frac{1}{10}\mathrm{e}^{-\frac{x}{10}}\mathrm{d}x=\mathrm{e}^{-\frac{3}{2}}\approx 0.2231.$$

设 10 次中愤然离去的次数为 Y,则 $Y\sim B(10,p)$,所以

$$P\{Y=k\}=\mathrm{C}_{10}^k p^k (1-p)^{10-k}, \quad k=0,1,\cdots,10.$$

所求概率为

$$P\{Y\geqslant 2\}=1-P\{Y=0\}-P\{Y=1\}\approx 1-0.0801-0.2961=0.6238.$$

3. 根据离散型随机变量分布函数和分布律之间的关系:分布函数的跳跃点是随机变量的取值点,分布函数的跳跃值是随机变量在该点取值的概率.有

X	-1	3	5
p_k	0.2	0.6	0.2

4. Y 所有可能取的值是 $0,1,4.$

$$P\{Y=0\}=P\{(X-1)^2=0\}=P\{X=1\}=0.4.$$
$$P\{Y=1\}=P\{(X-1)^2=1\}=P\{X=0\}+P\{X=2\}=0.3+0.1=0.4.$$
$$P\{Y=4\}=P\{(X-1)^2=4\}=P\{X=-1\}=0.2.$$

故 Y 的分布律为

X	0	1	4
p_k	0.4	0.4	0.2

5. 方法1　先求 $F(x)$ 的表达式,再用定义计算分布函数.

易见,当 $x<1$ 时,$F(x)=0$;

当 $x \geqslant 8$ 时，$F(x) = 1$；

当 $1 \leqslant x < 8$ 时，有 $F(x) = P\{X \leqslant x\} = \int_{-\infty}^{x} f(t)\mathrm{d}t = \int_{1}^{x} \frac{1}{3\sqrt[3]{t^2}}\mathrm{d}t = \sqrt[3]{t}\Big|_{1}^{x} = \sqrt[3]{x} - 1.$

设 $G(y)$ 是随机变量 $Y = F(X)$ 的分布函数．显然，

当 $y < 0$ 时，$G(y) = 0$；

当 $y \geqslant 1$ 时，$G(y) = 1$；

当 $0 \leqslant y < 1$ 时，有 $G(y) = P\{Y \leqslant y\} = P\{F(X) \leqslant y\} = P\{\sqrt[3]{X} - 1 \leqslant y\}$

$$= P\{X \leqslant (y+1)^3\} = F[(y+1)^3] = y.$$

于是，$Y = F(x)$ 的分布函数为 $G(y) = \begin{cases} 0, & y < 0, \\ y, & 0 \leqslant y < 1, \\ 1, & y \geqslant 1. \end{cases}$

方法 2　先求 $F(x)$ 的表达式，再用公式法计算分布函数.

当 $x < 1$ 时，$F(x) = 0$；

当 $x \geqslant 8$ 时，$F(x) = 1$；

当 $1 \leqslant x < 8$ 时，有 $F(x) = P\{X \leqslant x\} = \int_{-\infty}^{x} f(t)\mathrm{d}t = \int_{1}^{x} \frac{1}{3\sqrt[3]{t^2}}\mathrm{d}t = \sqrt[3]{t}\Big|_{1}^{x} = \sqrt[3]{x} - 1.$

设 $g(y), G(y)$ 分别是随机变量 $Y = F(X)$ 的密度函数和分布函数，因 $y = F(X)$ 是区间 $(1,8)$ 内的严格单调递增函数，且 $F(1) = 0, F(8) = 1$，那么 $y = F(X) = \sqrt[3]{x} - 1$ 的反函数为 $x = F^{-1}(y) = (y+1)^3$，在区间 $(0,1)$ 内，$x'_y = 3(y+1)^2 > 0$，由连续型随机变量函数的密度函数公式有

$$g(y) = \begin{cases} f[(y+1)^3] \, |3(y+1)^2|, & 0 < y < 1, \\ 0, & \text{其他} \end{cases}$$

$$= \begin{cases} \dfrac{1}{3\sqrt[3]{[(y+1)^3]^2}} \times 3(y+1)^2, & 0 < y < 1, \\ 0, & \text{其他} \end{cases} = \begin{cases} 1, & 0 < y < 1, \\ 0, & \text{其他}. \end{cases}$$

则，当 $y < 0$ 时，$G(y) = 0$；

当 $y \geqslant 1$ 时，$G(y) = 1$；

当 $0 \leqslant y < 1$ 时，有 $G(y) = P\{Y \leqslant y\} = \int_{-\infty}^{y} g(t)\mathrm{d}t = \int_{1}^{y} \mathrm{d}t = y.$

即 $Y = F(x)$ 的分布函数为 $G(y) = \begin{cases} 0, & y < 0, \\ y, & 0 \leqslant y < 1, \\ 1, & y \geqslant 1. \end{cases}$

方法 3　不求 $F(x)$ 的表达式，直接用分布函数法.

Y 的分布函数为 $G(y) = P\{Y \leqslant y\} = P\{F(X) \leqslant y\}$.

因为 $F(x)$ 为 X 的分布函数，从而 $0 \leqslant F(x) \leqslant 1$，故

当 $y < 0$ 时，$G(y) = 0$；

当 $y \geqslant 1$ 时，$G(y) = 1$；

当 $0 \leqslant y < 1$ 时，因为 $F(x)$ 单调增加，于是有

$$G(y) = P\{F(X) \leqslant y\} = P\{X \leqslant F^{-1}(y)\} = F[F^{-1}(y)] = y.$$

所以，$Y = F(x)$ 的分布函数为 $G(y) = \begin{cases} 0, & y < 0, \\ y, & 0 \leqslant y < 1, \\ 1, & y \geqslant 1. \end{cases}$

自测题 3

一、1. $\dfrac{1}{4}$.　　2. $f_X(x) \cdot f_Y(y)$.　　3. $\pi(5)$.　　4. $\dfrac{3}{7}$.

二、1. C.　　2. B.　　3. C.　　4. A.

三、1.（1）(X,Y) 的所有可能取值为 $(i,j)(i=3,4,5;j=1,2,3)$. 由于 X,Y 是同时取出的三个球中标号的最大、最小值，因此只有在 $i \geqslant j+2$ 时对应的概率非零.

$$P\{X=3,Y=1\}=\frac{C_1^1}{C_5^3}=\frac{1}{10}, \quad P\{X=4,Y=2\}=\frac{C_1^1}{C_5^3}=\frac{1}{10},$$

$$P\{X=4,Y=1\}=\frac{C_2^1}{C_5^3}=\frac{2}{10}, \quad P\{X=5,Y=2\}=\frac{C_2^1}{C_5^3}=\frac{2}{10},$$

$$P\{X=5,Y=1\}=\frac{C_3^1}{C_5^3}=\frac{3}{10}, \quad P\{X=5,Y=3\}=\frac{C_1^1}{C_5^3}=\frac{1}{10}.$$

可得 (X,Y) 的联合分布律为

X＼Y	1	2	3
3	0.1	0	0
4	0.2	0.1	0
5	0.3	0.2	0.1

（2）$P\{X=3\}=\sum_{j=1}^{3}P\{X=3,Y=j\}=0.1+0+0=0.1$,

同理可得 $P\{X=4\}=0.3,P\{X=5\}=0.6$;

$$P\{Y=1\}=\sum_{i=3}^{5}P\{X=i,Y=1\}=0.1+0.2+0.3=0.6,$$

同理可得 $P\{Y=2\}=0.3,P\{Y=3\}=0.1$.

由此可得 X 和 Y 的边缘分布律为

X	3	4	5
$p_i.$	0.1	0.3	0.6

Y	1	2	3
$p._j$	0.6	0.3	0.1

（3）由于 $P\{X=3,Y=1\}\neq P\{X=3\}\cdot P\{Y=1\}$，故 X 和 Y 不独立.

2.（1）由联合概率密度性质（2）可知

$$\int_{-\infty}^{+\infty}\int_{-\infty}^{+\infty}f(x,y)\mathrm{d}x\mathrm{d}y=\int_0^{\pi}\int_0^{\pi}k\sin x\sin y\mathrm{d}x\mathrm{d}y=1,$$

解得 $k=\frac{1}{4}$，故联合概率密度为

$$f(x,y)=\begin{cases}\dfrac{1}{4}\sin x\sin y, & 0\leqslant x\leqslant\pi,0\leqslant y\leqslant\pi,\\ 0, & \text{其他}.\end{cases}$$

（2）关于 X 的边缘概率密度为

$$f_X(x)=\int_{-\infty}^{+\infty}f(x,y)\mathrm{d}y=\begin{cases}\displaystyle\int_0^{\pi}\frac{1}{4}\sin x\sin y\mathrm{d}y, & 0\leqslant x\leqslant\pi,\\ 0, & \text{其他}.\end{cases}$$

$$=\begin{cases}\dfrac{1}{2}\sin x, & 0\leqslant x\leqslant\pi,\\ 0, & \text{其他}.\end{cases}$$

关于 Y 的边缘概率密度为

$$f_Y(y) = \int_{-\infty}^{+\infty} f(x,y)\mathrm{d}x = \begin{cases} \int_0^\pi \dfrac{1}{4}\sin x \sin y \mathrm{d}x, & 0 \leqslant y \leqslant \pi, \\ 0, & \text{其他} \end{cases}$$

$$= \begin{cases} \dfrac{1}{2}\sin y, & 0 \leqslant y \leqslant \pi, \\ 0, & \text{其他}. \end{cases}$$

(3) 因为 $f(x,y) = f_X(x) \cdot f_Y(y)$,故 X 与 Y 相互独立.

3. $f_Z(z) = \int_{-\infty}^{+\infty} f(x, z-x)\mathrm{d}x$.

当 $z > 2$ 或 $z < 0$ 时,$f_Z(z) = \int_{-\infty}^{+\infty} 0\mathrm{d}x = 0$;

当 $0 \leqslant z < 1$ 时,$f_Z(z) = \int_0^{\frac{z}{2}} 2z\mathrm{d}x = z^2$;

当 $1 \leqslant z \leqslant 2$ 时,$f_Z(z) = \int_{z-1}^{\frac{z}{2}} 2z\mathrm{d}x = 2z - z^2$.

综上所述:$f_Z(z) = \begin{cases} z^2, & 0 \leqslant z < 1, \\ 2z - z^2, & 1 \leqslant z \leqslant 2, \\ 0, & \text{其他}. \end{cases}$

4. 设第 i 周的需求量为 T_i,$i = 1, 2$,它们是独立同分布的随机变量.总需求量 $T = T_1 + T_2$.

$$f_T(t) = \int_{-\infty}^{+\infty} f(u)f(t-u)\mathrm{d}u = \begin{cases} \int_0^t u\mathrm{e}^{-u} \cdot (t-u)\mathrm{e}^{-(t-u)}\mathrm{d}u, & t > 0, \\ 0, & t \leqslant 0 \end{cases} = \begin{cases} \dfrac{t^3 \mathrm{e}^{-t}}{3!}, & t > 0, \\ 0, & t \leqslant 0. \end{cases}$$

5. 由于 $f(x \mid y) = \dfrac{f(x,y)}{f_Y(y)}$,可得

$$f(x,y) = \begin{cases} 15x^2 y, & 0 < x < y < 1, \\ 0, & \text{其他}, \end{cases}$$

故

$$P\{X > 0.5\} = \int_{0.5}^1 \mathrm{d}x \int_x^1 15x^2 y\mathrm{d}y = \frac{47}{64}.$$

自测题 4

一、1. A.　　2. A.　　3. D.　　4. C.　　5. B.　　6. B.　　7. D.

二、1. 6.　　2. 不相关.　　3. 协方差.　　4. $\dfrac{1}{2}, \dfrac{1}{12}$.　　5. 7,7.

三、1. $E(X) = \dfrac{1}{10}\sum_{k=1}^{10} 2k = \dfrac{11 \times 10}{10} = 11$,

$E(X^2) = \dfrac{1}{10}\sum_{k=1}^{10}(2k)^2 = \dfrac{4 \times 21 \times 11 \times 10}{10 \times 6} = 154$,

$D(X) = E(X^2) - E^2(X) = 154 - 121 = 33$.

2. $E(X) = \int_0^1 2x^2 \mathrm{d}x = \dfrac{2}{3}$,$E(X^2) = \int_0^1 2x^3\mathrm{d}x = \dfrac{1}{2}$,

$D(X) = E(X^2) - E^2(X) = \dfrac{1}{2} - \dfrac{4}{9} = \dfrac{1}{18}$.

3. 随机变量 X 的概率密度为

$$f(x) = \begin{cases} \mathrm{e}^{-x}, & x > 0, \\ 0, & \text{其他}. \end{cases}$$

$E(Y) = E(2X)\int_0^{+\infty} 2x\mathrm{e}^{-x}\mathrm{d}x = -2\int_0^{+\infty} x\mathrm{d}\mathrm{e}^{-x} = 2\int_0^{+\infty} \mathrm{e}^{-x}\mathrm{d}x = 2$,

$$E(Z) = E(\mathrm{e}^{-2X}) = \int_0^{+\infty} \mathrm{e}^{-2x}\mathrm{e}^{-x}\mathrm{d}x = \int_0^{+\infty} \mathrm{e}^{-3x}\mathrm{d}x = \frac{1}{3}.$$

4. 由已知可得 X 的概率密度为

$$f(x) = \begin{cases} \dfrac{1}{2}, & 0 < X < 2, \\ 0, & 其他. \end{cases}$$

面积为

$$S = X(10 - X).$$

故

$$E(S) = E[X(10-X)] = 10E(X) - E(X^2) = 10\int_0^2 x \cdot \frac{1}{2}\mathrm{d}x - \int_0^2 x^2 \cdot \frac{1}{2}\mathrm{d}x = \frac{26}{3},$$

$$D(S) = E(S^2) - [E(S)]^2 = E[X(10-X)]^2 - \left(\frac{26}{3}\right)^2 = E[100X^2 - 20X^3 + X^4] - \left(\frac{26}{3}\right)^2$$

$$= 100\int_0^2 x \cdot \frac{1}{2}\mathrm{d}x - 20\int_0^2 x^3 \cdot \frac{1}{2}\mathrm{d}x + \int_0^2 x^4 \mathrm{d}x - \left(\frac{26}{3}\right)^2 = \frac{1108}{45}.$$

5. 由 $f(x,y) = \begin{cases} \dfrac{1}{\pi}, & x^2 + y^2 \leqslant 1, \\ 0, & 其他, \end{cases}$ 有

$$E(XY) = \iint\limits_{x^2+y^2 \leqslant 1} xy \cdot \frac{1}{\pi}\mathrm{d}x\mathrm{d}y = \int_0^{2\pi}\mathrm{d}\theta\int_0^1 r^3\cos\theta\sin\theta\mathrm{d}r = 0,$$

$$E(X) = \iint\limits_{x^2+y^2 \leqslant 1} x \cdot \frac{1}{\pi}\mathrm{d}x\mathrm{d}y = \int_0^{2\pi}\mathrm{d}\theta\int_0^1 r^3\cos\theta\mathrm{d}r = 0,$$

$$E(Y) = \iint\limits_{x^2+y^2 \leqslant 1} y \cdot \frac{1}{\pi}\mathrm{d}x\mathrm{d}y = \int_0^{2\pi}\mathrm{d}\theta\int_0^1 r^3\sin\theta\mathrm{d}r = 0.$$

因而 $E(XY) = E(X)E(Y)$，X,Y 不相关.

自测题 5

一、1. 0.125.　　2. 3, 2.　　3. $\dfrac{4n-1}{4n}$.　　4. 0.0228.

二、1. D.　　2. C.　　3. C.　　4. B.

三、1. $P\{80 < X < 120\} = P\{|X - 100| < 20\} \geqslant 1 - \dfrac{10}{20^2} = 0.975.$

2. 设至少应设 n 个座位才能满足需求，X 表示同时去图书馆自习的人数，则 $X \sim B(1000, 0.8)$，$E(X) = 800$，$D(X) = 160.$

由棣莫弗-拉普拉斯定理有

$$P\{0 \leqslant X \leqslant n\} = P\left\{\frac{0-800}{\sqrt{160}} \leqslant \frac{X-800}{\sqrt{160}} \leqslant \frac{n-800}{\sqrt{160}}\right\} = \Phi\left(\frac{n-800}{\sqrt{160}}\right) - \Phi\left(\frac{-800}{\sqrt{160}}\right)$$

$$\approx \Phi\left(\frac{n-800}{12.65}\right) \geqslant 0.99.$$

查表得 $\dfrac{n-800}{12.65} \geqslant 2.33$，则 $n \geqslant 829.5$，故图书馆至少应设 830 个座位.

3. 设 X 表示出故障的机器的台数，则 $X \sim B(400, 0.02)$，$E(X) = 8$，$D(X) = 7.84.$

由棣莫弗-拉普拉斯定理有

$$P\{0 \leqslant X \leqslant 2\} = P\left\{\frac{0-8}{\sqrt{7.84}} \leqslant \frac{X-8}{\sqrt{7.84}} \leqslant \frac{2-8}{\sqrt{7.84}}\right\} = \Phi\left(\frac{2-8}{\sqrt{7.84}}\right) - \Phi\left(\frac{-8}{\sqrt{7.84}}\right) = 0.0141.$$

4. 设至少应抽取 n 件产品，X 表示这 n 件产品中次品数，则 $X \sim B(n, 0.1)$，$E(X) = 0.1n$，$D(X) = 0.09n.$

由棣莫弗-拉普拉斯定理有

$$P\{X > 10\} = 1 - P\left\{\frac{X - 0.1n}{\sqrt{0.09n}} \leqslant \frac{10 - 0.1n}{\sqrt{0.09n}}\right\} = 1 - \Phi\left(\frac{10 - 0.1n}{\sqrt{0.09n}}\right) = 0.9.$$

即 $\Phi\left(\dfrac{10 - 0.1n}{\sqrt{0.09n}}\right) = 0.1$，查表得 $\dfrac{10 - 0.1n}{\sqrt{0.09n}} = -1.28, n = 147.$

自测题 6

一、1. 5.226.　　2. 0.05, 0.01, 2.　　3. $\chi^2(n)$.　　4. $t(4)$.

二、1. B.　　2. C.　　3. (1) A；(2) B.　　4. A.　　5. A.

三、1. 由题意可知

$$\overline{X} \sim N\left(0, \frac{16}{25}\right), \quad \overline{Y} \sim N\left(1, \frac{9}{25}\right).$$

故

$$\overline{X} - \overline{Y} \sim N(-1, 1),$$

$$P\{|\overline{X} - \overline{Y}| > 1\} = 1 - P\{-1 \leqslant \overline{X} - \overline{Y} \leqslant 1\} = 1 - \Phi\left(\frac{1 - (-1)}{1}\right) + \Phi\left(\frac{-1 - (-1)}{1}\right)$$

$$= 1 - \Phi(2) + \Phi(0) = 0.5228.$$

2. 由题意可知

$$X_i \sim N(0, 4), \quad i = 1, 2, \cdots, 9,$$

故有

$$\left(\sum_{i=1}^{9} \frac{X_i}{2}\right)^2 \sim \chi^2(9).$$

要使得

$$P\left\{\left(\sum_{i=1}^{9} X_i\right)^2 > a\right\} = P\left\{\frac{1}{4}\left(\sum_{i=1}^{9} X_i\right)^2 > \frac{a}{4}\right\} = 0.1.$$

查表可得

$$\frac{a}{4} = 14.684,$$

从而

$$a = 58.736.$$

3. 由题意可知

$$X_i \sim N(0, \sigma^2), \quad i = 1, 2, \cdots, 5.$$

故有

$$X_1 + X_2 \sim N(0, 2\sigma^2), \quad \frac{1}{\sigma^2}(X_3^2 + X_4^2 + X_5^2) \sim \chi^2(3),$$

进而

$$\frac{X_1 + X_2}{\sigma\sqrt{2}} \sim N(0, 1),$$

故

$$\frac{\dfrac{X_1 + X_2}{\sigma\sqrt{2}}}{\sqrt{\dfrac{\dfrac{X_3^2 + X_4^2 + X_5^2}{\sigma^2}}{3}}} \sim t(3),$$

即当常数 $c = \sqrt{\dfrac{3}{2}}$ 时，统计量 $\dfrac{c(X_1 + X_2)}{\sqrt{X_3^2 + X_4^2 + X_5^2}}$ 服从 t 分布.

4. 由样本方差的定义可知

$$S^2 = \frac{1}{n-1} \sum_{i=1}^{n} (X_i - \overline{X})^2 = \frac{1}{n-1}\left[\sum_{i=1}^{n} X_i^2 - n\overline{X}^2\right],$$

故

$$\frac{n-1}{n} S^2 = \frac{1}{n}\left[\sum_{i=1}^{n} X_i^2 - n\overline{X}^2\right].$$

又由样本原点矩的定义可知　$A_2 = \dfrac{1}{n}\sum_{i=1}^{n} X_i^2, \quad A_1 = \overline{X}.$

所以有
$$\frac{n-1}{n}S^2 = A_2 - A_1^2.$$

自测题 7

一、1. $\dfrac{1}{2}, \dfrac{1}{4}$.　2. $2\overline{X}, \hat{\theta} = \max\limits_{1 \leqslant i \leqslant n} X_i$.　3. 必要.　4. $\left(\overline{X} \pm \dfrac{\sigma}{\sqrt{n}}z_{\alpha/2}\right)$.

5. $\left(\dfrac{(n-1)S^2}{\chi^2_{\alpha/2}(n-1)}, \dfrac{(n-1)S^2}{\chi^2_{1-\alpha/2}(n-1)}\right)$.

二、1. C.　2. D.　3. D.　4. B.　5. A.

三、1. (1) 矩估计：$E(X) = \displaystyle\int_c^{+\infty} x f(x)\mathrm{d}x = \int_c^{+\infty} \theta c^\theta x^{-\theta}\mathrm{d}x = \theta c^\theta \cdot \dfrac{1}{-\theta+1}x^{-\theta+1}\Big|_c^{+\infty} = \dfrac{\theta c}{\theta-1}$，所以

$$\hat{\theta} = \frac{\overline{X}}{\overline{X}-c}.$$

(2) 最大似然估计：$L(\theta) = \displaystyle\prod_{i=1}^{n} \theta c^\theta x_i^{-\theta-1} = \theta^n c^{n\theta}(x_1 x_2 \cdots x_n)^{-\theta-1}$，

$$\ln L(\theta) = n\ln\theta + n\theta\ln c - (\theta+1)\ln(x_1 x_2 \cdots x_n),$$

$$\frac{\mathrm{d}\ln L(\theta)}{\mathrm{d}\theta} = \frac{n}{\theta} + n\ln c - \ln(x_1 x_2 \cdots x_n) \stackrel{\mathrm{def}}{=} 0,$$

故
$$\theta = \frac{n}{\displaystyle\sum_{i=1}^{n}\ln x_i - n\ln c}, \qquad \hat{\theta} = \frac{n}{\displaystyle\sum_{i=1}^{n}\ln X_i - n\ln c}.$$

2. 因为 $E(\hat{\mu}_1) = E(\hat{\mu}_2) = \mu$，所以 $\hat{\mu}_1 = \dfrac{2}{5}X_1 + \dfrac{3}{5}X_2$ 和 $\hat{\mu}_2 = \dfrac{1}{3}(X_1 + X_2 + X_3)$ 都是总体期望的无偏估计量. 由 $D(\hat{\mu}_1) = \dfrac{13}{25}\sigma^2 > D(\hat{\mu}_2) = \dfrac{1}{3}\sigma^2$ 可知，$\hat{\mu}_2$ 更有效.

3. (1) σ^2 未知，参数 μ 的置信水平为 0.95 的置信区间为
$$\left(\overline{x} \pm \frac{s}{\sqrt{n}}t_{\alpha/2}(n-1)\right) = (1484.9, 1515.1).$$

(2) μ 未知，参数 σ^2 的置信水平为 0.95 的置信区间为
$$\left(\frac{s\sqrt{n-1}}{\sqrt{\chi^2_{\alpha/2}(n-1)}}, \frac{s\sqrt{n-1}}{\sqrt{\chi^2_{1-\alpha/2}(n-1)}}\right) = (14.5, 38.5).$$

4. 苗木治愈率 p 是 (0-1) 分布的参数，此处
$$n = 100, \quad \overline{x} = 90/100 = 0.9, \quad 1-\alpha = 0.95, \quad \alpha/2 = 0.025, \quad z_{\alpha/2} = 1.96.$$

方法 1　按式 (7.4.4) 来求 p 的置信区间，其中
$$a = n + (z_{\alpha/2})^2 = 103.84, \quad b = -2n\overline{x} - (z_{\alpha/2})^2 = -183.8416, \quad c = n(\overline{x})^2 = 81.$$
于是 $p_1 = 0.826, p_2 = 0.945$，故得 p 的一个置信度为 0.95 的近似置信区间为 $(0.826, 0.945)$.

方法 2　按式 (7.4.5) 来求 p 的置信区间，由 $\left(\overline{x} \pm z_{\alpha/2}\sqrt{\dfrac{\overline{x}(1-\overline{x})}{n}}\right) = (0.9 \pm 0.0588)$ 得 p 的一个置信度为 0.95 的近似置信区间为 $(0.8422, 0.9588)$.

自测题 8

一、1. $|\overline{X} - 5| \geqslant 0.98$.　2. $\dfrac{\overline{X}}{\sqrt{\dfrac{Q^2}{n-1}}}$.　3. $\dfrac{(n-1)S^2}{\sigma_0^2}$; $\chi^2(n-1)$.

4. $\dfrac{S_1^2}{S_2^2}$; $F \leqslant F_{1-\alpha/2}(n_1-1, n_2-1)$ 或 $F \geqslant F_{\alpha/2}(n_1-1, n_2-1)$.

二、1. B.　2. D.　3. C.　4. D.

三、1. 设改变工艺后电器的电阻为 X，则 $X \sim N(\mu, 0.06^2)$，μ 未知. 检验假设

$$H_0: \mu = 2.64, \quad H_1: \mu \neq 2.64.$$

检验统计量
$$U = \frac{\overline{X} - \mu_0}{\sigma/\sqrt{n}}.$$

若 H_0 为真,则
$$U \sim N(0,1).$$

H_0 的拒绝域
$$|U| \geqslant z_{\alpha/2}.$$

对于显著性水平 $\alpha = 0.01$,故 $\frac{\alpha}{2} = 0.005, z_{\alpha/2} = z_{0.005} = 2.345.$

又因为
$$\overline{x} = 2.62, \quad \mu_0 = 2.64, \quad \sigma = 0.06, \quad n = 100,$$

代入检验统计量可得
$$u = -3.33 < -2.345,$$

故拒绝 H_0,即新工艺对电阻有显著影响.

2. 检验假设
$$H_0: \sigma^2 = 64, \quad H_1: \sigma^2 \neq 64.$$

检验统计量
$$\chi^2 = \frac{(n-1)S^2}{\sigma_0^2}.$$

若 H_0 为真,则
$$\chi^2 \sim \chi^2(n-1).$$

H_0 的拒绝域
$$\left(\frac{(n-1)S^2}{\sigma_0^2} \leqslant \chi^2_{1-\alpha/2}(n-1) \right) \cup \left(\frac{(n-1)S^2}{\sigma_0^2} \geqslant \chi^2_{\alpha/2}(n-1) \right).$$

对于显著性水平 $\alpha = 0.05$,故 $\frac{\alpha}{2} = 0.025, \chi^2_{\alpha/2}(n-1) = \chi^2_{0.025}(7) = 16.013,$

$$\chi^2_{1-\alpha/2}(n-1) = \chi^2_{0.975}(7) = 1.69.$$

又因为
$$\overline{x} = 54.875, \quad s^2 = 93.257, \quad \sigma_0 = 8, \quad n = 8,$$

代入检验统计量可得
$$\chi^2 = 10.2,$$

故接受 H_0.

3. 不妨记
$$Y_i = \frac{X_i - \mu_0}{\sigma_0}, \quad i = 1, 2, \cdots, n.$$

由已知条件可知 $\mu = \mu_0, \sigma^2 = \sigma_0^2$,故
$$Y_i \sim N(0,1).$$

又根据 χ^2 分布的定义可知

$$\chi^2 = \sum_{i=1}^{n} Y_i^2 \sim \chi^2(n),$$

故有
$$\frac{1}{\sigma_0^2} \sum_{i=1}^{n} (X_i - \mu_0)^2 \sim \chi^2(n).$$

检验假设
$$H_0: \sigma^2 = \sigma_0^2, \quad H_1: \sigma^2 \neq \sigma_0^2,$$

当 H_0 为真时,
$$\chi^2 \sim \chi^2(n).$$

检验 H_0 的规则:给定显著性水平 α,有

$$P\left\{ \left(\frac{1}{\sigma_0^2} \sum_{i=1}^{n} (X_i - \mu_0)^2 \leqslant \chi^2_{1-\alpha/2}(n-1) \right) \cup \left(\frac{1}{\sigma_0^2} \sum_{i=1}^{n} (X_i - \mu_0)^2 \geqslant \chi^2_{\alpha/2}(n-1) \right) \right\} = \alpha.$$

H_0 的拒绝域为

$$\left(\frac{1}{\sigma_0^2} \sum_{i=1}^{n} (X_i - \mu_0)^2 \leqslant \chi^2_{1-\alpha/2}(n-1) \right) \cup \left(\frac{1}{\sigma_0^2} \sum_{i=1}^{n} (X_i - \mu_0)^2 \geqslant \chi^2_{\alpha/2}(n-1) \right),$$

若样本值落入拒绝域,则拒绝 H_0,接受 H_1;否则接受 H_0,即原假设成立.

4. 检验假设
$$H_0: \mu_1 = \mu_2, \quad H_1: \mu_1 \neq \mu_2.$$

检验统计量为
$$t = \frac{\overline{X} - \overline{Y}}{\sqrt{\frac{(n_1-1)S_1^2 + (n_2-1)S_2^2}{n_1 + n_2 - 2}} \sqrt{\frac{1}{n_1} + \frac{1}{n_2}}}.$$

若 H_0 为真,则
$$t \sim t(n_1 + n_2 - 2).$$

对于显著性水平 $\alpha = 0.05$, $\dfrac{\alpha}{2} = 0.025$, $t_{\alpha/2}(n_1 + n_2 - 2) = t_{0.025}(22) = 2.0739$.

又因为

$$\bar{x} = 31.75, \quad (n_1 - 1)s_1^2 = 112.875, \quad n_1 = 12,$$

$$\bar{y} = 29.5 \quad (n_2 - 1)s_2^2 = 145, \quad n_2 = 12,$$

代入检验统计量得

$$s_w = \sqrt{\frac{(n_1 - 1)s_1^2 + (n_2 - 1)s_2^2}{n_1 + n_2 - 2}} = \sqrt{\frac{112.875 + 145}{22}} = 3.424,$$

$$t = \frac{|\bar{x} - \bar{y}|}{s_w \sqrt{\dfrac{1}{n_1} + \dfrac{1}{n_2}}} = \frac{2.25}{3.424 \times 0.408} = 1.61.$$

H_0 的拒绝域 $\qquad\qquad |t| \geqslant t_{\alpha/2}(n_1 + n_2 - 2)$,

显然 $\qquad\qquad t = 1.61 < 2.0739$,

故接受 H_0, 认为两总体的抗拉强度无显著差异.

附表 1　几种常用的概率分布

分布	参数	分布律或概率密度	数学期望	方差
0—1 分布	$0<p<1$	$P\{X=k\}=p^k(1-p)^{1-k}$ $k=0,1$	p	$p(1-p)$
二项分布	$n\geqslant 1$ $0<p<1$	$P\{X=k\}=C_n^k p^k q^{n-k}$ $k=0,1,2,\cdots,n$	np	$np(1-p)$
泊松分布	$\lambda>0$	$P\{X=k\}=\dfrac{\lambda^k \mathrm{e}^{-\lambda}}{k!}$ $k=0,1,2,\cdots$	λ	
均匀分布	$a<b$	$f(x)=\begin{cases}\dfrac{1}{b-a}, & a\leqslant x\leqslant b\\ 0, & \text{其他}\end{cases}$	$\dfrac{a+b}{2}$	$\dfrac{(b-a)^2}{12}$
指数分布	$\theta>0$	$f(x)=\begin{cases}\dfrac{1}{\theta}\mathrm{e}^{-\frac{x}{\theta}}, & x>0\\ 0, & \text{其他}\end{cases}$	θ	θ^2
正态分布	μ $\sigma>0$	$f(x)=\dfrac{1}{\sigma\sqrt{2\pi}}\mathrm{e}^{-\frac{(x-\mu)^2}{2\sigma^2}},\ -\infty<x<\infty$	μ	σ^2
χ^2 分布	$n\geqslant 1$	$f(x)=\begin{cases}\dfrac{1}{2^{n/2}\Gamma(n/2)}x^{n/2-1}\mathrm{e}^{-x/2}, & y>0\\ 0, & \text{其他}\end{cases}$	n	$2n$
t 分布	$n\geqslant 1$	$f(x)=\dfrac{\Gamma[(n+1)/2]}{\sqrt{n\pi}\,\Gamma(n/2)}\left(1+\dfrac{x^2}{n}\right)^{-(n+1)/2},\ -\infty<t<\infty$	$0,n>1$	$\dfrac{n}{n-2},n>2$
F 分布	n_1,n_2	$f(x)=\begin{cases}\dfrac{\Gamma[(n_1+n_2)/2](n_1/n_2)^{n_1/2}x^{(n_1/2)-1}}{\Gamma(n_1/2)\Gamma(n_2/2)[1+(n_1x/n_2)]^{(n_1+n_2)/2}}, & x>0\\ 0, & \text{其他}\end{cases}$	$\dfrac{n_2}{n_2-2},n_2>2$	$\dfrac{2n_2^2(n_1+n_2-2)}{n_1(n_2-2)^2(n_2-4)},$ $n_2>4$

附表 2　泊松分布表

$$P\{X=k\}=\frac{\lambda^{k}\mathrm{e}^{-\lambda}}{k!}$$

k \ λ	0.1	0.2	0.3	0.4	0.5	0.6	0.7	0.8	0.9
0	0.9048	0.8187	0.7408	0.6703	0.6065	0.5488	0.4966	0.4493	0.4066
1	0.0905	0.1638	0.2222	0.2681	0.3033	0.3293	0.3476	0.3595	0.3659
2	0.0045	0.0164	0.0333	0.0536	0.0758	0.0988	0.1217	0.1438	0.1647
3	0.0002	0.0011	0.0033	0.0072	0.0126	0.0198	0.0284	0.0383	0.4904
4		0.0001	0.0003	0.0007	0.0016	0.0030	0.0050	0.0077	0.0111
5				0.0001	0.0002	0.0004	0.0007	0.0012	0.0020
6							0.0001	0.0002	0.0003

k \ λ	1.0	1.5	2.0	2.6	3.0	3.6	4.0	4.5	5.0
0	0.3679	0.2231	0.1353	0.0821	0.0498	0.0302	0.0183	0.0111	0.0067
1	0.3679	0.3347	0.2707	0.2062	0.1494	0.1057	0.0733	0.0500	0.0337
2	0.1639	0.2510	0.2707	0.2565	0.2240	0.1850	0.1465	0.1125	0.0842
3	0.0613	0.1255	0.1804	0.2138	0.2240	0.2158	0.1954	0.1687	0.1404
4	0.0153	0.0471	0.0902	0.1336	0.1680	0.1888	0.1954	0.1898	0.1755
5	0.0031	0.0141	0.0361	0.0668	0.1008	0.1322	0.1563	0.1708	0.1755
6	0.0005	0.0035	0.0120	0.0278	0.0504	0.0771	0.1042	0.1281	0.1462
7	0.0001	0.0008	0.0034	0.0099	0.0216	0.0386	0.0595	0.0824	0.1045
8		0.0001	0.0009	0.0031	0.0081	0.0169	0.0298	0.0463	0.0653
9			0.0002	0.0009	0.0027	0.0066	0.0132	0.0232	0.0363
10				0.0002	0.0008	0.0023	0.0053	0.0104	0.0181
11				0.0001	0.0002	0.0007	0.0019	0.0045	0.0082
12					0.0001	0.0002	0.0006	0.0016	0.0054
13						0.0001	0.0002	0.0006	0.0018
14							0.0001	0.0002	0.0005
15								0.0001	0.0002
16									0.0001

续表

k \ λ	6.0	7.0	8.0	9.0	10.0	λ=20 k	λ=20 p	λ=20 k	λ=20 p
0	0.0025	0.0009	0.0003	0.0001		5	0.0001	30	0.0083
1	0.0149	0.0064	0.0027	0.0011	0.0005	6	0.0002	31	0.0054
2	0.0446	0.0223	0.0107	0.0050	0.0023	7	0.0005	32	0.0034
3	0.0892	0.0521	0.0286	0.0150	0.0076	8	0.0013	33	0.0020
4	0.1339	0.0912	0.0573	0.0337	0.0189	9	0.0029	34	0.0012
5	0.1606	0.1277	0.0916	0.0607	0.0378	10	0.0058	35	0.0007
6	0.1606	0.1490	0.1221	0.0911	0.0631	11	0.0106	36	0.0004
7	0.1377	0.1400	0.1396	0.1171	0.0901	12	0.0176	37	0.0002
8	0.1033	0.1304	0.1396	0.1318	0.1126	13	0.0271	38	0.0001
9	0.0688	0.1014	0.1241	0.1315	0.1251	14	0.0382	39	0.0001
10	0.0413	0.0710	0.0993	0.1186	0.1251	15	0.0517		
11	0.0225	0.0452	0.0772	0.0970	0.1137	16	0.0646		
12	0.0113	0.0264	0.0481	0.0728	0.0948	17	0.0760		
13	0.0052	0.0142	0.0296	0.0904	0.0729	18	0.0844		
14	0.0022	0.0071	0.0169	0.0324	0.0521	19	0.0888		
15	0.0009	0.0033	0.0090	0.0194	0.0347	20	0.0888		
16	0.0003	0.0015	0.0045	0.0109	0.0217	21	0.0846		
17	0.0001	0.0006	0.0021	0.0058	0.0128	22	0.0769		
18		0.0002	0.0009	0.0029	0.0071	23	0.0669		
19		0.0001	0.0004	0.0014	0.0037	24	0.0557		
20			0.0002	0.0006	0.0019	25	0.0446		
21			0.0001	0.0003	0.0009	26	0.0343		
22				0.0001	0.0004	27	0.0254		
23					0.0002	28	0.0182		
24					0.0001	29	0.0125		

续表

λ=30				λ=40				λ=50			
k	p	k	p	k	p	k	p	k	p	k	p
10		39	0.0186	15		44	0.0495	25		54	0.0464
11		40	0.0139	16		45	0.0440	26	0.0001	55	0.0422
12	0.0001	41	0.0102	17		46	0.0382	27	0.0001	56	0.0377
13	0.0002	42	0.0073	18	0.0001	47	0.0325	28	0.0002	57	0.0330
14	0.0005	43	0.0051	19	0.0001	48	0.0271	29	0.0004	58	0.0285
15	0.0010	44	0.0035	20	0.0002	49	0.0221	30	0.0007	59	0.0241
16	0.0019	45	0.0023	21	0.0004	50	0.0177	31	0.0011	60	0.0201
17	0.0034	46	0.0015	22	0.0007	51	0.0139	32	0.0017	61	0.0165
18	0.0057	47	0.0010	23	0.0012	52	0.0107	33	0.0026	62	0.0133
19	0.0089	48	0.0006	24	0.0019	53	0.0081	34	0.0038	63	0.0106
20	0.0134	49	0.0004	25	0.0031	54	0.0060	35	0.0054	64	0.0082
21	0.0192	50	0.0002	26	0.0047	55	0.0043	36	0.0075	65	0.0063
22	0.0261	51	0.0001	27	0.0070	56	0.0031	37	0.0102	66	0.0048
23	0.0341	52	0.0001	28	0.0100	57	0.0022	38	0.0134	67	0.0036
24	0.0426			29	0.0139	58	0.0015	39	0.0172	68	0.0026
25	0.0511			30	0.0185	59	0.0010	40	0.0215	69	0.0019
26	0.0590			31	0.0238	60	0.0007	41	0.0262	70	0.0014
27	0.0655			32	0.0298	61	0.0005	42	0.0312	71	0.0010
28	0.0702			33	0.0361	62	0.0003	43	0.0363	72	0.0007
29	0.0726			34	0.0425	63	0.0002	44	0.0412	73	0.0005
30	0.0726			35	0.0485	64	0.0001	45	0.0458	74	0.0003
31	0.0703			36	0.0539	65	0.0001	46	0.0498	75	0.0002
32	0.0659			37	0.0583			47	0.0530	76	0.0001
33	0.0599			38	0.0614			48	0.0552	77	0.0001
34	0.0529			39	0.0630			49	0.0563	78	0.0001
35	0.0453			40	0.0630			50	0.0563		
36	0.0378			41	0.0614			51	0.0552		
37	0.0306			42	0.0585			52	0.0531		
38	0.0242			43	0.0544			53	0.0501		

附表 3　标准正态分布表

$$\Phi(z) = \int_{-\infty}^{z} \frac{1}{\sqrt{2\pi}} e^{-u^2/2} \mathrm{d}u = P\{Z \leqslant z\}$$

z	0	1	2	3	4	5	6	7	8	9
0.0	0.5000	0.5040	0.5080	0.5120	0.5160	0.5199	0.5239	0.5279	0.5319	0.5359
0.1	0.5398	0.5438	0.5478	0.5517	0.5557	0.5596	0.5636	0.5675	0.5714	0.5753
0.2	0.5793	0.5832	0.5871	0.5910	0.5948	0.5987	0.6026	0.6064	0.6103	0.6141
0.3	0.6179	0.6217	0.6255	0.6293	0.6331	0.6368	0.6406	0.6443	0.6480	0.6517
0.4	0.6554	0.6591	0.6628	0.6664	0.6700	0.6736	0.6772	0.6808	0.6844	0.6879
0.5	0.6915	0.6950	0.6985	0.7019	0.7054	0.7088	0.7123	0.7157	0.7190	0.7224
0.6	0.7257	0.7291	0.7324	0.7357	0.7389	0.7422	0.7454	0.7486	0.7517	0.7549
0.7	0.7580	0.7611	0.7642	0.7673	0.7703	0.7734	0.7764	0.7794	0.7823	0.7852
0.8	0.7881	0.7910	0.7939	0.7967	0.7995	0.8023	0.8051	0.8078	0.8106	0.8133
0.9	0.8159	0.8186	0.8212	0.8238	0.8264	0.8289	0.8315	0.8340	0.8365	0.8389
1.0	0.8413	0.8438	0.8461	0.8485	0.8508	0.8531	0.8554	0.8577	0.8599	0.8621
1.1	0.8643	0.8665	0.8686	0.8708	0.8729	0.8749	0.8770	0.8790	0.8810	0.8830
1.2	0.8849	0.8869	0.8888	0.8907	0.8925	0.8944	0.8962	0.8980	0.8997	0.9015
1.3	0.9032	0.9049	0.9066	0.9082	0.9099	0.9115	0.9131	0.9147	0.9162	0.9177
1.4	0.9192	0.9207	0.9222	0.9236	0.9251	0.9265	0.9278	0.9292	0.9306	0.9319
1.5	0.9332	0.9345	0.9357	0.9370	0.9382	0.9394	0.9406	0.9418	0.9430	0.9441
1.6	0.9452	0.9463	0.9474	0.9484	0.9495	0.9505	0.9515	0.9525	0.9535	0.9545
1.7	0.9554	0.9564	0.9573	0.9582	0.9591	0.9599	0.9608	0.9616	0.9625	0.9633
1.8	0.9641	0.9648	0.9656	0.9664	0.9671	0.9678	0.9686	0.9693	0.9700	0.9706
1.9	0.9713	0.9719	0.9726	0.9732	0.9738	0.9744	0.9750	0.9756	0.9762	0.9767
2.0	0.9772	0.9778	0.9783	0.9788	0.9793	0.9798	0.9803	0.9808	0.9812	0.9817
2.1	0.9821	0.9826	0.9830	0.9834	0.9838	0.9842	0.9846	0.9850	0.9854	0.9857
2.2	0.9861	0.9864	0.9868	0.9871	0.9874	0.9878	0.9881	0.9884	0.9887	0.9890
2.3	0.9893	0.9896	0.9898	0.9901	0.9904	0.9906	0.9909	0.9911	0.9913	0.9916
2.4	0.9918	0.9920	0.9922	0.9925	0.9927	0.9929	0.9931	0.9932	0.9934	0.9936
2.5	0.9938	0.9940	0.9941	0.9943	0.9945	0.9946	0.9948	0.9949	0.9951	0.9952
2.6	0.9953	0.9955	0.9956	0.9957	0.9959	0.9960	0.9961	0.9962	0.9963	0.9964
2.7	0.9965	0.9966	0.9967	0.9968	0.9969	0.9970	0.9971	0.9972	0.9973	0.9974
2.8	0.9974	0.9975	0.9976	0.9977	0.9977	0.9978	0.9979	0.9979	0.9980	0.9981
2.9	0.9981	0.9982	0.9982	0.9983	0.9984	0.9984	0.9985	0.9985	0.9986	0.9986
3.0	0.9987	0.9990	0.9993	0.9995	0.9997	0.9998	0.9998	0.9999	0.9999	1.0000

注：表中末行系函数值 $\Phi(3,0), \Phi(3,1), \cdots, \Phi(3,9)$.

附表 4 t 分布表

$P\{t(n) > t_\alpha(n)\} = \alpha$

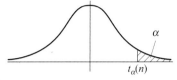

n	$\alpha = 0.25$	0.10	0.05	0.025	0.01	0.005
1	1.0000	3.0777	6.3138	12.7062	31.8207	63.6574
2	0.8165	1.8856	2.9200	4.3027	6.9646	9.9248
3	0.7649	1.6377	2.3534	3.1824	4.5407	5.8409
4	0.7407	1.5332	2.1318	2.7764	3.7469	4.6041
5	0.7267	1.4759	2.0150	2.5706	3.3649	4.0322
6	0.7176	1.4398	1.9432	2.4469	3.1427	3.7074
7	0.7111	1.4149	1.8946	2.3646	2.9980	3.4995
8	0.7064	1.3968	1.8595	2.3060	2.8965	3.3554
9	0.7027	1.3830	1.8331	2.2622	2.8214	3.2498
10	0.6998	1.3722	1.8125	2.2281	2.7638	3.1693
11	0.6974	1.3634	1.7959	2.2010	2.7181	3.1058
12	0.6955	1.3562	1.7823	2.1788	2.6810	3.0545
13	0.6938	1.3502	1.7709	2.1604	2.6503	3.0123
14	0.6924	1.3450	1.7613	2.1448	2.6245	2.9768
15	0.6912	1.3406	1.7531	2.1315	2.6025	2.9467
16	0.6901	1.3368	1.7459	2.1199	2.5835	2.9208
17	0.6892	1.3334	1.7396	2.1098	2.5669	2.8982
18	0.6884	1.3304	1.7341	2.1009	2.5524	2.8784
19	0.6876	1.3277	1.7291	2.0930	2.5395	2.8609
20	0.6870	1.3253	1.7247	2.0860	2.5280	2.8453
21	0.6864	1.3232	1.7207	2.0796	2.5177	2.8314
22	0.6858	1.3212	1.7171	2.0739	2.5083	2.8188
23	0.6853	1.3195	1.7139	2.0687	2.4999	2.8073
24	0.6848	1.3178	1.7109	2.0639	2.4922	2.7969
25	0.6844	1.3163	1.7081	2.0595	2.4851	2.7874
26	0.6840	1.3150	1.7058	2.0555	2.4786	2.7787
27	0.6837	1.3137	1.7033	2.0518	2.4727	2.7707
28	0.6834	1.3125	1.7011	2.0484	2.4671	2.7633
29	0.6830	1.3114	1.6991	2.0452	2.4620	2.7564
30	0.6828	1.3104	1.6973	2.0423	2.4573	2.7500
31	0.6825	1.3095	1.6955	2.0395	2.4528	2.7440
32	0.6822	1.3086	1.6939	2.0369	2.4487	2.7385
33	0.6820	1.3077	1.6924	2.0345	2.4448	2.7333
34	0.6818	1.3070	1.6909	2.0322	2.4411	2.7284
35	0.6816	0.3062	1.6896	2.0301	2.4377	2.7238
36	0.6814	1.3055	1.6883	2.0281	2.4345	2.7195
37	0.6812	1.3049	1.6871	2.0262	2.4314	2.7154
38	0.6810	1.3042	1.6860	2.0244	2.4286	2.7116
39	0.6808	1.3036	1.6849	2.0227	2.4258	2.7079
40	0.6807	1.3031	1.6849	2.0211	2.4233	2.7045
41	0.6805	1.3025	1.6829	2.0195	2.4208	2.7012
42	0.6804	1.3020	1.6820	2.0181	2.4185	2.6981
43	0.6802	1.3016	1.6811	2.0167	2.4163	2.6951
44	0.6801	1.3011	1.6802	2.0154	2.4141	2.6923
45	0.6800	1.3006	1.6794	2.0141	2.4121	2.6806

附表 5 χ² 分布表

$$P\{\chi^2(n) > \chi_\alpha^2(n)\} = \alpha$$

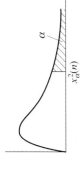

n	$\alpha=0.995$	0.99	0.975	0.95	0.90	0.75	$\alpha=0.25$	0.10	0.05	0.025	0.01	0.005
1	—	—	0.001	0.004	0.016	0.102	1.323	2.706	3.841	5.024	6.635	7.879
2	0.010	0.020	0.051	0.103	0.211	0.575	2.773	4.605	5.991	7.378	9.210	10.597
3	0.072	0.115	0.216	0.352	0.584	1.213	4.108	6.251	7.815	9.348	11.345	12.838
4	0.207	0.297	0.484	0.711	1.064	1.923	5.385	7.779	9.488	11.143	13.277	14.860
5	0.412	0.554	0.831	1.145	1.610	2.675	6.626	9.236	11.071	12.833	15.086	16.750
6	0.676	0.872	1.237	1.635	2.204	3.455	7.841	10.645	12.592	14.449	16.812	18.548
7	0.989	1.239	1.690	2.167	2.833	4.255	9.037	12.017	14.067	16.013	18.475	20.278
8	1.344	1.646	2.180	2.733	3.490	5.071	10.219	13.362	15.507	17.535	20.090	21.955
9	1.735	2.088	2.700	3.325	4.168	5.899	11.389	14.684	16.919	19.023	21.666	23.589
10	2.156	2.558	3.247	3.940	4.865	6.737	12.549	15.987	18.307	20.483	23.209	25.188
11	2.603	3.053	3.816	4.575	5.578	7.584	13.701	17.275	19.675	21.920	24.725	26.757
12	3.074	3.571	4.404	5.226	6.304	8.438	14.845	18.549	21.026	23.337	26.217	28.299
13	3.565	4.107	5.009	5.892	7.042	9.299	15.984	19.812	22.362	24.736	27.688	29.819
14	4.075	4.660	5.629	6.571	7.790	10.165	17.117	21.064	23.685	26.119	29.141	31.319
15	4.601	5.229	6.262	7.261	8.547	11.037	18.245	22.307	24.996	27.488	30.578	32.801
16	5.142	5.812	6.908	7.962	9.312	11.912	19.369	23.542	26.296	28.845	32.000	34.267
17	5.697	6.408	7.564	8.672	10.085	12.792	20.489	24.769	27.587	30.191	33.409	35.718
18	6.265	7.015	8.231	9.390	10.865	13.675	21.605	25.989	28.869	31.526	34.805	37.156
19	6.844	7.633	8.907	10.117	11.651	14.562	22.718	27.204	30.144	32.852	36.191	38.582
20	7.434	8.260	9.591	10.851	12.443	15.452	23.828	28.412	31.410	34.170	37.566	39.997

续表

n	$\alpha=0.995$	0.99	0.975	0.95	0.90	0.75	$\alpha=0.25$	0.10	0.05	0.025	0.01	0.005
21	8.034	8.897	10.283	11.591	13.240	16.344	24.935	29.615	32.671	35.479	38.932	41.401
22	8.643	9.542	10.982	12.338	14.042	17.240	26.039	30.813	33.924	36.781	40.289	42.796
23	9.260	10.196	11.689	13.091	14.848	18.137	27.141	32.007	35.172	38.076	41.638	44.181
24	9.886	10.856	12.401	13.848	15.659	19.037	28.241	33.196	36.415	39.364	42.980	45.559
25	10.520	11.524	13.120	14.611	16.473	19.939	29.339	34.382	37.652	40.646	44.314	46.928
26	11.160	12.198	13.844	15.379	17.292	20.843	30.435	35.563	38.885	41.923	45.642	48.290
27	11.808	12.879	14.573	16.151	18.114	21.749	31.528	36.741	40.113	43.195	46.963	49.645
28	12.461	13.565	15.308	16.928	18.939	22.657	32.620	37.916	41.337	44.461	48.278	50.993
29	13.121	14.257	16.047	17.708	19.768	23.567	33.711	39.087	42.557	45.722	49.588	52.336
30	13.787	14.954	16.791	18.493	20.599	24.478	34.800	40.256	43.773	46.979	50.892	53.672
31	14.458	15.655	17.539	19.281	21.434	25.390	35.887	41.422	44.985	48.232	52.191	55.003
32	15.134	16.362	18.291	20.072	22.271	26.304	36.973	42.585	46.194	49.480	53.486	56.328
33	15.815	17.074	19.047	20.807	23.110	27.219	38.053	43.745	47.400	50.725	54.776	57.648
34	16.501	17.789	19.806	21.664	23.952	28.136	39.141	44.903	48.602	51.966	56.061	58.964
35	17.192	18.509	20.569	22.465	24.797	29.054	40.223	46.059	49.802	53.203	57.342	60.275
36	17.887	19.233	21.336	23.269	25.613	29.973	41.304	47.212	50.998	54.437	58.619	61.581
37	18.586	19.960	22.106	24.075	26.492	30.893	42.383	48.363	52.192	55.668	59.892	62.883
38	19.289	20.691	22.878	24.884	27.343	31.815	43.462	49.513	53.384	56.890	61.162	64.181
39	19.996	21.426	23.654	25.695	28.196	32.737	44.539	50.660	54.572	58.120	62.428	65.476
40	20.707	22.164	24.433	26.509	29.051	33.660	45.616	51.805	55.758	59.342	63.691	66.766
41	21.421	22.906	25.215	27.326	29.907	34.585	46.692	52.949	56.942	60.561	64.950	68.053
42	22.138	23.650	25.999	28.144	30.765	35.510	47.766	54.090	58.124	61.777	66.206	69.336
43	22.859	24.398	26.785	28.965	31.625	36.430	48.840	55.230	59.304	62.990	67.459	70.616
44	23.584	25.143	27.575	29.787	32.487	37.363	49.913	56.369	60.481	64.201	68.710	71.893
45	24.311	25.901	28.366	30.612	33.350	38.291	50.985	57.505	61.656	65.410	69.957	73.166

附表 6 F 分布表

$$P\{F(n_1,n_2)>F_\alpha(n_1,n_2)\}=\alpha$$

$\alpha=0.10$

n_2 \ n_1	1	2	3	4	5	6	7	8	9	10	12	15	20	24	30	40	60	120	∞
1	39.86	49.50	53.59	55.83	57.24	58.20	58.91	59.44	59.86	60.19	60.71	61.22	61.74	62.00	62.26	62.53	62.79	63.06	63.33
2	8.53	9.00	9.16	9.24	9.29	9.33	9.35	9.37	9.38	9.39	9.41	9.42	9.44	9.45	9.46	9.47	9.47	9.48	9.49
3	5.54	5.46	5.39	5.34	5.31	5.28	5.27	5.25	5.24	5.23	5.22	5.20	5.18	5.18	5.17	5.16	5.15	5.14	5.13
4	4.54	4.32	4.19	4.11	4.05	4.01	3.98	3.95	3.94	3.92	3.90	3.87	3.84	3.83	3.82	3.80	3.79	3.78	3.76
5	4.06	3.78	3.62	3.52	3.45	3.40	3.37	3.34	3.32	3.30	3.27	3.24	3.21	3.19	3.17	3.16	3.14	3.12	3.10
6	3.78	3.46	3.29	3.18	3.11	3.05	3.01	2.98	2.96	2.94	2.90	2.87	2.84	2.82	2.80	2.78	2.76	2.74	2.72
7	3.59	3.26	3.07	2.96	2.88	2.83	2.78	2.75	2.72	2.70	2.67	2.63	2.59	2.58	2.56	2.54	2.51	2.49	2.47
8	3.46	3.11	2.92	2.81	2.73	2.67	2.62	2.59	2.56	2.54	2.50	2.46	2.42	2.40	2.38	2.36	2.34	2.32	2.29
9	3.36	3.01	2.81	2.69	2.61	2.55	2.51	2.47	2.44	2.42	2.38	2.34	2.30	2.28	2.25	2.23	2.21	2.18	2.16
10	3.29	2.92	2.73	2.61	2.52	2.46	2.41	2.38	2.35	2.32	2.28	2.24	2.20	2.18	2.16	2.13	2.11	2.08	2.06
11	3.23	2.86	2.66	2.54	2.45	2.39	2.34	2.30	2.27	2.25	2.21	2.17	2.12	2.10	2.08	2.05	2.03	2.00	1.97
12	3.18	2.81	2.61	2.48	2.39	2.33	2.28	2.24	2.21	2.19	2.15	2.10	2.06	2.04	2.01	1.99	1.96	1.93	1.90
13	3.14	2.76	2.56	2.43	2.35	2.28	2.23	2.20	2.16	2.14	2.10	2.05	2.01	1.98	1.96	1.93	1.90	1.88	1.85
14	3.10	2.73	2.52	2.39	2.31	2.24	2.19	2.15	2.12	2.10	2.05	2.01	1.96	1.94	1.91	1.89	1.86	1.83	1.80
15	3.07	2.70	2.49	2.36	2.27	2.21	2.16	2.12	2.09	2.06	2.02	1.97	1.92	1.90	1.87	1.85	1.82	1.79	1.76
16	3.05	2.67	2.46	2.33	2.24	2.18	2.13	2.09	2.06	2.03	1.99	1.94	1.89	1.87	1.84	1.81	1.78	1.75	1.72
17	3.03	2.64	2.44	2.31	2.22	2.15	2.10	2.06	2.03	2.00	1.96	1.91	1.86	1.84	1.81	1.78	1.75	1.72	1.69
18	3.01	2.62	2.42	2.29	2.20	2.13	2.08	2.04	2.00	1.98	1.93	1.89	1.84	1.81	1.78	1.75	1.72	1.69	1.66
19	2.99	2.61	2.40	2.27	2.18	2.11	2.06	2.02	1.98	1.96	1.91	1.86	1.81	1.79	1.76	1.73	1.70	1.67	1.63
20	2.97	2.59	2.38	2.25	2.16	2.09	2.04	2.00	1.96	1.94	1.89	1.84	1.79	1.77	1.74	1.71	1.68	1.64	1.61

续表

$\alpha=0.10$

n_1 / n_2	1	2	3	4	5	6	7	8	9	10	12	15	20	24	30	40	60	120	∞
21	2.96	2.57	2.36	2.23	2.14	2.08	2.02	1.98	1.95	1.92	1.87	1.83	1.78	1.75	1.72	1.69	1.66	1.62	1.59
22	2.95	2.56	2.35	2.22	2.13	2.06	2.01	1.97	1.93	1.90	1.86	1.81	1.76	1.73	1.70	1.67	1.64	1.60	1.57
23	2.94	2.55	2.34	2.21	2.11	2.05	1.99	1.95	1.92	1.89	1.84	1.80	1.74	1.72	1.69	1.66	1.62	1.59	1.55
24	2.93	2.54	2.33	2.19	2.10	2.04	1.98	1.94	1.91	1.88	1.83	1.78	1.73	1.70	1.67	1.64	1.61	1.57	1.53
25	2.92	2.53	2.32	2.18	2.09	2.02	1.97	1.93	1.89	1.87	1.82	1.77	1.72	1.69	1.66	1.63	1.59	1.56	1.52
26	2.91	2.52	2.31	2.17	2.08	2.01	1.96	1.92	1.88	1.86	1.81	1.76	1.71	1.68	1.65	1.61	1.58	1.54	1.50
27	2.90	2.51	2.30	2.17	2.07	2.00	1.95	1.91	1.87	1.85	1.80	1.75	1.70	1.67	1.64	1.60	1.57	1.53	1.49
28	2.89	2.50	2.29	2.16	2.06	2.00	1.94	1.90	1.87	1.84	1.79	1.74	1.69	1.66	1.63	1.59	1.56	1.52	1.48
29	2.89	2.50	2.28	2.15	2.06	1.99	1.93	1.89	1.86	1.83	1.78	1.73	1.68	1.65	1.62	1.58	1.55	1.51	1.47
30	2.88	2.49	2.28	2.14	2.05	1.98	1.93	1.88	1.85	1.82	1.77	1.72	1.67	1.64	1.61	1.57	1.54	1.50	1.46
40	2.84	2.44	2.23	2.09	2.00	1.93	1.87	1.83	1.79	1.76	1.71	1.66	1.61	1.57	1.54	1.51	1.47	1.42	1.38
60	2.79	2.39	2.18	2.04	1.95	1.87	1.82	1.77	1.74	1.71	1.66	1.60	1.54	1.51	1.48	1.44	1.40	1.35	1.29
120	2.75	2.35	2.13	1.99	1.90	1.82	1.77	1.72	1.68	1.65	1.60	1.55	1.48	1.45	1.41	1.37	1.32	1.26	1.19
∞	2.71	2.30	2.08	1.94	1.85	1.77	1.72	1.67	1.63	1.60	1.55	1.49	1.42	1.38	1.34	1.30	1.24	1.17	1.00

$\alpha=0.05$

n_1 / n_2	1	2	3	4	5	6	7	8	9	10	12	15	20	24	30	40	60	120	∞
1	161.4	199.5	215.7	224.6	230.2	234.0	236.8	238.9	240.5	241.9	243.9	245.9	248.0	249.1	250.1	251.1	252.2	253.3	254.3
2	18.51	19.00	19.16	19.25	19.30	19.33	19.35	19.37	19.38	19.40	19.41	19.43	19.45	19.45	19.46	19.47	19.48	19.49	19.50
3	10.13	9.55	9.28	9.12	9.01	8.94	8.89	8.85	8.81	8.79	8.74	8.70	8.66	8.64	8.62	8.59	8.57	8.55	8.53
4	7.71	6.94	6.59	6.39	6.26	6.16	6.09	6.04	6.00	5.96	5.91	5.86	5.80	5.77	5.75	5.72	5.69	5.66	5.63
5	6.61	5.79	5.41	5.19	5.05	4.95	4.88	4.82	4.77	4.74	4.68	4.62	4.56	4.53	4.50	4.46	4.43	4.40	4.36
6	5.99	5.14	4.76	4.53	4.39	4.28	4.21	4.15	4.10	4.06	4.00	3.94	3.87	3.84	3.81	3.77	3.74	3.70	3.67
7	5.59	4.74	4.35	4.12	3.97	3.87	3.79	3.73	3.68	3.64	3.57	3.51	3.44	3.41	3.38	3.34	3.30	3.27	3.23
8	5.32	4.46	4.07	3.84	3.69	3.58	3.50	3.44	3.39	3.35	3.28	3.22	3.15	3.12	3.08	3.04	3.01	2.97	2.93
9	5.12	4.26	3.86	3.63	3.48	3.37	3.29	3.23	3.18	3.14	3.07	3.01	2.94	2.90	2.86	2.83	2.79	2.75	2.71
10	4.96	4.10	3.71	3.48	3.33	3.22	3.14	3.07	3.02	2.98	2.91	2.85	2.77	2.74	2.70	2.66	2.62	2.58	2.54
11	4.84	3.98	3.59	3.36	3.20	3.09	3.01	2.95	2.90	2.85	2.79	2.72	2.65	2.61	2.57	2.53	2.49	2.45	2.40

续表

$\alpha = 0.05$

n_1 \ n_2	1	2	3	4	5	6	7	8	9	10	12	15	20	24	30	40	60	120	∞
12	4.75	3.89	3.49	3.26	3.11	3.00	2.91	2.85	2.80	2.75	2.69	2.62	2.54	2.51	2.47	2.43	2.38	2.34	2.30
13	4.67	3.81	3.41	3.18	3.03	2.92	2.83	2.77	2.71	2.67	2.60	2.53	2.46	2.42	2.38	2.34	2.30	2.25	2.21
14	4.60	3.74	3.34	3.11	2.96	2.85	2.76	2.70	2.65	2.60	2.53	2.46	2.39	2.35	2.31	2.27	2.22	2.18	2.13
15	4.54	3.68	3.29	3.06	2.90	2.79	2.71	2.64	2.59	2.54	2.48	2.40	2.33	2.29	2.25	2.20	2.16	2.11	2.07
16	4.49	3.63	3.24	3.01	2.85	2.74	2.66	2.59	2.54	2.49	2.42	2.35	2.28	2.24	2.19	2.15	2.11	2.06	2.01
17	4.45	3.59	3.20	2.96	2.81	2.70	2.61	2.55	2.49	2.45	2.38	2.31	2.23	2.19	2.15	2.10	2.06	2.01	1.96
18	4.41	3.55	3.16	2.93	2.77	2.66	2.58	2.51	2.46	2.41	2.34	2.27	2.19	2.15	2.11	2.06	2.02	1.97	1.92
19	4.38	3.52	3.13	2.90	2.74	2.63	2.54	2.48	2.42	2.38	2.31	2.23	2.16	2.11	2.07	2.03	1.98	1.93	1.88
20	4.35	3.49	3.10	2.87	2.71	2.60	2.51	2.45	2.39	2.35	2.28	2.20	2.12	2.08	2.04	1.99	1.95	1.90	1.84
21	4.32	3.47	3.07	2.84	2.68	2.57	2.49	2.42	2.37	2.32	2.25	2.18	2.10	2.05	2.01	1.96	1.92	1.87	1.81
22	4.30	3.44	3.05	2.82	2.66	2.55	2.46	2.40	2.34	2.30	2.23	2.15	2.07	2.03	1.98	1.94	1.89	1.84	1.78
23	4.28	3.42	3.03	2.80	2.64	2.53	2.44	2.37	2.32	2.27	2.20	2.13	2.05	2.01	1.96	1.91	1.86	1.81	1.76
24	4.26	3.40	3.01	2.78	2.62	2.51	2.42	2.36	2.30	2.25	2.18	2.11	2.03	1.98	1.94	1.89	1.84	1.79	1.73
25	4.24	3.39	2.99	2.76	2.60	2.49	2.40	2.34	2.28	2.24	2.16	2.09	2.01	1.96	1.92	1.87	1.82	1.77	1.71
26	4.23	3.37	2.98	2.74	2.59	2.47	2.39	2.32	2.27	2.22	2.15	2.07	1.99	1.95	1.90	1.85	1.80	1.75	1.69
27	4.21	3.35	2.96	2.73	2.57	2.46	2.37	2.31	2.25	2.20	2.13	2.06	1.97	1.93	1.88	1.84	1.79	1.73	1.67
28	4.20	3.34	2.95	2.71	2.56	2.45	2.36	2.29	2.24	2.19	2.12	2.04	1.96	1.91	1.87	1.82	1.77	1.71	1.65
29	4.18	3.33	2.93	2.70	2.55	2.43	2.35	2.28	2.22	2.18	2.10	2.03	1.94	1.90	1.85	1.81	1.75	1.70	1.64
30	4.17	3.32	2.92	2.69	2.53	2.42	2.33	2.27	2.21	2.16	2.09	2.01	1.93	1.89	1.84	1.79	1.74	1.68	1.62
40	4.08	3.23	2.84	2.61	2.45	2.34	2.25	2.18	2.12	2.08	2.00	1.92	1.84	1.79	1.74	1.69	1.64	1.58	1.51
60	4.00	3.15	2.76	2.53	2.37	2.25	2.17	2.10	2.04	1.99	1.92	1.84	1.75	1.70	1.65	1.59	1.53	1.47	1.39
120	3.92	3.07	2.68	2.45	2.29	2.17	2.09	2.02	1.96	1.91	1.83	1.75	1.66	1.61	1.55	1.50	1.43	1.35	1.25
∞	3.84	3.00	2.60	2.37	2.21	2.10	2.01	1.94	1.88	1.83	1.75	1.67	1.57	1.52	1.46	1.39	1.32	1.22	1.00

$\alpha = 0.025$

n_1 \ n_2	1	2	3	4	5	6	7	8	9	10	12	15	20	24	30	40	60	120	∞
1	647.8	799.5	864.2	899.6	921.8	937.1	948.2	956.7	963.3	968.6	976.7	984.9	993.1	997.2	1001	1006	1010	1014	1018
2	38.51	39.00	39.17	39.25	39.30	39.33	39.36	39.37	39.39	39.40	39.41	39.43	39.45	39.46	39.46	39.47	39.48	39.40	39.50

续表

$\alpha = 0.025$

n_2 \ n_1	1	2	3	4	5	6	7	8	9	10	12	15	20	24	30	40	60	120	∞
3	17.44	16.04	15.44	15.10	14.88	14.73	14.62	14.54	14.47	14.42	14.34	14.25	14.17	14.12	14.08	14.04	13.99	13.95	13.90
4	12.22	10.65	9.98	9.60	9.36	9.20	9.07	8.98	8.90	8.84	8.75	8.66	8.56	8.51	8.46	8.41	8.36	8.31	8.26
5	10.01	8.43	7.76	7.39	7.15	6.98	6.85	6.76	6.68	6.62	6.52	6.43	6.33	6.28	6.23	6.18	6.12	6.07	6.02
6	8.81	7.26	6.60	6.23	5.99	5.82	5.70	5.60	5.52	5.46	5.37	5.27	5.17	5.12	5.07	5.01	4.96	4.90	4.85
7	8.07	6.54	5.89	5.52	5.29	5.12	4.99	4.90	4.82	4.76	4.67	4.57	4.47	4.42	4.36	4.31	4.25	4.20	4.14
8	7.57	6.06	5.42	5.05	4.82	4.65	4.53	4.43	4.36	4.30	4.20	4.10	4.00	3.95	3.89	3.84	3.78	3.73	3.67
9	7.21	5.71	5.08	4.72	4.48	4.32	4.20	4.10	4.03	3.96	3.87	3.77	3.67	3.61	3.56	3.51	3.45	3.39	3.33
10	6.94	5.46	4.83	4.47	4.24	4.07	3.95	3.85	3.78	3.72	3.62	3.52	3.42	3.37	3.31	3.26	3.20	3.14	3.08
11	6.72	5.26	4.63	4.28	4.04	3.88	3.76	3.66	3.59	3.53	3.43	3.33	3.23	3.17	3.12	3.06	3.00	2.94	2.88
12	6.55	5.10	4.47	4.12	3.89	3.73	3.61	3.51	3.44	3.37	3.28	3.18	3.07	3.02	2.96	2.91	2.85	2.79	2.72
13	6.41	4.97	4.35	4.00	3.77	3.60	3.48	3.39	3.31	3.25	3.15	3.05	2.95	2.89	2.84	2.78	2.72	2.66	2.60
14	6.30	4.86	4.24	3.89	3.66	3.50	3.38	3.29	3.21	3.15	3.05	2.95	2.84	2.79	2.73	2.67	2.61	2.55	2.49
15	6.20	4.77	4.15	3.80	3.58	3.41	3.29	3.20	3.12	3.06	2.96	2.86	2.76	2.70	2.64	2.59	2.52	2.46	2.40
16	6.12	4.69	4.08	3.73	3.50	3.34	3.22	3.12	3.05	2.99	2.89	2.79	2.68	2.63	2.57	2.51	2.45	2.38	2.32
17	6.04	4.62	4.01	3.66	3.44	3.28	3.16	3.06	2.98	2.92	2.82	2.72	2.62	2.56	2.50	2.44	2.38	2.32	2.25
18	5.98	4.56	3.95	3.61	3.38	3.22	3.10	3.01	2.93	2.87	2.77	2.67	2.56	2.50	2.44	2.38	2.32	2.26	2.19
19	5.92	4.51	3.90	3.56	3.33	3.17	3.05	2.96	2.88	2.82	2.72	2.62	2.51	2.45	2.39	2.33	2.27	2.20	2.13
20	5.87	4.46	3.86	3.51	3.29	3.13	3.01	2.91	2.84	2.77	2.68	2.57	2.46	2.41	2.35	2.29	2.22	2.16	2.09
21	5.83	4.42	3.82	3.48	3.25	3.09	2.97	2.87	2.80	2.73	2.64	2.53	2.42	2.37	2.31	2.25	2.18	2.11	2.04
22	5.79	4.38	3.78	3.44	3.22	3.05	2.93	2.84	2.76	2.70	2.60	2.50	2.39	2.33	2.27	2.21	2.14	2.08	2.00
23	5.75	4.35	3.75	3.41	3.18	3.02	2.90	2.81	2.73	2.67	2.57	2.47	2.36	2.30	2.24	2.18	2.11	2.04	1.97
24	5.72	4.32	3.72	3.38	3.15	2.99	2.87	2.78	2.70	2.64	2.54	2.44	2.33	2.27	2.21	2.15	2.08	2.01	1.94
25	5.69	4.29	3.69	3.35	3.13	2.97	2.85	2.75	2.68	2.61	2.51	2.41	2.30	2.24	2.18	2.12	2.05	1.98	1.91
26	5.66	4.27	3.67	3.33	3.10	2.94	2.82	2.73	2.65	2.59	2.49	2.39	2.28	2.22	2.16	2.09	2.03	1.95	1.88
27	5.63	4.24	3.65	3.31	3.08	2.92	2.80	2.71	2.63	2.57	2.47	2.36	2.25	2.19	2.13	2.07	2.00	1.93	1.85
28	5.61	4.22	3.63	3.29	3.06	2.90	2.78	2.69	2.61	2.55	2.45	2.34	2.23	2.17	2.11	2.05	1.98	1.91	1.83
29	5.59	4.20	3.61	3.27	3.04	2.88	2.76	2.67	2.59	2.53	2.43	2.32	2.21	2.15	2.09	2.03	1.96	1.89	1.81

续表

$\alpha = 0.025$

n_1 \ n_2	1	2	3	4	5	6	7	8	9	10	12	15	20	24	30	40	60	120	∞
30	5.57	4.18	3.59	3.25	3.03	2.87	2.75	2.65	2.57	2.51	2.41	2.31	2.20	2.14	2.07	2.01	1.94	1.87	1.79
40	5.42	4.05	3.46	3.13	2.90	2.74	2.62	2.53	2.45	2.39	2.29	2.18	2.07	2.01	1.94	1.88	1.80	1.72	1.64
60	5.29	3.93	3.34	3.01	2.79	2.63	2.51	2.41	2.33	2.27	2.17	2.06	1.94	1.88	1.82	1.74	1.67	1.58	1.48
120	5.15	3.80	3.23	2.89	2.67	2.52	2.39	2.30	2.22	2.16	2.05	1.94	1.82	1.76	1.69	1.61	1.53	1.43	1.31
∞	5.02	3.69	3.12	2.79	2.57	2.41	2.29	2.19	2.11	2.05	1.94	1.83	1.71	1.64	1.57	1.48	1.39	1.27	1.00

$\alpha = 0.01$

n_1 \ n_2	1	2	3	4	5	6	7	8	9	10	12	15	20	24	30	40	60	120	∞
1	4052	4999.5	5403	5625	5764	5859	5928	5982	6022	6056	6106	6157	6209	6235	6261	6287	6313	6339	6366
2	98.50	99.00	99.17	99.25	99.30	99.33	99.36	99.37	99.39	99.40	99.42	99.43	99.45	99.46	99.47	99.47	99.48	99.49	99.50
3	34.12	30.82	29.46	28.71	28.24	27.91	27.67	27.49	27.35	27.23	27.05	26.87	26.69	26.60	26.50	26.41	26.32	26.22	26.13
4	21.20	18.00	16.69	15.98	15.52	15.21	14.98	14.80	14.66	14.55	14.37	14.20	14.02	13.93	13.84	13.75	13.65	13.56	13.46
5	16.26	13.27	12.06	11.39	10.97	10.67	10.46	10.29	10.16	10.05	9.89	9.72	9.55	9.47	9.38	9.29	9.20	9.11	9.02
6	13.75	10.92	9.78	9.15	8.75	8.47	8.26	8.10	7.98	7.87	7.72	7.56	7.40	7.31	7.23	7.14	7.06	6.97	6.88
7	12.25	9.55	8.45	7.85	7.46	7.19	6.99	6.84	6.72	6.62	6.47	6.31	6.16	6.07	5.99	5.91	5.82	5.74	5.65
8	11.26	8.65	7.59	7.01	6.63	6.37	6.18	6.03	5.91	5.81	5.67	5.52	5.36	5.28	5.20	5.12	5.03	4.95	4.86
9	10.56	8.02	6.99	6.42	6.06	5.80	5.61	5.47	5.35	5.26	5.11	4.96	4.81	4.73	4.65	4.57	4.48	4.40	4.31
10	10.04	7.56	6.55	5.99	5.64	5.39	5.20	5.06	4.94	4.85	4.71	4.56	4.41	4.33	4.25	4.17	4.08	4.00	3.91
11	9.65	7.21	6.22	5.67	5.32	5.07	4.89	4.74	4.63	4.54	4.40	4.25	4.10	4.02	3.94	3.86	3.78	3.69	3.60
12	9.33	6.93	5.95	5.41	5.06	4.82	4.64	4.50	4.39	4.30	4.16	4.01	3.86	3.78	3.70	3.62	3.54	3.45	3.36
13	9.07	6.70	5.74	5.21	4.86	4.62	4.44	4.30	4.19	4.10	3.96	3.82	3.66	3.59	3.51	3.43	3.34	3.25	3.17
14	8.86	6.51	5.56	5.04	4.69	4.46	4.28	4.14	4.03	3.94	3.80	3.66	3.51	3.43	3.35	3.27	3.18	3.09	3.00
15	8.68	6.36	5.42	4.89	4.56	4.32	4.14	4.00	3.89	3.80	3.67	3.52	3.37	3.29	3.21	3.13	3.05	2.96	2.87
16	8.53	6.23	5.29	4.77	4.44	4.20	4.03	3.89	3.78	3.69	3.55	3.41	3.26	3.18	3.10	3.02	2.93	2.84	2.75
17	8.40	6.11	5.18	4.67	4.34	4.10	3.93	3.79	3.68	3.59	3.46	3.31	3.16	3.08	3.00	2.92	2.83	2.75	2.65
18	8.29	6.01	5.09	4.58	4.25	4.01	3.84	3.71	3.60	3.51	3.37	3.23	3.08	3.00	2.92	2.84	2.75	2.66	2.57
19	8.18	5.93	5.01	4.50	4.17	3.94	3.77	3.63	3.52	3.43	3.30	3.15	3.00	2.92	2.84	2.76	2.67	2.58	2.49
20	8.10	5.85	4.94	4.43	4.10	3.87	3.70	3.56	3.46	3.37	3.23	3.09	2.94	2.86	2.78	2.69	2.61	2.52	2.42

续表

$\alpha=0.01$

n_1 / n_2	1	2	3	4	5	6	7	8	9	10	12	15	20	24	30	40	60	120	∞
21	8.02	5.78	4.87	4.37	4.04	3.81	3.64	3.51	3.40	3.31	3.17	3.03	2.88	2.80	2.72	2.64	2.55	2.46	2.36
22	7.95	5.72	4.82	4.31	3.99	3.76	3.59	3.45	3.35	3.26	3.12	2.98	2.83	2.75	2.67	2.58	2.50	2.40	2.31
23	7.88	5.66	4.76	4.26	3.94	3.71	3.54	3.41	3.30	3.21	3.07	2.93	2.78	2.70	2.62	2.54	2.45	2.35	2.26
24	7.82	5.61	4.72	4.22	3.90	3.67	3.50	3.36	3.26	3.17	3.03	2.89	2.74	2.66	2.58	2.49	2.40	2.31	2.21
25	7.77	5.57	4.68	4.18	3.85	3.63	3.46	3.32	3.22	3.13	2.99	2.85	2.70	2.62	2.54	2.45	2.36	2.27	2.17
26	7.72	5.53	4.64	4.14	3.82	3.59	3.42	3.29	3.18	3.09	2.96	2.81	2.66	2.58	2.50	2.42	2.33	2.23	2.13
27	7.68	5.49	4.60	4.11	3.78	3.56	3.39	3.26	3.15	3.06	2.93	2.78	2.63	2.55	2.47	2.38	2.29	2.20	2.10
28	7.64	5.45	4.57	4.07	3.75	3.53	3.36	3.23	3.12	3.03	2.90	2.75	2.60	2.52	2.44	2.35	2.26	2.17	2.06
29	7.60	5.42	4.54	4.04	3.73	3.50	3.33	3.20	3.09	3.00	2.87	2.73	2.57	2.49	2.41	2.33	2.23	2.14	2.03
30	7.56	5.39	4.51	4.02	3.70	3.47	3.30	3.17	3.07	2.98	2.84	2.70	2.55	2.47	2.39	2.30	2.21	2.11	2.01
40	7.31	5.18	4.31	3.83	3.51	3.29	3.12	2.99	2.89	2.80	2.66	2.52	2.37	2.29	2.20	2.11	2.02	1.92	1.80
60	7.08	4.98	4.13	3.65	3.34	3.12	2.95	2.82	2.72	2.63	2.50	2.35	2.20	2.12	2.03	1.94	1.84	1.73	1.60
120	6.85	4.79	3.95	3.48	3.17	2.96	2.79	2.66	2.56	2.47	2.34	2.19	2.03	1.95	1.86	1.76	1.66	1.53	1.38
∞	6.63	4.61	3.78	3.32	3.02	2.80	2.64	2.51	2.41	2.32	2.18	2.04	1.88	1.79	1.70	1.59	1.47	1.32	1.00

$\alpha=0.005$

n_1 / n_2	1	2	3	4	5	6	7	8	9	10	12	15	20	24	30	40	60	120	∞
1	16211	20000	21615	22500	23056	23437	23715	23925	24091	24224	24426	24630	24836	24940	25044	25148	25253	25359	25465
2	198.5	199.0	199.2	199.2	199.3	199.3	199.4	199.4	199.4	199.4	199.4	199.4	199.4	199.5	199.5	199.5	199.5	199.5	199.5
3	55.55	49.80	47.47	46.19	45.39	44.84	44.43	44.13	43.88	43.69	43.39	43.08	42.78	42.62	42.47	42.31	42.15	41.99	41.83
4	31.33	26.28	24.26	23.15	22.46	21.97	21.62	21.35	21.14	20.97	20.70	20.44	20.17	20.03	19.89	19.75	19.61	19.47	19.32
5	22.78	18.31	16.53	15.56	14.94	14.51	14.20	13.96	13.77	13.62	13.38	13.15	12.90	12.78	12.66	12.53	12.40	12.27	12.14
6	18.63	14.54	12.92	12.03	11.46	11.07	10.79	10.57	10.39	10.25	10.03	9.81	9.59	9.47	9.36	9.24	9.12	9.00	8.88
7	16.24	12.40	10.88	10.05	9.52	9.16	8.89	8.68	8.51	8.38	8.18	7.97	7.75	7.65	7.53	7.42	7.31	7.19	7.08
8	14.69	11.04	9.60	8.81	8.30	7.95	7.69	7.50	7.34	7.21	7.01	6.81	6.61	6.50	6.40	6.29	6.18	6.06	5.95
9	13.61	10.11	8.72	7.96	7.47	7.13	6.88	6.69	6.54	6.42	6.23	6.03	5.83	5.73	5.62	5.52	5.41	5.30	5.19
10	12.83	9.43	8.08	7.34	6.87	6.54	6.30	6.12	5.97	5.85	5.66	5.47	5.27	5.17	5.07	4.97	4.86	4.75	4.64
11	12.23	8.91	7.60	6.88	6.42	6.10	5.86	5.68	5.54	5.42	5.24	5.05	4.86	4.76	4.65	4.55	4.44	4.34	4.23

续表

$\alpha=0.005$

n_2 \ n_1	1	2	3	4	5	6	7	8	9	10	12	15	20	24	30	40	60	120	∞
12	11.75	8.51	7.23	6.52	6.07	5.76	5.52	5.35	5.20	5.09	4.91	4.72	4.53	4.43	4.33	4.23	4.12	4.01	3.90
13	11.37	8.19	6.93	6.23	5.79	5.48	5.25	5.08	4.94	4.82	4.64	4.46	4.27	4.17	4.07	3.97	3.87	3.76	3.65
14	11.06	7.92	6.68	6.00	5.56	5.26	5.03	4.86	4.72	4.60	4.43	4.25	4.06	3.96	3.86	3.76	3.66	3.55	3.44
15	10.80	7.70	6.48	5.80	5.37	5.07	4.85	4.67	4.54	4.42	4.25	4.07	3.88	3.79	3.69	3.58	3.48	3.37	3.26
16	10.58	7.51	6.30	5.64	5.21	4.91	4.69	4.52	4.38	4.27	4.10	3.92	3.73	3.64	3.54	3.44	3.33	3.22	3.11
17	10.38	7.35	6.16	5.50	5.07	4.78	4.56	4.39	4.25	4.14	3.97	3.79	3.61	3.51	3.41	3.31	3.21	3.10	2.98
18	10.22	7.21	6.03	5.37	4.96	4.66	4.44	4.28	4.14	4.03	3.86	3.68	3.50	3.40	3.30	3.20	3.10	2.99	2.87
19	10.07	7.09	5.92	5.27	4.85	4.56	4.34	4.18	4.04	3.93	3.76	3.59	3.40	3.31	3.21	3.11	3.00	2.89	2.78
20	9.94	6.99	5.82	5.17	4.76	4.47	4.26	4.09	3.96	3.85	3.68	3.50	3.32	3.22	3.12	3.02	2.92	2.81	2.69
21	9.83	6.89	5.73	5.09	4.68	4.39	4.18	4.01	3.88	3.77	3.60	3.43	3.24	3.15	3.05	2.95	2.84	2.73	2.61
22	9.73	6.81	5.65	5.02	4.61	4.32	4.11	3.94	3.81	3.70	3.54	3.36	3.18	3.08	2.98	2.88	2.77	2.66	2.55
23	9.63	6.73	5.58	4.95	4.54	4.26	4.05	3.88	3.75	3.64	3.47	3.30	3.12	3.02	2.92	2.82	2.71	2.60	2.48
24	9.55	6.66	5.52	4.89	4.49	4.20	3.99	3.83	3.69	3.59	3.42	3.25	3.06	2.97	2.87	2.77	2.66	2.55	2.43
25	9.48	6.60	5.46	4.84	4.43	4.15	3.94	3.78	3.64	3.54	3.37	3.20	3.01	2.92	2.82	2.72	2.61	2.50	2.38
26	9.41	6.54	5.41	4.79	4.38	4.10	3.89	3.73	3.60	3.49	3.33	3.15	2.97	2.87	2.77	2.67	2.56	2.45	2.33
27	9.34	6.49	5.36	4.74	4.34	4.06	3.85	3.69	3.56	3.45	3.28	3.11	2.93	2.83	2.73	2.63	2.52	2.41	2.29
28	9.28	6.44	5.32	4.70	4.30	4.02	3.81	3.65	3.52	3.41	3.25	3.07	2.89	2.79	2.69	2.59	2.48	2.37	2.25
29	9.23	6.40	5.28	4.66	4.26	3.98	3.77	3.61	3.48	3.38	3.21	3.04	2.86	2.76	2.66	2.56	2.45	2.33	2.21
30	9.18	6.35	5.24	4.62	4.23	3.95	3.74	3.58	3.45	3.34	3.18	3.01	2.82	2.73	2.63	2.52	2.42	2.30	2.18
40	8.83	6.07	4.98	4.37	3.99	3.71	3.51	3.35	3.22	3.12	2.95	2.78	2.60	2.50	2.40	2.30	2.18	2.06	1.93
60	8.49	5.79	4.73	4.14	3.76	3.49	3.29	3.13	3.01	2.90	2.74	2.57	2.39	2.29	2.19	2.08	1.96	1.83	1.69
120	8.18	5.54	4.50	3.92	3.55	3.28	3.09	2.93	2.81	2.71	2.54	2.37	2.19	2.09	1.98	1.87	1.75	1.61	1.43
∞	7.88	5.30	4.28	3.72	3.35	3.09	2.90	2.74	2.62	2.52	2.36	2.19	2.00	1.90	1.79	1.67	1.53	1.36	1.00

附表 7　均值的 t 检验的样本容量

显著性水平

$\Delta=\dfrac{|\mu_1-\mu_0|}{\sigma}$	单边 $\alpha=0.005$ / 双边 $\alpha=0.01$					单边 $\alpha=0.01$ / 双边 $\alpha=0.02$					单边 $\alpha=0.025$ / 双边 $\alpha=0.05$					单边 $\alpha=0.05$ / 双边 $\alpha=0.1$				
β	0.01	0.05	0.1	0.2	0.5	0.01	0.05	0.1	0.2	0.5	0.01	0.05	0.1	0.2	0.5	0.01	0.05	0.1	0.2	0.5
0.05																				
0.10																				
0.15																				122
0.20										139					99					70
0.25					110					90				128	64			139	101	45
0.30				134	78				115	63			119	90	45		122	97	71	32
0.35			125	99	58			109	85	47		109	88	67	34		90	72	52	24
0.40		115	97	77	45		101	85	66	37	117	84	68	51	26	101	70	55	40	19
0.45	110	92	77	62	37	99	81	68	53	30	93	67	54	41	21	80	55	44	33	15
0.50	90	75	63	51	30	81	66	55	43	25	76	54	44	34	18	65	45	36	27	13
0.55	75	63	53	42	26	68	55	46	36	21	63	45	37	28	15	54	38	30	22	11
0.60	63	53	45	36	22	57	47	39	31	18	53	38	32	24	13	46	32	26	19	9
0.65	55	46	39	31	20	49	40	34	27	16	46	33	27	21	11	39	28	22	17	8
0.70	47	40	34	28	17	42	35	30	24	14	40	29	24	19	10	34	24	19	15	8
0.75	42	36	30	25	16	37	31	27	21	13	35	26	21	16	9	30	21	17	13	7
0.80	37	32	27	22	14	33	28	24	19	12	31	23	19	15	8	27	19	15	12	6
0.85	33	29	24	20	13	30	25	21	17	11	28	21	17	13	8	24	17	14	11	6
0.90	29	26	22	18	12	27	23	19	16	10	25	19	16	12	7	21	15	13	10	5
0.95	27	24	20	17	11	24	21	18	14	9	23	17	14	11	7	19	14	11	9	5
1.00	25	22	19	16	10	22	19	16	13	9	21	16	13	10	6	18	13	11	8	5

续表

显著性水平

$\Delta=\dfrac{|\mu_1-\mu_0|}{\sigma}$	单边检验 α=0.005 双边检验 α=0.01					单边检验 α=0.01 双边检验 α=0.02					单边检验 α=0.025 双边检验 α=0.05					单边检验 α=0.05 双边检验 α=0.1				
β	0.01	0.05	0.1	0.2	0.5	0.01	0.05	0.1	0.2	0.5	0.01	0.05	0.1	0.2	0.5	0.01	0.05	0.1	0.2	0.5
1.1	24	19	16	14	9	21	16	14	12	8	18	13	11	9	6	15	11	9	7	
1.2	21	16	14	12	8	18	14	12	10	7	15	12	10	8	5	13	10	8	6	
1.3	18	15	13	11	8	16	13	11	9	6	14	10	9	7		11	8	7	6	
1.4	16	13	12	10	7	14	11	10	9	6	12	9	8	7		10	8	7	5	
1.5	15	12	11	9	7	13	10	9	8	6	11	8	7	6		9	7	6		
1.6	13	11	10	8	6	12	10	9	7	5	10	8	7	6		8	6	6		
1.7	12	10	9	8	6	11	9	8	7		9	7	6	5		8	6	5		
1.8	12	10	9	8	6	10	8	7	7		8	7	6			7	6			
1.9	11	9	8	7	6	10	8	7	6		8	6	6			7	5			
2.0	10	8	8	7	5	9	7	7	6		7	6	5			6				
2.1	10	8	7	7		8	7	6	6		7	6				6				
2.2	9	8	7	6		8	7	6	5		7	5				6				
2.3	9	7	7	6		8	6	6			6					5				
2.4	8	7	7	6		7	6	6			6									
2.5	8	7	6	6		7	6	5			6									
3.0	7	6	6	5		6	5				5									
3.5	6	5	5			5														
4.0	6																			

附表 8　均值差的 t 检验的样本容量

显著性水平

$\Delta=\dfrac{\mu_1-\mu_2}{\sigma}$	单边检验 α=0.005 / 双边检验 α=0.01					单边检验 α=0.01 / 双边检验 α=0.02					单边检验 α=0.025 / 双边检验 α=0.05					单边检验 α=0.05 / 双边检验 α=0.1				
β	0.01	0.05	0.1	0.2	0.5	0.01	0.05	0.1	0.2	0.5	0.01	0.05	0.1	0.2	0.5	0.01	0.05	0.1	0.2	0.5
0.05																				
0.10																				
0.15																				
0.20																				137
0.25															124					88
0.30										123					87					61
0.35					110					90					64				102	45
0.40					85					70				100	50			108	78	35
0.45				118	68				101	55			105	79	39		108	86	62	28
0.50			101	96	55			106	82	45		106	86	64	32		88	70	51	23
0.55		101	85	79	46		106	88	68	38		87	71	53	27	112	73	58	42	19
0.60		87	73	67	39		90	74	58	32	104	74	60	45	23	89	61	49	36	16
0.65		75	63	57	34	104	77	64	49	27	88	63	51	39	20	76	52	42	30	14
0.70	100	66	55	50	29	90	66	55	43	24	76	55	44	34	17	66	45	36	26	12
0.75	88	58	49	44	26	79	58	48	38	21	67	48	39	29	15	57	40	32	23	11
0.80	77	51	43	39	23	70	51	43	33	19	59	42	34	26	14	50	35	28	21	10
0.85	69	46	39	35	21	62	46	38	30	17	52	37	31	23	12	45	31	25	18	9
0.90	62	42	35	31	19	55	41	34	27	15	47	34	27	21	11	40	28	22	16	8
0.95	55	42	35	28	17	50	37	31	24	14	42	30	25	19	10	36	25	20	15	7
1.00	50	38	32	26	15	45	33	28	22	13	38	27	23	17	9	33	23	18	14	7

续表

显著性水平

$\Delta=\dfrac{\mu_1-\mu_2}{\sigma}$	单边检验 $\alpha=0.005$ 双边检验 $\alpha=0.01$					$\alpha=0.01$ $\alpha=0.02$					$\alpha=0.025$ $\alpha=0.05$					$\alpha=0.05$ $\alpha=0.1$				
β	0.01	0.05	0.1	0.2	0.5	0.01	0.05	0.1	0.2	0.5	0.01	0.05	0.1	0.2	0.5	0.01	0.05	0.1	0.2	0.5
1.1	42	32	27	22	13	38	28	23	19	11	32	23	19	14	8	27	19	15	12	6
1.2	36	27	23	18	11	32	24	20	16	9	27	20	16	12	7	23	16	13	10	5
1.3	31	23	20	16	10	28	21	17	14	8	23	17	14	11	6	20	14	11	9	5
1.4	27	20	17	14	9	24	18	15	12	8	20	15	12	10	6	17	12	10	8	4
1.5	24	18	15	13	8	21	16	14	11	7	18	13	11	9	5	15	11	9	7	4
1.6	21	16	14	11	7	19	14	12	10	6	16	12	10	8	5	14	10	8	6	4
1.7	19	15	13	10	7	17	13	11	9	6	14	11	9	7	4	12	9	7	6	3
1.8	17	13	11	10	6	15	12	10	8	5	13	10	8	6	4	11	8	7	5	
1.9	16	12	11	9	6	14	11	9	8	5	12	9	7	6	4	10	7	6	5	
2.0	14	11	10	8	6	13	10	9	7	5	11	8	7	6	4	9	7	6	4	
2.1	13	10	9	8	5	12	9	8	7	5	10	8	6	5	3	8	6	5	4	
2.2	12	10	8	7	5	11	9	7	6	4	9	7	6	5		8	6	5	4	
2.3	11	9	8	7	5	10	8	7	6	4	9	7	6	5		7	5	5	4	
2.4	11	9	8	6	4	10	8	7	6	4	8	6	5	4		7	5	4	4	
2.5	10	8	7	6	4	9	7	6	5	4	8	6	5	4		6	5	4	3	
3.0	8	6	6	5	4	7	6	5	4	3	6	5	4	3		5	4	3		
3.5	6	6	5	4	3	6	5	4	4		5	4	4			4	4			
4.0	6	5	4	4		5	4	4	3		4	4	3			4				

参 考 文 献

1. 王正林,龚纯,何倩.精通 MATLAB 科学计算[M].北京：电子工业出版社,2012.
2. 冯有前,袁修久,李炳杰.数学实验[M].北京：国防工业出版社,2008.
3. 章栋恩,马玉兰,徐美萍,等.MATLAB 高等数学实验[M].北京：电子工业出版社,2008.